TECHNIK UND KULTUR

in 10 Bänden und einem Registerband

Band I   Technik und Philosophie
Band II   Technik und Religion
Band III   Technik und Wissenschaft
Band IV   Technik und Medizin
Band V   Technik und Bildung
Band VI   Technik und Natur
Band VII   Technik und Kunst
Band VIII   Technik und Wirtschaft
Band IX   Technik und Staat
Band X   Technik und Gesellschaft

Im Auftrage der Georg-Agricola-Gesellschaft
herausgegeben von
Armin Hermann (Vorsitzender des Wissenschaftlichen Beirats)
und
Wilhelm Dettmering (Vorsitzender der Gesellschaft)

Gesamtredaktion: Charlotte Schönbeck

TECHNIK UND PHILOSOPHIE

Herausgegeben von Friedrich Rapp

VDI VERLAG

CIP-Titelaufnahme der Deutschen Bibliothek

Technik und Kultur / im Auftr. d. Georg-Agricola-Ges.
Hrsg. von Wilhelm Dettmering u. Armin Hermann.
– Düsseldorf : VDI-Verl.
NE: Dettmering, Wilhelm [Hrsg.]

Bd. 1. Technik und Philosophie – 1990
Technik und Philosophie / [im Auftr. d. Georg-Agricola-Ges.]
Hrsg. von Friedrich Rapp
– Düsseldorf : VDI-Verl., 1990
(Technik und Kultur ; Bd. 1)
ISBN 978-3-642-95782-6   ISBN 978-3-642-95781-9 (eBook)
DOI 10.1007/978-3-642-95781-9
NE: Rapp, Friedrich [Hrsg.]

Bildredaktion: Ursula Abele
Fotoarbeiten: Werner Kissel u. a.

ISBN 978-3-642-95782-6

Zum Gesamtwerk „Technik und Kultur"

Wir dürften die Vertreibung aus dem Paradies nicht als einen Verlust beklagen: im „Ausschlagen des Paradieses", so meinten Georg Agricola und Paracelsus, eröffne sich dem Menschen vielmehr ein „neues, seligeres Paradies", das er sich selbst auf der Erde schaffen könne durch seine „Kunst". Mit „Kunst" war alles vom Menschen künstlich Hergestellte gemeint, wie die „Windkunst" (oder Windmühle), die „Wasserkunst" und die „Stangenkunst", also auch das, was wir heute mit „Technik" bezeichnen.

Die Gestaltung der Natur galt im 16. und 17. Jahrhundert als ein dem Menschen von Gott erteilter Auftrag: Wir müssen versuchen, schrieb René Descartes 1637, die „Kraft und die Wirkung des Feuers und des Windes" und überhaupt aller uns umgebenden Körper zu verstehen; dann würde es möglich, alle diese Naturkräfte für unsere Zwecke zu benutzen: „So könnten wir Menschen uns zu Herren und Besitzern der Natur machen."

Diese Visionen schienen sich am Ende des 19. Jahrhunderts tatsächlich zu erfüllen. Bezwungen wurden die großen Geißeln der Menschheit, die Cholera, die Pest und die anderen Seuchen, die einst in wenigen Tagen Hunderttausende hingerafft hatten. Die Ernteerträge stiegen, und nur noch die ganz Alten erinnerten sich an die schrecklichen Hungersnöte, die zum Alltage des Menschen gehört hatten wie Sonne und Regen. Mit dem Beginn des neuen Jahrhunderts wurde auch ein Anfang gemacht mit der Befreiung des Menschen von der Fron in den Fabriken. Ohne daß die Arbeiter hätten angestrengter schaffen müssen und ohne Verminderung der Produktion gelang es, die Arbeitszeit herabzusetzen.

Die religiöse Motivierung des technischen Schaffens war im 19. Jahrhundert verlorengegangen; die allgemeine Säkularisierung hatte auch die Arbeitswelt erfaßt. Was blieb, war der Glaube an den ununterbrochenen, durch Wissenschaft und Technik herbeigeführten wirtschaftlichen und gesellschaftlichen Fortschritt. „Man glaubte an diesen Fortschritt schon mehr als an die Bibel", hat Stefan Zweig in seinen Lebenserinnerungen geschrieben, „und sein Evangelium schien unumstößlich bewiesen durch die täglich neuen Wunder der Wissenschaft und der Technik."

Ein gutes Beispiel für diese Fortschrittsgläubigkeit gibt uns Werner von Siemens. Bei der Versammlung der Deutschen Naturforscher und Ärzte 1886 in Berlin sprach Siemens vor 2700 Tagungsteilnehmern von der ihnen allen gemeinsamen Überzeugung, „daß unsere Forschungs- und Erfindungstätigkeit" die Lebensnot der Menschen und ihr Siechtum mindern, „ihren Lebensgenuß erhöhen, sie besser, glücklicher und mit ihrem Geschick zufriedener machen wird".

Es war eine Illusion zu glauben, daß die Macht, die uns die Technik verleiht, die Menschheit notwendigerweise, das heißt von selbst und ohne unser Zutun, auf eine „höhere Stufe des Daseins" erheben werde. Vielmehr müssen wir alle unsere Anstrengungen darauf konzentrieren, daß die uns durch die Technik zugewachsene Machtfülle nicht mißbraucht wird, sondern daß sie tatsächlich die gesamte Menschheit – und nicht nur privilegierte Teile – auf die apostrophierte „höhere Stufe des Daseins" erhebt. Hier liegt die größte politische Aufgabe, die uns am Ende des 20. Jahrhunderts gestellt ist.

Wie sollen wir es halten mit der Technik? Bei fast jedem gesellschaftspolitischen Problem – und so auch hier – gibt es ein breites Spektrum von Meinungen. Das eine Extrem ist die blinde Technikgläubigkeit, wie sie vor allem im fin de siècle geherrscht hatte, und wie sie vereinzelt auch heute noch vorkommen mag. Das andere Extrem ist die unreflektierte Technikfeindlichkeit.

Schon Georg Agricola hat sich mit der Meinung auseinandersetzen müssen, daß der Mensch ganz die Finger lassen solle von der Technik.

In seinem Werk „De re metallica" (1556) nimmt Agricola gleich auf den ersten Seiten Stellung zur Kritik, die sich gegen die Verwendung der Metalle und überhaupt jede technischen Betätigung wendet: „Wenn die Metalle aus dem Gebrauch der Menschen verschwinden, so wird damit jede Möglichkeit genommen, sowohl die Gesundheit zu schützen und zu erhalten als auch ein unserer Kultur entsprechendes Leben zu führen. Denn wenn die Metalle nicht wären, so würden die Menschen das abscheulichste und elendeste Leben unter wilden Tieren führen; sie würden zu den Eicheln und dem Waldobst zurückkehren, würden Kräuter und Wurzeln herausziehen und essen, würden mit den Nägeln Höhlen graben, in denen sie nachts lägen, würden tagsüber in den Wäldern und Feldern nach der Sitte der wilden Tiere umherschweifen."

Mit Agricola sind wir der Meinung, daß ein menschenwürdiges Leben ohne Technik eine Illusion ist. Der Mensch kann der Technik so wenig entfliehen, wie er der Politik entfliehen kann.

Bleiben wir bei diesem Vergleich: In den zwanziger und dreißiger Jahren wollten viele Menschen in Deutschland mit Politik nichts zu tun haben. Die Konsequenz war, daß die Entscheidungen von anderen und in durchaus unerwünschter Weise getroffen wurden. Diesen Fehler dürfen wir heute mit der Technik nicht wiederholen: Wir müssen uns mit ihr entschlossen auseinandersetzen und mit entscheiden, welche Technik und wieviel wir haben wollen und worauf wir uns besser nicht einlassen.

Zur funktionierenden Demokratie gehört das Engagement und die politische Bildung der Bürger. Genauso gehört zur modernen Welt ein Verständnis für die Rolle der Technik.

Genau darum geht es:
Einen verständigeren Gebrauch zu machen von der Technik.

Wir wissen alle noch viel zu wenig von der Bedeutung der Technik für unsere Gesellschaft und unser Denken. Tatsächlich spielte bei der Entwicklung der Menschheitskultur die Technik von Anfang an eine entscheidende Rolle, weshalb auch der französische Philosoph und Nobelpreisträger Henri Bergson den Begriff des „homo faber" geprägt hat. Für Bergson begründet die Fähigkeit, sich mächtige Werkzeuge für die Gestaltung der Welt schaffen zu können, das eigentliche Wesen des Menschen.

Da nun überall die Auseinandersetzung um die Technik voll entbrannt ist — und neben klugen Vorschlägen auch viele törichte und gefährliche zu hören sind —, fühlt sich die Georg-Agricola-Gesellschaft aufgerufen, den ihr gemäßen Beitrag zu dieser Diskussion zu leisten. Zu Beginn der Neuzeit hat sich Georg Agricola, unser Namenspatron, Gedanken über den sinnvollen Gebrauch der Technik gemacht. Mehr als vierhundert Jahre später, zu „Ende der Neuzeit", wie manche sagen, stellt sich die Georg-Agricola-Gesellschaft die Aufgabe, eine Bestandsaufnahme vorzulegen, welche Rolle die Technik bisher in der Entwicklung der Menschheit gespielt hat.

Dabei soll es zwar auch um die auf der Hand liegende wirtschaftliche Bedeutung der Technik gehen und natürlich um die Spannung von Natur und Technik, aber ebenfalls um die weniger bekannten Aspekte. Dazu gehört etwa die zu Beginn dieses Vorwortes angesprochene ursprüngliche religiöse Motivierung des technischen Schaffens oder auch die Rolle, die der Technik in den verschiedenen Ideologien zugewiesen wird. Weitere Beispiele sind die Veränderung der „Bedingungen des Menschseins", etwa durch die modernen Kommunikationsmittel, und die Veränderungen der Gesellschaftsstruktur. Dazu gehört etwa das Entstehen des „vierten Standes" durch die industrielle Revolution und der sozusagen umgekehrte Prozeß, der sich heute vor unseren Augen vollzieht: das Verschwinden des Unterschiedes zwischen dem Arbeiter und dem Angestellten.

Wie läßt sich ein derart komplexes Thema sinnvoll gliedern? Ein Vorbild haben wir in den 1868 ausgearbeiteten „Weltgeschichtlichen Betrachtungen" von Jacob Burckhardt gefunden. Dem Basler Historiker ging es seinerzeit um die Entwicklung von Staat, Religion und Kultur. Nach einer kurzen Betrachtung über Staat, Religion und Kultur behandelt Burckhardt nacheinander die „sechs Bedingtheiten", das heißt den Einfluß des Staates auf die Kultur und umgekehrt der Kultur auf den Staat und so fort.

Dieses anspruchsvolle Programm hat Burckhardt vermöge seiner umfassenden Bildung bewältigen können. Einen Nachfolger aber wird er wohl kaum finden, der aufarbeitet, wie sich das Verhältnis von Staat und Kultur von der Mitte des 19. Jahrhunderts bis heute gestaltet hat. Inzwischen sind viele neue Staatsformen entstanden (und einige zum Glück wieder verschwunden). Auf dem Gebiete der Kultur hat es tiefgreifende Aufspaltungen gegeben, wobei man nur an das Schlagwort von den „zwei Kulturen" zu denken braucht. Mit einer pauschalen Behandlung der „Kultur" ist es heute also nicht mehr getan.

Selbst der Unterbereich „Wissenschaft" ist, was zum Beispiel die „Bedingtheit durch den Staat" betrifft, in ganz unterschiedliche Sektoren zu gliedern. Hatte der Staat dereinst, im Deutschland der Dichter und Denker, Philosophie, klassische Philologie und die Altertumswissenschaften bevorzugt gefördert, so stand um 1850 die Chemie in der Sonne der staatlichen Gunst und um 1950 die Physik. Ganz offensichtlich könnte heute kein einzelner Historiker mehr das Burckhardtsche Programm bewältigen.

Einen Teil dieser großen Aufgabe hat sich nun die Georg-Agricola-Gesellschaft vorgenommen, und zwar den Teil, der sich auf die Technik bezieht. Untersucht werden zehn „gegenseitige Bedingtheiten": (I) Technik und Philosophie, (II) Technik und Religion, (III) Technik und Wissenschaft, (IV) Technik und Medizin, (V) Technik und Bildung, (VI) Technik und Natur, (VII) Technik und Kunst, (VIII) Technik und Wirtschaft, (IX) Technik und Staat, (X) Technik und Gesellschaft.

Diese zehn Themenbände und ein Registerband bilden das Gesamtwerk. Jeder Band ist einzeln für sich verständlich; seinen besonderen Wert freilich erhält er erst durch die Vernetzung mit den übrigen Themen.

Ehe wir nun die Bände nacheinander vorstellen, noch eine abschließende Bemerkung zum Gesamttitel. Das Gesamtwerk haben wir „Technik und Kultur" genannt, weil es zwar nicht ausschließlich, aber doch in der Hauptsache darum geht, die engen Beziehungen und vielfältigen Verschränkungen zu zeigen, in denen die Technik zu allen Bereichen der menschlichen Kultur steht. Wer sich auf diese Weise mit der Technik beschäftigt, dem wird wohl deutlich, daß bei allem Mißbrauch, die vielen von uns die Technik suspekt gemacht hat, diese einen integrierenden Teil unserer Kultur darstellt.

Das Generalthema des vorliegenden Werkes ist die Beziehung zwischen Technik und Kultur. Damit ist bereits stillschweigend eine bestimmte Grenze gezogen: Es kommen hier nur diejenigen Aspekte der Technik zur Sprache, die in einem Zusammenhang mit der Kultur stehen. So sind spezielle ingenieurwissenschaftliche Fragen und im engeren Sinn technikhistorische Gesichtspunkte ebenso ausgeschlossen wie ins Einzelne gehende psychologische oder soziologische Fragestellungen.

Das vordringliche Anliegen dieser Reihe – zu einem tieferen und umfassenderen Verständnis des Phänomens Technik in Gesellschaft und Kultur beizutragen – läßt sich nur verwirklichen, wenn sich die Leitgedanken des Gesamtwerkes auch in der inneren Architektur der einzelnen Bände widerspiegeln: die wechselseitigen Beziehungen und engen Verschränkungen zwischen der Technik und anderen Kulturbereichen sollen in ihrer Entwicklung nachgezeichnet und in ihren systematischen Zusammenhängen bis zur Darstellung der gegenwärtigen Situation herangeführt werden. – Um eine Auswahl aus der Vielfalt der wechselseitigen Einflüsse zu gewinnen, wird in allen Bänden immer wieder folgenden Fragen nachgegangen:

Welche technischen Ideen, Erfindungen und Verfahren haben zu einer grundsätzlichen Änderung in der Denkweise und den Methoden anderer Kulturbereiche geführt? – Man denke dabei nur an die revolutionierende Wirkung des Buchdrucks auf das Bildungswesen, an die Fortschritte der Medizin durch die Erfindung des Mikroskops und die tiefgreifenden Einflüsse von Radio und Fernsehen auf das Verhalten der Menschen.

Welche theoretischen Vorstellungen, Strukturbedingungen oder drängenden Lebensprobleme gaben den Anstoß für technisches Forschen, Erfinden und Konstruieren? – Hierher gehört die Vielfalt technischer Lösungen für bestimmte wirtschaftliche oder politische Aufgaben.

Die verschiedenen Themenkreise und ihre Aufeinanderfolge in den einzelnen Bänden sind so ausgewählt, daß charakteristische Wesenszüge und übergreifende Strukturen der Technik sichtbar werden.

Die gegenwärtige Diskussion über die Technik ist zwar oft emotional und irrational bestimmt, aber sie beruht nicht nur auf Eindrücken und Gefühlen. Sobald dabei Argumente ins Feld geführt werden, interpretiert man Tatsachen und appelliert an die vernünftige Einsicht. In dieser Situation ist die Philosophie gefordert. Sie ist nämlich zuständig, wenn es darum geht, Begriffe zu klären und grundsätzliche theoretische Zusammenhänge der Technik aufzuzeigen. Am Anfang des Gesamtwerkes steht daher der Band

TECHNIK UND PHILOSOPHIE   (Band I)

Dieser Eingangsband beginnt mit der Erörterung des Technikbegriffes. Es folgen Ausführungen zur Bewertung der Technik in der Geschichte der Philosophie, Untersuchungen zum technischen Problemlösen und zur instrumentellen Verfahrensweise sowie Darlegungen zum geschichtlichen Wertwandel, Überlegungen zu den drängenden Fragen der Verantwortung für den technischen Fortschritt und zur möglichen Abschätzung der Technikfolgen. Die Diskussion über die Ambivalenz der Technik, über ihre weltweit kulturgeschichtlichen Auswirkungen, über ihre erhofften und realisierten Leistungen und auch ihre Gefahren schließen diesen Band ab.

Die moderne Technik in der Form, wie wir sie heute kennen, ist nicht denkbar ohne zwei Elemente, durch die die europäische Tradition entscheidend geprägt wurde: das Christentum und die Entstehung der modernen Naturwissenschaften in der Renaissance. So werden in dem Band

TECHNIK UND RELIGION   (Band II)

in einem weitgespannten historischen Zusammenhang die wechselseitigen Beziehungen zwischen technischem Wandel und religiösen Vorstellungen untersucht. Um für die Beiträge dieses Bandes eine gemeinsame Ausgangsbasis zu finden, werden in dem Eingangsartikel die Begriffe Religion, Theologie und Kirche gegeneinander abgegrenzt.

Die folgenden Kapitel des Religionsbandes behandeln den allgemeinen Zusammenhang zwischen der technischen Entwicklung und den großen außerchristlichen Religionen und den christlichen Kirchen bis hin zur Gegenwart. Überlegungen zu esoterischen Strömungen der

Gegenwart und mögliche Modelle einer Religiosität in einer zukünftigen technischen Weltzivilisation beschließen den Band.

Moderne Technik konnte erst entstehen, nachdem das theoretische Denken, die mathematische Methode und das gezielte Experiment in die Naturwissenschaften Einzug gehalten hatten. Die Anwendung naturwissenschaftlicher Methoden und Ausnutzung der Naturgesetze sind die Grundvoraussetzungen technischen Schaffens. In welcher Weise sich die Beziehungen zwischen Technik und Naturwissenschaften in verschiedenen Epochen darstellen, ist ein Hauptthema des Bandes

TECHNIK UND WISSENSCHAFT   (Band III)

Der Wissenschaftsbegriff, dessen Erörterung den Ausgangspunkt der Untersuchungen bildet, wird hier so weit gefaßt, daß er nicht nur Naturwissenschaften und Technikwissenschaften einbezieht, sondern auch die Geisteswissenschaften mit angesprochen sind. Die folgenden Beiträge sind daher zunächst den wechselseitigen Einflüssen von Technik und Geisteswissenschaften gewidmet, Untersuchungen zum Verhältnis von Technik und Rechtswissenschaften bzw. Wirtschaftswissenschaften schließen sich an. Die Entstehung der spezifischen Technikwissenschaften und ihre Verknüpfung mit praktischer technischer Tätigkeit sind Themen in den abschließenden Darstellungen des Bandes.

Innerhalb der Wissenschaft nimmt die Medizin einen so wichtigen Platz ein, daß ihr ein eigener Band gewidmet wird:

TECHNIK UND MEDIZIN   (Band IV)

Aus der immer weiter anwachsenden Vielfalt der technischen Hilfsmittel für die Arbeit des Arztes wurden vor allem diejenigen behandelt, die zu einer grundlegenden Wandlung der medizinischen wissenschaftlichen Auffassungen und Methoden führten.

Die Möglichkeiten des technischen Handelns und der Spielraum realisierbarer Erfindungen hängen ab vom Stand des Wissens und Könnens. Das jeweils erreichte Niveau einer Epoche wird durch die weitgefächerten Bildungseinrichtungen an die nachfolgende Generation weitergegeben. Es ist charakteristisch für das Kulturverständnis jeder Zeit, welche Techniken von ihr tradiert werden und welche technischen Vorstellungen auf Akzeptanz stoßen.

In dem Band

TECHNIK UND BILDUNG   (Band V)

stehen die Beziehungen zwischen technischer Entwicklung und unterschiedlichen Bildungsvorstellungen und Bildungsinstitutionen im Mittelpunkt. Neben der technischen Ausbildung und den Bildungswerten der schöpferischen Tätigkeit von Ingenieuren und Technikern wird dabei insbesondere die Herausforderung der traditionellen Bildungsideale durch moderne Medien und Technologien behandelt.

Die realisierte Technik ist immer Umgestaltung der physischen Welt, Beherrschung und Nutzbarmachung der Natur für die Zwecke des Menschen. Ideen und Pläne des Ingenieurs lassen sich nur in konkreten und materiellen Gebilden verwirklichen, die in letzter Konsequenz – oft unter komplizierten Umformungen, Umwandlungen und Umwegen – aus der unberührten Natur hervorgehen. Technik beruht immer auf dem Zusammenhang – dem Gegensatz oder dem Einvernehmen – mit Vorgängen der Natur. Diesem Themenkreis gelten die Beiträge des Bandes

TECHNIK UND NATUR   (Band VI)

Die Themen reichen von Untersuchungen zur Bionik und Biotechnik bis hin zu den drängenden Umweltproblemen, die heute durch technische Entwicklungen entstehen.

Technisches Entwerfen und Tun ist seit Beginn der Menschheitsgeschichte eng verknüpft mit handwerklichem und künstlerischem Schaffen. Diese Verknüpfungen stehen im Mittelpunkt des folgenden Bandes

TECHNIK UND KUNST   (Band VII)

Die wechselseitigen Beziehungen zwischen Technik und Kunst haben sich im Laufe der Geschichte vielfach gewandelt; sie reichen von einer krassen Gegenüberstellung bis zur Identifikation und einem gemeinsamen Ausdruck für kreatives Tun. Ein Beispiel für diese letzte Sichtweise finden wir bei den Künstleringenieuren der Renaissance. In diesem Band wird ferner untersucht, in welcher Weise technische Hilfsmittel die künstlerische Arbeit unterstützen und die Ausdrucksmittel vervollkommnen oder durch ihre Unzulänglichkeit die Realisierung künstlerischer Ideen hemmen oder unmöglich machen. Die künstlerische Darstellung ist ein besonders sensibler Ausdruck für das

Zeitempfinden – auch in bezug auf die Technik. Die Kunst ist ein untrügliches Indiz für die positiven Erwartungen, aber auch für die Ängste gegenüber der Technik. Deshalb ist ein umfangreiches Kapitel dieses Bandes der Darstellung der Technik in Kunstwerken gewidmet. Hier wird nicht nur aufgezeigt, wie sich die Technik als Thema der Malerei, der Graphik oder Plastik widerspiegelt, sondern es wird auch die Darstellung der Technik in Literatur, Musik und Theater einbezogen. Ausblicke auf die vieldiskutierten Grenzgebiete zwischen Technik und Kunst, wie Computergraphik oder Videokunst, runden das Bild ab.

Die moderne Technik befreit den Menschen von einem großen Teil der körperlichen und sogar der geistigen Arbeit. Die technischen Geräte und Maschinen und die angewandten Verfahrensweisen wirken aber unvermeidbar wieder auf den Menschen zurück. Neben die genannten Merkmale der Technik – ihre enge Verknüpfung mit den Wissenschaften und die Auseinandersetzung mit der Natur – tritt die im umfassendsten Sinn verstandene soziale Dimension als drittes Charakteristikum.

Die Einwirkungen der Technik auf das Leben des Menschen und ihr Einfluß auf die unterschiedlichen Strukturen der Gesellschaft sind außerordentlich vielschichtig und weitreichend. Diesen umfassenden Themenkreis behandeln die letzten drei Bände des Gesamtwerkes.

Die enge Verbindung zwischen wirtschaftlicher Entwicklung und der Entstehung neuer Techniken und Industrien, aber auch die Suche nach neuen technischen Lösungen für wirtschaftliche Probleme bilden die zentralen Fragen des Bandes

TECHNIK UND WIRTSCHAFT　　(Band VIII)

Technische Entscheidungen sind oft von politischen Gegebenheiten abhängig, und politische Probleme haben ihren Ursprung in der Anwendung neuer Techniken. In wie vielfältiger Weise das staatliche System auf die technische Entwicklung eines Landes einwirkt und wie sehr die wirtschaftliche und militärische Leistungsfähigkeit eines Staatsbildes von seinem technischen Stand abhängig ist, behandelt der Band

TECHNIK UND STAAT　　(Band IX)

Alle Verflechtungen zwischen der Technik und anderen Kulturbereichen, die bisher aufgezeigt worden sind, haben eine soziale Dimension. Diese steht im Mittelpunkt des abschließenden Bandes

TECHNIK UND GESELLSCHAFT (Band X)

Hier kommen die wesentlichen Gesichtspunkte der vorangegangenen Bände unter allgemeinen, gesellschaftlichen Aspekten noch einmal zur Sprache. Die zusammenfassenden Betrachtungen über das Verhältnis von Technik und Mensch bilden den natürlichen Abschluß des Gesamtwerkes.

Ganz gleich, wie man das Thema „Technik und Kultur" strukturiert, es gibt immer enorme Überschneidungen. Das gilt auch für das vorliegende Werk. So wird zum Beispiel die Frage nach der Verantwortung für die Folgen der Technik vor allem aus philosophischer Sicht thematisiert, aber auch unter medizinischen, pädagogischen, politischen und ökologischen Gesichtspunkten behandelt. Und die Veränderungen durch neue Medien und Computertechnik sind nicht nur für das Bildungswesen, sondern auch für die wirtschaftliche Entwicklung des Arbeitsmarktes und die Einflüsse auf das Leben der Familie ein wichtiger Gesichtspunkt. Querverweise machen bei wichtigen Themen auf den sachlichen Zusammenhang zwischen verschiedenen Beiträgen und Bänden aufmerksam.

Das Gesamtwerk „Technik und Kultur" erstrebt in erster Linie eine Bestandsaufnahme der Forschung. Dabei wurden von den Autoren die wesentlichen Veröffentlichungen auf den verschiedenen Gebieten herangezogen. In vielen Beiträgen werden aktuelle Forschungsprobleme dargestellt, und es wird auf neue Fragestellungen und zukünftige Aufgaben hingewiesen. Im Registerband XI sind alle Querverweise, Literaturübersichten, ein ausführliches Personen- und Sachwortregister und Bildnachweise zusammengestellt.

Die von der Georg-Agricola-Gesellschaft verpflichteten Autoren sind nach ihrer Sachkompetenz ausgesucht und haben zu komplexeren Problemen nicht immer eine einhellige Meinung. Differenzierte und naturgemäß auch heterogene Darstellungen machen dies deutlich. Das ist aber kein Mangel, sondern geradezu unerläßlich, wenn der Leser zu einer eigenen, fundierten Beurteilung der Technik kommen will. Und diese ist notwendig, wenn die von der Technik aufgeworfenen drängenden Probleme unserer Zeit gelöst werden sollen.

Düsseldorf, im November 1989   Georg-Agricola-Gesellschaft

Wilhelm Dettmering
Armin Hermann
Charlotte Schönbeck

Benutzerhinweise

Querverweise: Da es sich bei den Beziehungen zwischen Technik und Kultur um ein sehr komplexes Phänomen handelt, wird eine Thematik gelegentlich mehrfach unter verschiedenen Aspekten behandelt. Um dieses Beziehungsgeflecht aufzubereiten, wurden Querverweise eingeführt. Für Analogstellen in Beiträgen, die bereits fertiggestellt sind, wird dabei zunächst auf die Nummer des Bandes, danach auf das Kapitel und die Nummer des Beitrages verwiesen. Beispielsweise bezieht sich der Querverweis [V-3.1] auf den 1. Beitrag im 3. Kapitel des Bandes V. Sind dagegen die Manuskripte eines Beitrages, auf den verwiesen wird, noch nicht abgeschlossen, wird nur auf den entsprechenden Band bzw. das Kapitel in einem Band aufmerksam gemacht. Eine Übersicht aller vollständigen Querverweise aus den zehn Inhaltsbänden ist im Registerband enthalten.

Literaturnachweise: Belegstellen für die in einem Beitrag auftretenden Zitate sind im Anschluß an jeden Beitrag zusammengestellt.

Literaturanhang: Auf Überblicksartikel und weiterführende Literatur zur Thematik eines Beitrages wird im Literaturanhang am Ende jeden Bandes hingewiesen. Zusätzlich zu den in den Literaturnachweisen aufgeführten Angaben werden hier zu einzelnen Gesichtspunkten der Beiträge Hinweise und Vergleichsliteratur zu finden sein.

Registerband: Dieser Band wird für alle Bände die Inhaltverzeichnisse, die Literaturanhänge und die Zusammenstellung aller vollständigen Querverweise enthalten. Zur Orientierung im Gesamtwerk dienen ein ausführliches Personenregister, ein Sachwortverzeichnis und der Bildquellennachweis.

Inhalt

Einleitung

Friedrich Rapp

Nach einem gängigen Negativbild handelt es sich bei der Philosophie um ein allein dem Fachkundigen zugängliches, abstraktes und lebensfernes Denkspiel. Die so verstandene, abwertend als Begriffsdichtung bezeichnete Philosophie steht in konträrem Gegensatz zu der höchst konkreten und unmittelbar sinnfälligen Technik, die heute unser Leben bestimmt. Wer sich an diesem Negativbild orientiert, wird von einer Philosophie der Technik bestenfalls ein schwer faßbares theoretisches System und schlimmstenfalls eine leere Gedankenspielerei erwarten. In Wirklichkeit liegen die Verhältnisse anders. Bei einem sachgerechten Zugang kann die Verbindung von Philosophie und Technik zu durchaus zugänglichen, aufschlußreichen und wichtigen Einsichten führen. Wie die einzelnen Beiträge des vorliegenden Bandes zeigen, muß Technikphilosophie weder esoterisch noch lebensfern sein. Im Gegenteil! Gerade auf dem für unsere Gegenwart so entscheidenden Gebiet der Technik kann und muß die Philosophie einen Beitrag zur Klärung der Grundsatzfragen leisten, indem sie die theoretischen Prämissen aufzeigt und die normativen Vorstellungen herausarbeitet, auf denen die Dynamik des technischen Wandels beruht.

Philosophische Fragen sind stets im Spiel, wenn es darum geht, eine Sache auf den letzten Punkt zu bringen und die jeweils maßgeblichen, nicht mehr hintergehbaren Prinzipien aufzuzeigen. Im täglichen Leben und im üblichen Wissenschaftsbetrieb bewegt man sich jedoch mit guten Gründen ‚vor‘ dieser Sphäre letzter und allgemeinster Bestimmungen. Die Forderung des Tages und die komplizierten Details der jeweiligen Aufgabenstellung fordern in der Regel die ganze Aufmerksamkeit, so daß kein Raum für Grundsatzdiskussionen verbleibt. Die Alltagspraxis lebt von unbefragt hingenommenen Selbstverständlichkeiten. Nur bei theoretisch-kognitiven und praktisch-normativen Orientierungsschwierigkeiten kommt die grundsätzliche, philosophische Dimension ins Blickfeld, obwohl sie der Sache nach stets für den theoretischen Gehalt und für die mitgedachten Sinnbezüge bestimmend ist. Dies bedeutet, daß philosophische Fragen nicht offen zutage treten. Sie werden im allgemeinen gar nicht ausdrücklich thematisiert und in einem eigenständigen System theoretischer Begriffe abgehandelt.

Das Gebiet der Technik macht hiervon keine Ausnahme. Auch in diesem Fall werden philosophische Probleme in aller Regel implizit und gleichsam stillschweigend behandelt, etwa indem man sich für eine bestimmte Option entscheidet oder bestimmte Hintergrundvorstellungen als selbstverständlich gültig voraussetzt, ohne nach ihrer Rechtfertigung zu fragen. Doch das gegenwärtig so schwankende, unsichere Urteil gegenüber dem technischen ‚Fortschritt‘ verlangt nach einer grundsätzlichen – und eben deshalb philosophischen – Klärung und Standortbestimmung. Die Wohlstandsvermehrung durch Naturwissenschaften, Technik und Industrie wird gewünscht, ja geradezu gefordert und zielstrebig herbeigeführt, und doch fürchtet man gleichzeitig die zum großen Teil unvermeidbaren Folgen der Übertechnisierung. Die Zukunft wird heute als Chance, aber mindestens ebensosehr auch als Risiko erfahren. Wir vertrauen mehr als andere Epochen der technischen Idee der Machbarkeit und wissen doch, daß wir den Gang der Dinge nur in begrenztem Umfang vorhersehen und unseren Vorstellungen entsprechend gestalten können. Das Mißverhältnis zwischen den zeitlich und räumlich weitreichenden Auswirkungen unserer technischen Maßnahmen und dem natürlicherweise begrenzten Horizont unserer Wahrnehmungsfähigkeit und unserer Verantwortungsbereitschaft stellt eine Bedrohung für den Fortbestand der Menschheit dar. Wir sind in Gefahr, aus kurzsichtigen, egoistischen Motiven durch unser Handeln, ohne es eigentlich zu wollen, die Erde unbewohnbar zu machen. Die Philosophie ist gefordert, hier zu einer Klärung der Grundpositionen beizutragen. Indem sie Zusammenhänge und Prämissen aufweist, die andernfalls im Dunkeln bleiben, schafft sie die Voraussetzung für bewußte und verantwortungsvolle Entscheidungen.

Durch die nachweisbaren Erfolge der Natur- und Ingenieurwissenschaften ist die Philosophie in eine defensive Rolle geraten. Alle in den Fachwissenschaften entscheidbaren Fragen werden von diesen in eigener Kompetenz gestellt, bearbeitet und beantwortet. Daraus könnte man den Schluß ziehen, daß die einzig legitime Aufgabe, die der Philosophie heute verbleibt, in der logischen und methodologischen Analyse der wissenschaftlichen Verfahrensweisen und im Aufweis der Struktur wissenschaftlicher Theoriensysteme besteht. Wenn man mit dieser Auffassung ernst macht, kommen aber die für die individuelle und kollektive Lebenspraxis ebenso wie für die wissenschaftliche Forschung jeweils entscheidenden kognitiven und normativen Vorannahmen gar nicht ins Blickfeld. Sie werden in ihrer historisch gewordenen, kontingenten Gestalt unbefragt hingenommen und als schlechthin maßgeblich vorausgesetzt. Damit setzt man die normative Kraft des Faktischen absolut und verzichtet auf die Aufklärungsleistung und die Kritik, die ein auf die Grundsatzfragen gerichtetes differenzierendes philosophisches Denken erbringen kann. So stellen denn auch im Fall der Technikphilosophie die ‚metaphysischen Restbestände‘ keineswegs ein von der Lebens- und Wissenschaftspraxis ablösbares, dunkles Überbleibsel dar. Sie betreffen vielmehr das stillschweigend vorausgesetzte, für das theoretische Verständnis entscheidende begriffliche Gerüst. Es ist die Aufgabe einer philosophischen Analyse, diese Grundstrukturen, die die Essenz einer Sache ausmachen, ans Licht zu bringen.

Gewiß vollzieht sich der historische Wandel in Sachen Technik, ebenso wie auf anderen Gebieten, ohne ausdrückliche philosophische Reflexion und damit auch ohne eine vorherige theoretische Legitimation. Doch dies Bild betrifft nur die Oberfläche. Bei näherem Zusehen zeigt sich nämlich, daß die moderne Welt, wie keine andere Epoche vor ihr, theoretisch geprägt ist. Sie beruht in ihren wesentlichen Zügen auf ganz bestimmten Vorstellungen und Entwürfen und keineswegs auf der unverändert hingenommenen natürlichen Umwelt und den unbefragt akzeptierten kulturellen und sozialen Traditionen. Demokratie und Chancengleichheit, Menschenwürde und Selbstverwirklichung, die Verfügbarkeit der Natur und die Machbarkeit der Dinge, das mechanistische Weltbild und die mathematischen Naturgesetze, alles dies sind keine vorfindbaren Fakten, sondern theoretische Setzungen. Wenn es darum geht, den eigentlichen Gehalt und letzten Sinn dieser theoretischen Setzungen zu erfassen, ist die Philosophie gefragt. Von der Sache her ist sie allein hier zuständig. Dies bedeutet jedoch keineswegs, daß ausschließlich Fachphilosophen befugt wären, sich zu diesen Fragen zu äußern; wer auch immer derartige Fragen behandelt, philosophiert, auch wenn er sein Tun anders bezeichnen mag. Die moderne Technik verdankt ihre Erfolge gerade dem Umstand, daß sie nicht nach überkommenen Handwerksregeln vorgeht, sondern methodische Konzepte entwickelt und sich auf wissenschaftliche Theorien stützt. Entsprechendes gilt für das wirtschaftliche, soziale und kulturelle Umfeld, innerhalb dessen der technische Wandel erfolgt. Auch hier sind jeweils handlungsleitende Hintergrundvorstellungen im Spiel. Nur wenn diese Grundvoraussetzungen thematisiert und diskutiert werden, kann man zu einem der Sache angemessenen, tieferen Verständnis unserer gegenwärtigen Situation gelangen.

Doch es gibt auch die umgekehrte Einwirkung. Der Wechselbeziehung zwischen Realität und Idee, zwischen Sein und Bewußtsein ent-

sprechend ist der Gedanke nicht nur das aktive, gestaltende Prinzip.
Denken und Theorie können sich ihrerseits auch passiv verhalten und
Einflüsse der konkreten Lebenswirklichkeit aufnehmen. Weil die – mit
Hilfe der Theorie geschaffene – Technik unsere Welt prägt, wird diese
Welt dann unter technischen Gesichtspunkten und nach dem Modell
der konkreten technischen Sachsysteme gedeutet: Im Berufsleben gilt
der Mensch heute vielfach nur als austauschbares Funktionselement
eines auf optimale Effizienz ausgerichteten Mechanismus; man ist ge-
neigt, den Gedanken der technischen Herstellbarkeit und Machbarkeit
auch auf menschliche Verhältnisse zu übertragen; soziale Strukturen
werden nicht als organische Ganzheiten aufgefaßt, sondern nach dem
Vorbild der technischen Systemtheorie oder kybernetischer Regel-
kreise interpretiert; die Wirkungsweise informationsverarbeitender
Systeme soll ein geeignetes Modell für die Interpretation von Erkennt-
nisprozessen liefern.

Wegen ihres grundlegenden Charakters müssen diese Einflüsse der
technikbestimmten Lebenswelt auf das Selbstverständnis der Gegenwart in die philosophische Untersuchung miteinbezogen werden, wobei es nicht nur um das bloße Konstatieren der tatsächlich vorliegenden Abhängigkeitsbeziehungen geht. Auch wenn im Namen
bestimmter normativer Vorstellungen Kritik geübt und eine Veränderung erstrebt wird, ist die Philosophie gefordert, denn Argumente und
Gegenargumente können immer nur im Rahmen theoretischer Konzepte formuliert und verteidigt werden. Da die Welt der Dinge und
der Werte von sich aus gleichsam stumm ist, läßt sie sich immer nur
im Medium des Denkens, in Gestalt von Begriffen, Argumenten und
Theorien in einem bestimmten Diskussionszusammenhang zur Geltung bringen. [I-3.6]

In der modernen Welt kommt der Technik eine Symbolfunktion
zu. Weil sie die äußere Signatur unserer Epoche bestimmt, steht die
Technik stellvertretend für die Gegenwart überhaupt; sie wird zum
Gegenstand optimistischer Zukunftserwartungen und archaischer Le-
bensängste. Das Resultat ist eine Überzeichnung der Konturen und im
Grenzfall eine völlige Polarisierung. So zeichnen unbeschwerte Optimisten das Bild einer glänzenden Zukunft, in der die Technik alle
Probleme lösen und weltweiten Wohlstand bringen wird. Die Pessi-
misten stellen dem das Negativszenario der zerstörten Umwelt, ver-
brauchter Ressourcen und des durch Datenverarbeitung und Gentechnik total manipulierten Menschen gegenüber.

Bei nüchterner Betrachtung zeigt sich, daß der Weltuntergang nicht
unmittelbar bevorsteht, daß aber auch keineswegs alles zum Besten

bestellt ist, so daß wir unbesorgt im bisherigen Stil fortfahren könnten. Wenn es darum geht, die gegenwärtige Situation zu beurteilen, und erst recht dann, wenn Zukunftserwartungen und Handlungsanweisungen zur Diskussion stehen, sind unterschiedliche Auffassungen und Bewertungen unvermeidbar und völlig legitim. Doch sie müssen abgesichert sein durch die fundierte Kenntnis der Gegebenheiten, wobei es nicht nur um die Oberflächenphänomene, sondern vor allem um die sorgfältige Analyse der Tiefenstrukturen geht.

In diesem Sinne sollen die vorliegenden Beiträge die nötigen Erkenntnisse und Einsichten vermitteln, so daß ein selbständiges, fundiertes Urteil möglich wird. Nach Kant lautet die Maxime der Aufklärung, man solle jederzeit den Mut haben, sich des eigenen Verstandes zu bedienen; er hält es für „sehr was Ungereimtes, von der Vernunft Aufklärung zu erwarten, und ihr doch vorher vorzuschreiben, auf welche Seite sie notwendig ausfallen müsse". (Kant K r V, A 747) Das trifft auch für die philosophische Reflexion über die Technik zu; dementsprechend bringen denn auch die Autoren der einzelnen Kapitel unterschiedliche Akzentsetzungen kognitiver und normativer Art ins Spiel, die exemplarisch das Spektrum möglicher Positionen andeuten.

Für uns ist es heute völlig selbstverständlich, daß die moderne Welt in allen Lebensbereichen durch die moderne Technik geprägt wird. Doch diese Sichtweise ist historisch gesehen ausgesprochen neu. Noch Nietzsche, J. Burckhardt und Dilthey – um nur einige Namen zu nennen – sahen in der Technik keineswegs eine weltbestimmende Instanz; Cl. H. Saint-Simon und Marx waren hier hellsichtiger. Vor dem Aufkommen der Industrie war die handwerkliche Technik als selbstverständliches Element in das kulturelle und soziale Leben integriert und wurde deshalb gar nicht als eigenständige Größe und als philosophisch relevantes Thema wahrgenommen. Einen grundsätzlichen Wandel brachte hier die Industrielle Revolution, die genau besehen eine permanente, bis heute in immer neuen Schüben fortwirkende Veränderung eingeleitet hat. Da die Philosophie Wegbereiterin und Ausdruck des jeweiligen Zeitgeistes ist, kann es nicht verwundern, daß die Technik erst relativ spät zum Gegenstand philosophischer Untersuchungen gemacht wurde.

In der abendländischen Tradition mit ihrer objektivierenden theoretischen Ausrichtung gilt der Mensch in erster Linie als vernünftiges, denkendes Wesen. Unter diesem Gesichtspunkt erscheint die Technik nur als ein vergleichsweise anspruchsloses, theoretisch uninteressantes praktisches Können. Hieraus resultiert eine eigentümliche geistesgeschichtliche Paradoxie. Die moderne Technik, die – in Wechselwirkung mit den Naturwissenschaften – in hohem Maße theoriebestimmt ist, wurde trotzdem bis in die Gegenwart hinein gleichsam als illegitimes Kind des abendländischen Geistes betrachtet, weil man ihre – historisch späte – Geburt aus dem Geiste der Theorie nicht anerkennen wollte. In Wirklichkeit hätte aber die komplexe, auf theoretischen Entwürfen und systematischen Umwegen beruhende moderne Technik gar nicht entstehen können, wenn das Interesse stets und ausschließlich auf die unmittelbare, praktische Nützlichkeit beschränkt geblieben wäre. Auch der Umstand, daß die Technik, ebenso wie etwa die Politik und die Wirtschaft, einen in sich vielfältig strukturierten, komplexen Phänomenbereich betrifft, der sich vereinfachenden Modellvorstellungen und stilisierten Darstellungen entzieht, dürfte zu der vergleichsweise späten Entwicklung der Technikphilosophie beigetragen haben.

Aus dem Fehlen einer langen Tradition ergeben sich Folgen für die Gliederung des vorliegenden Bandes. Der Struktur des Sachgebiets entsprechend stehen systematische Gesichtspunkte im Vordergrund und nicht die historische Entwicklung der Technikphilosophie. Nur das erste Kapitel ist dem historischen Werdegang der Technikphilosophie gewidmet, wobei naheliegenderweise die neueren Deutungen bis hin zur gegenwärtigen Diskussion überwiegen. Im zweiten Kapitel werden das Zustandekommen der Realtechnik und ihre Bedeutung im ökologischen und sozialen Zusammenhang unter dem Gesichtspunkt des Problemlösungsverhaltens abgehandelt. Die heute naturgemäß im Vordergrund des Interesses stehenden praktischen Fragen kommen im dritten Kapitel zur Sprache; hier geht es um den Wandel von Wertvorstellungen, die Präzisierung des Verantwortungsbegriffs, die Idee der Technikbewertung und die ethische Beurteilung besonders sensibler Problembereiche. Das abschließende vierte Kapitel bietet eine zusammenfassende Würdigung im Sinne der unaufhebbaren Dialektik von Verlust und Fortschritt.

Jede Fragestellung und jeder Themenkomplex lassen sich immer nur von einem ganz bestimmten Zugang her untersuchen, der jeweils durch einen wohldefinierten Kontext und spezifische Prämissen charakterisiert ist. Es gehört zum ‚pflichtgemäßen Ermessen‘ eines philosophischen Autors, hier eine Konkretisierung vorzunehmen, die grundsätzlich immer auch anders ausfallen könnte. Diese Vielfalt läßt sich prinzipiell durch eine notfalls gewaltsame Gliederung und eine eindimensionale Argumentationsstruktur vermeiden. Doch es ist mindestens ebenso sinnvoll, in den einzelnen Beiträgen ganz bewußt kontroverse, gegensätzliche Auffassungen und komplementäre Gesichtspunkte zur Geltung kommen zu lassen, so daß keine künstlich geglättete Darstellung, sondern ein der tatsächlichen Komplexität und den vielfältigen Dimensionen angemessenes, facettenreiches Bild entsteht. Dieser Weg wurde hier gewählt. So behandelt etwa Ropohl die Auswahl bestimmter technischer Verfahren vom Problemlösungsverhalten her, während Rapp dieselbe Frage im Zusammenhang mit der Sachzwangthese und der Technikbewertung untersucht. Lenk diskutiert die normativen Fragen unter allgemeinen Gesichtspunkten, während Zimmerli ethische Prinzipien entwickelt, um sie dann auf die konkreten Fälle anzuwenden. Noch deutlicher werden die komplementären Ansätze bei der Frage nach dem technischen Fortschritt, wo die einzelnen Autoren in ihrem jeweiligen Untersuchungskontext unterschiedliche Gesichtspunkte zur Geltung bringen.

Die moderne Technik ist rational konzipiert. Ihr immanenter Erfolg, ihre Chancen und ihre Risiken beruhen darauf, daß durch Arbeitsteilung und Spezialisierung in einem hochdifferenzierten, vernetzten Zusammenspiel von jeweils funktional eingesetzten Elementen die Kräfte der Natur für menschliche Zielsetzungen dienstbar gemacht werden. Angesichts dieser schier übermächtigen Zweiten Natur, die wir selbst geschaffen haben und die uns doch wie alle anderen kollektiven menschlichen Schöpfungen als eigenständige Macht gegenübertritt, sind spontane individuelle Verhaltensweisen zum ohnmächtigen Scheitern verurteilt. Nur wo der entschlossene gemeinsame Wille und die nüchterne, sachbezogene Einsicht zusammenkommen, besteht Aussicht auf eine bewußte und erfolgreiche Gestaltung des technischen Wandels. Die anstehenden Probleme lassen sich nur meistern, wenn das dumpfe Aufbegehren und die diffusen und unkoordinierten individuellen Impulse in einem entsprechenden Gesamtwillen wirksam werden, der seinerseits der Komplexität der modernen Technik und ihren Wirkungszusammenhängen Rechnung trägt. Um die erforderlichen Erkenntnisse zu vermitteln und ein auf Bewahrung und nicht auf Zerstörung gerichtetes Bewußtsein zu schaffen, bedarf es der Einsicht in die grundlegenden, philosophischen Sachzusammenhänge und der Reflexion auf die humanen und damit im eigentlichen Sinne ‚fortschrittlichen‘ Wert- und Zielvorstellungen. Hierzu wollen die Autoren dieses Bandes einen Beitrag leisten.

ENTWICKLUNG DER TECHNIKPHILOSOPHIE

Der Technikbegriff

Alois Huning

Was Technik ist, läßt sich nicht durch eine allgemeine, abstrakte Definition bestimmen. Da die Technik, wie alles, was Menschen tun, in den Fluß des historischen Geschehens eingeordnet ist, muß man auch zum Verständnis der Technik auf den historischen Werdegang zurückgreifen.

Wortgeschichte

Das deutsche Wort „Technik" geht auf das griechische „τέχνη" zurück, das auch für die meisten europäischen Sprachen die Grundlage für das entsprechende Wort bildet. Dieses griechische Wort hat eine indogermanische Wurzel, die so viel wie „flechten", „zusammenfügen" meint, was im lateinischen „texere" noch im ursprünglichen Sinn enthalten ist, da dieses Wort „flechten", „weben" bedeutet; das ist über das lateinische Adjektiv „textilis" in der Bedeutung „gewebt", „gewirkt" auch in die deutsche Sprache eingegangen. Im Griechischen gewinnt die Wortfamilie bald eine speziellere Bedeutung, die wohl über das Zusammenfügen von Flechtwerk beim Hausbau hinaus auch die Arbeit mit Balken und Brettern bezeichnete, so daß „τεκταίνομαί" die Bedeutung von „bilden", „formen", „gestalten" erhält und aus „τέκτων" der „homo faber" wird, der als der „Architekt" noch heute lebendig ist. Das griechische Wort „τέχνη" ist aber nicht auf die Tätigkeit des Hausbaus beschränkt, sondern kann alle Arten menschlicher Tätigkeit bezeichnen; als „τέχνη" wird im klassischen Griechisch die Tätigkeit des Arztes genauso bezeichnet wie die des Handwerkers oder des erfinderischen Maschinenbauers, aber auch für den logischen Beweis oder für die körperliche Liebe gibt es eine „Technik".

Schon bei Aristoteles (384–322) findet die „Technik" philosophisch besondere Beachtung. Für ihn steht „Technik" zwischen dem Erfahrungswissen und dem durch strenge Forschung gewonnenen wissenschaftlichen Wissen, das Allgemeingültigkeit beansprucht, während die Erfahrung die konkreten Gegebenheiten einbezieht. Technik ist für Aristoteles ein auf Tun gerichtetes Wissen oder ein auf Wissen gegrün-

Zum Titelblatt: Gesamtdarstellung des Wissens an der Schwelle zur Neuzeit. Die Philosophia divina (vertreten durch die Kirchenväter Augustinus, Gregorius, Hieronymus und Ambrosius) schwebt über dem Kreis der profanen Enzyklopädie. In diesem Kreis des irdischen Wissens liest die dreiköpfige Philosophia rerum humanarum im Buch der Natur; sie trägt die Krone der Weisheit auf dem Haupt und hält das Szepter der Gerechtigkeit. Unter ihren Fittichen die sieben freien Künste. Außerhalb dieses Kreises vertritt Aristoteles die Philosophia naturalis und Seneca die Philosophia moralis. – Titelblatt aus einem Standardwerk des 16. Jahrhunderts.

detes Handeln. In diesem Verständnis sind die späteren Bedeutungen des Wortes grundsätzlich bereits angelegt. Handwerkliches Können, wissenschaftliche Konstruktion, aber auch List und Betrug – die bei der heutigen Technikkritik besonders herausgestellt werden – bedeuten alle ein Sich-Verstehen auf ein bestimmtes Tun.

Im Lateinischen gab es für den mit „τέχνη" bezeichneten Sachverhalt bereits die Wörter „ars" und „machina", wobei ersteres „Kunst", „Fähigkeit, etwas Künstliches herzustellen", bedeutet, und letzteres die „Maschine" als ein künstlich hergestelltes Hilfsmittel bezeichnet. Deshalb kommt das Wort „technicus" im Lateinischen zunächst nur in sehr eingeschränkter Bedeutung vor, nämlich als Bezeichnung für den Lehrer einer Kunst, und zwar besonders für den Lehrer der Redekunst.

Als sich im 16. und 17. Jahrhundert die Humanisten wieder stärker mit der griechischen Sprache beschäftigten, entstanden Wortbildungen auf der Grundlage des griechischen Wortes „τέχνη"; als erste dieser Bildungen gilt das Kunstwort „Pirotechnica" oder „Feuerwerkskunst", das der Italiener Vanoccio Biringuccio (1480–1540) geprägt hat. [III-3.3]

Weitere Schritte zur Durchsetzung des Wortes im Lateinischen und Deutschen sind das 1664 erschienene Buch „Technica curiosa" von Caspar Schott (1608–1666) sowie der zweite Band von Jakob Leupolds (1674–1727) neunbändigem Werk „Theatrum machinarum generale", der 1724 unter dem Titel „Theatrum Machinarum Hydrotechnicarum" erschien, worin die Wasserbaukunst beschrieben wird. Leupold will jedoch nicht nur beschreiben, wie etwas gemacht wird, sondern er strebt bereits nach wissenschaftlicher Begründung, weshalb er es „für nöthig erachtet, solche Künste auf einen festen Fuß mathematischer, mechanischer und physicalischer Wissenschaft zu bauen, um jedermann zu zeigen, was sonst zur Beurtheilung der bereits erfundenen als auch zur Angebung neuer Maschinen zu wissen ist"[1]. [III-4.4]

Mit solchem Technikverständnis stellt sich erneut die aristotelische Frage, was denn der Ort von Technik zwischen Erfahrung, Können und Wissen sei. Diese Fragestellung wird weiter vorangetrieben durch die Übernahme des spätgriechischen Wortes „τεχνολογία" ins Lateinische, wo es zunächst „Lehre von einer Kunst" bedeutet, vor allem als Lehre von Systematik und Methodik der sogenannten sieben freien Künste, der „artes liberales", die aber gerade nicht Handwerklich-Technisches zum Inhalt haben, so daß die Verwendung des Wortes „Technologie" für die Sammlung und Erklärung von Kunst- und

*Die ,,Pirotechnica" des sienesi-
schen Werkmeisters Biringuccio
(Venedig 1540) faßt das Wissen
der Zeit über technische Chemie
und über Eisen- und Hüttenwesen
zusammen. Da sich die Abhandlung an den Praktiker wendet, ist
sie nicht mehr in lateinischer Sprache abgefaßt; gegenüber dem Mittelalter sind technische Fortschritte
erkennbar.*

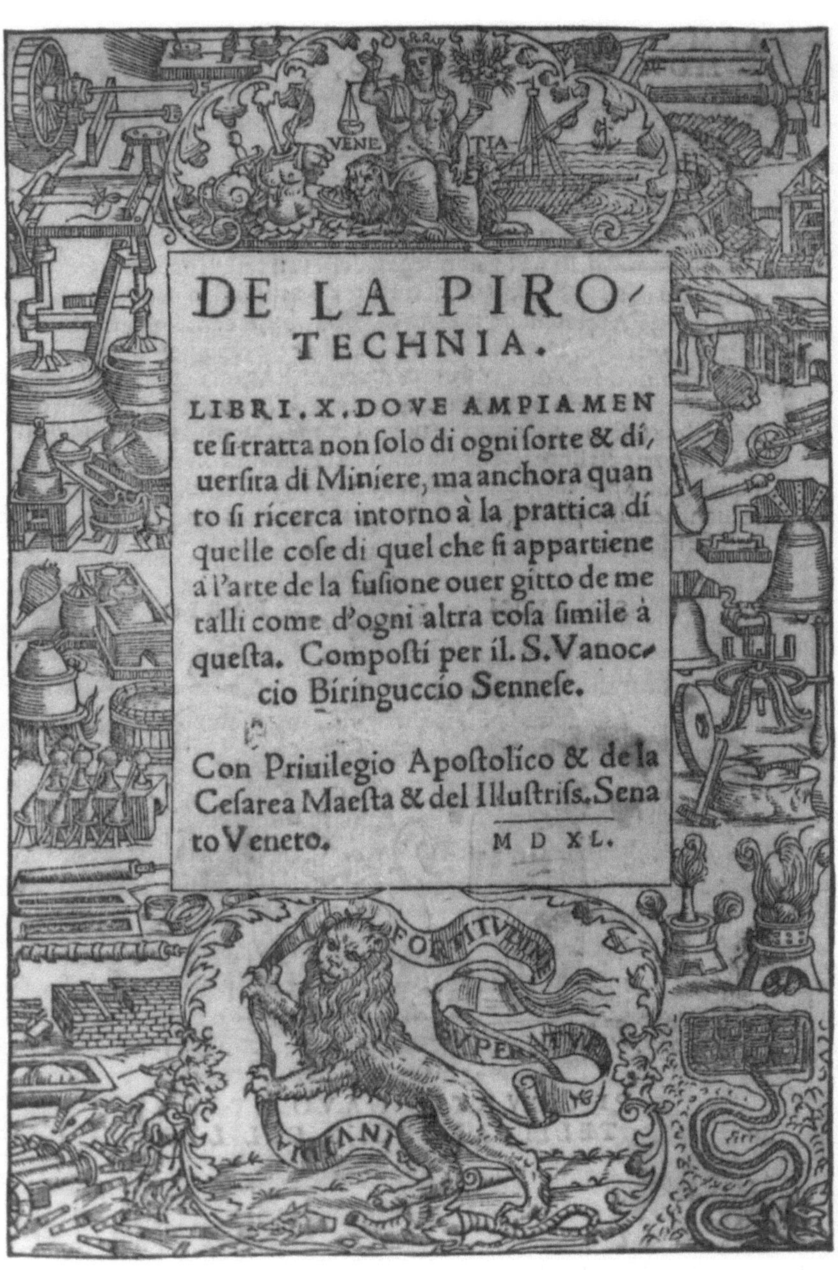

Fachwörtern, also im Sinne des heutigen Wortes „Terminologie", nicht überrascht. [V-3.1]

In Frankreich begegnet uns dieses Wort schon in einem Methodenbuch, das 1600 erschienen ist, in Deutschland 1606 in einem „Methodischen System der Metaphysik", wo die Technologie als Traktat über das Wesen und die Unterschiede der Artes liberales verstanden ist. Die Wendung zur Technik im heutigen Verständnis läßt sich erstmals mit einem englischen Lexikon von 1706 belegen, wo „Technology" beschrieben wird als „a description of Arts, especially the Mechanical".

Im frühen 18. Jahrhundert kommt mit Christian Wolff (1679–1754) der wissenschaftliche Anspruch zum Wortinhalt hinzu, wobei er allerdings ausdrücklich „Technik" und „Technologie" synonym gebraucht. Die Wissenschaft muß sich nach Wolff mit den Vernunftgründen der Regeln einer Kunst und ihrer Produkte befassen und schließt auch die Grundlagen der Herstellung und Anwendung der zur Produktion benötigten Werkzeuge und Maschinen ein.

Ganz entscheidenden Einfluß auf den heutigen Sprachgebrauch hat der Göttinger Philosoph und Ökonom Johann Beckmann (1739–1811), der 1777 in seiner „Anleitung zur Technologie" die Technologie so definierte: „Technologie ist die Wissenschaft, welche die Bearbeitung der Naturalien, oder die Kentniß der Handwerke lehrt. Anstat daß in den Werkstellen nur gewiesen wird, wie man zur Verfertigung der Waaren, die Vorschriften und Gewohnheiten des Meisters befolgen soll, giebt die Technologie, in systematischer Ordnung, gründliche Anleitung, wie man zu eben diesem Endzwecke, aus wahren Grundsätzen und zuverlässigen Erfahrungen, die Mittel finden, und die bey der Verarbeitung vorkommenden Erscheinungen erklären und nutzen soll"[2]. [III-4.3]

Beckmanns Absicht war es, die vorhandenen Handwerks- und Gewerbezweige zu verbessern; dazu sollte vor allem die Nutzung wissenschaftlicher Erkenntnisse dienen, da diese eine Fortentwicklung des Tradierten ermöglichte, während die bloße Nachahmung des Meisters eher zur Stagnation führte.

Der Beckmannsche Sprachgebrauch setzte sich im Englischen und im Russischen durch, während er sich in Deutschland auf die Lehre von Verfahren zur Bearbeitung und Verarbeitung von Rohstoffen, besonders auf Umwandlungsprozesse, einengte. „Technologie" wurde so in Deutschland zur „Verfahrenstechnik".

Der heutige Sprachgebrauch, der das Wort „Technologie" im weiten, an Beckmann anknüpfenden Sinne verwendet, läßt sich sicher als eine Rückwanderung erklären, die durch den Einfluß des Englisch-

Mit seiner zusammenfassenden Darstellung wird Johann Beckmann zum Wegbereiter des modernen Technologiebegriffs.

Die Titelseite der 1808 erschiene-
nen Abhandlung von J. A. Engels
über „Papier und einige andere
Gegenstände der Technologie und
Industrie" zeigt, welche Hoffnun-
gen die deutschen Zeitgenossen auf
die Entwicklung der Indsturie setz-
ten. Pallas Athene und der Genius
weisen hin auf Johann Beckmann,
der in der Reihe der nationalen
Heroen den nächsten Platz einnehmen soll.

Amerikanischen und des Russischen auf das geteilte Deutschland verständlich wird. Dabei scheint der Sprachgebrauch im Osten fast definitorisch so festgelegt zu sein, wie Semjon Wiktorowitsch Schuchardin erklärt: „Wir wollen unter dem Wort ‚Technologie' den unmittelbaren Produktionsprozeß materieller Güter verstehen. Zur Bezeichnung der Wissenschaft über die Gesetze dieses Prozesses verwenden wir den Begriff technische Wissenschaft, aber die Gesamtheit der Prozesse der Gewinnung von Rohstoffen, der Bearbeitung oder der Verformung derselben, bezeichnen wir als technologischen Prozeß"[3].

In der Bundesrepublik ist neben dem überkommenen Verständnis von „Technologie" als „Verfahrenstechnik" die Ausweitung auf die „Wissenschaft von der Produktion und ihren Prozessen" festzustellen, vor allem im Sprachgebrauch der Wirtschaftswissenschaften. In der allgemeinen Publizistik wird als „Technologie" immer mehr sowohl das technikbezogene Wissen als auch die Anwendung dieses Wissens bezeichnet, so daß das Wort „Technik" nur mehr eine sehr eingeschränkte Bedeutung behält und fast nur noch die materiellen Mittel für technische Prozesse bezeichnet; auch das scheint sich allerdings noch zu wandeln, so daß man heute bereits von der „Technologie" eines Automobils spricht, vor allem wohl seit der verstärkten Einführung der Mikroelektronik; damit bliebe für „Technik" nur noch die Bedeutung der – nicht einmal notwendig mit Wissen und Verständnis verbundenen – Anwendung bestimmter Handlungs- und Verhaltensweisen (Technik des Klavierspielens, des Autofahrens usw.), besonders im Umgang mit Gerätschaften und Maschinen.

Vor allem Ingenieure sind häufig verärgert über einen solchen Sprachgebrauch, der Eindeutigkeit vermissen läßt. Gewohnt an Normen und Richtlinien, möchten sie auch in der Sprache eindeutig festgelegte Begriffe benutzen. So will der frühere Direktor des Vereins Deutscher Ingenieure, Heinrich Grünewald, das Wort „Technologie" nur dort gebrauchen, wo es sich um die Bezeichnung einer Wissenschaft von den Verfahren der Stoffgewinnung, Stoffumwandlung oder Stoffbearbeitung handelt. Den Begriff der „Technikwissenschaften" möchte er verwenden für Wissenschaften, deren Zweck die Erfindung, Entwicklung, Berechnung, Konstruktion, Fertigung und der Betrieb von Geräten, Maschinen und Anlagen ist, wobei Naturgesetze und Ergebnisse zweckorientierter technischer Forschung die Grundlagen bilden und die Optimierung unter den wirtschaftlichen, humanen, sozialen und politischen Aspekten geschieht. „Technik" soll nach Grünewald der Begriff sein, der die praktische Anwendung und das Ergebnis der „Technologien" und „Technikwissenschaften" bezeichnet[4].

Es ist sicher sinnvoll, im Rahmen eines Textzusammenhanges einen eindeutigen Sprachgebrauch durchzuhalten, aber die Sprache läßt sich nicht dirigistisch festlegen, so daß wir mit einer Weiterentwicklung rechnen und den Wortgebrauch jeweils dem Textzusammenhang entnehmen müssen.

Philosophische Fassungen

Versuche, „Technik" begrifflich genau zu fassen und das Besondere technischen Wissens, Könnens und Tuns gegenüber anderem Wissen, Können und Handeln abzugrenzen, hat es seit der klassischen griechischen Philosophie immer wieder gegeben, obwohl die „Technik" bis in unser Jahrhundert hinein nicht zu einem zentralen Thema der Philosophie wurde. Das änderte sich erst nach dem ersten Weltkrieg. In seiner „Philosophie der Technik" definierte Friedrich Dessauer (1881 – 1963) 1927 Technik als „Sein aus Ideen"[5] oder als „Realisierung von Ideen"[6]. In seinem Buch „Streit um die Technik" von 1956 bezeichnet er Technik „als Realwerden aus Ideen, historischem Erscheinen und Verbleiben in der Menschheit"[7], so daß er folgenden Vorschlag zu einer Wesensbestimmung der Technik machen kann: „Technik ist reales Sein aus Ideen durch finale Gestaltung und Bearbeitung aus naturgegebenen Beständen"[8]. [I-1.3]

Den Kern der Technik sieht Dessauer in der Erfindung; der Erfinder ist für ihn der eigentliche Techniker, der das göttliche Schöpfungswerk fortführt. Der Erfinder hat nach Dessauers Meinung eine Idee, die als Zielvorstellung aus Bedürfnissen und Wünschen gebildet wird. Mit dieser Idee durchforscht der Erfinder das Reich der Möglichkeiten, das für Dessauer ein real existierendes Reich ist, das alle zukünftigen Realisierungen bereits als prästabilierte Lösungsgestalten enthält. – Das ist eine Vorstellung, die Dessauer zwar philosophiegeschichtlich zu begründen versucht, die aber in Wirklichkeit wohl nur aus seiner religiösen Einstellung zu verstehen ist, die davon ausgeht, daß Gott als der Ewige alle menschlich-geschichtliche Zeitlichkeit und die darin enthaltene historische Entwicklung im Moment der Ewigkeit geschaffen hat, so daß alles für uns noch Zukünftige in Gott bereits Realität ist; deshalb ist „Erfinden" für Dessauer nur das „Finden" von etwas bereits Vorhandenem, das aber erst gefunden werden kann, wenn die Zeit dafür gekommen ist.

Dieser Definitionsvorschlag Dessauers fand ein außerordentlich lebhaftes Echo, das von begeisterter Zustimmung bei christlichen Ingenieuren bis zu heftiger Ablehnung von positivistischer und marxistischer Seite reichte.

Im Verein Deutscher Ingenieure wurde diese Diskussion aufgegriffen und besonders durch Vorträge von Eugen Fink (1905—1975), Arnold Gehlen (1904—1976), Walther Helberg (geb. 1899) und Paul Wilpert (1906—1967) weitergeführt. In diesen Erörterungen spiegelt sich zugleich die Entwicklung der Technik selbst und ihre Rolle in der Gesellschaft. Das wird besonders deutlich bei Helberg, der zunächst die klassische Vorstellung von Technik zusammenfaßt; danach ist Technik ein Herstellen und Betreiben von einzelnen Gegenständen, ein neutrales Mittel zur Erfüllung menschlicher Bedürfnisse, aber Technik ist auch die Gesamtheit der Prozesse, die vom Menschen rational geplant, entworfen und durchgeführt werden und durch welche der Mensch als Subjekt sich der Objekte in der Welt und schließlich der Welt als ganzer bemächtigt. Die nachklassische Technik ist nach Helberg durch eine Ausweitung gekennzeichnet; es geht jetzt nicht nur um mechanische Vorgänge, sondern auch um Transport und Umwandlung von Energien und Informationen; damit wird Technik weniger gegenstands- als vielmehr prozeßbezogen gesehen und verliert in der Informationstechnik sogar ihren strengen Charakter eines Subjekt-Objekt-Verhältnisses, weil Information nie geschieht ohne Prozesse, die in und zwischen Subjekten ablaufen. Deshalb definiert Helberg Technik so, daß sie „nicht nur die Gesamtheit aller gegenständlichen, sondern auch aller nichtgegenständlichen Umwandlungsprozesse (ist), die so verlaufen, wie sie das planende menschliche Subjekt vorher rational gedacht und zweckgerichtet vorgestellt hat . . ."[9]. [V-3.6.2]

Gehlen versteht die Technik aus ihrer entwicklungsgeschichtlichen Bedeutung für den Menschen, weshalb sie für ihn im wesentlichen „körperliche und geistige Entfaltung des Menschen" bedeutet[10].

Wilpert verweist darauf, daß sich in einer Definition von Technik vor allem der technisch Tüchtige mit seinem Tun wiedererkennen muß. Er betont, daß Technik wesentlicher Teil menschlichen Kulturschaffens ist, das die Natur zu erkennen strebt, um sie bearbeitend zu gestalten; dabei ist der Mensch in der Lage, neben Erweiterungen und Ergänzungen seiner naturgegebenen Kräfte auch grundsätzlich Neues zu schaffen, das so in der Natur nicht vorkommt — etwa das Rad mit der Drehung um eine feststehende Achse. Fortschritte in der Technik sieht Wilpert in der wachsenden Unabhängigkeit des Menschen von körperlicher Anstrengung. Die ersten Werkzeuge wurden mit menschlicher Muskelkraft geschaffen, später übernahmen tierische Kräfte die größten Anstrengungen, dann verstand es der Mensch, die

Kräfte von Wind und Wasser zu nutzen, und seit der Entwicklung der Dampfmaschine wird die Technik immer weniger zeit- und ortsabhängig. Technik ist für Wilpert eine Lebensnotwendigkeit des menschlich-menschenwürdigen Daseins; als Ausdruck menschlicher Schöpferkraft entsteht sie aufgrund rationaler Zwecksetzung und erzeugt eine neue Realität als Weltumgebung des Menschen, ohne aber neue Gesetze der Realität schaffen zu können. Daher definiert Wilpert Technik als „die Betätigung der Schöpferkraft des Menschen, die im Rahmen der Naturgesetze und im Dienst menschlicher Daseinsbewältigung eine von menschlicher Zwecksetzung bestimmte Wirklichkeit in und neben der Naturwirklichkeit schafft"[11].

Eine ähnliche Wesensbestimmung gibt Heinrich Beck: „Technik bietet sich uns dar als eine Begegnung des menschlichen Geistes mit der Welt, wobei der Mensch die anorganische, die organische und die eigene seelisch-geistige Natur (bzw. die entsprechenden natürlichen Vorgänge) nach Maßgabe der erkannten Naturgesetze auf seine Zwecke hin fortgestaltet und verändert"[12].

Marxistische Definitionen betonen vor allem, daß „unter Technik . . . jene materiellen Mittel und Verfahren zu verstehen" sind, „die, gesellschaftlich geschaffen, vom Menschen zwischen sich und das Objekt seiner Handlungen, Tätigkeiten, gestellt werden"[13]. Häufig wird dabei vernachlässigt, was als bleibendes Resultat technischen Tuns in der Welt als „Technostruktur" vorhanden ist; aber auch der geistig-kreative Aspekt wird wohl nicht genügend hervorgehoben, wenn Technik beschrieben wird als „Produkt und Mittel der physischen und psychischen Arbeitstätigkeit der Menschen und Verkörperung der Ausnutzung und Anwendung von Naturgesetzen durch den Menschen"[14].

Auch gegenwärtige Autoren bemühen sich in technikphilosophischen Darstellungen um eine Definition. So sieht Hans Sachsse in der Technik einen „Teil unseres Wesens, ein Glied unserer Natur, bildlich gesprochen ein Organ unseres Körpers"[15]. Technisches Handeln ist für ihn ein Handeln, „das einen Umweg wählt, weil das Ziel über diesen Umweg leichter zu erreichen ist"[16]. [II-5.2]

Friedrich Rapp will als Gegenstand einer Technikphilosophie nur die „Realtechnik" gelten lassen, die auf ingenieurwissenschaftlichem Handeln und naturwissenschaftlichen Erkenntnissen beruht" und „im Gegensatz zu anderen individuellen, sozialen und intellektuellen Verfahrensweisen auf die Naturbeherrschung durch Umgestaltung der materiellen Außenwelt abzielt", wie er mit Berufung auf Friedrich von Gottl-Ottlilienfeld (1868−1958) ausführt[17].

Günter Ropohl möchte ebenfalls den Begriff „Technik" im Sinne von Realtechnik verstehen, wozu die Artefakte wie auch deren Herstellung und Verwendung im Rahmen zweckorientierten Handelns gehören; aber er möchte dieses Verständnis nicht als Wesensdefinition verstanden wissen. Die naturale, humane und soziale Dimension der Technik will er in einem handlungstheoretischen Systemkonzept zusammenfassen, das menschliches Handeln und artifiziell geschaffene Sachen vereinigen kann[18].

Aus den bisherigen Definitionsversuchen ergibt sich, daß ein umfassender Begriff von Technik drei Momente enthalten muß: das mit Wissen verbundene Können, das Tun oder Handeln aufgrund wissenden Könnens und die Artefakte als Resultate des Handelns, die als Technostruktur unsere Welt mitgestalten.

Das Wissen beschränkt sich jedoch nicht auf eine neutrale Methodik; indem es Mittel erkennt und bereitstellt, richtet es sich vielmehr auch auf Zwecke, zu denen diese Mittel dienen sollen oder können, und damit auch auf die Folgen des Handelns. In der Technik werden Wissen und Können durch zweckrationales Handeln zu Wirklichkeit in der Welt. Deshalb muß unter „Technik" die Gesamtheit – aber auch deren Momente als einzelne – der Theorie und der Wirklichkeit von Gegenständen und Verfahren verstanden werden, die als Mittel und Wege zur Erreichung individueller und gesellschaftlicher Zwecksetzungen aufgrund von Bedürfnissen, Wünschen und Entscheidungen durch menschliches Handeln im Rahmen der Naturgesetze geschaffen werden und insgesamt weltgestaltend wirken[19]. Eine besondere Aufgabe der Technikphilosophie ist es, das menschliche Handeln in der Technik als konstruktiv-kreative Leistung zu fortschreitender Humanisierung der Natur zu bestimmen.

Angesichts der Fülle von Definitionsversuchen haben mehrere Autoren sich um eine Vereinheitlichung und Systematisierung bemüht.

Hans Lenk findet in der traditionellen Technikphilosophie neun Gruppen, die durch das von ihnen verwandte Technikverständnis charakterisiert werden:

1. Technik als angewandte Naturwissenschaft (Reuleaux, Bunge, teilweise auch Rumpf);

2. Technik als Mittelsystem, das zweckneutral als anstrengungsersparende Zwischenschaltung oder als Produktionsumweg für beliebige Ziele eingesetzt werden kann (Spencer, Simmel, Spranger, Jaspers, Tondl, Agoston, Sachsse);

Technik als Mittelsystem zur wirtschaftlichen Bedarfsdeckung und zur Abwendung von Not und Mangel (Gottl-Ottlilienfeld, Spranger);

Technik als Mittelsystem, das zur Entlastung und Daseinsgestaltung dient (Gehlen, Jaspers);

Technik als Mittelsystem, das die Verfahren und Mittel zur Beherrschung der Natur durch den Menschen umfaßt (Gottl-Ottlilienfeld, theologische Darstellungen);

3. Technik als Ausdruck menschlichen Ausbeutungs- und Machtstrebens (Spengler, Scheler, Ellul);

4. Technik als seinsgeschichtlich sich entwickelndes „Entbergen" der Natur (Heidegger);

5. Technik in christlich-platonischer Deutung als Realwerden aus Ideen, die der Erfinder in Weiterführung der göttlichen Schöpfung nach prästabilierten Lösungsgestalten in die konkrete Wirklichkeit überführt (Dessauer, Koeßler);

6. Technik als säkularisierte Selbsterlösung des Menschen durch sein eigenes Handeln (Brinkmann);

7. Technik als Erzeugung des objektiv Überflüssigen, das aber den Menschen erst zum Kulturwesen macht und deshalb für ihn in höherem Sinne „notwendig" ist (Ortega y Gasset);

8. Technik als Befreiung von den Schranken der Natur durch den Entwurf einer vom Menschen geschaffenen Kulturwelt (Freyer, Schilling);

9. Technik als Objektivation menschlicher Arbeit und Leistung und damit als Vehikel indirekter Selbstdeutung des handelnden Menschen, der diese Selbstdeutung nur durch Auslegung, Projektion und Resonanz in einem „Nicht-Ich" gewinnen kann (Gehlen) [20].

Rapp reduziert diese Einteilung auf vier Betrachtungsweisen und unterscheidet ingenieurwissenschaftliche, kulturphilosophische, sozialkritische und systemtheoretische Technikdeutungen.

Interessant ist auch der Versuch, eine „Typologie der Theorien für Technik und Industriebetriebswirtschaftslehre" vorzulegen, wie es Masayuki Munakata 1978 unter Berufung auf Aikawa gemacht hat. Dieser veröffentlichte bereits 1942 eine Einführung in eine (allgemeine) Techniktheorie. Munakata unterscheidet drei Typen von Techniktheorien:

1. Sozialwissenschaftlicher Ansatz: Hier wird Technik vor allem als Mittel gesehen; analysiert werden besonders die sozialökonomische Funktion der Technik und ihr gesellschaftliches Wesen sowie ihre Rolle in der gesellschaftlichen Entwicklung;

2. Naturwissenschaftlicher Ansatz: Hier steht nicht das Verhältnis zwischen Technik und Gesellschaft im Mittelpunkt, sondern der Zusammenhang mit der Natur und der Naturerkenntnis des Menschen; Technik wird eher als rationales Wissen um Möglichkeiten betrachtet denn als gesellschaftlich nutzbringendes Handeln;
3. Humanwissenschaftlicher Ansatz: Diese Richtung verbindet die beiden anderen und sieht in der Technik eine menschliche Tätigkeit, die subjektive und objektive, rationale und irrationale Elemente enthält und je nach dem Menschenbild eines Autors optimistisch oder pessimistisch, kulturkritisch oder fortschrittsgläubig geprägt ist[21].

Alle diese Einteilungsversuche machen deutlich, daß Technik heute als Thema der Philosophie so wichtig ist, daß an der Technikphilosophie eines Autors zum Ausdruck kommt, welche Philosophie dieser insgesamt vertritt. Ontologie, Erkenntnistheorie, Anthropologie und Ethik der Technik erhalten ihre Färbung von der Weltanschauung des Autors, die sich direkt oder indirekt im Technikverständnis ausdrückt. Jede Technikphilosophie läßt sich einem bestimmten ontologischen, epistemologischen, anthropologischen oder ethischen Standpunkt zuordnen. Es ist daher auch nicht verwunderlich, daß Technik ein bevorzugtes Thema weltanschaulicher Auseinandersetzung ist, etwa zwischen christlichem, rationalistisch-säkularisiertem und marxistischem Verständnis.

In der Technikphilosophie spiegelt sich die Entwicklung der Technik in der Menschheitsgeschichte. Philosophie hat nur selten vermocht, konkrete zukünftige Wege für technisch-praktische Weltgestaltung zu zeigen. Sie hat vielmehr das jeweils historisch Erreichte begrifflich zu erfassen versucht. So entsprechen die philosophischen Bemühungen um das Verständnis der Technik ihrer jeweiligen Entwicklungsstufe. Während die Industrie selbstverständlich mittel- und sogar langfristig technische Entwicklungen im wirtschaftlichen Kontext plant, beginnt erst in der Gegenwart eine gesellschaftliche, die philosophischen Aspekte einbeziehende vorausschauende Planung und Bewertung möglicher technischer Entwicklungen.

Der Mensch ist vom Anfang seiner Geschichte an nicht nur praktisch tätig gewesen, sondern hat immer auch über sein Handeln reflektiert, über die zweckmäßigste Weise des Vorgehens ebenso wie über den Sinn seines Tuns: Er ist als Mensch immer zugleich „homo sapiens" oder „Philosoph" im weiteren Sinne und „homo faber" oder praktisch-weltgestaltender „Techniker".

Zuerst hat er sich bemüht, die Kräfte der Natur zu bezwingen und sich dienstbar zu machen; er hat versucht, durch seinen Verstand die Kenntnisse von der Natur bei der Jagd, dem Ackerbau und der Werkzeugherstellung zur Arbeitserleichterung und zu größerer Annehmlichkeit zu nutzen. Er hat die Rohstoffe verbraucht oder durch Verarbeitung und Gestaltung so umgeformt, daß sein Leben dadurch leichter und bequemer wurde. Zuerst mußte er unmittelbare Lebensbedürfnisse befriedigen, ehe er daran denken konnte, sich weitergehende Wünsche zu erfüllen. Schließlich werden durch Technik Mittel zur Verfügung gestellt, durch die neue Bedürfnisse und Wünsche erst geweckt werden, so daß die Technik nicht mehr durch von außen herangetragene Anforderungen, sondern aus sich selbst heraus vorangetrieben wird.

In der Epoche der Jagd- und Wildbeutergesellschaften wurden die Körperorgane des Menschen, besonders die Hand als das „Organ der Organe", durch primitive Werkzeuge und Waffen ergänzt und in ihren Leistungen verstärkt. Die Technik war weitgehend instinktgeleitet und auf unmittelbaren Konsum ausgerichtet.

Die Agrarkulturen brechen mit dieser Unmittelbarkeit, es kommt zu längerfristigen Planungen in Ackerbau und Viehzucht und es entwickelt sich ein spezialisiertes Handwerk zur Herstellung des erforderlichen Geräts und zur Ausstattung der Häuser. Im Zuge der handwerklichen Spezialisierung kommt es zu stärkerer Arbeitsteilung und Entwicklung von Tausch und Handel. Die Kräfte der Natur, wie Wind und Wasser, werden dauerhaft in Dienst genommen und treten an die Stelle menschlicher und tierischer Muskelkraft.

Bei einer sehr summarischen Betrachtung erscheinen das Seßhaftwerden und die Urbanisierung *und* der Übergang von der Handwerkstechnik und dem Manufakturbetrieb zur industriell und mit wissenschaftlichen Methoden betriebenen Technik als die beiden großen Zäsuren in der Menschheitsgeschichte.

Etwa seit 1700 entstanden die modernen Industriezivilisationen mit einer immer stärker systematisch-wissenschaftlich-revolutionären Technik. Sie verliert ihren unmittelbaren Naturbezug und wird zugleich weniger anschaulich. Die globale Verflechtung der ökonomisch organisierten Technik nimmt stark zu. Die Natur wird als verfügbarer Rohstoff für menschliche Nutzung verstanden, als Werkstoff oder als Ausgangsmaterial für die freie Gestaltung der Welt des Menschen. Die erforderliche Energie wird nicht mehr vorrangig durch direkte Nutzung von Naturkräften, sondern zumeist durch deren Umwandlung gewonnen. Die gegenwärtig letzte Stufe dieser Entwicklungslinie ist die Informationstechnik, die zugleich die alten Herstellungstechniken umformt und bestimmt, etwa bei den computerintegrierten Fertigungsprozessen. Damit wächst in weiten Bereichen der Technik die Undurchschaubarkeit, selbst für den technischen Fachmann, der zwar seinen eigenen Bereich kennt, aber in anderen technischen Bereichen auch nur „Laie" ist. Das gilt vor allem für die vielfältig vernetzten Großsysteme und für die miniaturisierten Techniken der Informationsverarbeitung und der Steuerungssysteme. Beurteilung, Bewertung und Abschätzung der Folgen werden immer schwieriger, so daß weite Bevölkerungskreise diesen Entwicklungen sehr skeptisch gegenüberstehen und große Schwierigkeiten bei der Akzeptanz neuer Technologien haben. Der Ruf nach Einhaltung des menschlichen Maßes in der Technik wird immer lauter.

Hinzu kommt, daß sich der Wirkungsbereich der Technik ständig ausweitet. Einerseits beruhen technische Innovationen in zunehmendem Maß auf wissenschaftlichen Erkenntnissen und praxisbezogener Forschung, und andererseits ist der Fortschritt der wissenschaftlichen Forschung immer stärker von technischen Hilfsmitteln abhängig. Während zu Beginn der technisch-industriellen Epoche der Menschheit vor allem die uns objektiv gegenüberstehende Natur mit ihren Materialien und Gesetzmäßigkeiten und deren Erkenntnis in Physik und Chemie die Grundlage technischen Schaffens bildete, werden heute immer mehr Biologie, Psychologie und Medizin die Bezugswissenschaften der technischen Entwicklung, wobei insbesondere die Gentechnik früher ungeahnte Chancen und Risiken bereithält.

Literaturnachweise

1 *Seibicke,* Wilfried: Technik. Versuch einer Geschichte der Wortfamilie um τέχνη in Deutschland vom 16. Jahrhundert bis etwa 1830 (Technikgeschichte in Einzeldarstellungen. Nr. 10). Düsseldorf 1968, S. 71

2 *Beckmann,* Johann: Anleitung zur Technologie, oder zur Kentniß der Handwerke, Fabriken und Manufakturen, vornehmlich derer, die mit der Landwirthschaft, Polizey und Cameralwissenschaft in nächster Verbindung stehn. Nebst Beiträgen zur Kunstgeschichte. Göttingen 1777, S. XV

3 *Schuchardin,* Semjon Wiktorowitsch: Grundlagen der Geschichte der Technik. Versuch einer Ausarbeitung der theoretischen und methodologischen Probleme. Leipzig 1963, S. 34

4 *Grünewald,* Heinrich: „Technologie" und „Technik". Unterschiedliche Bedeutungsinhalte stören Kommunikation zwischen den Wissenschaften. In: VDI-Nachrichten 1971, Nr. 8

5 *Dessauer,* Friedrich: Philosophie der Technik. Das Problem der Realisierung. Bonn 1927, S. 71

6 Vgl. 5, S. 74

7 *Dessauer,* Friedrich: Streit um die Technik. Frankfurt 1956, S. 149

8 Vgl. 7, S. 234

9 *Helberg,* Walther: Beitrag zum Strukturverständnis des technischen Daseins. In: Verein Deutscher Ingenieure. VDI-Hauptgruppe Mensch und Technik (Hrsg.): Der Begriff Technik. Vorträge von Eugen Fink, Arnold Gehlen, Walther Helberg und Paul Wilpert. Düsseldorf 1962, S. 2

10 *Gehlen,* Arnold: Der Begriff Technik in entwicklungsgeschichtlicher Sicht. In: Verein Deutscher Ingenieure (wie Anm. 9), S. 7

11 *Wilpert,* Paul: Das Phänomen Technik. In: Verein Deutscher Ingenieure (wie Anm. 9), S. 20

12 *Beck,* Heinrich: Kulturphilosophie der Technik. Trier 1979, S. 26 f.

13 *Pasemann,* Dieter: Bemerkungen zur Definition der Technik. In: Deutsche Zeitschrift für Philosophie. Sonderheft 1965: Die marxistisch-leninistische Philosophie und die technische Revolution, S. 126

14 *Klaus,* Georg/*Buhr,* Manfred (Hrsg.): Philosophisches Wörterbuch. Leipzig o.J., Artikel „Technik"

15 *Sachsse,* Hans: Anthropologie der Technik. Ein Beitrag zur Stellung des Menschen in der Welt. Braunschweig 1978, S. 6

16 Vgl. 15, S. 9

17 *Rapp,* Friedrich: Analytische Technikphilosophie. Freiburg/München 1978, S. 43

18 *Ropohl,* Günter: Eine Systemtheorie der Technik. Zur Grundlegung der Allgemeinen Technologie. München/Wien 1979, S. 315, S. 319

19 *Huning,* Alois: Das Schaffen des Ingenieurs. Beiträge zu einer Philosophie der Technik. Düsseldorf [3]1987, S. 57

20 *Lenk,* Hans: Zu neueren Ansätzen der Technikphilosophie. In: Lenk, Hans/ Moser, Simon (Hrsg.): Techne, Technik, Technologie. Philosophische Perspektiven. Pullach bei München 1973, S. 202−205

21 *Munakata,* Masayuki: Typologie der Theorien für Technik und Industriebetriebswirtschaftslehre. In: The Annals of the School of Business Administration. Kobe University Nr. 22, 1978, S. 47−53

Die philosophische Tradition

Alois Huning

Antike und Mittelalter

Da bis ins 18. Jahrhundert die Technik – genauer die Handwerkstechnik – selbstverständlicher Bestandteil des allgemeineren Lebenszusammenhanges war, wurde sie nicht als eigenständiges Phänomen gesehen und dementsprechend auch nicht in eigenen philosophischen Diskursen abgehandelt. Philosophische Reflexionen über die Technik finden sich daher als eher beiläufige Bemerkungen in anderen Zusammenhängen.

Die Schriften des Aristoteles (384–322) haben bis zum Mittelalter die abendländische Geschichte der Naturwissenschaften bestimmt. Auch über das technische Handeln des Menschen hat Aristoteles grundlegende Gedanken formuliert, die uns als Elemente späterer Diskussionen immer wieder begegnen. Er unterscheidet grundsätzlich das natürlich Gewordene vom künstlich Hervorgebrachten, das nicht von selbst wird, sondern den Grund seines Vorhandenseins von einem anderen hat, der es herstellt; als Beispiel nennt Aristoteles das Haus, das nicht von Natur aus wächst, sondern vom Menschen gebaut werden muß.

In vielen technischen Produkten des menschlichen Schaffens sieht Aristoteles eine Nachahmung der Natur, aber er sieht die Aufgabe der Technik auch darin, das zu vollenden, was die Natur aus sich selbst nicht vollenden kann. Dabei entsteht zunächst im menschlichen Bewußtsein als Ergebnis vernünftiger Überlegung die „Gestalt" des künstlich zu Schaffenden als Wesensbegriff des Gegenstandes, ehe dieser dann in der entsprechenden Materie verwirklicht werden kann.

Es ist also der Geist, die Vernunft oder die Seele, die den letzten Ursprung technischer Veränderungen und Neuschöpfungen in der Welt bildet. Der menschliche Körper wird dabei von Aristoteles als „mitgeborenes Organ" betrachtet, während das vom Menschen geschaffene Werkzeug wie der Sklave ein vom Herrn getrennt existierendes Organ ist, dessen er sich bedienen kann. Das wertvollste Organ und Werkzeug des Menschen ist für Aristoteles die Hand, die unspezialisiert und Voraussetzung für den Gebrauch aller anderen Werkzeuge ist: sie „ist das Werkzeug aller Werkzeuge" [1].

Die zwei Grundtendenzen der Philosophie: Platon verweist auf die vom Irdischen losgelösten allgemeinen Ideen und Aristoteles auf die konkret erfahrbaren Phänomene. Ausschnitt aus Raffaels Wandgemälde „Die Schule von Athen" im Vatikan (1509/1511).

Mit diesem Gedanken legt Aristoteles die Grundlage für jene anthropologischen Deutungen, die in der Technik Verlängerungen, Verstärkungen, Ergänzungen, Extrapolationen und Projektionen des menschlichen Körpers und seiner Funktionen sehen.

Für die späteren wissenschaftstheoretischen Interpretationen der Technik bleibt die von Aristoteles formulierte Einsicht grundlegend, daß sich in der Technik Denken oder Wissen mit Erfahrung und Können verbinden. Dabei ist die Erfahrung auf das Konkrete bezogen, während das Wissen auf die allgemeinen Gesetzmäßigkeiten zielt. Bei Aristoteles findet man bereits die Unterscheidung zwischen dem Ingenieur und dem Handwerker. Er erkennt den Baumeistern einen höheren Rang zu als den Handwerkern, die bloß konkretes Können aufgrund von Erfahrung und Tradition besitzen, während die Baumeister auch die wissenschaftliche Begründung ihres Tuns angeben können. Das führt bei Aristoteles aber nicht zu einer Geringschätzung der Handwerker; er vermerkt im gleichen Zusammenhang, „daß die Erfahrenen eher das Richtige treffen, als diejenigen, die ohne Erfahrung nur über den Begriff verfügen" [2].

Das antike Denken erfuhr durch das Christentum eine religiöse Wendung, die das ganze Mittelalter bestimmte: Das Denken galt vor allem Gott und der unsterblichen Seele des Menschen. Man mußte sich aber trotzdem mit dem Handeln in dieser Welt auseinandersetzen, durch das sich der Mensch der ewigen Seeligkeit würdig erweisen sollte. Einer der größten Denker des christlichen Abendlandes, dessen Einfluß über Jahrhunderte weitergewirkt hat, ist ohne Frage Augustinus (354–430). [II-3.2]

Für die philosophische Deutung der Technik sind aus der augustinischen Philosophie und Theologie zwei Begriffe besonders wichtig geworden, die in engem Zusammenhang miteinander stehen. Es sind die Begriffe „ars" und „ratio seminalis". „Ars" ist einerseits die direkte Übersetzung der griechischen „τέχνη" und bedeutet „Kunst" und „Können"; zugleich ist „ars" der Ort, die Fähigkeit oder die Anlage zu diesem Können und damit auch der Ort, wo die inhaltlichen Möglichkeiten dieses Könnens zu finden sind. Augustinus verbindet hier mit dem aristotelischen wissenden Können oder dem Sich-auf-etwas-Verstehen, das nach Aristoteles die Technik kennzeichnet, zugleich den platonischen Ort der Ideen, nach denen die irdische Realität gestaltet wird. Zu den Ideen besteht eine weitere Verbindung durch die „rationes seminales", die Keimkräfte zu weiteren Entwicklungen, die in allem Geschaffenen liegen. Auch in diesem Gedanken verbindet Augustinus Platon und Aristoteles: Alles Geschaffene trägt in sich als Entelechie, als Zielvorgabe seiner Entwicklung, die „ratio seminalis", also die keimhafte Kraft, das zu werden, was als Ausdruck der göttlichen Schaffenskraft und des göttlichen Willens seine jeweilige „Idee" ist; diese soll in ihrer Entwicklung möglichst vollständig verwirklicht werden. – Die Ähnlichkeit dieser Konzeption mit Friedrich Dessauers theologisch inspirierter Technikphilosophie ist unverkennbar.

*Augustinus (354—430) ist der be-
deutendste der Kirchenväter. Sein
Denken hatte größten Einfluß auf
die Theologie und Philosophie des
Mittelalters. Ausschnitt aus einem
Fresko von B. Gozzoli (1465).*

Urbild und Vorbild, dem der irdische „Schöpfer" nachstrebt, ist der Schöpfergott. Der Mensch führt dessen Werk fort, indem er in der Nachahmung der göttlichen „Kunst" das als Anlage in den Naturgegebenheiten Vorhandene zum Erscheinen und zur Entwicklung und schließlich zur Vollendung bringt. Technik – so wird Martin Heidegger sagen – ist Entbergen des Seins.

Alle Dinge existieren also zunächst „ideal" oder als „Ideen" im Geiste Gottes; diese Gedanken Gottes sind die Vorbilder und Urbilder der Dinge, die von Gott oder vom Menschen in Fortführung und Vollendung der göttlichen Schöpfung in der irdischen Wirklichkeit geschaffen werden. Weil aber nach Augustinus der ewige Gott alles Geschaffene mit seinem Willen auf einmal geschaffen hat, so läßt sich das Entstehen und Werden von Neuem nur dadurch erklären, daß alles dieses als Möglichkeit bereits angelegt ist; die Erde ist geradezu schwanger mit Entwicklungsursachen, die als verborgene Keimkräfte in sie gelegt sind.

Augustinus will mit dieser Erklärung zwar vor allem die allumfassende, letztlich alleinige Urheberschaft Gottes für alles Außergöttliche betonen, aber er weist gleichzeitig der menschlich-geschöpflichen Aktivität ihren Ort in der Entwicklungsgeschichte an. Damit wird die Grundüberzeugung bekräftigt, daß alles Geschaffene – auch nach menschlichem Eingreifen in Entwicklung und Gestaltung – letztlich Ausdruck des göttlichen Willens und Abbild des göttlichen Urbildes ist, in dem alles irdisch Zukünftige immer bereits ideale Wirklichkeit hat [3].

Das Mittelalter behält den Begriff der „ars" als umfassenden Ausdruck für Schönheit, Kunst, Schöpfertum, Gestaltung, Handwerk und Technik bei. Aber nur die franziskanische Richtung der mittelalterlichen Philosophie und Theologie verfolgt den Begriff der „rationes seminales" weiter. In der Mystik des Mittelalters und in den Vorstellungen der Romantischen Naturphilosophie bis hin zur Lebensphilosophie finden sich entsprechende Vorstellungen; auch in den gegenwärtigen Überlegungen zur „Selbstorganisation" der Materie sind Anklänge an diesen Gedanken erkennbar. [II-4.2; V-1; VII]

Ein weiterer Themenkreis des mittelalterlichen Denkens ist die aus dem aristotelischen Hylemorphismus übernommene Gegenüberstellung von „Materie" und „Form". Dieses Begriffspaar wirkt in der neuzeitlichen Technikphilosophie weiter, denn es bereitet das Denken im Gegensatzpaar von „Subjekt" und „Objekt" vor, ohne das die fortschreitende Naturbewältigung durch moderne Technik nicht denkbar ist. – Als „Materie" wird dabei im weitesten Sinne alles bezeichnet, was der Veränderung, Beeinflussung und Formung zugänglich ist, alles, woraus etwas gemacht werden kann. Die Materie vermag als passives Prinzip der Potentialität vielfältige Formen und Eigenschaften anzunehmen. Dabei wird die letzte und grundlegende Materie so gedacht, daß sie grundsätzlich für alle denkbaren Formen offen ist. Je mehr die Materie durch die Form bestimmt wird, desto enger werden die Möglichkeiten für weitere Bestimmungen und Konkretisierungen.

Die Form ist das, was die Erscheinungsweise der durch sie bestimmten Materie kennzeichnet. Das formgebende Prinzip entspricht damit der „Idee" oder dem Wesen einer Sache. Diesem aktiven Teil steht die passiv sich der Gestaltung darbietende Materie gegenüber. Die Gestaltung der Materie durch die Form erreicht ihr Ende und ihre Vollendung, wenn die Materie durch die höchste Form gestaltet wird, die sie aufzunehmen vermag.

Wesentlich für die weitere Entwicklung des Denkens ist die hier zum Ausdruck kommende Dualität, die in der Form, der gestaltenden Idee, bzw. dem Subjekt als Träger dieser Idee, das aktive Prinzip sieht, während die Materie das passive Objekt bildet. Damit ist der Weg für die neuzeitliche Philosophie der Subjektivität vorbereitet, in welcher der Natur ausschließlich die passive Rolle zufällt, Material für menschliches Handeln darzustellen – bis hin zum Umweltproblem.

Neuzeit

Die moderne Technik der gegenwärtigen Industriezivilisationen ist ein Kind der Renaissance. Die Art und Weise technischen Vorgehens und vor allem die diesem zugrunde liegende geistige Einstellung und Haltung sind entscheidend geprägt durch zwei Denker, die am Beginn der Neuzeit stehen, durch Francis Bacon (1561–1626) und René Descartes (1596–1650).

Francis Bacon entwickelt in seinem „Novum Organon" im bewußten Gegensatz zu Aristoteles die induktive Methode in der Wissenschaft und verspricht damit den Menschen die „Macht zu allen Werken". Gleich der erste Aphorismus „von der Auslegung der Natur und der Herrschaft des Menschen" spricht dies deutlich aus: „Der Mensch, der Diener und Ausleger der Natur, wirkt und weiß so viel, als er von der Ordnung der Natur durch Versuche oder durch Beobachtung bemerkt hat; weiter weiß und vermag er nichts". Gewiß hatte auch Aristoteles schon der Beobachtung und dem Experiment eine gewisse Bedeutung zuerkannt, aber die theoretische Spekulation aus

Francis Bacon, Lordkanzler und Philosoph, wendet sich gegen die Autoritätsgläubigkeit des Mittelalters. Er fordert das ,,Lesen im Buch der Natur'' durch Beobachtung und Experiment. Titelbild zur Werkausgabe von 1879.

metaphysischen ,,Wahrheiten'' hatte bei ihm unbedingte Priorität. Das wird mit Bacon anders. Den Vorrang bekommen nun Experiment und Beobachtung; der sich selbst überlassene Verstand vermag ohne materielle Hilfsmittel und Werkzeuge nicht sonderlich viel zu leisten, wie Bacon im zweiten Aphorismus erklärt. Darüber hinaus betont Bacon ausdrücklich, daß rein spekulativ aufgestellte Axiome nicht zu neuen Werken führen können. Man muß die Gesetzmäßigkeiten der Natur vom Konkreten her gewonnen haben, um in der Lage zu sein, neue konkrete Realitäten zu schaffen – so verdeutlicht der vierundzwanzigste Aphorismus die Fruchtbarkeit der induktiven Methode. Damit wird der Mensch Herr über die Natur, ohne aber die Natur zu vergewaltigen, denn – wie es im dritten Aphorismus heißt – „der Natur bemächtigt man sich nur, indem man ihr nachgibt", oder noch etwas präziser im lateinischen Originaltext: „Natura enim non nisi parendo vincitur". Herr über die Natur wird man nur, indem man ihr gehorcht, das heißt indem man ihren Gesetzmäßigkeiten Rechnung trägt: „Was in der Betrachtung als Ursache erscheint, das dient in der Ausübung zur Regel" [4]. Erst heute ist deutlich geworden, daß es hier nicht nur um das methodologische Prinzip der Herrschaft durch Unterordnung geht. Man kann Bacon auch ökologisch lesen und die Unterordnung unter die Gesetze der Natur über ihre Beherrschung stellen.

Was Bacon programmatisch gefordert hatte, wird von Descartes methodologisch und metaphysisch ausformuliert. Mit ihm beginnt die moderne europäische Philosophie. Er entwickelt ein bis in die praktische Lebensauffassung und Lebensgestaltung geschichtlich wirksam gewordenes konstruktives System, das vor allem durch den scharfen Gegensatz von Subjekt und Objekt charakterisiert ist. Descartes begründet die neuzeitliche Philosophie der Subjektivität im Verein mit der objektivierenden mathematisch-mechanischen Naturauffassung. Beide Elemente entsprechen einander, denn die Sicht der Natur als der bloß ausgedehnten Materie (res extensa) wird erst möglich durch ihre scharfe Trennung vom denkenden Subjekt (res cogitans).

Das ist von entscheidender Bedeutung für die Technikphilosophie und für die Einstellung des neuzeitlichen Menschen zu seinen technischen Möglichkeiten: Dem Menschen als Subjekt steht jetzt alles andere als Objekt gegenüber und zur Verfügung. Zudem versteht sich das menschliche Subjekt immer mehr selbst als maßgeblich, je weniger ihm das überragende Subjekt Gott etwas bedeutet – die neuzeitliche Philosophie führt über Aufklärung und Säkularisierung letztlich zu einer atheistischen Haltung. [II-4.1]

Der Mensch betrachtet sich als das höchste Wesen in der gesamten Wirklichkeit, die deshalb als niedere Wirklichkeit zu seiner Verfügung steht – und je mehr er seine Verfügung über die Welt in seiner technischen Betätigung erlebt, desto mehr wird er in diesem Bewußtsein bestärkt. Die Natur, zu der auch der Körper des Menschen gehört, gilt nur als res extensa, das Ausgedehnte, der Stoff als Objekt der quantitativen mathematischen Erfassung. Alle objektive Realität läßt sich nach

---

PARTIS SECVNDAE
S u m m a,
Digesta in
A P H O R I S M O S.

A P H O R I S M I
de interpretatione
N A T V R Æ,
&
Regno Hominis.

A P H O R I S M V S
I.

Omo Naturæ minister, & Interpres tantum facit & intelligit, quantum de Naturæ Ordine re, vel mente, observaverit : nec amplius scit, aut potest.

Francis Bacons erster Aphorismus über die Deutung der Natur und die Herrschaft des Menschen stellt fest: Der Mensch, Diener und Ausleger der Natur, schafft und weiß nur soviel, wie er von der Ordnung der Natur anhand der Sache oder durch den Geist erfahren hat; mehr weiß oder vermag er nicht. – Aus: „Novum organum scientiarum". Leiden 1645.

Descartes in dem „kartesischen" Koordinatensystem mathematisch darstellen und durch geeignete Maßnahmen steuern und manipulieren; das gilt sogar für die biologische Steuerung des menschlichen Körpers. Das Denken ist die eigentliche Substanz des Menschen, der wesentlich von seiner Intelligenz her verstanden wird. Denken und Ausdehnung, Subjekt und Objekt sind so verschieden, daß das Denken gleichsam Verneinung der Ausdehnung ist: Beide können nichts gemeinsam haben. Wenn man vom Geist absieht, bildet die Materie die ganze Substanz der Welt, die sich dem Geist als Objekt der Betrachtung und der Bearbeitung anbietet. Das gilt auch für die lebenden Organismen, die rein mechanistisch als bloße Maschinen gedeutet werden; ihr Leben ist reiner Ablauf-Mechanismus. Deshalb hat der Mensch das Recht und sogar die Pflicht, sich in seinem Interesse zum Herrn und Eigentümer der Natur zu machen, wie Descartes in der Abhandlung über die Methode des richtigen Vernunftgebrauchs und der wissenschaftlichen Forschung schreibt: „Sobald ich mir aber einige allgemeine Grundbegriffe in der Physik verschafft hatte, diese bei verschiedenen Einzelproblemen zu erproben begann und dabei bemerkte, wohin sie führen können und wieweit sie sich von den Prinzipien unterscheiden, deren man sich bis heute bedient hat, so glaubte ich sie nicht verbergen zu dürfen, ohne sehr gegen das Gesetz zu verstoßen, das uns verpflichtet, soviel an uns liegt, das allgemeine Beste aller Menschen zu befördern. Denn sie haben mir gezeigt, daß es möglich ist, zu Kenntnissen zu kommen, die von großem Nutzen für das Leben sind, und statt jener spekulativen Philosophie, die in den Schulen gelehrt wird, eine praktische zu finden, die uns die Kraft und Wirkungsweise des Feuers, des Wassers, der Luft, der Sterne, der Himmelsmaterie und aller anderen Körper, die uns umgeben, ebenso genau kennen lehrt, wie wir die verschiedenen Techniken unserer Handwerker kennen, so daß wir sie auf ebendieselbe Weise zu allen Zwecken, für die sie geeignet sind, verwenden und uns so zu Herren und Eigentümern der Natur machen könnten"[5].

Jetzt erscheint als Gebot im Dienste der Menschheit, was im Mythos als Frevel am Eigentum und an der Verfügungsmacht der Götter gegolten hatte und wovor noch das Mittelalter zurückschreckte: Das Mittelalter gab nämlich trotz der beginnenden Ausweitung des technischen Könnens das religiöse Ideal nicht auf, sich in die gottgegebene Ordnung einzufügen: Es wollte diese Ordnung nicht eigenmächtig und anmaßend verändern. [II-3.2]

Zwar hat Gottfried Wilhelm Leibniz (1646–1716) den Versuch unternommen, die Fortschritte in Naturwissenschaften, Technik und

René Descartes, Begründer der neuzeitlichen Philosophie, der mechanistischen Naturauffassung und Wegbereiter der mathematischen Methode. Gemälde von Frans Hals aus dem Jahr 1655.

Mathematik, zu denen er selbst erheblich beigetragen hat, mit den Lehren des Christentums und mit praktizierter Gläubigkeit in Einklang zu bringen, doch er konnte die durch Bacon und Descartes eingeleitete Entwicklung nicht aufhalten. Im Gegenteil: durch seine mathematischen Leistungen hat er – wie es oft in der Geschichte der Fall ist – eine von ihm selbst abgelehnte Entwicklung ungewollt gefördert.

Das im Rationalismus entwickelte Konzept der Naturbeherrschung wird durch den Empirismus und das Nützlichkeitsdenken der Aufklärung konkretisiert. Dabei sind die Fortschritte zunächst nur theoretisch–naturwissenschaftlicher Art. Praktisch–technische Konsequenzen ergeben sich nur indirekt über das systematische Ausforschen von Verbesserungsmöglichkeiten. Der Technikoptimismus der Aufklärung, der bis in unsere Zeit nachwirkt, erfuhr dann durch die Erfolge der beginnenden Industrialisierung seine empirische Bestätigung.

Die Romantik mit ihrer Hinwendung zum Unbewußten und zur organischen Natur bildet dann die Gegenbewegung zu dem verstandesmäßigen Kalkül der Naturwissenschaften und der sachlichen Nüchternheit der Technik.

Nach Galileo Galilei (1564–1642) ist das Buch der Natur in der Sprache der Mathematik geschrieben und durch Isaac Newton (1643–1727) ist die klassische Mechanik zur Grunddisziplin der Naturwissenschaften geworden. Diese Konzeption wird von Immanuel Kant (1724–1804) auf einer höheren Reflexionsebene thematisiert und in einem umfassenden transzendentalphilosophischen Zusammenhang gesehen. Seine Erkenntnistheorie stellt als die eigentliche Art und Weise des menschlichen Verhaltens die konstruktiv-technische Haltung heraus. Er hat andererseits aber mit dazu beigetragen, daß der Technik nur eine verhältnismäßig geringe gesellschaftliche Anerkennung zuteil wurde, weil er dem technischen Handeln einen geringeren Rang zuerkannte als dem pragmatischen und dem eigentlich moralischen Handeln.

In seiner Vorrede zur zweiten Auflage der „Kritik der reinen Vernunft" erklärt Kant, daß mit den Experimenten von Galilei, Torricelli und Stahl allen Naturforschern ein Licht aufgegangen sei: „Sie begriffen, daß die Vernunft nur das einsieht, was sie selbst nach ihrem Entwurfe hervorbringt"[6]. Das ist die „kopernikanische Wende" in der Erkenntnistheorie: Vernunft ist nicht mehr Aufnahme, Empfang der Realität, sondern konstruktive Gestaltung der Wirklichkeit durch den Menschen und insofern technisch. Über die Technik äußert sich Kant im § 43 der „Kritik der Urteilskraft", der überschrieben ist: „Von der Kunst überhaupt"[7], wobei „Kunst" eine allgemeine, also auch die technische Kunstfertigkeit bezeichnet und nicht nur die schönen Künste. Auf diese Weise wird ein interessanter Zusammenhang zwischen Technik und Kunst hergestellt. Kunst wird zunächst ganz allgemein unterschieden von der Natur: Der Kunst entspricht das Tun, dessen Resultat ein Werk ist, das getan oder gestaltet wird, während der Natur und ihrer Aktivität, die auch als Handeln oder Wirken bezeichnet wird, eine Wirkung folgt. Kunst kann im Gegensatz zur Natur eigentlich nur dort vorliegen, wo Freiheit im Spiel ist. Die menschliche Freiheit ist die transzendentale Bedingung der Kunst, d. h. sie ist die Bedingung der Möglichkeit der Kunst; ohne Freiheit gibt es nur Wirkungen der Natur, aber keine Tat und kein Werk der Kunst. Freiheit ist aber nach Kant „eine Willkür, die ihren Handlungen Vernunft zum Grunde legt"[8]. Ohne den in der Idee der Freiheit vorausgesetzten Vernunftgebrauch kann man nach Kant nicht im eigentlichen Sinne von Kunst sprechen; ohne die Vernunftüberlegung und die freie Wahl dessen, der ein Werk der Kunst hervorbringt, entsteht keine Kunst, sondern immer nur Natur; so kann beim Wabenbau der Bienen nur dem Schöpfer der Bienennatur, nicht aber den Bienen selbst Kunst zugeschrieben werden.

Immanuel Kant hat mit seiner Frage nach den Bedingungen, Möglichkeiten und Grenzen der Erkenntnis eine neue Epoche der Philosophie eingeleitet. In seiner vernunftbegründeten Pflichtethik kommt den technischen Imperativen nach Moral und Pragmatik nur eine untergeordnete Bedeutung zu. Kupferstich von 1791.

Vernunftüberlegung aber setzt einem Werk einen Zweck, um dessentwillen es getan werden soll. Dieser Zweck ist die antizipierte Umgestaltung des Naturmaterials zur frei gewollten Weltform. Alle Kunst ist also durch die Bedingung der Zwecke vorstellenden Vernunftüberlegung an Wissen gebunden.

Aber daraus ergibt sich nicht, daß Kunst und Wissen eins sind, denn zur Kunst gehört unabdingbar auch die Geschicklichkeit, etwas machen zu können. In zeitgemäßer Formulierung und auf unser Problem bezogen: Für die Technik ist das „know how" mindestens ebenso wichtig wie das „know why". Für Kant ist die Technik das praktische Vermögen des Könnens im Gegensatz zum theoretischen Vermögen des Wissens bzw. der Wissenschaft. Diese Bestimmung der Technik scheint technisches Handeln eher abzuwerten, indem es als unwissenschaftlich erlernte Praxis dargestellt wird. Aber Kant will mit diesem Hinweis etwas allgemeineres zum Ausdruck bringen, nämlich daß alle Kunst etwas Handwerkliches, Mechanisches enthält, „welches nach Regeln gefaßt und befolgt werden kann, und also etwas Schulgerechtes"[9] als wesentliche Bedingung enthält. Heute würde man von systematischen Verfahrensweisen oder Algorithmen sprechen. Wer einen Zweck in ein Werk umsetzen will, muß bestimmte Regeln, die vor allem von den Naturgesetzen vorgegeben sind, einhalten. "Das

Genie kann nur reichen Stoff zu Produkten der schönen Kunst hergeben; die Verarbeitung desselben und die Form erfordert ein durch die Schule gebildetes Talent, um einen Gebrauch davon zu machen, der vor der Urteilskraft bestehen kann"[10].

Um Zwecke und Regeln geht es auch in der Ethik. Kant gilt vielfach als der größte Ethiker der deutschen Philosophie, so daß es nicht verwundert, daß die Einstellung zur Technik, die seiner Ethik zugrunde liegt, das Bild der Technik auch heute noch prägt. In der „Grundlegung zur Metaphysik der Sitten" teilt Kant alle Handlungen danach ein, ob sie Regeln der Geschicklichkeit, Ratschlägen der Klugheit oder Geboten der Sittlichkeit folgen. Diesen drei Handlungstypen entsprechen drei Arten von Handlungsanweisungen: die technischen, pragmatischen und moralischen Imperative. Die technischen Imperative sind die Regeln der Geschicklichkeit, die pragmatischen sind die Ratschläge der Klugheit und die moralischen sind die Gebote der Sittlichkeit. Die Regeln der Geschicklichkeit zielen auf den Gebrauch geeigneter Mittel zu grundsätzlich beliebigen Zielen. Die Ratschläge der Klugheit haben einen bestimmten Zweck, der bei allen Menschen als wirklich vorhanden vorausgesetzt werden kann, nämlich die „Absicht auf Glückseligkeit". Geschicklichkeit und Klugheit haben den hypothetischen Charakter gemeinsam: „Die Handlung wird nicht schlechthin, sondern nur als Mittel zu einer anderen Absicht geboten". Das ist bei den Geboten der Sittlichkeit nicht der Fall; hier geht es nicht mehr um ein Ergebnis, das erreicht werden soll, sondern es geht darum, aus guter Gesinnung das Gute um seiner Gutheit willen zu tun. Ohne Frage sieht Kant hier eine aufsteigende Wertordnung, die sich aus dem mehr oder weniger hypothetischen und dem kategorischen Charakter des jeweiligen Imperativs ergibt. Am höchsten steht der moralische Imperativ, der das Gute um seiner selbst willen ohne Rücksicht auf Bedürfnisse und Interessen gebietet.

Wie sehr durch diese Charakterisierung des technischen Imperativs die Technik selbst auf einer niedrigen Rangstufe menschlichen Handelns angesetzt wird, zeigt das Beispiel vom Arzt und vom Giftmischer, das Kant hier anführt: „Die Vorschriften für den Arzt, um seinen Mann auf gründliche Art gesund zu machen, und für einen Giftmischer, um ihn sicher zu töten, sind in so fern von gleichem Wert, als eine jede dazu dient, ihre Absicht vollkommen zu bewirken". „Ob der Zweck vernünftig und gut sei, davon ist hier gar nicht die Frage, sondern nur, was man tun müsse, um ihn zu erreichen"[11].

Dieser Makel gehört zur Technik: Sie ist grundsätzlich ambivalent, sie läßt sich als Instrument zum Guten wie zum Bösen einsetzen.

Darum ruft Kant dazu auf, auch hier das Freiheitsverhalten des menschlichen Handelns unter das Gebot der Vernunft zu stellen, die jedem Werk seinen Zweck setzt. Alle Einzelzwecke müssen dabei hingeordnet sein auf den Endzweck, der sich aus der Antwort auf die Frage ergibt, was denn der Mensch sei. So ordnen sich schließlich die technischen wie die pragmatischen Imperative dem kategorischen unter, wonach der Mensch so handeln soll, daß die Maxime des eigenen Willens jederzeit zugleich als Prinzip einer allgemeinen Gesetzgebung gelten kann, in welcher der Mensch nie bloß als Mittel, sondern immer auch als Zweck an sich betrachtet werden muß.

Ein Philosoph, dessen Technikverständnis bis in die Gegenwart wirkt, ist Georg Wilhelm Friedrich Hegel (1770–1831). Neben seine direkte Wirkung tritt der indirekte Einfluß über den Marxismus, der die Grundzüge von Hegels Philosophie in materialistischer Umdeutung übernommen hat.

In den „Grundlinien der Philosophie des Rechts" zeigt Hegel, wie Technik ihren Ursprung in den natürlichen Bedürfnissen des Menschen hat. Im Gegensatz zum Tier, das einen beschränkten Kreis von Bedürfnissen und Mitteln zu ihrer Befriedigung besitzt, kann der Mensch sowohl seine Bedürfnisse als auch die Mittel zu ihrer Befriedigung entwickeln und vervielfältigen. In der Gesellschaft erfolgt „die Vermittlung des *Bedürfnisses* und die Befriedigung des *Einzelnen* durch seine Arbeit und durch die Arbeit und die Befriedigung der Bedürfnisse *aller Übrigen*". In der Vervielfältigung und Spezifizierung der Bedürfnisse, der Mittel und der Art der Konsumtion dieser Mittel liegt auch der Grund für die Entwicklung von Arbeit und Technik, die von Arbeitsteilung und Arbeitsentlastung bis zur heutigen Automation voranschreitet, wie Hegel hellsichtig im berühmten Paragraphen 198 seiner „Grundlinien der Philosophie des Rechts" formuliert: „Das Allgemeine und Objektive in der Arbeit liegt aber in der *Abstraktion,* welche die Spezifizierung der Mittel und Bedürfnisse bewirkt, damit ebenso die Produktion spezifiziert und die *Teilung der Arbeiten* hervorbringt. Das Arbeiten des Einzelnen wird durch die Teilung einfacher und hierdurch die Geschicklichkeit in seiner abstrakten Arbeit, sowie die Menge seiner Produktionen größer. Zugleich vervollständigt diese Abstraktion der Geschicklichkeit und des Mittels die *Abhängigkeit* und die *Wechselbeziehung* der Menschen für die Befriedigung der übrigen Bedürfnisse zur gänzlichen Notwendigkeit. Die Abstraktion des Produzierens macht das Arbeiten ferner immermehr *mechanisch* und damit am Ende fähig, daß der Mensch davon wegtreten und an seine Stelle die *Maschine* eintreten lassen kann" [12].

Für Georg Wilhelm Friedrich Hegel besteht die Geschichte in der dialektischen Entfaltung und Aufhebung von Gegensätzen; sie ist letzten Endes die Entäußerung des absoluten Geistes Gottes. Die Technik erscheint dabei als eine spezifische Manifestation des objektiven Geistes.
Gemälde von Jakob Schlesinger.

Noch in den Produkten der vom Menschen geschaffenen automatisch arbeitenden Maschine stehen dem Menschen menschliche Produktionen gegenüber; er verbraucht und genießt damit Mittel der Bedürfnisbefriedigung, die sich ihm darstellen als das gegenständliche Wesen des anderen Menschen, der sich in seinen Produkten als Äußerung seines Wesens in der Welt verobjektiviert hat. Dieser Gedanke begegnet uns auch in dem von der marxistischen Sozialphilosophie aufgenommenen Kapitel über „Herrschaft und Knechtschaft" aus der „Phänomenologie des Geistes". Hier schildert Hegel, wie der arbeitende Mensch Selbstbewußtsein gewinnt, zu sich selbst kommt, und damit die Voraussetzung für die Befreiung aus der Abhängigkeit vom Herrn schafft. Wenn der abhängige Knecht in seiner Arbeit erfährt, daß der Herr nur durch seine Vermittlung in den Genuß der Dinge kommt, dann erwacht in ihm das Bewußtsein, daß er es in Wirklichkeit selbst ist, dessen Wille in der Arbeit die Weltwirklichkeit bestimmt, und daß er tatsächlich der Herr über den Herrn ist, so daß er ihm nun zumindest als gleichberechtigt gegenübertreten und Anerkennung fordern kann. — Volle Anerkennung aller durch alle und damit gleiche Freiheit für alle bewirkt aber die Abschaffung aller rechtlichen Klassenunterschiede. Der Herr ist also nur vorläufig Triebfeder der Geschichte, denn er will keine Änderung des Zustandes, vor allem will er nicht selbst arbeitend eingreifen. Triebkraft der Geschichte ist vielmehr der Zustand des Knechtes, der nach Freiheit und Selbstbehauptung verlangt und sie erreicht, indem er sich der Tatsache bewußt wird, daß er es ist, der dem Baumaterial der Welt sein Bild, seinen Willen, sich selbst in der Arbeit aufprägt.

Hegel geht es in seiner Philosophie darum, seine Zeit zu begreifen und den Menschen seiner Zeit zum Bewußtsein zu bringen, daß es ihre Freiheit ist, welche Weltveränderung und Weltgestaltung erst möglich macht. Auch Arbeit und Technik sind für Hegel — ebenso wie Gesellschaft, Recht, Religion und Philosophie — Entäußerungen des Menschen, der sich darin in etwas hineingibt, das ihm dann in relativer Selbständigkeit gegenübersteht.

Die bei Hegel als Triebkraft des historischen Fortschritts positiv gefaßte Arbeit und Entäußerung erscheint in der humanistischen Technikkritik als negative Entfremdung; das Moment des Objektiven, des Gegenüberstehens als Fremdbestimmung, entspricht genau der Sachzwanghypothese der Technokratiediskussion.

Literaturnachweise

1 *Aristoteles:* Über die Seele, 432a 1. Hrsg. v. Theiler, Willi. Darmstadt 1969, S. 62

2 *Aristoteles:* Metaphysik, 981a 12–15. Hrsg. v. Schwarz, Franz F. (Reclam Bd. 7913). Stuttgart 1970, S. 18

3 *Böhner,* Philotheus/*Gilson,* Etienne: Christliche Philosophie von ihren Anfängen bis Nikolaus von Cues. Paderborn ³1954, S. 204f.

4 *Bacon,* Franz: Neues Organ der Wissenschaften. Hrsg. v. Brück, Anton Theobald. Darmstadt 1974, S. 26

5 *Descartes,* René: Von der Methode. Hrsg. v. Buchenau, Artur. Hamburg 1960, S. 50

6 *Kant,* Immanuel: Kritik der reinen Vernunft. In: Werke. Hrsg. v. Weischedel, Wilhelm. Bd. 2. Darmstadt 1963, S. 23, S. 27ff.

7 *Kant,* Immanuel: Kritik der Urteilskraft. In: Werke. Hrsg. v. Weischedel, Wilhelm. Bd. 5. Darmstadt 1963, S. 401

8 Vgl. 7, S. 401f.

9 Vgl. 7, S. 409

10 Vgl. 7, S. 409

11 *Kant,* Immanuel: Grundlegung zur Metaphysik der Sitten. In: Werke. Hrsg. v. Weischedel, Wilhelm. Bd. 4. Darmstadt 1963, S. 42, S. 43f.

12 *Hegel,* Georg Wilhelm Friedrich: Grundlinien der Philosophie des Rechts. Hrsg. v. Hoffmeister, Johannes. Hamburg 1955, S. 173f.

Deutungen vom 19. Jahrhundert bis zur Gegenwart

Alois Huning

Die bisher behandelten technikphilosophischen Überlegungen sind innerhalb des Gesamtwerks der jeweiligen Philosophen eher zufälliger und beiläufiger Art. Das ändert sich mit dem Aufkommen der industriellen Technik und ihrer zunehmenden Verwissenschaftlichung. Seit dieser Zeit kann man im Sinne einer typisierenden Übersicht bestimmte Themenkreise unterscheiden, die in großen Zügen auch der historischen Abfolge entsprechen; sie bestimmen die Gliederung des folgenden Kapitels.

Die Sicht des Erfinders und Konstrukteurs

Nachdem schon Max von Eyth (1836–1906) die eigentliche technische Leistung in der schöpferischen Gestaltung neuer materieller Gebilde gesehen hatte und deshalb dem Prozeß des Erfindens besonderes Gewicht beimaß, wurde dieser Aspekt von Emil Du Bois-Reymond (1818–1896) ganz ausdrücklich thematisiert. In seinem Buch „Erfindung und Erfinder" zeigt er, daß grundsätzlich alle Erfindungen immer schon als objektive Möglichkeiten vorhanden sind, daß eine Erfindung aber erst gemacht wird, wenn zur materiellen Möglichkeit auch eine entsprechende gesellschaftliche Situation kommt. Aus diesem Bedürfnis heraus kommt das Ziel einer Erfindung überhaupt erst in den Blick, die dann aufgrund ihrer jederzeit bestehenden naturgesetzlichen Möglichkeit nun auch realisiert werden kann. [I-2]

Ganz zentral für das Verständnis der Technik sind Erfindung und Konstruktion im Denken Friedrich Dessauers (1881–1963), der die Philosophie der Technik in der ersten Hälfte dieses Jahrhunderts in Deutschland im Wesentlichen bestimmt hat. [II-5.2]

Sein schriftstellerisches Wirken erstreckt sich auf naturwissenschaftliche, naturphilosophische, erkenntnis- und wissenschaftstheoretische Fragen, auf religiöse und ethische Probleme; er nahm auch zu politischen und wirtschaftlichen Fragen in vielfältigen Arbeiten und Vorträgen Stellung. Seine wichtigsten technikphilosophischen Überlegungen sind zusammengefaßt in der Abhandlung „Streit um die Technik", die im Jahr 1956 in einem abschließenden Rückblick Fragen wieder aufgreift, die Dessauer schon 1926/27 in seiner „Philosophie der Technik" gestellt hatte.

Dessauers Denken ist geprägt durch seine Erfahrung als Naturwissenschaftler und Ingenieur, zugleich aber auch durch das gläubig gelebte katholische Christentum. Auch Erfahrungen in Politik und Wirtschaft – er war Zentrumsabgeordneter und als Wirtschaftsberater des Kanzlers Brüning tätig – sind in seine philosophischen Reflexionen eingeflossen. Als Naturwissenschaftler wußte er um die unabdingbare Macht und Gültigkeit der Naturgesetze, die der Mensch aufspüren, nutzen und anwenden, aber niemals umgehen oder gar beseitigen kann. Als Techniker–Ingenieur war er stolz auf das Neue, das der menschliche Erfindungsgeist aus dem naturgegebenen Bestand unter Beachtung der Naturgesetze immer wieder nach menschlichen Bedürfnissen, Wünschen und Zielvorstellungen geschaffen hat und noch ständig neu schafft.

Entscheidend für Dessauers Denken ist seine Religiosität und Gläubigkeit: er interpretiert Naturwissenschaft und Technik vor dem Hintergrund des christlich-neuplatonischen Welt- und Menschenbildes. Für ihn ist Gott der ewige, allwissende Schöpfer und Erhalter der Welt. Das ist eine unbezweifelte Voraussetzung in Dessauers Denken. Die technischen Leistungen des Menschen können daher nur als ein Gottesdienst verstanden werden, der nach Gottes Willen den göttlichen Schöpfungsplan weiterführt.

Nur von diesen Voraussetzungen her wird Dessauers Technikphilosophie verständlich, vor allem auch seine Deutung der Erfindung als Kernstück des technischen Schaffens. In knapper Form faßt er sein Technikverständnis in der Definition zusammen: „Technik ist reales Sein aus Ideen durch finale Gestaltung und Bearbeitung aus naturgegebenen Beständen"[1]. In dieser Definition sind die Hinweise auf die Finalität und auf die Bearbeitung von naturgegebenen Beständen eigentlich einleuchtend: Der Mensch bestimmt die Art der Bearbeitung und den Zweck der technischen Produkte und Verfahren, wobei er an die Stoffe, Energien und Gesetzmäßigkeiten der Natur als Vorrat, als Gegenstand und als Begrenzung der technischen Gestaltungsmöglichkeiten gebunden bleibt. [I-1.1]

Schwieriger ist das Verständnis des ersten Teils der Definition, der Technik als „reales Sein aus Ideen" beschreibt. Nach Dessauer geht reales Sein „hervor aus ‚Ideen' im Sinne schöpferischer Vorstellungsbilder, die eine Raum- oder Zeitgestalt (Gerät oder Verfahren) in ihrer

Friedrich Dessauer, Ingenieur, Pionier der Röntgenologie, Philosoph und Politiker, hat durch seine religiös inspirierte Technikphilosophie die Diskussion bis ans Ende der fünfziger Jahre bestimmt.

Diesen Text hat Friedrich Dessauer den verschiedenen Ausgaben seiner ,,Philosophie der Technik" 1927 bis 1932 vorangestellt.

UNBEKANNTE HELDEN
IN VERBORGENHEIT DIENENDE
IN DUNKELHEIT OPFERNDE
VERGESSENE
DIE IHR NACH GÖTTLICHEM PLANE DIE MENSCHHEIT
BEWEGT, EUCH SEI IN DANKBARKEIT
DIESE SCHRIFT GEWIDMET

Beschaffenheit (ihrem Sosein) in der Vorstellungswelt antizipieren (vorwegnehmen)"[2].

Für Dessauer haben diese Ideen eine eigenständige Existenz; sie bestehen als solche bereits vor ihrer Realisierung durch menschliche Technik im Geiste des allwissenden Gottes, zu dessen Weltschöpfungsplan sie von Ewigkeit her gehören. Dessauer verlegt damit — ebenso wie Leibniz und Whitehead — das platonische Reich der Ideen in den Geist des allwissenden Gottes, der zugleich der Garant für Ordnung und Harmonie im Ideenreiche ist und der in den materiellen Möglichkeiten der Welt — den augustinischen Keimkräften entsprechend — die Voraussetzungen für alle zeitlichen Realisierungen der Technik angelegt hat. Deshalb ist der geistige Gehalt der Erfindung für die technische Leistung entscheidend: er entspricht den Ideen im göttlichen Geist: ,,Technik ist im tiefsten Wesen Fortsetzung der Schöpfung. Der Schöpfer hat die Welt nicht abgeschlossen, sondern er hat dem menschlichen Geist, den er nach seinem Ebenbilde geschaffen hat, die Fähigkeit gegeben, die Erde um neue Gestalten zu bereichern, er hat nicht Räder, nicht Dampfrosse, nicht Schiffe, nicht Fernsprecher geschaffen, aber er hat den Menschen mit der Fähigkeit und mit dem Befehl ausgerüstet, nach einem vorgedachten Plan das Schöpfungswerk in unbegrenzten Weiten fortzuführen"[3]. Der Mensch macht also nicht eigentlich die Erfindung, er findet sie vielmehr als die zeitliche Aktualisierung einer in der göttlichen Ewigkeit prästabilierten Lösung. Der Erfinder durchforscht mit einer bestimmten Zielsetzung das Reich der Möglichkeiten; er ist gleichsam das Medium, durch das eine bereits vorhandene Idee den Weg in die Wirklichkeit finden kann.

Diese starke Betonung des Erfindens dürfte teilweise aus der Begeisterung des Technikers für seine eigene Leistung zu erklären sein, denn Erfindung drückt eher originäres Schaffen aus als das bloße Konstruieren, in dem viele Ingenieure nur eintönige Routine sehen. Dessauer unterscheidet zwischen Pioniererfindungen und Entwicklungserfindungen. In vielen weit entwickelten Bereichen der Technik überwiegen die Entwicklungserfindungen, die zwar auch schöpferische Momente enthalten und damit mehr als nur Kombination von bereits Bekanntem sind; aber die Grenzen zwischen Entwicklungserfindungen und Konstruktionen sind unscharf und eher fließend. Aus heutiger Sicht müßte man vielleicht hinzufügen, daß auch das Erfinden mehr und mehr zu einer methodisch-systematischen Tätigkeit wird und sich damit dem Bereich des Konstruierens annähert. Dies sieht auch Dessauer, doch er rückt das Konstruieren in die Nähe der Erfindung: „Die sehr wichtige Tätigkeit des Konstruierens im Raum der Technik ist ein planvolles, systematisches, finales Entwerfen und Bauen. Auch Konstruieren ist Paarung der Formkräfte des Investigators, Inventors, Fabers" (des Forschers, Erfinders, Technikers) [4].

Von der Erfindung und ihren Motiven findet Dessauer auch den Weg zur gesellschaftlichen Einordnung der Technik. Er räumt ein, daß Wirtschaftsinteressen, Gewinntrieb oder Machtstreben der Anlaß für viele Erfindungen waren und sind. Aber „Bedürftigkeit, Gefahr, Sehnsucht nach Freiheit, nach Emanzipation aus tierischen Lebensbedingungen, nach der Ferne, Weite, Höhe, nach Überwindung der beiden großen Trenner Raum und Zeit, nach Wärme und Licht, Erkenntnis, Schönheit sind als Erwecker des erfinderischen Strebens mindestens so wirksam wie Macht und Gewinnstreben" [5]. Dessauer wendet sich gegen die These von technischen Sachzwängen und der Eigendynamik der technischen Entwicklung: Das Ziel aller technischen Objekte und Prozesse liegt außerhalb der eigentlich technischen Sphäre. Dessauer nennt zum Beispiel das Bedürfnis nach Kleidung, Nahrung, soziale Notstände, Verkehr und Krankheit, Forschung, Wissen und musikalische Gestaltung; in allen Fällen geht es um elementare menschliche Bedürfnisse und darauf aufbauende weiterführende Wünsche und Zielsetzungen.

Diese Bedürfnisse und Wünsche werden vom menschlichen Geist in Ziele umgeformt, die dann die Umgestaltung der Naturgegebenheiten zur neuen Einheit des technischen Produkts bestimmen. Dessauers Worte zur Eröffnung der Frankfurter Mustermesse 1922 bringen das in pathetischer Form zum Ausdruck: „Technik ist der Einzug des Weltgeistes in Materie und Energie. Diese beiden vermählen sich unter dem Siegel des Geistes, und ihre Vermählung vollzieht der Mensch der technischen Arbeit. An dem Altar dieser Verbindung ist er der Priester und hat ein heiliges Amt" [6].

Seine metaphysisch-religiöse Interpretation der Leistung des Ingenieurs hindert Dessauer keineswegs, die ganz konkrete Realität der Erscheinungszusammenhänge menschlicher Technik zu sehen. Für ihn ist aus persönlicher Erfahrung überdeutlich, wie sehr auch Ökonomie und Politik der Technik Ziele und Zwecke vorgeben. Schon 1926 verweist er darauf, daß die Technik über Deutschlands Wirtschaftsschicksal entscheiden werde. Sein Anliegen ist es, wenn schon nicht die faktische Unabhängigkeit, dann doch wenigstens den Primat, den zeitlichen wie sachlichen Vorrang der Technik vor Wirtschaft und Politik darzulegen. Er illustriert seine Gedanken am Robinson-Roman: Die Helden der Robinsonaden sind gezwungen, Techniker zu werden, um überleben zu können. „In diesen Geschichten wiederholen die Schiffbrüchigen (in mancherlei romantischen Variationen) im Grunde das in Jahren oder Jahrzehnten, was die ältesten Menschen in Jahrtausenden getan haben, aus Not und Wunsch: Ausdenken, Erfinden von Geräten, Verfahren, Werkzeugen, Dingen, die ihnen halfen, das Feindliche der Umwelt zu bekämpfen, das Förderliche zu nützen".

Sobald andere Menschen hinzukommen, beginnt die Gesellschaftsbildung, die Teilung der Arbeit und der Tausch der Güter. Nach Dessauer kommt dabei der Technik eine Schlüsselrolle zu. „Technik ist früher, ist schon mit dem Einzelmenschen in der Welt, Wirtschaft hat die Pluralität der Gesellschaft zur Voraussetzung, ist also seinsmäßig später. Daher besteht schon im ersten Beginn der Unterschied der Wertordnungen: Technischer Wert ist Dienstwert des einzelnen vom Menschen gemachten Gegenstandes oder Verfahrens, Wirtschaftswert ist Tauschwert in der Gesellschaft, in der Pluralität, auf dem ‚Markt' nach Teilung von Gütern und Diensten"[7].

Die Gesellschaft kann nach Dessauer nur gewinnen, wenn sie den natürlichen Vorrang der Technik anerkennt, denn dadurch erhält sie ein Leitbild, das zur wahren Menschlichkeit führen kann. Dessauer plädiert für eine größere Berücksichtigung von Naturwissenschaften und Technik in Bildung und Erziehung, damit der psychologische Wert technischer Arbeit sich im öffentlichen Leben auswirken kann. In Verwaltung, Wirtschaft und Politik können viele egoistische Einflüsse wirksam werden, während in der Technik Sachlichkeit oberstes Gebot ist. Die Natur, deren Gesetzmäßigkeiten den Rahmen technischen Handelns bestimmen, ist eine unerbittliche Richterin über jede Arbeit, so daß der Ingenieur niemals willkürlich handeln darf, er muß zum Selbstverzicht und zur Dienstleistung bereit sein. [V-3.3]

Damit bindet Dessauer seine ethischen Forderungen an seine Aussagen über Erfindungen als Kern der Technik. Weil er Technik als

Erfüllung des göttlichen Schöpfungsauftrages versteht, der im Dienst am Menschen vollzogen wird, ist alles technisch Mögliche immer auch zum Guten zu gebrauchen. Trotz der Erfahrung von Hiroshima bekennt sich Dessauer 1956 im Sinn seiner religiös-optimistischen Grundhaltung zur Kernenergie, die nach seiner Überzeugung in unserem Jahrhundert zur wichtigsten Energiequelle werden und – zusammen mit der Biotechnik – geradezu ein neues Zeitalter begründen wird. Dessauer hat „Ja" gesagt zur Atomkraft, weil er an den Menschen glaubt. Ob nicht manches „Nein" dazu bedeutet, daß wir am Menschen zweifeln oder verzweifeln? [8]

Vor allem christlich eingestellte Ingenieure fühlten sich – in der Phase des Wiederaufbaues – durch Dessauers Technikphilosophie angesprochen. Nach Klaus Tuchel, dem langjährigen Geschäftsführer der Hauptgruppe „Mensch und Technik" im Verein Deutscher Ingenieure, liegt der Wert von Dessauers Philosophie der Technik in dem Bemühen, „technisches, metaphysisches und religiöses Denken widerspruchslos miteinander in einem System zu vereinigen" [9]. Doch gerade die metaphysisch-religiösen und die christlichen Momente seines Denkens sind auf Kritik gestoßen, wobei Denker positivistischer Tendenz mit Marxisten eine seltsame Allianz bilden. So mußte Günter Ropohl zwar anerkennen, daß Dessauer manche Charakteristiken der Technik treffend erfaßt hat, aber im Gefolge von Simon Moser und Hans Lenk sieht er in der Widerspiegelung ewiger Ideen in den technischen Erfindungen doch „arge Denkgespinste" [10]. [I-2]

Naturwissenschaftler und Ingenieure neigen auf Grund ihrer beruflichen Prägung oft zu einem skeptischen Positivismus. Gott ist für sie höchstens ein Moment des persönlichen Gefühlslebens, nicht aber ein Realitätsfaktor in naturwissenschaftlich-technischen Zusammenhängen; ein System, in welchem die Ideen im Geiste Gottes für den Fortschritt der menschlichen Kultur eine entscheidende Rolle spielen, wird als unwissenschaftlich abgetan. Weil sie nur das anerkennen, was sich experimentell nachweisen oder überprüfen läßt, können sie Dessauers Deutung der Erfindung als Realisierung göttlicher Ideen nicht verstehen und akzeptieren.

Der Vorwurf aus marxistisch-leninistischer Sicht lautet, daß seine Technikphilosophie eine völlige Verfälschung und Mystifizierung des objektiv-realen Verhältnisses zwischen Mensch und Technik bedeute. Dessauer berücksichtige nicht, wer die Technik bestimme, und flüchte aus der realen Verantwortung in eine göttliche Vorbestimmung; er mache den Menschen aus einem Schöpfer und Beherrscher der Technik zu ihrem Diener, für den nur noch die Aufgabe verbleibe, nach göttlichem Schöpfungsplane die konkrete Technik zu schaffen. Hinter Dessauers Technikphilosophie verberge sich ein politisches Anliegen, denn es werde verschleiert, daß die unmittelbaren menschlichen Bedürfnisse und die Interessen der arbeitenden Klasse dem Verwertungsinteresse des Kapitalismus untergeordnet werden.

Bei einer Würdigung Friedrich Dessauers ist zu berücksichtigen, daß er als erster durch eigenständiges Denken die Technik in einen weitgespannten philosophischen Zusammenhang gestellt und eine Synthese zwischen ingenieurmäßiger, metaphysischer und christlicher Technikdeutung vorgelegt hat, die auf Grund dieses speziellen Profils unvermeidbar auch zur Kritik Anlaß gibt.

Lebensphilosophie und Kulturkritik

Die objektive Sachlichkeit der Technik, der Dessauer nur positive Aspekte abgewinnt, hat auch eine negative, unmenschliche Seite, die in der Lebensphilosophie – und allgemeiner in der Kulturkritik – angesprochen wird. Während bei Dessauer der ungebrochene Fortschrittsoptimismus des 19. Jahrhunderts und der Stolz auf die technischen Leistungen weiterwirken, wird hier – im Rückgriff auf die Fülle des unmittelbaren Erlebens und geprägt durch die negativen Erfahrungen des ersten und zweiten Weltkrieges – die Kulturfunktion der Technik einer kritischen Prüfung unterzogen.

Die neuzeitliche Kulturkritik ist nicht denkbar ohne die Gedanken Friedrich Nietzsches (1844–1900). So beruft sich Martin Heidegger in seinen philosophischen Äußerungen über die Technik ausdrücklich auf Nietzsche. Nietzsches zentrale Denkfigur ist der Wille zur Macht, der auch in der modernen Technik zum Ausdruck kommt. Sein Idealbild vom Menschen ist Prometheus. Die Tugend des prometheischen Menschen aber ist die Tätigkeit: Nicht alles passiv über sich ergehen zu lassen, sondern aktiv das Leben zu gestalten, ist seine vornehmste Aufgabe. In seinem Schaffen ist der Mensch autonom. Er setzt die Werte und verleiht den Dingen ihren Wert. Das Streben des Menschen ist es, alles in seinen Dienst zu zwingen. Der Mensch ist selbst der Demiurg, der die Welt schafft und gestaltet und damit „Kultur" Wirklichkeit werden läßt. Die Richtschnur beim Bau der eigenen Welt ist allein der menschliche Wille, der darüber entscheidet, was geschaffen werden muß und wie es zu gestalten ist. Nicht von außen, sondern nur in der eigenen schöpferischen Tätigkeit findet der Mensch Erlösung.

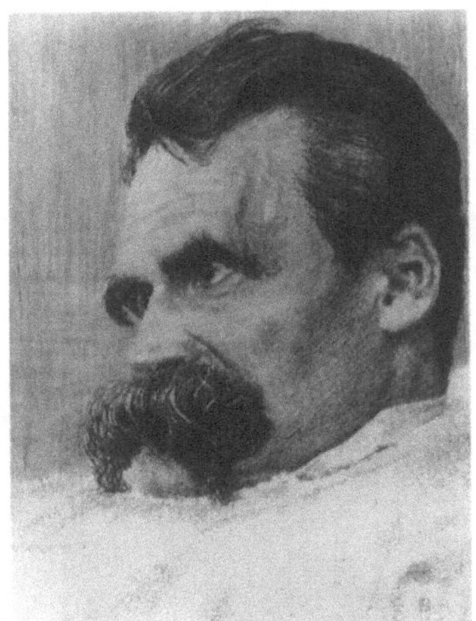

Friedrich Nietzsche diagnostiziert den Tod Gottes und den Nihilismus der Moderne, die durch den Übermenschen und den Willen zur Macht überwunden werden sollen.

Die aktive Weltgestaltung bringt jedoch für den Menschen schwerwiegende Folgen mit sich, weil er alle Errungenschaften nur durch einen „Frevel", nämlich durch die Veränderung der gott- oder naturgegebenen Ordnung gewinnt. Der Mensch leidet an diesem Frevel, der doch zugleich seine eigentliche Würde und Tugend bedeutet, denn er ist für ihn eine unumgängliche Notwendigkeit, durch die er sich den Fortschritt ertrotzen muß.

Wenn Nietzsche glaubt, ein neues Bild vom Menschen entwerfen zu müssen, dann macht das deutlich, daß es nach seiner Meinung bisher nicht gut um den Menschen stand, weil dieser einer falschen Moral folgte. Die Menschheit hatte sich ein Modell geschaffen, welches die kraftvollen Anlagen des Menschen und sein Selbstbewußtsein verkümmern ließ, so daß er nicht ein starker Prometheus, sondern ein elender Sklave Gottes war. Prometheus steht hier für den wissenschaftlich forschenden und technisch schaffenden Menschen [11].

Nach Nietzsche ist das Gottesbild, das sich der Mensch entwirft, Ausdruck des schwachen Menschentyps; der Gottesglaube ist die stärkste Verleugnung des prometheischen Menschen. Deshalb muß sich der Mensch von Gott befreien und sich einen neuen obersten Gesetzgeber selbst schaffen, den Übermenschen, welcher der Sinn dieser Erde ist. Dem Übermenschen ist jedes Mittel recht und jedes Verbrechen erlaubt, das zum Ziele führt. Prometheus war noch wesentlich Negation, der Rebell gegen Gott, der Anti-theist; der Übermensch jedoch ist als der neue Prometheus der wirkliche A-theist, der positiv das Menschliche ausschöpft und in seinem Schaffen vollendet. Er hat das Vermittlungsstadium der Negation, den Nihilismus, das Chaos unter sich gelassen. Nun kann er positiv seine neue Welt bauen, die nicht mehr bloße Gegenwelt ist, sondern sein eigenes selbständiges Werk. Dieser Übermensch kennt keine Grenze, keine Barriere für sein Schaffen. Er ist der Wille, alles selbst zu machen und zu sein; er stellt den universalen Machtanspruch des Weltenmachers. – Man kann daher in der modernen Technik den Ausdruck des Willens zur Macht und die Tat des prometheischen Übermenschen sehen. Nietzsche zeigt uns, daß der eigentliche Sinn hierbei nicht in der physischen Überwältigung der Natur, sondern in der ästhetischen Gestaltung liegen muß.

Oswald Spengler (1880–1936) wendet sich mit seiner These von der Technik als „Taktik des Lebens" gegen zwei vorherrschende Tendenzen seiner Zeit; die eine Tendenz sieht er vertreten durch idealistische „Nachzügler des humanistischen Klassizismus der Goethezeit", die andere durch Materialisten, Liberale und Marxisten.

Den Idealisten fehlt es am Sinn für die Wirklichkeit; technische
Dinge und Wirtschaftsfragen werden verachtet als unterhalb der Kultur stehend; für die Materialisten ist das Ideal ausschließlich im Nutzen
zu finden. „Was der Menschheit nützlich war, gehörte zur Kultur, war
Kultur. Das andere war Luxus, Aberglaube oder Barbarei"[12].

Für Spengler ist der Zweck der Technik nicht die Herstellung von
Maschinen, die Arbeit ersparen und dem Menschen Freizeit bringen.
Technik ist Taktik des Lebens, sie ist die dem jeweiligen Subjekt – Tier
oder Mensch – angemessene Form des Verfahrens im Kampf, der für
Spengler identisch ist mit dem Leben. Entscheidend ist nicht die Herstellung von Dingen und Werkzeugen, sondern der Umgang damit:
Es kommt nicht auf die Waffe an, sondern auf den Kampf. Die Taktik
des Lebens, also die Technik, wird dadurch näher bestimmt, daß der
Mensch ein Raubtier ist. Pflanzenfresser haben nach Spengler eine
defensive Lebenseinstellung, sie sind auf der Flucht vor Gefahren. Das
Raubtier dagegen ist offensiv, hart, grausam, zerstörend. Raubtiere
konzentrieren ihren Blick auf ein Ziel, das für sie ein Teil der von
ihnen beherrschten Umwelt ist. „Die Welt ist die Beute, und aus dieser
Tatsache ist letzten Endes die menschliche Kultur erwachsen"[13].

Ein Raubtier will Macht und Eigentum; es beansprucht nicht nur
bloßes Haben, sondern will mit seinem Besitz selbstherrlich schalten
und walten können. Dies tritt beim Raubtier Mensch in besonderer
Weise hervor, weil seine Technik erfinderisch ist, erlernbar und ent-
wicklungsfähig; die Gattungstechnik des Tieres dagegen ist unveränderlich. Deshalb nennt Spengler den Menschen auch das erfinderische
Raubtier.

Nach Spengler ist die Technik immer Gegennatur: „Künstlich, wi-
dernatürlich ist jedes menschliche Werk vom Anzünden des Feuers bis
zu den Leistungen, die wir in hohen Kulturen als eigentlich künstle-
risch bezeichnen"[14]. Der schöpferische Mensch tritt aus dem unmittelbaren, unschuldigen Verbundensein mit der Natur heraus. Dementsprechend sieht Spengler in der Weltgeschichte eine – durch die
Technik vermittelte – zunehmende Entzweiung zwischen Menschenwelt und Naturwelt. Hier zeigt sich der Pessimismus, von dem Speng-
lers Denken getragen ist; denn trotz aller Erfolge des Menschen gilt,
daß sich letztlich doch die Natur als stärker erweist. Je weiter eine
Kultur entwickelt wird, desto näher ist ihr Ende. „Der Kampf gegen
die Natur ist hoffnungslos"[15] – das liest sich wie eine Vorwegnahme
des Ökologieproblems. Das Umwälzende an der modernen Technik
sieht Spengler in der Arbeitsteilung, darin, daß sie das „planmäßige
Tun zu mehreren" ist. Er sieht Gemeinsamkeiten zwischen Technik

und Sprache; beide sind „praktischer Natur" und zielen auf die „Durchführung einer Tat nach Absicht, Zeit, Ort, Mitteln"[16]. Dieses Tun zu mehreren dient dem Berechnen und Erstreben der größeren Wirkung, der zuliebe die einzelnen ein Stück ihrer persönlichen Freiheit aufzugeben haben. Die größere Wirkung erfordert immer mehr Künstlichkeit der Verfahren, immer mehr Zwischenstufen vor dem Ziel, so daß die Tätigkeit des Denkens die Tätigkeit der Hand überflügelt. Das aber fördert die „Klassenstruktur" der Gesellschaft; es kristallisiert sich einerseits ein System von Befehlenden, von aktiven Subjekten und andererseits von Gehorchenden, beziehungsweise Objekten heraus. Damit wächst der Organisationsgrad von Technik und Wirtschaft, so daß schließlich der Schöpfer dieser Organisation zum Gefangenen seiner eigenen Schöpfung wird.

In einer solchen Gesellschaft ist das technische Gestalten immer mehr von den Gesetzen der Natur und nicht mehr von der bloßen Naturmaterie bestimmt; die Techniker werden die wissenden Priester der Maschine, und die Technik ist die Erlösung, die sie vermitteln. Aber dieser hohe Aufstieg hat einen um so tieferen Fall zur Folge: „Der Herr der Welt wird zum Sklaven der Maschine"[17]. Spengler schildert anschaulich, wie unsere Welt durch ihren technischen Reichtum verarmt, weil sie immer weniger menschlich wird. Das unendliche Gewebe von Kräften, Strömungen und Spannungen, das die Welt umspinnt, spricht den Menschen nicht mehr an – und was Spengler als Reaktion darstellt, klingt fast prophetisch: Müdigkeit, Pazifismus gegen die Natur, Suche nach naturnäheren Lebensformen, Sport, Stadtflucht, Okkultismus, indische Philosophie, letztlich Flucht vor der Maschine in den Selbstmord.

Richtig hat Spengler sodann gesehen, daß diese Wirkung der Technik nicht auf das Abendland beschränkt bleibt, wenn er auch die Internationalisierung der Technik fälschlich als Prostituierung der westlichen oder weißen Kultur vor den schwarzen und gelben Menschen beschrieb, die eigentlich Abnehmer von Produkten, aber nicht Kenner der Methoden hätten sein sollen. In dieser Internationalisierung vor allem des Methodenwissens sieht Spengler nicht nur die Krise beginnender Arbeitslosigkeit, sondern die Katastrophe für das Abendland.

Die Kulturkritik von Georg Simmel (1858–1918) ist an Hegelschen Analysen geschult und weniger essayistisch. Er führt die Kulturentstehung auf zwei Elemente zurück, die sich begegnen: „die subjektive Seele und das objektive geistige Erzeugnis"[18]. Der Mensch ordnet sich nicht fraglos in die natürlichen Gegebenheiten der Welt ein wie das

Tier, sondern reißt sich von der Natur los und zwingt ihr nach den Vorstellungen seines Geistes neue Formen auf, die als eigentümlich selbständige Gebilde nicht nur ihrem Schöpfer selbst, sondern auch den Mitmenschen und der Nachwelt gegenüberstehen. Solange es sich dabei um das Werk eines einzelnen Schaffenden handelt, mögen noch die Freude und der stolze Genuß des eigenen Werkes überwiegen. Aber infolge der Arbeitsteilung in der technisierten Gesellschaft nehmen die Isolierung, die Entfremdung und das Überwältigtwerden durch diese objektiven Wirklichkeiten zu, denn hinter diesen Kulturobjekten erfahren wir ihre jeweiligen Schöpfer nicht mehr in unmittelbarer Begegnung. Simmel schildert, wie in der Technik Kulturobjekte entstehen, die keinen eigentlichen Produzenten mehr haben, weil dahinter nicht die „Einheit eines seelischen Subjektes" steht, sondern „die Wirksamkeit differenter Personen".

Das fertige Gebilde aber besitzt dennoch eine Bedeutung, die im Kulturprozeß geschichtlich weitergegeben werden kann. Gerade die Arbeitsteilung der Industriegesellschaft macht deutlich, daß wir in unserer Welt — auch in unseren eigenen Leistungen — stets mehr Bedeutungen gegenüberstehen, die wir nicht selbst in die Dinge hineingelegt haben; diese lassen sich gar keinem einzelnen Verursacher mehr zurechnen: „Sobald unser Werk dasteht, hat es nicht nur eine objektive Existenz und ein Eigenleben, die sich von uns gelöst haben, sondern es enthält in diesem Selbstsein — wie von Gnaden des objektiven Geistes — Stärken und Schwächen, Bestandteile und Bedeutsamkeiten, an denen wir ganz unschuldig sind und von denen wir selbst oft überrascht werden"[19].

Auch wenn die Objekte von bestimmten Subjekten für andere Subjekte oder für ganz bestimmte Zwecke geschaffen wurden, erlangen sie in ihrer Objektivität eine Gestalt, die sie aus dem Bereich des unmittelbaren Gebrauchs herausrückt: Sie lassen sich für vielerlei Zwecke gebrauchen und werden damit ihrem Ursprung und ihrem ursprünglichen Zweck entfremdet. Dadurch gerät die Kultur in Gefahr, denn jetzt können die Objekte selbst maßgebend werden für die Entwicklung des Menschen, obwohl der Mensch sie eigentlich als Weg oder Mittel zu seiner eigenen Vervollkommnung und kulturellen Höherentwicklung benutzen sollte. Simmel sieht die Gefahr, daß der Mensch nicht mehr durch seine Schöpfung als Mensch bereichert wird, sondern daß die von ihm geschaffene Welt eine Logik und Dynamik, eine Eigengesetzlichkeit entfaltet, welche „die Inhalte der Kultur mit immer gesteigerter Beschleunigung und immer weiterem Abstand von dem Zweck der Kultur abführt"[20].

Es gilt also, Vorsorge zu treffen, daß die Technik als das objektive Erzeugnis des Menschengeistes nicht unkontrolliert ihrer eigenen Dynamik überlassen wird. Es darf nicht geschehen, daß die Technik Persönlichkeit und Subjektivität des Menschen überwuchert und so die kulturelle Leistung des Menschen durch Übersteigerung der technischen Realisierungen in eine Sackgasse führt, in der das innerste und eigenste Leben des Menschen verloren gehen muß. Damit weist Simmel den inneren Zusammenhang auf, der zwischen den meist nur separat behandelten Themenkreisen der Kulturkritik, der Entfremdungstheorie und der Eigendynamik der Technik besteht.

Henri Bergson (1859–1941) betrachtet die Technik unter dem Gesichtspunkt der Lebensphilosophie und der begrifflich nicht weiter auflösbaren schöpferischen Aktivität. Am Ende seines Lebens kommt er zu dem Ergebnis, er habe zu lange gelebt – zu lange, weil er dadurch Zeuge wachsender Geistlosigkeit, zunehmender innerer Leere geworden sei. Der Mensch ist für Bergson homo faber, ein Werkzeugmacher, der in der Herstellung von Dingen seine Kraft auf Äußeres verwendet, so daß die Gefahr besteht, daß er sich an die Materie verliert, wenn es an der Gegenbewegung fehlt, die in einer Rückkehr in das Innere, in Nachdenken und Meditation besteht. Bergson hat 1928 in seiner Nobelpreisrede diese Sorge deutlich formuliert: In den Maschinen, die wir konstruieren, sieht er künstliche Organe, die gleichsam den Körper der Menschheit vergrößern. Um aber diesen Körper ganz zu erfüllen und lenken zu können, müsse sich auch die Seele weiten, weil sonst das Gleichgewicht gestört wird und unlösbare politische und soziale Probleme entstehen. Der Grund für diese Gefahr liegt nach Bergson in der Haltung des materialistischen Szientismus. Die Wissenschaft ist bestrebt, alles höher Organisierte auf das weniger Organisierte zurückzuführen, um aus den analysierten Elementen neu konstruierte Synthesen zu schaffen, deren Wirkungsmechanismus der Mensch selbst festlegt. Der dabei erzielte Erfolg führt zu einer Wissenschaftsgläubigkeit, die in universeller Berechenbarkeit gipfelt, in der überall gleiche Notwendigkeit herrscht. Diese absolut gesetzte Wissenschaftsgläubigkeit geht mit einem allgemeinen Determinismus einher, der höchstens noch durch vorläufig eingeräumte Lücken des „noch-nicht" gemildert wird. Von solcher Wissenschaft erwartet man für die Zukunft die vollkommene Erfüllung aller menschlichen Bedürfnisse und den Ersatz für die angeblich überholten geistigen Disziplinen, vor allem für die Philosophie und insbesondere für die Metaphysik, die als vermeintlich leer entlarvt wird. Bergson wendet sich entschieden gegen diesen Szientismus. Er räumt ein, daß der Mensch denkt, um zu leben und zu überleben, ehe er lebt, um zu denken. Daher orientiert er sich bei seinem Handeln am unmittelbaren Nutzen, und wissenschaftliche Erkenntnisse und technisches Können eröffnen in der Tat schier unbegrenzte Möglichkeiten zu einer entsprechenden Manipulation der physischen Welt. – Aber es gibt im Menschen etwas, was sich dieser Manipulation entziehen muß, wenn er nicht zum seelenlosen Kadaver verkommen soll. Der wissenschaftliche Verstand parzelliert, immobilisiert und quantifiziert, löst in feste Einzelteile auf, zwischen denen veränderliche berechenbare Beziehungen bestehen oder aufgebaut werden können. Die eigentliche Welt des Menschen ist jedoch die geistige Lebenswelt, die sich nicht nach Art der Sachwelt organisieren läßt. Wir müssen zwar unter den uns äußerlichen Dingen, mit ihnen und von ihnen leben, aber wir sollen nicht unser inneres Leben nach ihrem Bild gestalten. Täten wir das, so würden wir uns selbst der kreativen Kraft berauben, von der es abhängt, ob und wie die Menschheit als Ganzes mit Körper und Seele weiter wächst. – Diese subtile Analyse liest sich wie eine intellektuell anspruchsvolle Vorwegnahme der gegenwärtigen summarischen Technikkritik.

Ernst Cassirer (1874–1945) stellt die Technik in den Zusammenhang der übrigen Kulturleistungen. Ebenso wie andere kulturelle Gestaltungen (symbolische Formen) ist die Technik eine Ausdrucksform des menschlichen Wesens; sie hat ein Eigendasein, denn sie überdauert die individuelle und flüchtige Existenz des einzelnen Menschen. In seinen kulturellen Leistungen befreit sich der Mensch im geschichtlichen Prozeß von vorgegebenen Abhängigkeiten. Dabei erkennt der Mensch sich selbst und seine Möglichkeiten gerade in seiner schöpferischen Tätigkeit: „Der Kreis unseres Wissens reicht nicht weiter als der Kreis unseres Schaffens. Der Mensch versteht nur insoweit, als er schöpferisch tätig ist. (. . .) Was der Mensch wahrhaft begreifen kann, das ist (. . .) die Struktur und die Eigenart seiner eigenen Werke"[21]. Die Voraussetzungen für dieses Schaffen sind Bewußtsein und Gedächtnis, die dem Menschen den Blick über das unmittelbare Bedürfnis hinaus gestatten. Das wird schon am primitiven Werkzeug deutlich, das geschaffen wird, um einen Zweck zu erreichen. Werkzeuggestaltung bedeutet, an die Zukunft zu denken, die gedanklich vorweggenommen wird. Die Vorstellung des Zukünftigen ist ein Wesensmerkmal allen menschlichen Handelns: Wir stellen uns ein Mögliches vor, das durch unser Tun Wirklichkeit werden kann.

Als Kulturkritiker betrachtet Cassirer solche Möglichkeiten nicht nur von ihrer positiven, sondern auch von ihrer negativen Seite:

„Durch den Werkzeuggebrauch hat sich der Mensch zum Herrscher über die Dinge aufgeworfen. Aber diese Herrschaft ist ihm selbst nicht zum Segen, sondern zum Fluch geworden. Die Technik, die er erfand, um sich die physische Welt zu unterwerfen, hat sich gegen ihn selbst gekehrt. Sie hat nicht nur zu einer steigenden Selbstentfremdung, sondern zuletzt zu einer Art Selbstverlust des menschlichen Daseins geführt. Das Werkzeug, das zur Befriedigung menschlicher Bedürfnisse bestimmt schien, hat statt dessen unzählige künstliche Bedürfnisse geschaffen. Jede Vervollkommnung der technischen Kultur ist und bleibt in dieser Hinsicht ein wahres Danaergeschenk. Die Sehnsucht nach dem primitiven, ungebrochenen, unmittelbaren Dasein muß daher immer wieder hervorbrechen, und der Ruf ,Zurück zur Natur!' muß um so stärker werden, je mehr Gebiete des Lebens die Technik sich erobert"[22].

Cassirer weist weiter darauf hin, daß die Kulturgüter, die der Mensch schafft, zwar quantitativ ständig zunehmen, daß sie uns aber gerade durch dieses Wachstum immer weniger intensiv zugänglich werden. Wir werden erdrückt durch die Mannigfaltigkeit und Massenhaftigkeit, der unsere Aufnahmefähigkeit nicht mehr gewachsen ist, so daß wir gerade angesichts der immensen Leistungssteigerungen der Technik statt unserer Macht gerade die Ohnmacht unserer Aufnahme- und Bewältigungskraft erfahren. Auch wenn die Bildungs- und Gestaltungsarbeit des menschlichen Handelns zu objektiven Realitäten führt, die ihren menschlichen Ursprung nicht verleugnen können, so gilt es doch, wachsam zu sein, denn in der Kultur gibt es keinen sicheren und ruhigen Verlauf, der zu immer weiterer Perfektion führt: Alles, was sie aufgebaut hat, droht ihr immer wieder unter den Händen zu zerbrechen[23].

Die existenzphilosophische Perspektive bringt Karl Jaspers (1883– 1969) zur Geltung. Für ihn ist der europäische Mensch, der heute das globale Verständnis vom Menschen bestimmt, durch drei Merkmale charakterisiert:

1. die Rationalität, die prinzipiell nirgends Halt machen will und die das ganze „Dasein in Berechenbarkeit und technische Beherrschung" zwingt;

2. die Subjektivität, die sich im Selbst- und Herrschaftsbewußtsein allem anderen gegenüberstellt;

3. eine Weltsicht, die auf das Faktische gerichtet ist, nicht auf das, was als „wahre" Wirklichkeit dahinter liegt, während diese „Wirklichkeiten" dem orientalischen Denken weiterhin wesentlich geblieben sind.

Karl Jaspers sieht, im Sinne seiner Existenzphilosophie, in der übermächtigen, maschinellen, modernen Technik eine Gefahr für das erfüllte individuelle Dasein.

Durch die weltweite Entfaltung dieser Grundzüge ist das europäische Menschenbild fast zur globalen Norm geworden. Die Welt des Europäers ist gegenwärtig völlig säkularisiert; im Abendland ist der Prozeß der „Entgötterung der Welt" radikal vollzogen. Dieser Prozeß weitet sich global aus, weil auf der ganzen Erde der Mensch beginnt, die Natur zu beherrschen und zu verwerten. „Die Perspektive einer Verwandlung des Planeten in eine einzige Fabrik zur Ausnutzung seiner Stoffe und Energien wird sichtbar"[24].

Technik und Apparate sind zu Bedingungen für das Dasein des Menschen geworden, das gerade durch Technik und Apparate immer weniger das Dasein des einzelnen Menschen wird, sondern nur mehr Massendasein sein kann. Rationalisierung und Mechanisierung überlassen das Naturgeschehen nicht mehr dem Zufall; aufgrund von Wissen und Berechnung gestaltet der Mensch seine technische Welt. Die Technik ermöglicht die Existenz von Menschenmassen, und diese Menschenmassen erfordern wiederum die große Maschinerie der Technik. Diese technische Daseinsordnung als Massenordnung leistet zwar unbestritten die Versorgung der Massen mit Waren, aber sie macht den Menschen zugleich ärmer, weil er ohne persönlichen Bezug irgend etwas produziert und zugleich alles konsumiert, ohne an der Produktion des Konsumierten beteiligt gewesen zu sein. Jaspers charakterisiert das Bewußtsein im Zeitalter der Technik: „Die Folge der Technik für das tägliche Leben ist die zuverlässige Versorgung mit dem Lebensnotwendigen, aber in einer Gestalt, welche die Lust daran mindert, weil es als selbstverständlich erwartet, nicht positiv als Erfüllung erfahren wird. Alles ist bloßer Stoff, für Geld augenblicklich zu haben; es entbehrt der Farbe des persönlich Hervorgebrachten. Die Gegenstände des Gebrauchs sind massenhaft hergestellt, werden verschlissen und weggeworfen; sie sind schnell auswechselbar. In der Technik sucht man nicht das Kostbare einmaliger Qualität, das über Mode durch sein Nahesein im persönlichen Leben hinausgehobene Eigene, das man pflegt und wiederherstellt. Alle bloße Bedarfsbefriedigung wird daher gleichgültig; es wird als wesentlich immer nur verspürt, was nicht da ist. Die das Leben sichernde Versorgung, wie auch ihr Umfang wächst, steigert das Gefühl des Mangels und die Empfindlichkeit gegen Gefahr"[25].

Er macht ferner darauf aufmerksam, daß die Masse immer das Allgemeine hervorbringt, die immer gleiche Gestalt oder Form; man sucht nicht mehr oder nur in bewußter Gegenbewegung das einzelne bestimmte Exemplar. Dieses Allgemeine zeigt sich auch in der Kommunikation: Alle können bei den gleichen Ereignissen anwesend sein.

Was Jaspers von Kino, Radio und Zeitung sagt, die eine Berührung aller mit allem ermöglichen [26], gilt vom Fernsehen in verstärktem Maße. Diese Nähe zu allem Geschehen und zu anderen Personen ist aber nicht die persönliche Nähe des intimen Lebensraumes oder der nachbarlichen Vertrautheit und Verbundenheit, sondern sie wird ebenfalls auf die Ebene des Allgemeinen gehoben, was sich darin zeigt, daß die geforderte Haltung in dieser Welt die „Tugend" der „Sachlichkeit" ist und daß das Individuum jeweils gefragt ist wegen seiner „Funktion" im Ganzen. Der Mensch verliert seinen ureigenen, privaten Ort; er hat kein Eigenrecht als Mensch, sondern nur in seiner Funktion, als ein Brauchbares; darum ist fast nur der junge Mensch gefragt, der alte Mensch wird lästig. Die Wirkung der Technik betrifft aber nicht nur den einzelnen, sondern auch die Gesellschaft, was sich am deutlichsten in der Bürokratie zeigt, die den ganzen Apparat lenkt und selbst Apparat geworden ist. Führungspersönlichkeiten sind nicht gefragt, sondern Funktionäre, die eine zugewiesene Stelle einnehmen und nur Macht haben als Exponenten einer Menge, die hinter ihnen steht. Deshalb übernimmt auch niemand mehr persönlich Verantwortung, sondern nur „politisch", weil das zu seiner Funktion gehört, aber eigentlich ihn persönlich – als Schuld – überhaupt nicht betrifft.

Da aber der Mensch in dieser Situation nicht so Mensch sein kann, wie es seiner Natur, seinem Ursprung gemäß ist, befällt ihn in dieser Weltsituation Angst, die zu einem Grundphänomen des Menschen in unserer Zeit geworden ist: Angst um den Körper, um Gesundheit und langes Leben, Angst um die soziale Geborgenheit, um Liebe und Fürsorge; das zeigt sich oft in der Flucht in Ersatzlösungen. Neben dieser Gefahr bietet die Technik aber im Prinzip auch die Möglichkeit zur Befreiung – ähnlich wie später bei Marcuse. Wenn die Technisierung unseres Lebens so zur Selbstverständlichkeit wird, daß sie keine Aufmerksamkeit mehr fordert, kann sich das Bewußtsein der Sinnfrage und dem Nicht-Automatisierbaren zuwenden. Alles kommt darauf an, daß der Mensch den Sinn seines Lebens im Auge behält; der Philosophie fällt die Aufgabe zu, „den Menschen an sich selbst zu erinnern" [27].

José Ortega y Gasset (1883–1955) sieht den Massenmenschen als Folge der Gegenwartstechnik. In seinem Buch „Aufstand der Massen" beschreibt er den Aufstieg der Massen zur sozialen Macht. Das Massendasein wird durch die Technik ermöglicht; sie ist der Grund für die Bevölkerungsexplosion und für die Massenwirtschaft; man muß rationalisieren, systematisieren, mechanisieren, automatisieren und normieren, um der Massennachfrage gerecht werden zu können. Im technischen Zeitalter der Massen werden Besitz, Kultur und Geschlechter immer mehr angeglichen; schließlich möchte jeder haben, was alle haben, und jeder möchte sein, was alle anderen sind. Man begeistert sich zwar für das Besondere, möchte aber nur träge genießen, ohne für den Genuß arbeiten zu müssen, den die automatisierte Technik für alle zur Verfügung stellt. Der Massenmensch lebt ohne selbstgesetzte Ziele; er funktioniert, indem er sich betrügen läßt, weil man ihm vitale Wünsche erfüllt, so daß er stumpf wird und unfähig zur Auflehnung. Dagegen setzt Ortega y Gasset – wie Jaspers – die Forderung, daß jeder Mensch sein Dasein als echtes Selbstsein und Selbstwerden verstehen müsse.

In seinen „Betrachtungen über die Technik"[28] führt Ortega y Gasset diesen Gedanken weiter aus: Der Mensch ist in seiner Natur nicht festgelegt wie das Tier; er muß sich erst selbst bestimmen. Er will in der Welt nicht nur physisch existieren, er will sich in ihr wohlfühlen. Deshalb verlangt er mehr als das Lebensnotwendige; er ist das Wesen, welches das Überflüssige braucht: seine Natur besteht darin, sich eine Kultur zu schaffen. Die Technik ist das Mittel, mit dessen Hilfe dieses Überflüssige bereitgestellt wird: Mensch sein heißt deshalb Techniker sein.

In seiner Schrift „Das Dominantwerden technischer Kategorien in der Lebenswelt der industriellen Gesellschaft" von 1960 hat Hans Freyer (1887 – 1969) den Einfluß der technischen Sachzwänge auf das soziale und kulturelle Leben analysiert: Die Technik stellt Mittel und Könnenspotentiale zur Verfügung, für die erst Ziele gefunden werden müssen. Wir wissen nicht mehr, was wir wollen, aber wir können es. Freyer wendet sich gegen ein falsches Fortschrittsdenken, dem vor allem das klare Bewußtsein eines Zieles fehlt; der moderne Fortschrittsgedanke eilt über jedes erreichte oder denkbare Ziel als über etwas nur Vorläufiges hinaus und „ist insofern die genaue Gegenfigur zu allen Formen des Werkschaffens, desgleichen zu allen Formen der Verwandlung, des Ausreifens. Ein schöpferisches Tun endet in seinem Werk, eine Verwandlung läuft aus in die neue Gestalt. Der Fortschritt aber bringt alles, was er hervorbringt, als Stadium seiner selbst hervor"[29]. Wenn Lebenszwecke erst durch Bearbeitung der Natur erreicht werden können, ist bei Erweiterung dieser Zwecke Raum für ständigen Forschritt gegeben. Der Herrschaftsbereich der Technik nimmt immer mehr und immer schneller zu und erfaßt immer weitere Bereiche bis hin zur menschlichen Erbsubstanz. Doch dabei begegnet der Mensch „im Grunde sich selbst, seiner Wissenschaft und Erfindung, seinen Entwürfen und seiner Arbeit, und sich selbst wird er unterworfen"[30].

Mit jeder neuen Epoche der Technikentwicklung tritt der Mensch in einen neuen Abschnitt seiner Geschichte ein, der durch eine neue Umwelt oder durch „ein neues Naturmilieu" bestimmt ist. Freyer ist überzeugt, daß die menschliche Freiheit „mitten im Sachzwang der technischen und sozialen Apparaturen existent bleibt". Sie kann in das Sozialsystem der Technik eingebracht werden und es schließlich doch beherrschen, so daß die Richtung des Fortschritts auch bei weiterer Zunahme technischer Strukturen vom Menschen bestimmt werden kann.

Philosophische Anthropologie

Das erste Buch, das ausdrücklich der Technikphilosophie gewidmet ist, wurde 1877 von Ernst Kapp (1808–1896) veröffentlicht: „Grundlinien einer Philosophie der Technik. Zur Entstehungsgeschichte der Cultur aus neuen Gesichtspunkten". Kapp erklärt schon im Vorwort die anthropologische Ausrichtung seines Werkes. Es geht ihm darum, die Entstehung und die weitere Vervollkommnung der aus der Hand des Menschen stammenden Artefakte als Bedingung der Entwicklung des menschlichen Selbstbewußtseins darzulegen. Er beschreibt, wie Formen, Verhältnisse und Funktionen des menschlichen Leibes auf die Werkschöpfungen des Menschen übertragen werden; dieses kann bewußt geschehen, geschieht aber häufig auch unbewußt, so daß der Mensch erst später angesichts seines Werkes sich seiner selbst und der Korrespondenz zwischen ihm und seinem Werk bewußt wird.

Bei Kapp begegnet uns bereits der später für Arnold Gehlens Technikphilosophie zentrale Begriff der „Organprojektion". Gestalt und Funktion der vom Menschen produzierten Technik werden als Projektion aus der Gestalt und den Funktionsgesetzmäßigkeiten des Menschen, als Nach-außen-Setzen des Menschen gedeutet und deshalb in Analogie zum Menschen verstanden. Der Gedanke, daß der Mensch das Maß aller Dinge ist, wurde in der Philosophiegeschichte zuerst von dem griechischen Sophisten Protagoras geäußert, dem eine subjektivistische Interpretation seines Satzes angelastet wird. Bei Kapp ist dieser Satz als objektivierende Aussage verstanden, denn Kapp sieht im Sinne Hegels in Wissenschaft und Technik nichts anderes als den zu sich selbst zurückkehrenden Menschen. Alles, was in unserer Welt als ein „Neues" auftritt, muß nach Kapp letztlich doch vom Menschen her gedeutet werden. Daher ist die Technik aus anthropologischer Sicht nicht bloß von der Leiblichkeit des Menschen her zu begreifen;

GRUNDLINIEN

einer

PHILOSOPHIE DER TECHNIK.

Zur Entstehungsgeschichte der Cultur

aus neuen Gesichtspunkten.

Von

ERNST KAPP.

„Die ganze Menschengeschichte, genau
geprüft, löst sich zuletzt in die Geschichte
der Erfindung besserer Werkzeuge auf."

Edmund Reitlinger.

BRAUNSCHWEIG

DRUCK UND VERLAG VON GEORGE WESTERMANN.

1877.

Im Zusammenhang mit der beginnenden Industrialisierung macht Ernst Kapp in der zweiten Hälfte des 19. Jahrhunderts als erster die Technik ausdrücklich zum Thema der Philosophie. Sein Ansatzpunkt ist die Erweiterung der biologischen Verfassung des Menschen durch den Werkzeuggebrauch.

auch Intellekt und Psyche können ihre technische Entsprechung haben. Kapp verwahrt sich ausdrücklich gegen ein enges materielles, nur leibbezogenes Verständnis der Technik. In seiner anthropologischen Deutung ist der Mensch der Gipfel der gesamten Entwicklung auf der Erde, die Krönung der Schöpfung. Die Erde ist dazu bestimmt, Trägerin des menschlichen Geistes zu sein, der seinerseits Ziel und Zweck der planetarischen Entwicklung ist. Der Mensch als Krönung verkörpert alle vorhergehenden Entwicklungsstufen, er ist deshalb zum Ordnungsprinzip der gesamten Natur bestimmt, die er nach seinem Bild gestalten und humanisieren soll. Wenn Kapp feststellt, daß der Mensch nur sich selbst projizieren, nach außen setzen und produzieren kann, so schließt das für ihn Analogien zu allem ein, was unter oder vor dem Menschen in der Natur vorhanden ist, da alles dieses im Menschen aufgehoben und auf höherer Stufe bewahrt ist.

Diese anthropologischen Vorstellungen versucht Kapp an den verschiedenen Erscheinungs- und Entwicklungsstufen der Technik deutlich zu machen. Dabei beginnt er wie Aristoteles mit der Hand, die unser angeborenes Werkzeug ist, als Vorbild für mechanische Werkzeuge dient und zugleich zur Bildung weiterer Werkzeuge benutzt wird. Damit besteht die erste Stufe der Werkzeugherstellung in der Projektion menschlicher Formen auf ungeformtes Material. Die nächste Stufe wird erreicht, wenn man die Erkenntnis von Formen, Gesetzen und Algorithmen, die am menschlichen Organismus gewonnen wurde, auf Material anwendet, das in Analogie zu ihnen funktionsfähig gestaltet wird, ohne deswegen auch die Form übernehmen zu müssen. Hierbei ist die Entwicklung der Maßeinheiten von besonderer Bedeutung, denn durch Maß und Zahl erfaßt der Mensch die Dinge und lernt, sie zu beherrschen.

Im Aufstieg zu entfernteren Analogien zwischen Mensch und Technik behandelt Kapp sodann Gesicht und Gehör und die davon abgeleiteten optischen und akustischen Instrumente und Apparate, in denen er zugleich Organe der Intelligenz sieht. Ein weiteres Organ mit Vorbildcharakter für Werkzeuge ist die Herzpumpe, während die Knochen Urbilder für die Gestaltung von Konstruktionsteilen sind. Auch die Umsetzung von Brennmaterialien in Wärme und Bewegung bei Dampfmaschinen und Eisenbahnen ist für Kapp nur zu verstehen als Abbild der menschlichen Ernährung, so daß auch hier die technische Leistung des Menschen ihm sein eigenes gegenständliches Wesen gegenüberstellt. Selbst das menschliche Nervensystem hat nach Kapp eine technische Entsprechung, nämlich das elektrische Telegraphensystem. Für Kapp ist die gesamte technische Kultur die sich entwickelnde Menschennatur. Darum müssen auch Schrift und Sprache als Kulturtechniken verstanden werden. Weil aber der Mensch nicht nur Individuum ist, sondern in gleichem Maße auch soziales Wesen, muß auch der soziale Aspekt des Menschen seine technische Entsprechung finden, die Kapp in der staatlichen Organisation realisiert sieht. Der Staat ist für ihn kein materieller Mechanismus, sondern ein Organismus, der wie die mechanischen Artefakte dem Organisationsprinzip des Menschen zu folgen hat. Das zeigt zugleich die weiteren Entwicklungsmöglichkeiten der Technik auf: von der Mechanik zum Leben. In allen Werkzeugen und Maschinen, in der gesamten, vom Menschen geschaffenen Kultur begegnet schließlich der Mensch immer wieder nur sich selbst.

Kapp hat diese anthropologische Deutung der Technik auf die gesamte ihm bekannte Technik bezogen und hat die grundsätzliche Aussage gewagt, daß alle Technik – also auch alle zukünftige Technik – immer nur eine solche Entäußerung des Menschen sein könne, wobei er auch gesehen hat, daß im Verlauf der Technikentwicklung die Analogien zum Menschen immer mehr auf die nicht materiell faßbaren Bereiche ausgeweitet werden. Selbst Psyche und Geist sind grundsätzlich Quellen menschlicher Technik und werden es nach Kapps Meinung in Zukunft immer mehr sein. Auch wenn Kapp noch keine Computer und keine Mikroelektronik gekannt hat, so bleibt sein Grundsatz der Analogie zum Menschen auch hierauf anwendbar. Die Entwicklung der Technik muß nach Kapp letztlich als Menschwerdung der Erde verstanden werden, als Selbstverwirklichung der Natur; sie wird Abbild ihrer Krönung, des Menschen, der sich in seinem Werk zunehmend erkennt, indem seine Möglichkeiten in seinen Verwirklichungen sichtbar werden.

Diese anthropologische Technikdeutung wird von Arnold Gehlen (1904–1976) weiterverfolgt; auch für ihn ist die Welt der Technik der „große Mensch" mit allen Ambivalenzen des Menschen; sie ist lebensfördernd und lebenszerstörend wie der Mensch selbst. Kapps These von der unbewußten Objektivierung des Menschen in seinen technischen Artefakten begegnet uns bei Gehlen in der Aussage, daß in der Technik Möglichkeiten geschaffen werden für Zwecke, an die bei der Herstellung eines bestimmten Artefaktes noch niemand gedacht hat. Auch wenn deshalb die Auswirkungen einer Technik niemals vollständig im voraus zu erkennen und zu beherrschen sind, können wir nicht auf weiteren Fortschritt verzichten, denn die Technik gehört von ihrem Ansatz her notwendig zum Menschen. Der Mensch ist nicht wie ein Tier durch spezialisierte Organe und Instinkte an eine seiner Art entsprechende Umwelt angepaßt. Im Vergleich zum Tier ist der Mensch ein Mängelwesen, das aber seine Mängel gerade durch seine Unangepaßtheit wieder aufheben kann, da der Mensch darauf angewiesen und dazu fähig ist, durch seine Intelligenz vorgefundene Naturgegebenheiten seinen Zwecken entsprechend zu verändern. Der Mensch vermag fehlende Organe zu ersetzen. Technik ist daher für Gehlen zunächst Organverstärkung oder sogar Organersatz; an ihrem Anfang stehen Ergänzungstechniken und Verstärkungstechniken, aus denen sich dann die Entlastungstechniken entwickeln, die auf Einsparung von Organbelastungen oder auf Arbeitsersparnis schlechthin bezogen sind – als Beispiel nennt Gehlen das Rad in der Konstruktion des Wagens als Transportmittel. Ein Beispiel für alle drei Arten von Technik ist das Flugzeug: „Es ersetzt die uns nicht gewachsenen Flügel, überbietet weit alle organischen Flugleistungen überhaupt und erspart

unserer Fortbewegung über ungeheure Entfernung jegliche Eigen-
bemühung"[31].

Ermöglicht werden dem Menschen diese Techniken durch die
Geistbegabung, die schon den vorgeschichtlichen Menschen vom Tier
unterscheidet. Seine Intellektualität ermöglicht dem Menschen die
Distanz zu seinen Trieben und zu unmittelbaren Organfunktionen,
enthebt ihn vom Zwang der biologisch-organischen Anpassung in der
Evolution und befähigt ihn zur Veränderung der Naturgegebenheiten
im Hinblick auf relativ willkürlich gesetzte Zwecke. Die Entwicklung
der Technik tendiert für Gehlen zu einer immer stärkeren Ablösung
vom Organischen, das zunehmend durch Anorganisches ersetzt wird.
An dieser Stelle wird man Gehlen allerdings einen Rückschritt hinter
Kapp vorwerfen müssen, denn er hat nicht erkannt, daß der Bereich
des Anorganischen als Anregung und Material für die Technik weitgehend ausgeschöpft sein dürfte. Die Bezugswissenschaften Physik und
Chemie führen immer weniger zu wirklichen Neuentwicklungen in
der Technik, während Biologie, Physiologie und Psychologie noch
kaum in den Blick gekommen sind, aber als Quellen einer noch zu
entwickelnden, dem „höheren" Menschen entsprechenden Technik
ganz neue Zukunftsmöglichkeiten eröffnen.

Doch Gehlen hat etwas anderes klar erkannt, das wir heute weitgehend realisiert finden. Er sieht die Entwicklung der Technik vor allem
dadurch geprägt, daß nicht der individuelle Mensch wie in der bisherigen Geschichte der Techniker ist, sondern daß Industrie, Technik und
Naturwissenschaften in ihrem unlösbaren Verbund als Superstruktur
nur mehr vom gesellschaftlich organisierten Menschen getragen werden können: Die Menschheit als geschichtlich Werdendes löst das
Individuum als Gestalter der Welt ab.

Das Charakteristikum der Technik sieht Gehlen in ihrem automatischen Charakter. Der Automatismus erweckt weithin den Eindruck
eines rhythmisch selbstbewegten Kreisprozesses, der auch den Menschen einbegreift. Dieser Prozeß ist nach Gehlen kein bloß intellektueller; als „Resonanzphänomen" betrifft er tiefere Schichten. Mit dieser
Analyse deutet Gehlen die Technik in ähnlicher Weise wie auch Kapp
und Hegel: Ihre Bedeutung liegt im Zu-sich-selbst-kommen des Bewußtseins, letzten Endes des Menschen selbst, der also in der Technik
sich nicht nur sieht, sondern sich eigentlich erst macht. Solche Analogien zwischen Automatismen beim Menschen und in der Technik
zeigt Gehlen beim Herzschlag, bei der Atmung, beim Gehen usw.
Er erklärt ausdrücklich, daß es sich hierbei nicht um oberflächliche
Vergleiche handelt, sondern um Wesenszüge des Menschen, „der die

Welt nach seinem Bilde interpretiert und umgekehrt sich nach Weltbildern"[32].

Ein besonderer Aspekt des Gehlenschen Technikverständnisses, der sich zugleich aus seinem Verständnis vom Menschen ergibt, ist die Verbindung von Technik und Magie, wobei Gehlen sogar so weit geht, die Technik selbst als Magie zu betrachten. Unter Berufung auf M. Pradines und sein Werk „L'esprit de la religion" sieht Gehlen in der Technik ebenso wie in der Magie das „Unternehmen, Veränderungen zum Vorteil des Menschen hervorzubringen, indem man die Dinge von ihren eigenen Wegen zu unserem Dienst hin ablenkt"[33]. Das zentrale Anliegen der Magie ist dabei die „Umweltstabilität", der ein elementares instinktartiges Bedürfnis des Menschen entspricht.

Gerade in seinen Überlegungen zur Magie kommt Gehlen zu Ergebnissen, die Kapps Projektion aus dem Unbewußten entsprechen. Gehlen glaubt, auf eine Triebkomponente der Technik schließen zu müssen, die sich in der Tiefenbindung an rhythmische, periodische, selbstläufige Außenweltprozesse zeigt. Mit der Feststellung dieser Triebkomponente wendet sich Gehlen gegen das akademische Vorurteil, technisches Verhalten sei „nur rational" und „bloß auf Zwecke abgestellt". Die Technik hat also nach Gehlen in Bezug auf den Menschen keine andere Funktion als die alte Magie und kann keine andere Funktion haben, weil der Mensch der Gegenwart nur graduell, aber nicht wesentlich von früheren Stufen der Menschheitsentwicklung verschieden ist, und er nie davon verschieden sein wird, weil eben aus dem Menschen immer nur Menschen werden.

Diese Einsicht schließt nicht aus, daß durch die Entlastungsfunktion der Technik immer neue Möglichkeiten zur Betätigung und Entwicklung höherer geistiger Fähigkeiten entstehen, denn der Geist braucht sich mit dem Üblichgewordenen, mit dem Routinemäßigen, nun nicht weiter zu befassen und steht damit für Neues offen. Routine in die Maschine – damit der Menschengeist frei wird![34]

Die fortschreitende Objektivation und Entlastung des Menschen sieht Gehlen in drei Stufen realisiert, die zugleich eine größere Humanisierung des Menschen und seines Lebens zur Folge haben, ihn immer weiter vom Tier entfernen und immer mehr zum Geistwesen werden lassen. Diese stufenweise Entwicklung verläuft vom Werkzeug über die Arbeits- und Kraftmaschine zum Automaten, in dem die Technik ihre methodische Vollendung erreicht. Der Mensch, der die Welt den jeweiligen Umständen entsprechend in ständiger Anpassung und Selbstentwicklung zu bewältigen vermag, ist nach Gehlen immer – wenn auch jeweils anders als in früheren Entwicklungsstadien – Mängelwesen und Prometheus zugleich. Der organisch mittelarme oder fast mittellose Mensch hat es dennoch geschafft, sich die Natur nutzbar zu machen oder sie sich zu unterwerfen, so daß er unter verschiedenen Umweltbedingungen leben kann. Der Mensch ist „biologisch zur Naturbeherrschung gezwungen"[35]; er vermag dies zu leisten kraft Geistentwicklung, Sprache und sozialer Kommunikation und Organisation.

Die Bedeutung der Kreativität für die Entwicklung der Technik bis zu ihrem heutigen Stand hebt auch Hans Sachsse (geb. 1906) hervor, der für die gegenwärtige Technik besonders das Prinzip des „Umwegs" als Charakteristikum herausarbeitet. Die Technik erreicht ihre Ziele auf vielfältigen, oftmals sehr komplizierten und auf den ersten Blick nicht zu durchschauenden Umwegen leichter, schneller und sicherer als auf direktem Wege; vieles ist ohne Umwege oder Zwischenstationen gar nicht machbar. Das deutlichste Beispiel hierfür bietet die chemische Industrie mit ihren vielfältigen Umwandlungsverfahren.

Während die Technik der Wildbeuter- und der Agrarkulturen noch unmittelbar oder über wenige unmittelbar verständliche Zwischenstufen – zum Beispiel darf das Saatgut nicht aufgegessen werden – Mittel und Ziele in Verbindung brachte, entwickeln sich solche Zwischenstufen in der Industriezivilisation zu einem teilweise undurchschaubaren Komplex. Der Mensch hat ein Vorstellungs- und Gedächtnispotential entwickelt, das ihm ein Lernen ermöglicht, das nicht immer wieder von Anfang an neu beginnen muß, sondern auf Erfahrung und Geschichte aufbauen kann. „So zeigt sich, daß die Entwicklung der menschlichen Technik unmittelbar mit dem Erwachen seines Bewußtseins, mit der Entwicklung seines Vorstellungsvermögens und der Fähigkeit, Erfahrungen zu machen, zu speichern und wieder sinnvoll anzuwenden, verbunden ist. Und das charakteristische Merkmal für den Entwicklungsstand der Technik ist wieder die Länge des Umweges, die Möglichkeit, im Vorstellungsvermögen immer größere Zusammenhänge zu überblicken, immer mehr Zwischenstufen einzuschalten und Mittel einzusetzen, die über immer längere Wirkungsketten mit dem Enderfolg verknüpft sind"[36].

Diese Entwicklung des Umwegpotentials bis zur heutigen Technik der Großsysteme macht Sachsse an der Evolutionsgeschichte des Menschen deutlich, die er als Geschichte der Technik bis zur Gegenwart deutet: Die heutige Technik ist als systematisch-wissenschaftlich-revolutionäres System zu bezeichnen, das bei starker Spezialisierung auf immer schnellere Produktion von Neuem ausgerichtet ist. Dem Menschen erschließt sich damit ein großer Bereich des Machbaren ohne unmittelbar erkennbare Nachahmung der Natur. Eine Wirkung dieser Technik ist die stärkere Verflechtung und Integration, zugleich aber auch eine wachsende Abhängigkeit des Lebensunterhalts von technischer Produktion in globaler Interdependenz. Damit wächst die Verantwortung für die Technik in räumlichem und zeitlichem Maßstab; weiträumige und weitreichende Folgen müssen bei den Entscheidungen über die Realisierung technischer Möglichkeiten mitbedacht werden. Wir brauchen daher neue Organe der Wissens- und Willensbildung und Institutionen der Technikbewertung und Technikfolgenabschätzung, um die wachsenden Akzeptanzprobleme zu bewältigen. [I-3.4; I-3.5; I-3.6]

Eine besondere Schwierigkeit der modernen Technik liegt in ihrer Komplexität und ihrer daraus resultierenden Undurchschaubarkeit. Da der Mensch nur dem vertraut, was er erkennt und durchschaut und worauf er glaubt, sich verlassen zu können, fühlt er sich angesichts der modernen Technik verunsichert. Dieser Anspruch auf Durchschaubarkeit ist aber nach Sachsse nur auf früheren Entwicklungsstufen erfüllbar gewesen; durch ihr Umwegpotential entzieht sich die moderne Technik der Durchschaubarkeit, vor allem der Erkenntnisfähigkeit des einzelnen. Auch der einzelne Fachmann hat nicht das Fachwissen des anderen Experten, auf das er aber in der Konstruktion technischer Systeme angewiesen ist. Die Fluchtreaktion besteht in der Forderung nach Rückkehr zur Technik in kleinerem, überschaubarem Maß. Sachsse fordert dagegen die Entwicklung eines neuen Vertrauens als der unserer technischen Zeit entsprechenden Tugend. Dieses Vertrauen kann aber nur wachsen, wenn der Mensch sich zunehmend als soziales Wesen versteht. Deshalb spricht Sachsse von einem „echten, die Technik integrierenden Sozialismus"[37], der gerade die Ungleichheit und damit die Verschiedenartigkeit und Mannigfaltigkeit vieler Beiträge zur gemeinsamen Gestaltung der Welt zur Voraussetzung hat. Ohne das dafür notwendige Vertrauen kann der Mensch die moderne Technik nicht annehmen und gesellschaftlich nicht beherrschen. Die Entwicklung der Technik fordert deshalb ein neues Bewußtsein und eine Haltung des Vertrauens, die an die Stelle der individuell- oder kleingruppenbezogenen Einstellung der Wildbeuter- und Agrarkulturen treten muß, wodurch dann aber auch ein reicheres und erfüllteres menschliches Leben mit Hilfe der Technik möglich wird.

Marx, Engels und der orthodoxe Marxismus

Als eine Art Leitmotiv der Technikdeutung von Karl Marx (1818–1883) kann ein Satz aus dem dritten Teil seiner „Ökonomisch-philosophischen Manuskripte" aus dem Jahr 1844 gelten: „Indem aber für den sozialistischen Menschen die ganze sogenannte Weltgeschichte nichts anders ist als die Erzeugung des Menschen durch die menschliche Arbeit, als das Werden der Natur für den Menschen, so hat er also den anschaulichen, unwiderstehlichen Beweis von seiner Geburt durch sich selbst, von seinem Entstehungsprozeß"[38].

Unter dem Einfluß der Linkshegelianer, vor allem Ludwig Feuerbachs (1804–1872), aber auch des französischen Sozialismus, der englischen Nationalökonomie und aufgrund seiner Beschäftigung mit sozialen und ökonomischen Fragen in Zusammenarbeit mit Friedrich Engels (1820–1895) begreift Marx die Wirklichkeit der wachsenden Industriegesellschaft immer mehr als Widerspruch zur wahren Bestimmung des Menschen, als Entfremdung von seinem wahren Wesen.

Nach Marx ist das ursprüngliche Verhältnis des Menschen zur Natur nicht ein theoretisches, sondern ein praktisch-aktives. Primär ist nicht das Denken, Erkennen und Betrachten, sondern die Praxis, das heißt die reale materielle Tätigkeit, durch die der Mensch auf die Natur einwirkt, sie verändert und seinen Bedürfnissen anpaßt, um die zu ihrer Erfüllung erforderlichen Mittel zu gewinnen und sich von den Zwängen der Natur zu befreien. Dazu muß der Mensch arbeiten und produzieren – und diese seine ökonomische Tätigkeit bestimmt in letzter Instanz die gesamte Geschichte. Indem sich der Mensch durch seine Arbeit den Stoff der Natur in einer für sein eigenes Leben richtigen Form aneignet, paßt er sich zugleich der Natur an, so daß nicht nur die zur Menschenwelt gestaltete Natur Produkt des Menschen ist, sondern gleichzeitig der Mensch auch Produkt der von ihm selbst gestalteten Natur. Da dieser Stoffwechsel die unabdingbare Voraussetzung für unser Leben ist, gehört die Arbeit zum Wesen des Menschen. In der Arbeit verwirklicht der Mensch einen geistig vorweggenommenen Zweck, der die Art und Weise seines Handeln bestimmt. Mit der Herstellung und Benutzung entsprechender Arbeitsmittel und Werkzeuge beginnt die Technik. Dadurch erweitern sich die Produktivkräfte, zu denen Marx neben der menschlichen Arbeitskraft die nutzbaren Bodenschätze, Naturkräfte und die Produktionsmittel zählt. Zu diesen gehören neben den Werkzeugen und Maschinen die Wissenschaften und die Formen und Methoden der Arbeits- und Pro-

Sowjetische Gedenkbriefmarke aus dem Jahr 1967 zur hundertsten Wiederkehr der Publikation des ersten Bandes des „Kapital" von Karl Marx. Wird 2067 wieder eine Gedenkmarke erscheinen?

duktionsorganisation. Die Produktivkräfte und mit ihnen die Produktionsmittel sind also in materielle und geistige einzuteilen, sowie in natürliche und vom Menschen geschaffene.

Im Rahmen der Produktivkräfte nimmt die Technik durch ihre Mittelfunktion einen besonderen Rang ein, denn mit ihrer Hilfe kann der Mensch materielle Güter erzeugen und die Produktivität seiner Arbeit erhöhen. Ihr Stand hängt ab von den gesellschaftlichen Bedingungen, besonders von den Produktionsverhältnissen, das heißt vor allem von den Eigentums- und Verteilungsverhältnissen. Mit der Änderung der Produktion, besonders mit der Schaffung neuer Produktivkräfte, verändern sich notwendig auch die gesellschaftlichen Verhältnisse. Die Technik kann sich damit als der revolutionäre Faktor erweisen, der den Konflikt zwischen der Produktion materieller Güter und ihrer jeweiligen gesellschaftlichen Einordnung auf die Spitze treibt und dadurch zum Klassenkampf und zu sozialen Umwälzungen führt.

Nach Marx hat auch die industrielle Revolution (Entwicklung von der Kooperation über die Manufaktur zur großen Industrie, bzw. vom Frühkapitalismus zum Hochkapitalismus) in der Technik ihren Ursprung. Bei der Kooperation arbeiten viele in demselben Produktionsprozeß oder in zusammenhängenden Produktionsprozessen planmäßig miteinander, was zu einer Erhöhung der Produktivkraft führt. Die Manufaktur ist charakterisiert durch die Weiterentwicklung der Arbeitsteilung, durch die schließlich auch wissenschaftliche Vervollkommnung der Arbeitsmethoden sowie durch die Differenzierung und Spezialisierung der Arbeitsinstrumente und der Arbeitskräfte. In der großen Industrie schließlich vollendet sich die Scheidung zwischen Arbeitern und Besitzern der Arbeitsmittel, und dadurch verstärkt sich die Abhängigkeit des Arbeiters vom Kapital. Durch die Entfaltung der Technik und ihrer Maschinerie tritt das Arbeitsmittel gegenüber der menschlichen Arbeitskraft in den Vordergrund. Daraus ergibt sich eine fast unbegrenzte Steigerung der Arbeitsteilung, denn der Arbeitsprozeß wird objektiv in seine Phasen zerlegt. Zugleich wird der Arbeiter entwertet; er kann jederzeit durch einen anderen ersetzt werden, da für die einzelnen Arbeitsschritte keine besondere Qualifikation erforderlich ist.

In den „Grundrissen der Kritik der politischen Ökonomie" von 1897 schildert Marx das von ihm so genannte automatische System der Maschinerie: „In den Produktionsprozeß des Kapitals aufgenommen, durchläuft das Arbeitsmittel (. . .) verschiedene Metamorphosen, deren letzte die Maschine ist oder vielmehr ein automatisches System der

Maschinerie (. . .), in Bewegung gesetzt durch einen Automaten, bewegende Kraft, die sich selbst bewegt; dieser Automat besteht aus zahlreichen mechanischen und intellektuellen Organen, so daß die Arbeiter selbst nur als bewußte Glieder desselben bestimmt sind"[39]. Damit wird der arbeitende Mensch verunstaltet und verstümmelt. Nicht er gebraucht die Maschine, sondern die Maschine gebraucht ihn; sie wirkt und beherrscht ihn als eine fremde Macht.

Marx sah jedoch auch den progressiven Charakter dieser maschinellen kapitalistischen Produktionsweise und ihren revolutionären Inhalt: Neue Technologien haben stets die Fähigkeit zu Veränderungen und Verbesserungen. Diese Seite der industriellen Technik hat Marx nie in Frage gestellt. Sein Interesse galt vorwiegend den sozialen Konsequenzen der kapitalistischen Fabrikproduktion, deren Hauptmerkmal er in der Unterordnung des Arbeiters unter die Maschine sah. Hier befreit nicht die Maschine den Arbeiter von der Last seiner Arbeit, sondern sie beraubt seine Arbeit ihres Inhalts. Die kapitalistische Produktionsweise verleiht den Arbeitsbedingungen und dem Arbeitsprodukt verselbständigten und entfremdeten Charakter gegenüber dem Arbeiter. Die Nutzung der Technik im Kapitalismus entfaltet den Entfremdungscharakter bis zum vollständigen Gegensatz zwischen den Arbeitsbedingungen und dem Arbeitsprodukt. Daher mußte es historisch zu den brutalen Revolten der Arbeiter gegen das Arbeitsmittel, die Maschine, kommen. Weil aber mit der Entwicklung von Technik und Produktion auch die wachsende Akkumulation von Kapital einherging, mußte sich auch der Klassenkampf entwickeln und damit zugleich das Selbstbewußtsein der Arbeiter.

Marx unterscheidet bei der maschinellen Produktion zwei Anteile der Arbeit: die unmittelbare, lebendige Arbeit des Menschen und die akkumulierte Arbeit, die in Maschinen und Technik enthalten ist. Obwohl auch die akkumulierte Arbeit vom Arbeiter geschaffen wird, gehört sie nicht ihm, sondern tritt ihm als Privateigentum des Kapitalisten gegenüber. Um die Situation des arbeitenden Menschen zu verändern, ist es deshalb erforderlich, das Privateigentum an den Produktionsmitteln zu beseitigen. Nach dem Verständnis heutiger kommunistischer Theoretiker verändert jedoch die kommunistische bzw. sozialistische Revolution nicht zwangsläufig und unmittelbar die Teilung der Arbeit, die Produktionstechnologie und die aus der Technik resultierenden Besonderheiten der Produktion; doch es müsse nach wie vor das Ziel der Entwicklung bleiben, die Entfremdung aufzuheben, damit der Mensch sich in seinen Lebensäußerungen verwirklichen und seine Arbeit als Selbsterzeugung erleben kann.

Von Engels bis zur Gegenwart

Auch Engels geht davon aus, daß die Produktion und der Austausch ihrer Produkte die Gesellschaftsordnung bestimmen. Grundlage der Veränderung ist nicht die Philosophie, sondern die Ökonomie. Ebenso wie Marx erkennt auch Engels, daß die Entwicklung der Technik alle Bereiche des gesellschaftlichen Lebens beeinflußt, da sie die Produktionsverhältnisse bestimmt, die gleichzeitig Eigentums- und damit Machtverhältnisse sind. Über die Produktionsverhältnisse wirken aber indirekt auch die Weltanschauungen und Ideologien auf die Technik ein, so daß eine rein technisch bestimmte Erklärung der Gesellschaftsentwicklung aus der Technikentwicklung nicht möglich ist. Für Engels kann es keine völlig neutrale Technik geben, sondern jede Technik ist in die Gesellschaft eingebunden, in der sie vorhanden ist und angewandt wird.

Den Einfluß der Technik auf die gesellschaftliche Entwicklung hat Engels vor allem am Beispiel der Kriegstechnik untersucht. Hier zeigt sich in exemplarischer Weise die nach seiner Ansicht allgemeingültige Erkenntnis aus der „Geschichte des gezogenen Gewehrs": „Immer, wenn (. . .) das Bedürfnis nach einer Sache entsteht, und dieses Bedürfnis durch die gegebenen Umstände gerechtfertigt ist, wird es gewiß befriedigt"[40]. Immer wieder hat Engels betont, daß erst die industrielle Revolution Klarheit geschaffen hat über die Klassenverhältnisse. Erst in ihrem Verlauf sind ein echtes großindustrielles Proletariat und eine wirkliche Bourgeoisie entstanden, aus deren Gegensatz dann im Gefolge der industriellen die soziale und politische Revolution werden kann und muß.

Wir sehen also bei Engels nur verhältnismäßig wenig Interesse für das, was Technik selbst ist, sondern das Interesse konzentriert sich auf die wirtschaftlichen, sozialen und politischen Auswirkungen der Technik.

Dieselbe Einstellung finden wir bei Lenin (1870–1924) und Stalin (1879–1953), die beide – jeweils modifiziert durch die geschichtliche Situation – die Lehren von Marx und Engels anzuwenden versuchen. Gegenüber dem ökonomischen Determinismus, den Lenin bei Marx zu stark herausgehoben sieht, und gegenüber der Theorie der Spontanität der Ökonomisten, die sagt, daß die Entwicklung ganz von selbst zum Sozialismus führt, betont Lenin die überragende Bedeutung des Bewußtseins und des Willens, der Theorie und der bewußten Aktion. Damit wird die bisher vorherrschende deterministische Konzeption entscheidend abgeschwächt. Der Überbau und seine Vertretung in

Intelligenz und Partei erhalten die theoretische Rechtfertigung für sein
Einwirken auf die Entwicklung der Basis, also auch auf Technik,
Industrie und Wirtschaft. Die außertechnischen, gesellschaftlichen
Maßgaben für die Technik werden damit für Lenin wichtiger als die
immanenten Entwicklungstendenzen der Technik und die daraus
resultierenden gesellschaftlichen Kräfte.

Diese Tendenz wird bei Stalin noch verstärkt, der in seiner Abhandlung „Über den dialektischen und historischen Materialismus" betont,
daß nicht nur die Basis auf den Überbau wirkt, sondern daß es auch
einen rückwirkenden Einfluß des Überbaus auf die Basis gibt. Nach
Marx sind Klassengegensätze und Klassenkämpfe die treibenden Faktoren der geschichtlichen Entwicklung, die durch Revolutionen zur
Umgestaltung der Gesellschaft führen. Aber Klassengegensätze, Klassenkämpfe und Revolutionen dürfen im Sozialismus auf dem Wege
zum Kommunismus und erst recht im Kommunismus nicht mehr
existieren. Andererseits darf jedoch der technische Fortschritt und damit die Geschichte nicht zum Stillstand kommen. Es muß daher neue
Triebfedern der sozialen Entwicklung geben. Stalin findet diese in
moralisch-geistigen Faktoren, die zum Bereich der Erkenntnis- und
Willenstätigkeit gehören: die moralisch-politische Einheit des Volkes,
die Freundschaft der Nationalitäten innerhalb des sowjetischen Volkes,
der Sowjetpatriotismus, Kritik und Selbstkritik.

Damit wird der Überbau zur entscheidenden Kraft; er bestimmt
oder schafft erst die Basis. Man kann sagen: Durch die Betonung der
geistigen Faktoren kehrt Stalin von Marx zu Hegel zurück. Die neuerdings erstrebte Perestroika soll die „visible hand" der Planung durch
die „invisible hand" des Marktes (A. Smith) ersetzen; und durch Glas-
nost soll das liberale Prinzip der offenen Diskussion an die Stelle
verordneter ideologischer Direktiven treten.

Technikphilosophie in der DDR

Im Sinne der marxistischen Auffassung, nach welcher der Mensch
wesentlich durch seine Arbeitstätigkeit bestimmt ist, wird in der DDR
die Technik als zentrales Thema diskutiert. Sie erscheint dabei aber
nicht als isoliertes Phänomen, sondern nur im Zusammenhang mit der
sozialen und wirtschaftlichen Entwicklung. Die Theoretiker in der
DDR sehen die Technik als Einheit von naturhaften und gesellschaftlichen Momenten, wobei der Nachdruck aber auf der gesellschaftlichen
Einordnung liegt.

Neben der Betonung der gesellschaftlichen Zusammenhänge ist für die Technikphilosophie der DDR ein optimistischer Grundzug charakteristisch, denn im Sinne des Marxschen Denkens gilt die Technik als Motor des Fortschritts. Während in der Bundesrepublik das Urteil über einzelne Techniken, ebenso wie über Technik und ihren Fortschritt im allgemeinen, vom Technikpessimismus der unmittelbaren Nachkriegsjahre über den ungehemmten Fortschrittsoptimismus Ende der fünfziger und Anfang der sechziger Jahre bis zur Skepsis und sogar zur Technophobie der späten siebziger Jahre und der Gegenwart hin und her schwankt, ist in der DDR durchgängig ein ungebrochener Optimismus festzustellen, der allerdings in den letzten Jahren etwas vorsichtiger formuliert wird.

Die Ausgangslage war im Osten die gleiche wie im Westen. Es lag eine gemeinsame Erfahrung vor: der verlorene Krieg, verloren nicht zuletzt durch die technische Übermacht der Alliierten trotz der gewaltigen technisch-industriellen und ökonomischen Leistungssteigerungen des Deutschen Reiches. Gemeinsam war auch die geistige Tradition, aus der die Kraft zur Bewältigung der Situation geschöpft werden konnte: Kant und Hegel und die an den Naturwissenschaften orientierten Wissenschaftstheoretiker der Wiener, Berliner und Prager Schule, aber auch spezielle Deutungsversuche der Technik etwa von Beckmann, Karmarsch und Kapp sowie in diesem Jahrhundert von Dessauer und Jaspers.

Seit der Gründung der DDR im Jahre 1949 ist das einheitliche materialistische Technikverständnis das von der Partei verordnete offizielle Programm. Die Quellen der Tradition dienen oft nur der Bestätigung der durch Partei und Staat vorgegebenen Lehre; sie werden nur noch rezipiert, sofern sie als Kronzeugen für eine festgelegte Meinung dienen können.

Bei der Technik wird in der DDR zunächst deutlich zwischen Wissenschaft und Praxis unterschieden. Während die Praxis im Zusammenhang mit der Arbeit und ihrer Organisation behandelt wird, galt der Wissenschaftsanteil der Technik wie alle Wissenschaft zunächst als Überbau. Es setzt sich jedoch zunehmend die Redeweise und Überzeugung durch, daß alle Wissenschaft als unmittelbare Produktivkraft anzusehen sei. Die Finalisierung der Wissenschaft und der Praxis im Dienste des Aufbaus einer sozialistischen Gesellschaft gilt als selbstverständlich. Technik wird wegen der unmittelbaren Wirkung ihrer Praxis jedoch stärker als andere Wissenschaften in ihrer Verbindung mit der materiellen Basis gesehen, wobei allerdings in der DDR trotz aller Betonung von objektiver Gesetzmäßigkeit und notwendiger Fortschrittsrichtung der Geschichte nie der subjektive Anteil an der geschichtlichen Entwicklung verschwiegen wird.

Die Diskussion über Technik erreichte in der DDR einen Höhepunkt mit dem Philosophiekongreß des Jahres 1965 in Berlin, der unter dem Thema stand: „Die marxistisch-leninistische Philosophie und die technische Revolution". In den „Thesen der Sektion Philosophie bei der Deutschen Akademie der Wissenschaften" wird einerseits das Ergebnis der bisherigen Diskussion zusammengefaßt, andererseits wird die Richtung für die weitere Arbeit festgelegt. Als wissenschaftlich-technische Grundlagen der Dynamik des objektiven Prozesses der technischen Revolution werden „die qualitativen Veränderungen in der produktiven und sozialen Funktion grundlegender Zweige der Natur-, technischen und Gesellschaftswissenschaften" genannt, gefordert wird „der Übergang zu völlig neuen materiell-technischen Grundlagen der Produktion, das heißt die Vorbereitung und Einführung der Automatisierung"[41].

Weil Wissenschaft und technischer Wandel alle Bereiche des gesellschaftlichen Lebens durchdringen, läßt sich nach Auffassung der DDR-Philosophen ihre Entwicklung nicht losgelöst von der Gesellschaftsordnung und den darin herrschenden Produktionsverhältnissen begreifen. Das aber tut angeblich die Technikphilosophie der Bundesrepublik, indem sie das Phänomen Technik isoliert. Da durch die wissenschaftliche Steuerung der technischen Revolution immer mehr Zweige der Natur- und Gesellschaftswissenschaften zu unmittelbaren Produktivkräften werden, muß die wissenschaftliche Forschung insgesamt immer mehr vergesellschaftet werden. Schon auf diesem Kongreß hatte Kurt Teßmann darauf hingewiesen, daß man eigentlich mit J. D. Bernal von einer umfassenden wissenschaftlich-technischen Revolution sprechen sollte; dieser Begriff bringt die dynamische Einheit von wissenschaftlichen, technischen und gesellschaftlichen Innovationen zum Ausdruck und ist inzwischen in den Ländern des Ostblocks allgemein üblich geworden. Es wird denn auch immer wieder darauf hingewiesen, daß nur in den marxistisch geprägten Sozialstrukturen die wissenschaftlich-technische Revolution ihre volle Dynamik entfalten kann. Auch wenn im Prozeß der Technikentwicklung der Anteil der vergegenständlichten Arbeit ständig zunimmt, bedeute das keineswegs einen Rückgang der qualitativen Bedeutung der schöpferischen Arbeit. Vielmehr müsse die Bedeutung des menschlichen Faktors und seiner führenden Rolle in der Produktion immer deutlicher hervorgehoben werden. Damit aber ist die bisher letzte Stufe in der Philosophie der Technik in der DDR erreicht, die unter dem Titel stehen könnte:

Die Dialektik von Effektivität und Humanität in der sozialistischen Gesellschaft. Das wird in allgemeiner Form anerkannt, wenn Siegfried Wollgast und Gerhard Banse 1979 schreiben, die gegenwärtige Diskussion betreffe zunächst „Fragen im Zusammenhang mit der Entwicklung und Anwendung von Technik und der Rolle der Technik in der Gesellschaft sowie den daraus resultierenden weltanschaulich-ethischen Fragestellungen", wie das Problem des Zusammenhangs zwischen wissenschaftlich-technischem Fortschritt und Humanismus[42].

In der DDR herrscht ein ungebrochener Optimismus angesichts der „Möglichkeiten und Reserven des Leistungswachstums, die durch die Beschleunigung des wissenschaftlich-technischen Fortschritts erschlossen werden könnten". Besonders stolz ist man auf die Leistungen der Metallurgie und Energiewirtschaft, des Maschinenbaus und der Elektrotechnik, der chemischen Industrie und Leichtindustrie. Die Möglichkeit gewaltiger Produktionssteigerungen durch die Mikroelektronik stellt allerdings die DDR vor die gleichen Probleme wie westliche Industriegesellschaften, auch wenn sie hier noch technischen Nachholbedarf hat[43].

Die Betonung des subjektiven Faktors in der Entwicklung der Technik führt bei der Betrachtung der Wechselwirkungen auch zur gesellschaftlichen Untersuchung der subjektbezogenen, sozialen Konsequenzen der Technik. So werden in der Zeit von 1965 bis 1978 Wissenschaft und Technik nicht nur in ihrer Rolle als unmittelbare Produktivkräfte, sondern zugleich auch in ihrer Bedeutung für die soziale Entwicklung diskutiert. Diese Auffassung wird mit entsprechenden politischen Forderungen verknüpft; so sollen insbesondere durch die Psychologie und die Philosophie die menschliche Schöpferkraft und technische Innovationen hervorgebracht werden. Etwa beginnend mit dem Jahr 1973 kann man eine Ausweitung und Konkretisierung des Technikverständnisses in dem Sinne feststellen, daß Technik nunmehr als eine umfassende individual- und sozialanthropologische Kategorie betrachtet wird: Sie erscheint als die weltgestaltende und gesellschaftsformende Kraft schlechthin. Die so verstandene Technik gilt insgesamt als Humankraft, d. h. als Produktivkraft, Sozialkraft und Kulturkraft. Die Theoretiker der DDR sehen ihre Aufgabe darin zu zeigen, daß die technische Entwicklung wirklich dem Fortschritt und dem Humanismus dient – in diesem Punkt ist, trotz aller sonstigen Unterschiede, eine Gemeinsamkeit mit den Diskussionen im Westen festzustellen. – Deshalb gilt es, Antworten auf Sinngebungsfragen zu finden, ohne deren Lösung die rechten Zielvorgaben weder für die wissenschaftlich-technische noch für die gesellschaftliche

Entwicklung gefunden werden können: „Realer Humanismus verlangt die theoretische und praktische Gestaltung der gesellschaftlichen Beziehungen unter Nutzung der entwickelten Produktivkräfte, um größtmöglichen Freiheitsgewinn für die frei assoziierten Persönlichkeiten zu erreichen. Der Humanismus ist als Zielfunktion, Bewertungskriterium und Anforderungsstrategie für verantwortungsbewußtes Handeln zu bestimmen"[44].

Zusammenfassend läßt sich also feststellen, daß der Technikphilosophie in der DDR unter Berücksichtigung der offiziellen Parteilinie einerseits die Aufgabe zugewiesen wird, durch Förderung der Kreativität direkt zum technischen Fortschritt beizutragen, andererseits soll sie aber auch auf metatheoretischer Ebene mitwirken an der Zielfindung, Bewertung und am Nachweis der Sinnhaftigkeit der technischen Entwicklung. Dabei gilt programmatisch nach wie vor die weitreichende spekulative These, daß die Natur ihre Vollendung durch den Menschen erreicht: In ihrem Vollendungszustand ist die Natur humanisierte Natur, in der zugleich der Mensch als Gattungswesen seine natürliche Vollendung erfährt. Auch das ökologische Problem – davon ist man überzeugt – wird in der kommunistischen Gesellschaft seine Lösung finden.

Kritische Theorie

Die Vertreter der „Kritischen Theorie", der sogenannten Frankfurter Schule, orientieren sich in wesentlichen Punkten am Denken von Karl Marx und werden deshalb gelegentlich auch als Neomarxisten bezeichnet. Darüberhinaus werden aber noch vielfältige andere Einflüsse, insbesondere von Hegel, aber auch von Sigmund Freud, aufgenommen. Im Rahmen des dadurch vorgegebenen – eher losen – gemeinsamen Ansatzes zeichnen sich die einzelnen Denker durch eine starke individuelle Profilierung aus.

Max Horkheimer (1895–1973) geht davon aus, daß der Gegensatz zwischen Erkennen und Handeln, zwischen der Erforschung der Naturgesetze und ihrer Anwendung in verschärfter Weise heute zu Tage tritt. Während die Genauigkeit der Naturwissenschaften sich in der Beherrschung der Natur praktisch ausweist, sind die eigentlich wesentlichen ethischen Probleme weniger eindeutig faßbar. In dem Aufsatz „Zum Begriff der Vernunft" unterscheidet Horkheimer zwischen der Vernunft, die sich „als Abbild vernünftigen Wesens der Welt" versteht, und einer bloß formalen, ungebundenen Vernunft, die sich

Im Sinne der Frankfurter Schule insistiert Max Horkheimer darauf, daß das kritische Potential der philosophischen Tradition gegenüber einer nur instrumentellen Vernunft zur Geltung gebracht wird.

letztlich nur auf sich selbst bezieht und sich selbst begründet. Diese Aufspaltung der Vernunft hat ihre Wurzeln in der Verselbständigung des Subjekts durch Descartes. Er entzweit beide Seiten, verankert die Vernunft im subjektiven Pol und betrachtet sie als ein instrumentelles Vermögen. Dadurch distanziert sich das Subjekt von der Welt, die dann als bloßes Material für die Indienstnahme durch den Menschen erscheint. Der moderne Mensch begreift immer mehr nur das als vernünftig, „dessen Nützlichkeit sich erweisen läßt"[45]. Im Vorwort zur Neuausgabe seiner bekannten Abhandlung „Zur Kritik der instrumentellen Vernunft" gibt Horkheimer 1967 eine knappe Zusammenfassung und zugleich eine historische Einordnung seiner These: „Ewige Ideen, die dem Menschen als Ziele gelten sollten, zu vernehmen, in sich aufzunehmen, hieß seit langer Zeit Vernunft. Für jeweils vorgegebene Mittel die Ziele zu finden, gilt dagegen heute nicht allein als ihr Geschäft, sondern als ihr eigentliches Wesen. Ziele, die, einmal erreicht, nicht selbst zu Mitteln werden, erscheinen als Aberglaube . . . Die Vernunft kommt zu sich selbst, indem sie ihre eigene Absolutheit, Vernunft im emphatischen Sinne negiert und sich als bloßes Instrument versteht"[46].

Horkheimer sieht seine Aufgabe darin, diese instrumentelle, nur als Mittel verstandene Vernunft kritisch zu reflektieren und den Rationalitätsbegriff zu untersuchen, auf dem die gegenwärtige industrielle Kultur beruht. Diese kritische Untersuchung ist umso notwendiger, als sich immer mehr zeigt, daß das Fortschreiten der technischen Mittel begleitet ist von einem Prozeß der Entmenschlichung: „Der Fortschritt droht das Ziel zunichte zu machen, das er verwirklichen soll — die Idee des Menschen"[47].

Diese Kritik richtet sich weder gegen die objektive Vernunft und die Wahrheit der Sachen, noch gegen die Sprache der Dinge und die ontologische Wahrheit; sie richtet sich ausdrücklich gegen die subjektive Vernunft als Ermöglichungsgrund für angebliche vernünftige Handlungen. In ihren historischen Ursprüngen bei Sokrates und Platon sollte die Vernunft gerade die Zwecke bestimmen, verstehen und deuten und nicht wie in der heutigen wissenschaftlich-technischen Kultur nur Mittel zu vorgegebenen Zwecken liefern. Diese Vernunft hat sich heute weitgehend selbst die Befähigung aberkannt, über die Ziele zu urteilen, die nur mehr durch Meinungsbefragung oder durch Dezisions- und Wahlprozesse festgelegt werden. Es gilt als uninteressant, nach dem größeren oder geringeren Wahrheits- oder Wertgehalt von Zielen zu fragen. Die Geschichte gerade der deutschen Vergangenheit und in ihr besonders die Geschichte der Kräfte, welche die

Technik gestalteten und betrieben, bestätigt leider nur zu sehr Horkheimers lapidare Feststellung: „Die subjektive Vernunft fügt sich allem" eben dann, wenn sie ohne Rückbindung an die Wahrheit der Sachen im Ganzen bleibt. Diese Wahrheit der Sachen aber ist nicht gleich mit dem Sich-Abfinden mit der einmal vorhandenen Realität, das so oft als Grundlage des gesunden Menschenverstandes ausgegeben wird.

Das ganze Dilemma der instrumentalisierten Vernunft zeigt sich in der Problematik von Prognose und wünschbaren Zukünften. Sind sie nur Projektionen der interessierten Subjekte, die durch Marktforschung oder Meinungsbefragung erkundet werden können — oder gibt es doch eine objektive Wünschbarkeit oder gar eine objektive Verpflichtung der Menschheit, eine bestimmte Zukunft wünschen zu sollen? Horkheimer zeigt, wie die bloß instrumentelle Vernunft schließlich sogar sich selbst schädigt und vernichtet. Die Verkürzung der Vernunft wird so zu einer gewollten Verdummung, weil der Mensch eigentlich nicht mehr vernehmen will, was ist, sondern nur mehr machen will, was er haben möchte oder was er machen kann.

Dagegen setzt Horkheimer die Aufforderung zur Kritik, deren Aufgabe es ist, zu unterscheiden, zu urteilen über Sinn und Unsinn, Wert und Unwert von Personen, Leistungen, Werken und Dingen. Norm und Vergleichsmaßstab aller Kritik kann weltimmanent nur der Mensch sein. Damit stellt sich für jede Kritik die Frage nach dem Menschenbild als Maßstab: Was ist der Mensch? Was kann er sein? Was soll er sein? Was ist der Sinn des Menschen in dieser Welt? Dabei darf man den Menschen nicht — wie Kant — zu individuell betrachten; er muß auch als sozial-kollektives Phänomen in Welt-Raum und Zeit-Geschichte gesehen werden. Der Mensch ist nicht nur Individuum, sondern — wie die marxistisch inspirierte Frankfurter Schule immer wieder betont — auch Gattungswesen.

Horkheimer geht es um die Wiedergewinnung einer ganzheitlichen Vernunft aus der Verlorenheit und Isolation, in die ein spezieller Aspekt der menschlichen Vernunft durch die neuzeitliche Philosophie der Subjektivität und ihrer instrumentellen Indienstnahme in Naturwissenschaften und Technik geraten ist. Weil der Mensch sein höchstes Vermögen, die Vernunft, schließlich nur noch als Instrument gesehen hat, war es unausweichlich, daß dieses Instrument sich verselbständigte und schließlich auch den Menschen selbst zum Objekt seiner eigenen instrumentellen Betätigung machte. Nur durch die „Denunziation dessen, was gegenwärtig Vernunft heißt", kann die Philosophie als Wortführerin der Humanität der Menschheit Hilfe bieten zur Wiedergewinnung der ganzheitlichen Vernunft, in der die Spaltung von subjektiver und objektiver Vernunft in einer höheren Einheit aufgehoben wird.

Kritik an der gegenwärtigen Gesellschaft kann nur dann ernst genommen werden, wenn sie Alternativen und eine andere Zukunft aufzeigt. Hier bleibt Horkheimer die erwartete Antwort auf manche Frage schuldig. Er sieht die Gefahr einer automatisierten Gesellschaft, in der jeder Mensch nur mehr verwaltetes Instrument und verplanter Konsument ist. Das gilt es zu verhindern, indem aus den Möglichkeiten der Zukunft ein Plan wird, für dessen Realisierung die Menschen sich solidarisch einsetzen, was aber die Entwicklung eines gemeinsamen Bewußtseins voraussetzt. Nach Horkheimers Auffassung von kritischer Theorie gilt es, eine differenzierte Position einzunehmen: Horkheimer ist theoretisch pessimistisch bezüglich des zukünftigen Geschichtsverlaufs; hier sieht er eine völlig verwaltete Welt voraus; jedoch ist er praktisch optimistisch, indem er versucht, trotz alledem dem Wahren, Guten und der Vernunft Geltung zu verschaffen, damit auch in Zukunft der Mensch als Mensch möglich bleibt.

Stärker auf die konkreten politischen Probleme der technischen Welt richten sich die Überlegungen von Jürgen Habermas (geb. 1929). Sein Hauptziel ist es, die Auswirkungen des technischen Fortschritts unter Kontrolle zu bringen; es gilt die anstehenden Probleme politisch zu diskutieren und einen gesellschaftlichen Konsens über gemeinsame vernünftige Zielvorstellungen zu entwickeln. Es geht Habermas — ebenso wie Horkheimer — darum, die instrumentelle Vernunft, die Tendenzen zur Verselbständigung zeigt, wieder in eine ganzheitlichere Vernunft einzubringen, die dem Einzelnen und der Gesellschaft, d. h. dem individuellen und sozialen Subjekt, das Recht zur Kritik, zur Beurteilung und Entscheidung einräumt. Um Eigenart und Funktionieren der instrumentellen Vernunft aufzuweisen, untersucht Habermas in seiner Abhandlung „Arbeit und Interaktion" das Verhältnis von Sprache und Arbeit. Sprache meint zunächst nur die „Symbolverwendung des einsamen Individuums, das mit der Natur konfrontiert ist und den Dingen Namen gibt". Das Symbol hat die Funktion, ein nicht unmittelbar Gegenwärtiges zu repräsentieren, an dem modellhaft etwas ausgeführt wird, das dann in der Realität nachvollzogen werden kann.

Sprache bricht also, wie Habermas in Anlehnung an Hegel ausführt, durch die Repräsentation im Symbol das Diktat der Unmittelbarkeit und rückt die Gegenstände näher in die willkürliche Verfügung des sprechenden Subjekts: allerdings zunächst nur auf der Ebene des Theoretisch-Modellhaften. In Analogie dazu „bricht Arbeit das Diktat der unmittelbaren Begierde", die den Gegenstand in seiner vorhandenen Gestalt unmittelbar konsumieren möchte; sie „hält den Prozeß der Triebbefriedigung gleichsam an" und ermöglicht so den Umweg über Kopf, Hand, Werkzeug und Maschine, durch den nach und nach der Gegenstand in veränderter Gestalt reichere Befriedigung von Trieben, Bedürfnissen und Wünschen gestattet [48].

Seit dem Ende des 19. Jahrhunderts wird mit der wachsenden Verwissenschaftlichung ein neuer Faktor wirksam. Die technische Entwicklung ist mit dem Fortschritt der modernen Wissenschaft rückgekoppelt. Technik und Wissenschaft ergänzen einander und werden zur unmittelbaren Produktivkraft. Die wissenschaftliche Technik setzt schließlich Erkennen und Können in eins: Das Maß des Erkennens bestimmt das Maß des Könnens, das seinerseits dem Maß des Erkennens den Rahmen gibt.

Hier setzt nach Ansicht von Habermas auch die Technokratiediskussion ein. Die Technokratiethese hat für ihn insbesondere die Funktion, im Interesse „interessierter" Technokraten die Differenz zwischen zweckrationalem Handeln und Interaktion zu verschleiern. Sie dient dazu, das Erkennen dem Können unterzuordnen. Die Aufgabe unserer Zeit ist es jedoch gerade, das Könnenspotential der instrumentellen Vernunft in die ungeteilte Vernunft einzuordnen. Die entscheidende Frage ist: „Wie kann die Gewalt technischer Verfügung in den Konsensus handelnder und verhandelnder Bürger zurückgeholt werden?" [49]. Damit wendet sich Habermas gegen die technokratische Behauptung von unausweichlichen Gesetzlichkeiten und Sachzwängen und postuliert die entscheidende Rolle des menschlichen Erkennens und Wollens für die Bestimmung der Richtung des technischen Fortschritts. Er will den Boden dafür bereiten, daß das Verfügungspotential der instrumentellen Vernunft in die Entscheidung kommunikationsfähiger und faktisch kommunizierender Menschen zurückgeholt wird.

Die Kritik der instrumentellen Vernunft wird also für Habermas vor allem zur Kritik technokratischer Tendenzen, die darin bestehen, daß die instrumentelle Vernunft auf Bereiche ausgedehnt wird, die von ihr nicht oder nur partiell erfaßt werden können. Es kommt daher auf eine Veränderung der Bewußtseinslage an. Die Kritik muß bis zur Penetranz vorangetrieben werden, um das Interesse der ganzen Vernunft zur Geltung zu bringen; dieses Interesse umfaßt technisches, praktisches und emanzipatorisches Denken in gleicher Weise und gilt der Mündigkeit, der Autonomie des Handelns und der Befreiung vom

Dogmatismus. Dazu muß Vernunft zunächst „den Willen zur Vernunft in ihr eigenes Interesse aufgenommen haben". Die folgende Stufe besteht darin, daß „sich Erkenntnis entschieden von der Antizipation einer emanzipierten Gesellschaft und der realisierten Mündigkeit aller Menschen leiten läßt"[50].

Hierzu muß sich das Bewußtsein nicht mehr nur als individuell-subjektives, sondern auch als allgemein-objektives konstituieren und seine vernünftige Identität zu gewinnen suchen. Nur durch diese Gewinnung einer – auch kollektiven – Identität, die durch Einsicht in Werte und Wertordnungen und durch den Konsens über die Bindungswilligkeit der Subjekte bezüglich dieser „objektiven" Ordnung ermöglicht wird, läßt sich die zentrale Gefahr einer ausschließlich technischen Zivilisation vermeiden: „die Spaltung des Bewußtseins und die Aufspaltung der Menschen in zwei Klassen – in Sozialingenieure und Insassen geschlossener Anstalten"[51].

Habermas stellt deutlich heraus, daß es keine Eigengesetzlichkeit des technischen Fortschritts gibt. Wir haben selbst über seine Richtung zu bestimmen und müssen ihn außertechnischen Zielsetzungen unterordnen. Die Reflexion über Ziele und Werte und über ihre Ordnung nach Prioritäten und Präferenzen, die Finalisierung von Wissenschaft und Technik, erweist sich als eine der aktuellsten philosophischen Aufgaben der Gegenwart.

Stärker als Horkheimer hat sich Herbert Marcuse (1898–1979) zu Fragen der gesellschaftlich-politischen Praxis geäußert, sicher ein Grund für seinen Einfluß auf die Studentenbewegung von 1968. Marcuse hatte zunächst – betreut von Martin Heidegger – über „Hegels Ontologie und die Grundlegung einer Theorie der Geschichtlichkeit" gearbeitet, ehe er 1933 – wie fast alle Vertreter der Kritischen Theorie – aus Deutschland emigrieren mußte und in den USA Kontakt zur Frankfurter Schule fand. Er thematisiert die zeitgenössische Gesellschaft vor allem deshalb, weil in ihr die Technik dominiert, die ihrer Natur nach Herrschaft ist. Sein Freiheitsverständnis läßt ihn besonders den Mangel an Möglichkeiten zu individuellem Glück und zu erotischer Erfüllung beklagen.

Marcuse stellt dem für die Technik charakteristischen Leistungsprinzip das Lustprinzip gegenüber. Er formuliert die Diagnose der Gesellschaft unseres technischen Zeitalters, um die richtige Therapie angeben zu können, die er vor allem in marxistischen und psychoanalytischen Quellen findet.

Durch seine Kritik am Leistungsprinzip hat Marcuse insbesondere bei Ingenieuren Widerspruch gefunden, weil er zugleich keinerlei

Neigung zeigt, auf die Leistungen der Technik zu verzichten – im Gegenteil: Er erwartet gerade von einer reifen Industriekultur durch weitgehende Automatisierung und Einschränkung der gesellschaftlich notwendigen Arbeitszeit eine größtmögliche Befriedigung der menschlichen Bedürfnisse und Wünsche, und zwar „ohne das Herrschaftsgesetz entfremdeter Arbeit über das menschliche Dasein"[52].

Die Technik als Herrschaftsinstrument wird besonders in der Abhandlung über den „eindimensionalen Menschen" dargestellt; dort tritt Marcuses Technikkritik am deutlichsten hervor. Treibende Kraft für die Entwicklung der Technik ist nach Marcuse die Herrschaftsambition des Denkens, die er bereits bei Aristoteles findet, der sich vor allem der Ursachenforschung zuwendet und dadurch das Wissen zum Erreichen von Wirkungen gewinnen will. Ganz deutlich tritt das Denken als Instrument der Herrschaft beim Übergang von der Renaissance zur Neuzeit hervor. Marcuse kritisiert hier vor allem das Ideal des wertfreien Denkens, das die abendländische Wissenschaft so lange ideologisch geprägt habe. Das „wertfreie" Denken erweise sich aber in Wirklichkeit immer wieder als Verschleierung der faktisch herrschenden Werte; es verhindert die Besinnung auf das, was tatsächlich die Technik und die Gesellschaft bestimmt und dessen Herrschaft um so wirksamer ist, je weniger es erkannt wird.

Marcuse stellt fest, daß uns die technische Entwicklung immer mehr Werkzeuge an die Hand gibt; aber diese Entwicklung sagt uns nicht, wie und wozu wir die Werkzeuge gebrauchen sollen. Die Sinnfrage wird nicht gelöst; sie wird schließlich gar nicht mehr gestellt. Marcuse aber will gerade diese Sinnfrage stellen, und er beantwortet sie mit dem Hinweis auf Herrschaft als das Grundübel, das den Menschen hindert, frei von Fremdbestimmung seine eigene Natur zu verwirklichen. Ebenso wie Sigmund Freud sieht Marcuse das Lebensziel im Streben nach Glück, das dann erfüllt ist, wenn Schmerz und Unlust fehlen und starke Lustgefühle erlebt werden. Das Lustprinzip setzt den Lebenszweck. Daher muß alles, was dieses Prinzip beeinträchtigt, abgeschafft werden. Der stärkste Widersacher des Lustprinzips ist aber das Leistungsprinzip. Weil er Lust recht einseitig als körperliche Lust auffaßt, versperrt Marcuse sich dem Gedanken, daß es geistig und gefühlsmäßig durchaus ein Bedürfnis geben kann, erfolgreich Arbeit zu leisten.

Ähnlich wie Marcuse bemüht sich Erich Fromm (1900–1980) darum, die Voraussetzungen für ein menschenwürdiges Leben in der Zukunft aufzuzeigen. Sein Buch „Revolution der Hoffnung" trägt den Untertitel: „Für eine humanisierte Technik", und in „Haben oder

Sein" will er „die seelischen Grundlagen einer neuen Gesellschaft" darlegen, um zu zeigen, wie „der moderne Mensch und seine Zukunft" als Gegenwartsaufgabe übernommen werden müssen.

Fromms Ausgangspunkt ist die Tatsache, daß zum ersten Male in der Geschichte das physische Überleben der Menschheit von einem radikalen ethischen Wandel abhängt. Er will eine große Vision vermitteln, um durch sie der Menschheit die Kraft eines motivierten und motivierenden Glaubens an Werte zu schenken, durch den die gesellschaftlich-politischen Voraussetzungen zu individuellen und kollektiven Haltungsänderungen entstehen. „Die revolutionären Veränderungen, die zur Humanisierung der technischen Gesellschaft, und das heißt, zu ihrer Rettung von physischer Vernichtung, Enthumanisierung und Wahnsinn nötig sind, müssen alle Lebensbereiche umfassen – Wirtschaft, Sozialleben, Politik und Kultur"[53].

Daraus, daß heute nicht mehr nur die Interessen begrenzter Klassen bedroht sind, sondern das Leben aller Menschen, schöpft Fromm die Hoffnung, daß eine radikale Besinnung auf den Humanismus und auf die entscheidenden menschlichen Werte zu einem radikalen Wandel führen kann, in dem die reale Möglichkeit Wirklichkeit wird, daß der Mensch wieder in sein Recht eintreten und die technische Gesellschaft humanisieren kann.

Stärker als bei anderen Vertretern der kritischen Theorie ist bei Ernst Bloch (1885–1977) das – auch von der religiösen Heilserwartung inspirierte – utopische Zukunftsdenken ausgeprägt. In seinem wohl bekanntesten Werk über das „Prinzip Hoffnung" entfaltet Bloch die Vielfalt menschlicher Hoffens und Wünschens, wobei es ihm darum geht, im Anschluß an Marx die Zukunft als Aufgabe deutlich werden zu lassen. Vergangenheit und Gegenwart sieht Bloch erfüllt von Möglichkeiten, die noch nicht verwirklicht sind. Aber dieses „Noch – nicht" ist selbst ein Moment der Realität; es erzeugt eine Regung, ein Begehren nach Erfüllung, ein Streben nach Mehr-sein, das zunehmend wächst und klarer und deutlicher wird. Ruhelose Neugier, welche die freie Weite des Unbekannten sucht, wird zum tüchtigen Zugreifen. Am Anfang stehen Vorstellungen und Träume; aber wer träumt, will schon nicht mehr auf der Stelle stehen bleiben. Wünsche und Ziele dürfen nicht im Abstrakten verbleiben, sie müssen konkret werden. Es gilt daher, die Kraft des Triebs wachzuhalten, nicht im satten „Reichtum" des Kleinbürgers aufzugehen, der niemals wie der Proletarier den Kampf um ferne Ziele aufnehmen wird.

Im Träumen und Wünschen spielt die Vorstellung, die Antizipation einer neuen Wirklichkeit die entscheidende Rolle: Die Vorstellung wird zum Wunschbild, das das Wollen nährt. Die Triebkraft des Handelns ist dabei der Wunsch nach neuem Genuß. Der Mensch ist fähig, ständig neue Triebe und neue Mittel der Befriedigung und des Genusses zu erzeugen: Seine Zukunft ist immer wieder reich an Möglichkeiten, die er verwirklichen kann, indem er nicht nur nach unmittelbarem Genuß strebt, sondern sich auch durch Umwege und Arbeit neue Verwirklichungsmöglichkeiten schafft.

Bloch will das Hoffen lehren; die Menschen sollen die Zukunft in Wissen und Tat erschließen und das Neue als Aufgabe von Theorie und Praxis erkennen, damit die Träume vom besseren Leben Wirklichkeit werden können. Nur das Zusammenwirken von menschlicher Hoffnung mit den objektiven Möglichkeiten der Natur läßt Geschichte entstehen. Die Machbarkeit der Geschichte läßt die Zukunftsdimension des Menschen in Theorie und Praxis zur Aufgabe werden, weil er sich mit den Gegebenheiten seiner Umwelt nicht zufrieden geben kann. Der Mensch kann durch Wissenschaft und Technik dazu beitragen, daß Möglichkeit reift zur Notwendigkeit der Realität; aber er ist auch verantwortlich für das, was nach seinem Willen Wirklichkeit werden soll. Dabei schafft jede Verwirklichung von Möglichkeiten als Schaffung neuer Realität wieder neue Möglichkeitskonstellationen für die schöpferische Tätigkeit der menschlichen Praxis. Nur das Tun schafft wirklich Zukunft.

In seiner Technikdeutung beruft sich Bloch auf die These von Marx: „Die Gesellschaft ist die vollendete Wesenseinheit des Menschen mit der Natur, die wahre Resurrektion der Natur". Eine befreite Technik bietet für ihn die Chance zur Realisierung uralter Menschheitsträume, wie sie in den Mythen und Märchen aller Zeiten ausgesprochen sind. In Alchemie und Mystik sieht er die utopische Hoffnung einer vollkommenen Einheit von Mensch und Natur verwirklicht. Bloch hofft auf die Synthese von politischem Marxismus und spekulativer Naturphilosophie: „An Stelle des Technikers als bloßen Überlisters oder Ausbeuters steht konkret das gesellschaftlich mit sich selbst vermittelte Subjekt, das sich mit dem Problem des Natursubjekts wachsend vermittelt"[54].

Im Gegensatz zur bürgerlichen Naturwissenschaft und ihrer Technik kann der Marxismus durch eine befreite und befreiende Technik zu einer besseren Welt führen. – Hier stellt sich die große Frage, ob diese utopischen Visionen wirklich einlösbar sind; denn nach allem, was wir wissen, ist die Nutzung der Naturkräfte unvermeidbar an Verdinglichung, an Kenntnis und Ausnutzung der Naturgesetze gebunden.

Metaphysik und Daseinsauslegung

Im Gegensatz zu der stärker auf die äußeren, gesellschaftlichen Verhältnisse gerichteten Sozialkritik in der Nachfolge von Marx konzentriert sich die metaphysische und existentialistische Technikdeutung stärker auf die Innerlichkeit und auf eine allgemeine Wesensbestimmung des Menschen.

In seiner Abhandlung über „Die Wissensformen und die Gesellschaft" untersucht Max Scheler (1874–1928) neben anthropologischen Bestimmungsgründen das Zusammenspiel der geistig-ideenhaften und der triebhaft-realen Wirkfaktoren für das geschichtlichgesellschaftliche Leben. Technik beruht nach Scheler vornehmlich auf dem vitalen Trieb des Menschen nach Herrschaft, Macht und Freiheit gegenüber der Natur. Dies Macht- und Herrschaftsstreben hat seine tiefere Grundlage in den ursprünglich zweckfreien Konstruktions-, Spiel-, Bastel- und Experimentiertrieben, die den Ursprung aller positiven Wissenschaft und aller Art von Technik bilden. In der praktischtechnischen Intelligenz sieht Scheler die graduelle Fortbildung eines tierischen Vermögens. Es ist verständlich, wie wenig begeistert Ingenieure von Schelers These waren: „Zwischen einem klugen Schimpansen und Edison, dieser nur als Techniker genommen, besteht nur ein – allerdings sehr großer – gradueller Unterschied"[55].

In der Technik wird der Machttrieb dominant, der sich dann allerdings vorwiegend auf Sachen und auch – vermittelt über Sachen – auf Menschen richtet. Der Techniker steht dabei nicht einfach in dem Dienst vorweg umschriebener Aufgaben, sondern weckt und entwikkelt durch die Schaffung neuer Möglichkeiten der Produktion ständig neue Bedürfnisse.

Der Entwicklung der einzelnen Phasen der Technik entsprechen nach Scheler auch die Wandlungen des wissenschaftlichen Weltbildes. Er unterscheidet vier Stadien der Wissenschaft: magische Naturansicht der Primitiven, rational-biomorphe Naturansicht (Stufe der Werkzeugtechnik), rational-mechanische Naturansicht, elektro-magnetische Naturansicht. – Früher diente die Arbeitstätigkeit unmittelbar der Bedürfnisbefriedigung, während die technische Zerlegung des Arbeitsprozesses immer mehr zur Sprengung der großen Zwecksysteme durch die in ihnen selbst angehäuften Mittel führt[56].

Im Unterschied zur Arbeit, die sich in immer neuem Ansatz auf ein Objekt richtet, zielt das Schaffen auf eine Vollendung hin, die ihre reinste Gestalt in der kreativen Schöpfung findet. Alle Arbeit ist eingefügt in ein Zwecksystem, das ihr notwendig von außen vorgegeben wird; sie verweist ebenso wie die Technik immer auf ein anderes Prinzip, nämlich auf zwecksetzende Vernunft, von der sie sich nicht ablösen darf.

Arbeit, Technik und ihre Produkte können nur dann ein wahrhaft menschliches Antlitz erhalten, wenn es gelingt, das Schicksal der technischen Einflechtung in gemeinschaftlicher Absicht zu bestimmen. Hierzu aber fehlt es noch an Voraussetzungen. Das Abendland hat sich nach Scheler fast nur um die Beherrschung der Außenwelt bemüht, so daß wir von den Asiaten lernen müssen, denn diese haben auch das Erlösungswissen und das psychosomatische Steuerungswissen entwickelt, während das Abendland sich fast ausschließlich und mit nachteiligen Folgen um die Förderung einer Art von Wissen bemüht, die nach Scheler nur eine graduelle Fortbildung des schon im Tier angelegten Vermögens der praktischen Intelligenz ist[57]. Diese praktisch-technische Intelligenz aber ist ausgerichtet auf die Werte des Angenehmen und Nützlichen, die auf der Werteskala an unterster Stufe stehen. Die technischen Werte sind nach Scheler Konsekutivwerte des Angenehmen und Nützlichen. Über dieser unteren Stufe erheben sich die Werte des vitalen Fühlens, darüber die geistigen Werte des Ästhetischen und des Rechten, darüber schließlich die Werte des Heiligen[58].

Demgegenüber macht Peter Wust (1884–1940) jedoch zu recht geltend, „daß das Werkzeug genauso wie die Sprache schon die ideierenden Akte des Geistes voraussetzt". Wust fallen bei der Betrachtung des technischen Tuns und seiner Auswirkungen die negativen Seiten zuerst und am stärksten ins Auge, so daß er sich einmal in der Diskussion verpflichtet fühlte, „gegen den Optimisten der Technik Friedrich Dessauer" zu argumentieren[59]. Er möchte sich Goethe anschließen, in dem er einen ausgesprochenen „Feind dieser utilitaristisch-geschäftigen Unrast" sieht, „die an dem majestätisch-epischen Rhythmus der Natur vorbeilebt"[60].

Bloß mathematisierte Naturforschung führt zur Entwertung der Natur, denn diese Methode ist kraft ihrer immanenten Tendenz „unersättlich in ihrem Vordringen in alle dunklen Gebiete der ganzen Schöpfung". Durch Naturwissenschaft und Technik sieht Wust die ganze Natur in die Hände des Menschen überliefert. Sogar der Mensch selbst stellt keine Grenzen mehr für diesen Zugriff dar, „so daß jetzt von selbst jene allgemeine Dienstversachlichung und Dienstversklavung eintreten mußte, die das Charakteristikum jeder kapitalistischen Denkart ist"[61].

Der Blick auf die negativen Auswirkungen der Technik hindert Wust jedoch nicht daran, im technischen Schaffen eine Wesenskomponente der menschlichen Existenz in dieser Welt zu sehen. Der Mensch vermag sich durch seine zielpraktische Intelligenz teilweise von der Natur zu entbinden. Besondere Bedeutung für die Entwicklung kommt dabei der Abstraktionsfähigkeit zu, in welcher der Mensch im Modell oder im Schema ein Sinngebilde geistig-plastisch vorwegnehmen kann. Nur der Mensch hat diese Abstraktionsfähigkeit, die das Konstruieren eines Schemas ermöglicht, das zusätzlich zur Abstraktion immer auch vom menschlichen Interesse seine Form erhält. Damit kommt auch im technischen Werk die Doppelnatur des Menschen zum Ausdruck: innerlich gelebtes Geistesleben und die in die Natur hineingeschriebene Ausdrucksform. Jedes Werk des Menschen ist objektivierte Geistigkeit. Weil der Mensch niemals ohne Hilfe der Technik seine geschichtliche Existenz in dieser Welt zu sichern vermag, kann das Grundübel der Zeit nicht in der Technik selbst liegen. Wust sieht die Ursache für Fehlentwicklungen unserer Zeit in einer falschen Wertordnung, in welcher die Wirtschaft und der Egoismus dominieren. Die falsche Einordnung der Werte äußert sich vor allem in einem Mangel an Ehrfurcht oder Pietät, was sich darin zeigt, daß der Mensch keine Grenzen seiner Erkenntnis oder der Bearbeitung der Natur mehr anerkennen will. Zwischen der Pietätlosigkeit vor der Natur und der Pietätlosigkeit vor dem Menschen sieht Wust einen inneren Zusammenhang. „So ist also die Pietätlosigkeit auf der niedrigsten Stufe in gewissem Sinne fundierend für die Pietätslosigkeit auf dieser höheren Stufe, wie denn auch die Pietät vor der Natur wieder nur ein Vorspiel für die Pietät des Menschen vor dem Mitmenschen ist. Überhaupt, so kann man sagen, bedingen und fundieren die einzelnen Formen und Stufen der Pietät sich wechselseitig, weil die Pietät formal immer nur ein und derselbe Wesenshabitus der Seele ist, der bloß nach dem Wert des Realobjektes, dem er gilt, eine Wertdifferenzierung erleidet" [62].

Die Therapie, die nach Wust Heilung verspricht, lautet: der Ehrfurchtslosigkeit ein Ende machen, weil nur eine ehrfurchtsvolle Betätigung unserer Kräfte kulturaufbauend wirken kann. Wenn wir nicht in eine Seinsverarmung verfallen wollen, müssen wir zurückfinden zu einer „Humanität der Ehrfurcht". Wir müssen wieder resolut den Menschen zum Ausgang und Grund unseres Denkens machen und werden damit auch den rechten Wert der unter- wie der übermenschlichen Seinsdimensionen erkennen. Nur wenn eine Zeit das rechte Menschenbild hat, kann auch die Technik dieser Zeit eine wirklich menschengemäße Gestalt haben, denn die Technik ist in jeder Zeit Ausdruck des menschlichen Selbstverständnisses.

Nach Gabriel Marcel (1889–1973) ist es für unser technisches Zeitalter charakteristisch, daß der Mensch sich selbst und die Umwelt zunehmend nach dem Urbild der Technik versteht. Dabei ist Technik nicht nur die Summe des technisch Geschaffenen oder das spezialisierte und rationell ausgearbeitete Können der verschiedenen Formen der Technik, sondern vor allem eine Charakteristik der menschlichen Vernunft, die auf Bewirtschaftung alles anderen im eigenen Interesse zielt und inzwischen nicht nur auf diese Erde beschränkt ist, sondern auch die Bewirtschaftung anderer Planeten gedanklich mit einbezieht. Diese Technik hat zur Voraussetzung, daß die Welt und das Weltall als methodisch veränderungsfähig im Blick auf das Ziel immer weiter getriebener Bedürfnisbefriedigung betrachtet werden.

Marcel macht darauf aufmerksam, „daß sich hierdurch ein echter praktischer Anthropozentrismus entwickelt, das heißt, daß der Mensch immer mehr darauf hinzielt, sich selbst als das einzige Prinzip zu betrachten, das fähig wäre, der Welt einen Sinn zu verleihen, die, so scheint es, in sich selbst betrachtet, vollkommen sinnlos ist"[63]. Das führt zu einer konsequent technokratischen Welt- und Lebenseinstellung, die aber der Einsicht in die fundamentale Abhängigkeit des menschlichen Lebens widerspricht, das sich nicht selbst genügen kann; es ist stets angewiesen auf den Glauben und auf die Bindung an eine Transzendenz. Der Mensch betrachtet sich heute selbst als Hersteller und Schöpfer, nicht mehr als Vermittler. Marcel räumt ein, daß es schwierig ist, dem herrschenden Eindruck entgegenzuwirken, daß es in dieser Welt um den zunehmenden Ersatz höherer Werte durch das technische Herstellen geht, denn in der Tat besteht eine Parallelität zwischen Fortschritt und dem „Vorgang der Entsakralisierung"[64]. Marcel glaubt zu erkennen, „daß in einer Welt, in der die absolute Vorherrschaft der Technik gilt, sich ein Entsakralisierungsprozeß zwangsläufig entwickelt, der sich vor allem gegen das Leben und gegen alle seine Erscheinungsformen, und besonders gegen die Familie und alles, was damit zusammenhängt, richtet"[65]. Vielfach greift dabei der Staat in einer Pseudosakralität das Verlorene auf. Hier zeigt sich, daß Marcel die anthropologischen Implikationen der Technik noch weitaus negativer sieht als Heidegger und Wust, bei denen das Negative als etwas Partielles oder vom eigentlichen Wesen der Technik her gesehen Pervertiertes erscheint, während das Negative hier unmittelbar aus dem Zentrum der technischen Grundeinstellung abgeleitet wird. [II-4.1]

Marcel sieht diese rein technokratische Konzeption im amerikanischen wie im russischen Denken gleichermaßen extrem ausgebildet,

Martin Heidegger geht in der Auslegung des menschlichen Daseins einen eigenen Weg. Naturwissenschaft und Technik sind für ihn Ausdruck einer blinden Willensaktivität und der Seinsvergessenheit der abendländischen Metaphysik.

was besonders in der Haltung zum Tode zum Ausdruck kommt: „Der Tod wird hier als der Funktionsstillstand betrachtet, der völlig normal eintritt, wenn der Apparat oder die Maschine ihre Zeit abgeleistet hat. Er ist beim Menschen nicht tragischer als bei der betreffenden Maschine oder dem betreffenden Apparat"[66]. Um den Menschen als Menschen zu bewahren, genügt nicht eine disziplinierte wissenschaftlich einwandfreie Haltung; es geht nicht um die bloße Organisation, sondern um die seinsgemäße Ordnung, d.h. darum, im Eigentlichen Mensch zu sein und Mensch zu bleiben.

Im Rahmen der Technikphilosophie nimmt die existentielle Deutung durch Martin Heidegger (1889–1976) eine Sonderstellung ein. Ihm geht es um das Sein, die Aufhebung der Seinsvergessenheit und um den Menschen als Hirten und Hüter des Seins. In der Technik sieht Heidegger beide Aspekte der Seinsphilosophie verwirklicht: Sie ist Ursache und Mittel der Seinsvergessenheit; sie ist aber ihrem Wesen nach auch eine bestimmte Weise, das Sein zu entbergen. Zunächst ist Technik für Heidegger Wirkfaktor der Seinsvergessenheit. Vor allem in der Aufsatzsammlung „Holzwege" hat er sich mit der Technik als einem allgemeinen Paradigma für die Metaphysik befaßt, die sich nur auf das Seiende bezieht, während es doch ihre Aufgabe wäre, das zu leisten, was das Kunstwerk leistet, nämlich das jeweils Seiende in die Unverborgenheit seines Seins hinaustreten zu lassen.

Die seit Platon zu findende Seinsvergessenheit der abendländischen Philosophie hat sich im Seienden eingerichtet und verfestigt sich vollends mit Descartes, der die Möglichkeit der angewandten Naturwissenschaft theoretisch begründet hat. Heidegger behauptet, daß die gesamte neuzeitliche Metaphysik „sich in der von Descartes angebahnten Auslegung des Seienden und der Wahrheit" halte[67]. Heute gibt es ein „Weltbild" nicht mehr im Sinne eines Bildes von der Welt als Grund oder als Gesamt des Seienden, sondern die Welt wird zum Bild, dem der Mensch als Subjekt gegenübersteht, das sich in dieser Welt einrichtet, indem es dieses Bild, d.h. die Welt, nach seinem Willen erforscht, berechnet, plant und züchtet.

Die neuzeitliche Philosophie erreicht daher ihren Höhepunkt in der Transzendentalphilosophie, in der Ontologie zur Erkenntnistheorie wird. Dem entspricht der planetarische Imperialismus des technisch organisierten Menschen, der die Möglichkeit schafft, daß der Mensch sich „in die Ebene der organisierten Gleichförmigkeit niederlassen und dort sich einrichten wird. Diese Gleichförmigkeit wird das sicherste Instrument der vollständigen, nämlich technischen Herrschaft über die Erde"[68]. Wissenschaft, in welcher der Mensch nur sein eigenes Wissen gelten läßt, geht zum Angriff auf die Wirklichkeit über, so daß Technik, die auf das Seiende allein und nicht auf dessen Grund bedacht ist, im Angriff auf alle Wirklichkeitsbereiche gipfelt – den Menschen eingeschlossen.

Die Bedrohung von Welt, Dingen und Menschen durch die Technik zeigt Heidegger wohl am schärfsten in seinem Aufsatz „Wozu Dichter?", der ursprünglich als Vortrag zum 20. Todestag von Rainer Maria Rilke gehalten wurde. Der Mensch setzt sich gerade durch Steigerung der Subjektivität von aller Gegenständlichkeit ab, tritt der Welt gegenüber und entwickelt ihr gegenüber ein grenzenloses Herrschaftsverhältnis. „Der Mensch stellt die Welt als das Gegenständige im Ganzen vor sich und sich vor die Welt. Der Mensch stellt die Welt auf sich zu und die Natur zu sich her. Dieses Her-stellen müssen wir in seinem weiten und mannigfaltigen Wesen denken. Der Mensch bestellt die Natur, wo sie seinem Vorstellen nicht genügt. Der Mensch stellt neue Dinge her, wo sie ihm fehlen. Der Mensch stellt die Dinge um, wo sie ihn stören. Der Mensch verstellt sich die Dinge, wo sie ihn von seinem Vorhaben ablenken.(. . .) Der Welt als dem Gegenstand gegenüber stellt sich der Mensch selbst heraus und stellt sich als denjenigen auf, der all dieses Herstellen vorsätzlich durchsetzt"[69].

Hier verweist Heidegger auf etwas, was uns bei Kapp und Gehlen als die Komponente des Unbewußten, bzw. als Trieb- und Resonanzphänomen begegnet ist, das häufig auch einfach unter der Kategorie der „Irrationalität" auftaucht. Heidegger sieht hier die moderne Philosophie der Subjektivität einmünden und gipfeln in einem „Automatismus" des ungeklärten, absoluten Wollens, des menschlichen Wollens, das schlechthin alles in seinen Bann zieht: Alles wird „zum Material des sich durchsetzenden Herstellens. Die Erde und ihre Atmosphäre wird zum Rohstoff. Der Mensch wird zum Menschenmaterial, das auf die vorgesetzten Ziele angesetzt wird. Die unbedingte Einrichtung des bedingungslosen Sichdurchsetzens der vorsätzlichen Herstellung der Welt in den Zustand des menschlichen Befehls ist ein Vorgang, der aus dem verborgenen Wesen der Technik hervorkommt"[70].

Heidegger deutet die moderne Bewußtseinsphilosophie seit Descartes als den Weg des zunehmenden Sicheinrichtens der Technik in der Welt. Vielleicht sei sogar die Begründungsrelation des Descartes umzukehren, da ja der Mensch nicht nur durch eigene Setzung, sondern auch durch die Zunahme der Technik immer mehr Subjekt und die Welt immer mehr bloß Objekt wird. Wissenschaft und Technik steigern sich dabei gegenseitig in ihrer Seinsvergessenheit. „Vor allem aber verhindert die Technik selbst jede Erfahrung ihres Wesens"[71].

Damit ist die Aufgabe formuliert, um des Menschen und der Welt willen die Metaphysik zu überwinden, die Verlorenheit an das Seiende, die Seinsvergessenheit aufzuheben durch das Bewußthalten der ontologischen Differenz von Sein und Seiendem.

Das kann gelingen, wenn das Wesen der Technik erfaßt wird: Technik ist eine Weise des Entbergens. Hier geht Heidegger auf das griechische Wort für Technik zurück, das nach seiner Meinung nicht in erster Linie die praktische Leistung meint, sondern Wissen als Vernehmen des Anwesenden. „Das Wesen des Wissens beruht für das griechische Denken in der Aletheia, d. h. in der Entbergung des Seienden. Sie trägt und leitet jedes Verhalten zum Seienden. Die Techne ist als griechisch erfahrenes Wissen insofern ein Hervorbringen des Seienden, als es das Anwesende als ein solches aus der Verborgenheit her eigens in die Unverborgenheit seines Aussehens vorbringt; Techne bedeutet nie die Tätigkeit eines Machens"[72].

Es gibt neben dieser Weise des Hervorbringens auch andere Arten des Entbergens, wie sie gerade in der modernen Technik vorherrschen und die Wahrheit, d. h. das Wesen der Technik, verstellen. „Gestell" ist der Begriff, in dem Heidegger die Weise des Entbergens durch moderne Technik ausdrückt. Er betont mit Nachdruck, daß die real erscheinende Technik und das Wesen der Technik radikal verschieden seien. Auch hier sieht er so etwas wie eine „ontologische" Differenz: Die reale Technik der Moderne als das seinsvergessende Seiende, das Wesen der Technik als die Aletheia des Seins! Heidegger versucht, von dem gängigen Verständnis der Instrumentalität der Technik auf das Wesen zu kommen, denn die von den Griechen genannten vier Ursachen – Material-, Formal-, Zweck- und Wirkursache – bringen zusammen eine Sache ins Erscheinen. Jede Ursächlichkeit ist ein Hervorbringen aus der Verborgenheit in die Unverborgenheit der Wahrheit. In diesem Zusammenhang macht Heidegger auf eine folgenschwere Akzentverschiebung in der Ursachenlehre aufmerksam. Man hat nämlich in der Neuzeit die Aufmerksamkeit fast ausschließlich auf die Wirkursache gerichtet, was vor allem zu Lasten der Final- oder Zweckursächlichkeit geht. Das Ding aber beginnt nach Heidegger gerade mit seinem Zweck, der bestimmt, wozu es nach der Herstellung dienen soll. Das vordergründig Instrumentale, der Mittelcharakter, ist also gar nicht das Wesen der Technik. Diese verweist vielmehr durch die Finalursache auf den Logos, auf den Sinn, der durch die Technik Wirklichkeit werden soll.

Wenn aber der Zweck die Wahrheit der Sache ans Licht bringt, dann zeigt sich im menschlichen Schaffen letztlich ein eigenes Heraustreiben des Seins, das den Trieb hat, in die Wahrheit zu gelangen. Das kann aber nur geschehen durch den zwecksetzenden Menschen, der den Logos, die innerste Wahrheit einer Sache vernehmen und aussprechen kann. Sein kann also eigentlich nur im Menschen da sein; deshalb ist der Mensch das Da-Sein – des Seins – schlechthin; ohne ihn kann sich Wahrheit als Unverborgenheit des Seins gar nicht ereignen.

Dieses eigentliche Wesen der Technik ist jedoch nicht identisch mit den Erscheinungsformen der neuzeitlichen Technik, die der metaphysischen Seinsvergessenheit in der Hingabe an bloß Seiendes entspricht, was Heidegger durch den Begriff des Gestells verdeutlichen will. Die Art und Weise, wie alles Anwesende von diesem Herausgefordertwerden durch das Entbergen betroffen ist, nennt Heidegger „Bestand", womit gesagt werden soll, daß die Dinge nicht mehr vom Menschen unabhängig sind, sondern daß sie vom Menschen bestellter Bestand sind, so daß schließlich der Mensch in allem technischen Bestand sich selbst begegnet. Ermöglicht sieht Heidegger dieses herausfordernde Stellen der modernen Technik in dem Anspruch des Seins, das sich entbergen will. Die Herausforderung ist also nicht nur vom Menschen auf die Natur gerichtet, sondern das Sein fordert seinerseits den Menschen heraus zu dieser Entbergung, womit deutlich wird, daß der Mensch nicht das alleinige Subjekt seiner Technik ist. Technik ist kein

Passage aus Martin Heidegger: Die Frage nach der Technik. In: Die Technik und die Kehre. Pfullingen ²1962, S. 5 – „So ist denn auch das Wesen der Technik ganz und gar nichts Technisches. Wir erfahren darum niemals unsere Beziehung zum Wesen der Technik, solange wir nur das Technische vorstellen und betreiben, uns damit abfinden oder ihm ausweichen. Überall bleiben wir unfrei an die Technik gekettet, ob wir sie leidenschaftlich bejahen oder verneinen. Am ärgsten sind wir jedoch der Technik ausgeliefert, wenn wir sie als etwas Neutrales betrachten; denn diese Vorstellung, der man heute besonders gern huldigt, macht uns vollends blind gegen das Wesen der Technik".

bloßes „Gemächte" des Menschen, sie ist auch Ereignis, das den Menschen einbegreift.

Das Wirkliche, das als Bestand bestellt wird, ist nach Heidegger zugleich Chance und Gefahr. Es ist Gefahr, weil der Mensch sich an das Hergestellte verlieren kann, das ihm den Blick auf die Wahrheit verstellt. Darin äußert sich die Tendenz zur Ablösung der menschlichen Subjektivität von der Tiefe des Seins. Technik in dieser pervertierten Form ist bloße Äußerung des Willens zur Macht, der über alles verfügen will. Hierin liegt auch die Chance, denn in jeder Entbergung wird neben der Aktivität des Menschen auch etwas auf der Seinsseite aktiv: Das Sein gewährt seine Entbergung. Der Mensch wird in Anspruch genommen vom Sein für die Entbergung; er ist der „Gebrauchte im Ereignis der Wahrheit", und darin liegt seine höchste Würde. Daher ist es Aufgabe des Menschen, im Bestellen seines Bestandes auf das Wesen der Technik zu achten, Entbergung zu sein, und auf sein eigenes Wesen zu achten, Entberger zu sein, Hirte und Hüter des Seins. Technik als Gestell, als Gefahr, zu erkennen, verweist auf die Werte und Ziele des Menschen, die das Sein gegenüber der Verlorenheit an das Seiende retten können und damit zugleich den Menschen bewahren. Das aber kann nur gelingen, wenn der Mensch nicht auf sein Eigenstes, das Denken und die Besinnung verzichtet, durch das wir in die Entsprechung zum Sein gelangen.

Grenzen des Wachstums

Seit Beginn der sechziger Jahre hat die Technikphilosophie ein besonderes Gewicht und wachsendes Interesse gewonnen, weil die Umweltproblematik weltweit und über alle sozialen Schranken hinweg eine neue Dimension erlangt hat.

Literarisch hat vor allem das Buch von Rachel Carson „Silent Spring" weite Kreise aufgerüttelt. Noch intensiver wurden die Diskussionen durch die Berichte des „Club of Rome" zur Lage der Menschheit. Die erste größere Veröffentlichung betraf die „Grenzen des Wachstums". Dort wurden vor allem fünf wichtige Trends mit weltweiter Wirkung erforscht: die beschleunigte Industrialisierung, das schnelle Bevölkerungswachstum, die unzureichende Ernährung, die Ausbeutung der Rohstoffreserven und die Zerstörung des Lebensraumes oder der Umwelt.

Dieser ersten Studie folgten weitere Untersuchungen, die sich vor allem bestimmten Regionen zuwandten und dadurch konkretere Aussagen ermöglichten. Aber auch die global orientierten Arbeiten wurden weitergeführt; hier ist besonders der für den amerikanischen Präsidenten erstellte Bericht „Global 2000" zu nennen[73].

Auch wenn die meisten Berechnungen und Annahmen über die Zukunft große Schwierigkeiten für das menschenwürdige Leben einer wachsenden Menschheit erwarten lassen, so bleibt doch Raum für Optimismus, denn der Zweck dieser „Prophezeiungen" ist es gerade, daß durch ihr Bekanntwerden alle Kräfte mobilisiert werden, um das zu verhindern, was als Gefahr droht. Es wird allgemein anerkannt, daß die Wachstumstendenzen in quantitativer wie qualitativer Hinsicht Änderungen erfahren müssen, damit ein ökologischer und wirtschaftlicher Gleichgewichtszustand geschaffen werden kann, der auch in Zukunft Bestand hat. Zudem müssen weitere Parameter in die Überlegungen einbezogen werden, denen bisher zu wenig Beachtung geschenkt wurde; dazu gehören die begrenzten Ressourcen, die irreversiblen Schäden für Boden, Wasser, Luft und das Aussterben von Tier- und Pflanzenarten. Die Bevölkerungsexplosion ist fast ausschließlich ein Problem der nicht-industrialisierten Länder, deren Bevölkerung sich gegenwärtig etwa alle 25 Jahre verdoppelt. Zwar ist die Sterberate dank der Fortschritte der Medizin und Hygiene gesenkt worden, doch die Geburtenrate ist infolge der sozio-kulturellen Gegebenheiten fast unverändert geblieben. Deshalb sind gerade in diesen Ländern Fortschritt und wirtschaftliches Wachstum erforderlich, um die materielle Lebensgrundlage, soziale Hilfe, Bildung und Kultur zu sichern.

Die Überzeugung gewinnt immer mehr Anhänger, daß die Probleme der Gegenwart und der näheren Zukunft technisch durchaus lösbar sind; ob sie aber auch wirtschaftlich-organisatorisch und politisch lösbar sind, hängt von gesellschaftlichen Bedingungen ab. Hier sind Änderungen in der Anerkennung von Wertordnungen und Präferenzen erforderlich. Es sind also in erster Linie normative und nicht-technologische Gesichtspunkte, die über den Fortbestand der Menschheit und über ihre zukünftigen Lebensbedingungen entscheiden.

Literaturnachweise

1 *Dessauer,* Friedrich: Streit um die Technik. Frankfurt 1956, S. 234
2 Vgl. 1, S. 234 f.
3 *Dessauer,* Friedrich: Bedeutung und Aufgabe der Technik beim Wiederaufbau des Deutschen Reiches. Berlin 1926, S. 14 f.
4 Vgl. 1, S. 169

5 Vgl. 1, S. 150 f.

6 *Dessauer,* Friedrich: Technik und Weltgeist. In: Technik und Industrie 1922, Heft 23/24, S. 269 f.

7 Vgl. 1, S. 140 f.

8 Vgl. 1, S. 9, S. 411–417, bes. S. 417

9 *Tuchel,* Klaus: Die Philosophie der Technik bei Friedrich Dessauer. Ihre Entwicklung, Motive und Grenzen. Frankfurt 1964, S. 60

10 *Ropohl, Günter:* Eine Systemtheorie der Technik. Zur Grundlegung der Allgemeinen Technologie. München / Wien 1979, S. 22

11 *Nietzsche,* Friedrich: Jenseits von Gut und Böse, und: Zur Genealogie der Moral. In: Werke. Hrsg. v. Schlechta, Karl. Bd. 2. München 1981, S. 683 f., S. 689 f., S. 785–793

12 *Spengler,* Oswald: Der Mensch und die Technik. Beitrag zu einer Philosophie des Lebens. München 1931, S. 3

13 Vgl. 12, S. 20

14 Vgl. 12, S. 35

15 Vgl. 12, S. 36

16 Vgl. 12, S. 43

17 Vgl. 12, S. 75

18 *Simmel,* Georg: Philosophische Kultur. Über das Abenteuer, die Geschlechter und die Krise der Moderne. Berlin 1983, S. 186

19 Vgl. 18, S. 201

20 Vgl. 18, S. 207

21 *Cassirer,* Ernst: Zur Logik der Kulturwissenschaften. Fünf Studien. Darmstadt 1971, S. 9.

22 Vgl. 21, S. 27

23 Vgl. 21, S. 109

24 *Jaspers,* Karl: Die geistige Situation der Zeit. Berlin [5]1955, S. 21

25 Vgl. 24, S. 41

26 Vgl. 24, S. 42

27 Vgl. 24, S. 211

28 *Ortega y Gasset,* José: Betrachtungen über die Technik. Stuttgart 1949

29 *Freyer,* Hans: Der Ernst des Fortschritts: In: Freyer, Hans/Papalekas, Johannes Chr./Weippert, Georg (Hrsg.): Technik im technischen Zeitalter. Stellungnahmen zur geschichtlichen Situation. Düsseldorf 1965, S. 82

30 Vgl. 29, S. 85 f.

31 *Gehlen,* Arnold: Die Seele im technischen Zeitalter. Sozialpsychologische Probleme in der industriellen Gesellschaft. Hamburg 1957, S. 8

32 Vgl. 31, S. 17

33 Vgl. 31, S. 14

34 Vgl. 31, S. 18–22

35 *Gehlen,* Arnold: Anthropologische Forschung. Hamburg 1961, S. 48

36 *Sachsse,* Hans: Anthropologie der Technik. Ein Beitrag zur Stellung des Menschen in der Welt. Braunschweig 1978, S. 15

37 Vgl. 36, S. 270

38 *Marx,* Karl/*Engels,* Friedrich: Werke (MEW). Ergänzungsband. Schriften, Manuskripte, Briefe bis 1844. Erster Teil. Berlin 1981, S. 546

39 *Marx,* Karl: Grundrisse der Kritik der politischen Ökonomie. Berlin 1953, S. 584

40 *Engels,* Friedrich: Die Geschichte des gezogenen Gewehrs. (MEW 15). Berlin 1964, S. 199

41 Die marxistisch-leninistische Philosophie und die technische Revolution. Thesen der Sektion Philosophie bei der Deutschen Akademie der Wissenschaften. In: Deutsche Zeitschrift für Philosophie. Sonderheft 1965: Die marxistisch-leninistische Philosophie und die technische Revolution, S. 12

42 *Wollgast,* Siegfried/*Banse,* Gerhard: Philosophie und Technik. Zur Geschichte und Kritik, zu den Voraussetzungen und Funktionen bürgerlicher „Technikphilosophie". Berlin 1979, S. 16

43 *Weiz,* Herbert: Wissenschaft und Technik für den gesellschaftlichen Fortschritt. In: Technische Universität Dresden (Hrsg.): Wissenschaftliche Konferenz „Philosophische und historische Fragen der technischen Wissenschaften". 10. bis 13. Oktober 1978. Bd. 1. Dresden 1979, S. 8, S. 12

44 *Hörz,* Herbert/*Banse,* Gerhard: Wissenschaftlich-technischer Fortschritt – Humanismus – Frieden. In: Wissenschaft + Fortschritt 33 (1983) Heft 8, S. 289

45 *Horkheimer,* Max: Sozialphilosophische Studien. Aufsätze, Reden und Vorträge 1930–1972. Hrsg. v. Brede, Werner. Frankfurt a. M. 1972, S. 47.

46 *Horkheimer,* Max: Zur Kritik der instrumentellen Vernunft. Aus den Vorträgen und Aufzeichnungen seit Kriegsende. Hrsg. v. Schmidt, Alfred. Frankfurt a. M. 1974, S. 7.

47 Vgl. 46, S. 13

48 *Habermas,* Jürgen: Technik und Wissenschaft als ‚Ideologie'. Frankfurt a. M. 1968, S. 25

49 Vgl. 48, S. 114

50 *Habermas,* Jürgen: Theorie und Praxis. Sozialphilosophische Studien. Frankfurt a. M. ⁴1971, S. 311, S. 315

51 Vgl. 50, S. 333 f.

52 *Marcuse, Herbert:* Triebstruktur und Gesellschaft. Frankfurt a. M. 1967, S. 151

53 *Fromm,* Erich: Die Revolution der Hoffnung. Für eine humanisierte Technik. Stuttgart 1971, S. 159

54 *Bloch,* Ernst: Das Prinzip Hoffnung. Frankfurt a. M. 1959, Kap. 37, S. 787

55 *Scheler,* Max: Die Stellung des Menschen im Kosmos. München 1947, S. 34

56 *Scheler,* Max: Arbeit und Ethik. In: Gesammelte Werke. Bd. 1. Bern 1960, S. 91

57 *Scheler,* Max: Die Wissensformen und die Gesellschaft. In: Gesammelte Werke. Bd. 8. Bern 1960, S. 68

58 *Scheler,* Max: Der Formalismus in der Ethik und die materiale Wertethik. Neuer Versuch der Grundlegung eines ethischen Personalismus. Halle ²1921, S. 12, S. 103–109

59 *Wust,* Peter: Briefe von und nach Frankreich. In: Gesammelte Werke. Hrsg. v. Bendiek, Johannes/Huning, Alois. Bd. 9. Münster 1967, S. 121

60 *Wust,* Peter: Goethe als Symbol des abendländischen Geistesschicksals. In: Gesammelte Werke (wie Anm. 59). Münster 1966, S. 55

61 *Wust,* Peter: Naivität und Pietät. In: Gesammelte Werke (wie Anm. 59). Bd. 2. Münster 1964, S. 250

62 Vgl. 61, S. 237
63 *Marcel,* Gabriel: Das Sakrale im technischen Zeitalter. In: Gabriel Marcel: Auf der Suche nach Wahrheit und Gerechtigkeit. Vorträge in Deutschland. Hrsg. v. Ruf, Wolfgang. Frankfurt a. M. 1964, S. 89
64 Vgl. 63, S. 98
65 Vgl. 63, S. 99 f.
66 *Marcel,* Gabriel: Wissenschaft und Weisheit. In: Gabriel Marcel (wie Anm. 63), S. 114
67 *Heidegger,* Martin: Holzwege. Frankfurt 1950, S. 80
68 Vgl. 67, S. 103
69 Vgl. 67, S. 265 f.
70 Vgl. 67, S. 267
71 Vgl. 67, S. 272
72 Vgl. 67, S. 48
73 Global 2000. Der Bericht an den Präsidenten. Frankfurt a. M. 1980

Geistesgeschichtliche Voraus-
setzungen der modernen Technik

Friedrich Rapp

Die moderne Technik, die heute unser Leben prägt, ist das Resultat
eines geschichtlichen Entwicklungsprozesses. Das historische Geschehen, das schließlich zur gegenwärtigen Situation geführt hat, ist der
Sache nach unteilbar. Jeder Augenblick resultiert aus dem Zusammenwirken vielfältiger, weithin gegenläufiger technischer, sozialer, ökonomischer, politischer und kultureller Einflüsse. An dem tatsächlichen
Geschehen sind alle diese Faktoren stets in irgendeiner Form beteiligt.
Aus arbeitsmethodischen Gründen, um eine einfache und im Hinblick
auf spezielle Fragen ins Detail gehende Darstellung zu erreichen, werden im allgemeinen immer nur ganz bestimmte Bereiche ins Auge
gefaßt. Da stets verschiedene Ursachen gleichzeitig im Spiel sind, ist es
bei historischen Untersuchungen nicht möglich, zweifelsfrei und mit
letzter Gewißheit bestimmte Faktoren als die einzig maßgeblichen und
entscheidenden zu erweisen: Das Zurechnungsproblem ist strenggenommen unlösbar [1].

Die im Vergleich zu den Geschichtswissenschaften einfachen Formeln der Naturwissenschaften beruhen darauf, daß mit Hilfe geeigneter Versuchsanordnungen nur die Abhängigkeitsbeziehungen zwischen ganz bestimmten Variablen untersucht werden, wobei man alle
anderen, störenden Einflüsse systematisch ausschaltet. Weil historische
Ereignisse und Prozesse stets in ihrer vollen Komplexität und ihrer
individuellen Einmaligkeit gegeben sind, kommt das Verfahren der
experimentellen und begrifflichen Vereinfachung und systematischen
Isolation bestimmter Größen nicht in Betracht. Deshalb bleibt es bei
historischen Untersuchungen häufig offen, ob die Konzentration der
Aufmerksamkeit auf ganz bestimmte Bestimmungsgrößen nur eine
arbeitsmethodische Beschränkung darstellt – weil man nicht von allen
Bereichen gleichzeitig sprechen kann – oder ob die jeweils behandelten Determinanten als die wesentlichen oder gar als die einzig entscheidenden zu betrachten sind, so daß die übrigen praktisch keine
Rolle spielen.

So wird denn auch in den folgenden Ausführungen über die geistesgeschichtlichen – und damit im weitesten Sinn philosophischen –

Voraussetzungen der modernen Technik nicht der Versuch unternommen, das relative Gewicht dieser Faktoren im einzelnen zu bestimmen und die ideellen und materiellen Voraussetzungen gegeneinander auszuspielen. Der Sache nach stehen Ideal- und Realfaktoren, also geistige und naturhafte Bestimmungsgrößen, ohnehin in einem Ergänzungsverhältnis, weil die Technik zugleich auf intellektuellen Zielsetzungen, konkreten Bedürfnissen und auf materiellen Produktionsprozessen beruht. Ohne daß man auf derartige Streitfragen eingehen müßte, läßt sich gleichwohl in der Rückschau zeigen, daß die tatsächlich eingetretene Entwicklung an ganz bestimmte, immanent notwendige Voraussetzungen gebunden war. Das gilt sowohl für den Stand des technischen Wissens und Könnens und die sozialen und politischen Gegebenheiten als auch für die entsprechenden kulturellen und philosophischen Hintergrundvorstellungen. Auf diese Weise gelangt man zum Aufweis von historisch kontingenten, im Sinne des tatsächlich eingetretenen geschichtlichen Verlaufs funktionalen Erfordernissen: Die jeweiligen Bedingungen waren notwendig, damit die entsprechenden Wirkungen eintreten konnten.

Ohne den historischen Werdegang im einzelnen nachzuzeichnen, kann man unter systematischen Gesichtspunkten sieben geistige Voraussetzungen namhaft machen, die das Enstehen der modernen Technik ermöglicht haben:

1. Eine entscheidende Voraussetzung für das technische Handeln ist die Wertschätzung der Arbeit. Die systematisch und in großem Stil betriebene Technik, auf die auch entsprechende intellektuelle Anstrengungen verwandt werden, kann sich nur entfalten, wenn die manuelle Tätigkeit grundsätzlich als wertvoll gilt. Doch dies war in der Antike gerade nicht der Fall. Die Griechen betrachteten die durch die biologischen Bedürfnisse des Leibes erzwungene körperliche Arbeit als minderwertig, denn sie stand weder im Dienst des Allgemeinwesens noch war sie mit der theoretischen Einsicht verbunden, durch die sich der Mensch als Vernunftwesen auszeichnet. Deshalb wurde die Arbeit den Sklaven und sozial niedrigstehenden, ungebildeten Handwerkern (den ‚Banausen‘) überlassen. Diese Einstellung dürfte die Ursache dafür sein, daß trotz hoher intellektueller Leistungen und differenzierter technischer Kenntnisse, beispielsweise bei Archimedes (um 285−212 v. Chr.), Heron (1. Jahrhundert) und Pappus (um 300), in der Antike keine großangelegten Versuche zur Technisierung unternommen wurden[2]. [II-4.5; III-3.2]

Durch das Christentum erfuhr dann die Bewertung der körperlichen Arbeit einen allmählichen Wandel. Zwar gilt die Arbeit im Alten

Testament als Fluch, und das Neue Testament fordert in erster Linie innere Einkehr und nicht äußere Aktivität. Doch schon in den Ordensregeln der mittelalterlichen Klöster wird vielfach die regelmäßige Handarbeit vorgeschrieben. Gerade das asketische Lebensideal der Mönche und ihre Konzentration auf eine überpersönliche Aufgabe dürften die sachbezogene Einstellung vorbereitet haben, die für die Technik und Naturwissenschaft der Moderne bestimmend geworden sind. Durch die Reformation erfährt dann die Arbeit und die erfolgreiche Wahrnehmung beruflicher Pflichten eine eindeutige Aufwertung. Insbesondere in der Prädestinationslehre Calvins gelten rastlose Tätigkeit und beruflicher Erfolg als Zeichen echten Glaubens und der göttlichen Erwählung. Die bekannte These von Max Weber (1864–1920) besagt, daß im protestantischen Bereich nach der Abschaffung des Mönchtums das Berufsleben zum Feld einer innerweltlichen Askese wurde[3]. Die von Unternehmern und Arbeitern in gleicher Weise geforderte, religiös begründete ‚asketische‘ Arbeitshaltung ist weithin als eine der geistigen Voraussetzungen für das Entstehen des modernen Kapitalismus anerkannt. So war denn auch in protestantischen Gebieten im allgemeinen eine stärkere Ausrichtung am beruflichen Erfolg und eine größere wirtschaftliche Aktivität festzustellen als in katholischen Gegenden. [II-4.2; II-4.3; II-4.4; II-4.5]

Auch nach dem Verlust der religiösen Begründung wirkt diese ethische Einstellung zu Arbeit und Beruf bis heute noch fort. Doch die gegenwärtige Einstellung zur Arbeit ist keineswegs frei von Widersprüchen: Die ‚Anspruchsgesellschaft‘ setzt Arbeitsdisziplin und Leistungsbereitschaft voraus, damit der erwünschte Lebensstandard auch erwirtschaftet werden kann. Deshalb würde durch eine radikale Abkehr vom Leistungsprinzip und eine konsequente ‚Freizeitgesellschaft‘ der materielle Wohlstand gefährdet, den man heute allgemein begehrt. Rationalisierungsmaßnahmen verbilligen die Produktion und machen die menschliche Arbeitskraft überflüssig. Und doch empfinden viele Menschen den Verlust an Arbeitsmöglichkeit als Sinnentzug. Wie wichtig die Arbeitshaltung ist, zeigte sich an den Schwierigkeiten der Entwicklungsländer, wo die spontane Lebenseinstellung und das eher auf augenblickliche Bedürfnisbefriedigung ausgerichtete Verhalten einem effizienten, technikorientierten Arbeitsstil entgegenstehen.

2. Eine weitere Vorbedingung der modernen Technik ist das rationelle Wirtschaften. Hierbei geht es nicht um die individuelle Arbeitshaltung, sondern um die Organisationsstruktur des wirtschaftlichen Geschehens. Die disziplinierte, langfristig ausgerichtete und systematisch durchorganisierte Gestaltung der ökonomischen Prozesse wird von

Max Weber ebenfalls mit dem Geist der protestantischen Ethik in Zusammenhang gebracht. Die puritanisch-asketische Konzentration auf den wirtschaftlichen Erfolg verbietet Zeitvergeudung – Time is money! – und überflüssiges Ausruhen. Genußsucht und Verschwendung gelten als verwerflich; nur praktische und nützliche Dinge sollen erstrebt werden. An die Stelle des für agrarische Lebensformen charakteristischen Traditionalismus, der auf die Bewahrung überkommener Verhältnisse gerichtet ist, tritt so der ökonomische Rationalismus der städtischen Lebensweise mit ihren bewußt, zielstrebig und langfristig kalkulierten Normen. In diesem Zusammenhang werden dann auch die entsprechenden Organisationsformen, wie der rechnerische Kalkül der Buchführung und die zweckmäßige Gestaltung des Betriebes, allgemein eingeführt. [VIII]

3. Die moderne Technik ist undenkbar ohne ein grundsätzliches Veränderungsstreben. Die Antike und das Mittelalter waren im Prinzip durch ein statisches, auf Beharrung ausgerichtetes Selbstverständnis des einzelnen und der Gesellschaft geprägt. Die festgefügte ständische Ordnung des Mittelalters, das religiös bestimmte geschlossene Weltbild und die ländlich-feudale bzw. handwerksmäßig-städtische Bedarfsdeckungswirtschaft sind primär auf Erhaltung des organisch gewachsenen traditionellen Bestandes und nicht auf Veränderung ausgerichtet[4]. Im Gegensatz dazu ist für die Moderne in allen Bereichen ein beständig gesteigerter aktiver Schaffensdrang charakteristisch, der schließlich dazu führt, daß ‚Veränderung‘ schlechthin als Selbstwert gilt. Diese Auffassung ist geprägt durch das diesseitsorientierte schöpferische Lebensgefühl der Renaissance; der Mensch entdeckt den Spielraum seiner Möglichkeiten und stößt zu neuen Horizonten vor. In diesem für den neuzeitlichen Geist charakteristischen ‚Unendlichkeitsstreben‘, das beständig neue Ziele setzt und keine natürlichen Grenzen anerkennt, verbindet sich die Vorstellung der Aufklärung von der Selbstbestimmung der menschlichen Vernunft mit einem allgemeinen Fortschrittsoptimismus. Ohne einen solchen Impuls zur Veränderung und die Erwartung, daß die Veränderungen auch wirklich zum Besseren führen werden, sind die Bereitschaft zur grundsätzlichen Umgestaltung aller Verhältnisse und das Entwicklungstempo der industriellen Technik nicht denkbar. [II-4.5; III-3.3]

Diese aktive, auf die theoretisch begründete, effiziente Umgestaltung der Welt gerichtete Haltung steht im Gegensatz zu einer kontemplativen Lebensauffassung, bei der Verinnerlichung oder besinnlicher Genuß im Vordergrund stehen. Weil die rastlose Aktivität die Freude am Erreichten unmöglich macht, fällt es denn auch heute oft schwer, die Errungenschaften der Technik, die doch eigentlich ein ‚besseres‘ Leben ermöglichen sollten, sinnvoll zu nutzen. Ein schlagendes Beispiel dafür bietet die Redeweise vom sogenannten Freizeitproblem.

4. Die moderne Technik ist überdies gebunden an eine versachlichte Naturauffassung. Gewiß hat es technisches Handeln gegeben, solange die Menschheit besteht. Um sein Dasein zu sichern, war der Mensch zu allen Zeiten auf zweckmäßige Verfahren und entsprechende Werkzeuge angewiesen. Technische Verfahren beruhen von Anfang an auf einer Distanzierung von den unmittelbaren Gegebenheiten; durch das technische Handeln negiert der Mensch gleichsam die vorgefundene Natur, indem er sie bewußt und zielstrebig zu einer Zweiten Natur umgestaltet, die seinen Vorstellungen und Wünschen entspricht[5].

Am Beginn der Technik steht das magische Handeln, mit der zentralen Figur des Schmiedes, der in prähistorischen Gesellschaften über die Geheimnisse der Metallverarbeitung verfügt. Der ‚Weisheit des Mythos‘ war die Doppeldeutigkeit der Technik, die gerade in unserer hochtechnisierten Welt unverkennbar in Erscheinung tritt, schon immer geläufig. So wird zum Beispiel Hephaistos, der Gott der Schmiede, wegen seines Könnens bewundert, doch sein Tun gilt gleichzeitig als arglistig und verhängnisvoll; und das Scheitern der technischen Hybris findet in den mythischen Gestalten von Ikarus und Prometheus seinen symbolischen Ausdruck[6]. [II-3.1]

Magie und Technik weisen verwandte Züge auf. In beiden Fällen geht es darum, ein gedanklich vorweggenommenes Wunschbild zu verwirklichen. Doch die bewußte, planmäßige Weltgestaltung ist beim magischen Tun insofern unrealistisch, als der elementaren Identifizierung von Ich und Welt entsprechend die Naturabläufe nicht als vom Menschen unabhängige, selbständige Phänomene anerkannt werden. Man glaubt, es sei möglich, sie durch Wort- und Bildzauber den eigenen Zielsetzungen uneingeschränkt dienstbar zu machen. Dagegen wird in der modernen Naturwissenschaft und Technik das Gefüge der Naturabläufe bewußt auf die immanenten Strukturgesetze hin untersucht. Und erst das Wissen von dieser gesetzmäßigen Ordnung, die sich von den grenzenlosen magischen Vorstellungen grundsätzlich unterscheidet, macht dann innerhalb dieser Schranken eine systematische Indienstnahme der Naturkräfte möglich[7].

Die ‚Entheiligung‘ und ‚Entzauberung‘ der Natur, die uns heute nicht mehr als ein beseelter und verehrungswürdiger Kosmos, sondern nur noch als eine – zufällig – vorhandene und beliebig nutzbare Ansammlung von lebloser Materie gilt, erweist sich damit als eine notwendige Voraussetzung für die systematische Umgestaltung der Natur durch die moderne Technik. So konnte Francis Bacon (1561–1626) die Idee einer mit wissenschaftlichen Methoden betriebenen Technik nur dadurch gegenüber der theologischen Kritik rechtfertigen, daß er ausdrücklich auf den gottgewollten und moralisch unbedenklichen Charakter der konsequenten Naturforschung hinwies, die keineswegs mit der Hybris des Sündenfalls gleichzusetzen sei. Und die Autoren der „Maschinen-Bücher" des 16.–18. Jahrhunderts beriefen sich durchweg auf die Vorstellungen und Leitbilder der biblisch-christlichen Tradition, um die positive Bedeutung der ars mechanica zu begründen. Die Versachlichung der Naturauffassung hat dazu geführt, daß ästhetische, ethische und existentielle Gesichtspunkte – also die Sinndimension – von vornherein eliminiert sind. Wie die Ökologiediskussion zeigt, müssen wir diese Sichtweise nun zusätzlich und gleichsam von außen wieder an die Natur herantragen. [II-4.1]

5. Die neuzeitliche Technik ist ferner undenkbar ohne das mechanistische Naturverständnis. Diese Konzeption ist bereits in den Ideen der antiken Atomisten und in der auf Platon (428/27–348/47) zurückgehenden Vorstellung von Gott als dem Architekten des Weltgebäudes angelegt, wobei Platon aber – im Gegensatz zu den Atomisten – die Welt als einen sinnvoll organisierten Kosmos auffaßt. Doch erst beim Übergang vom Mittelalter zur Neuzeit wird die ,Mechanisierung des Weltbildes', die Vorstellung von der machina mundi zum allgemein anerkannten Prinzip für die Beschreibung von Naturprozessen. Die Auffassung von der Natur als einem riesigen mechanischen Gebilde ist keineswegs selbstverständlich oder auch nur naheliegend. Kinder können trotz ihrer Erfahrungen in einer technisierten Umwelt die mechanische Denkweise nur nach einer längeren Schulung erfassen. Das an biologischen Wachstumsprozessen und zielgerichteten menschlichen Handlungen orientierte teleologische Weltbild des Aristoteles (384–322) liegt der elementaren Naturerfahrung viel näher; es hat denn auch bis zum Beginn der Neuzeit die Naturauffassung geprägt. Da man die Natur durch die spontan eintretenden Prozesse repräsentiert sah, wurde in durchaus naheliegender Weise unterschieden zwischen natürlichen, von sich aus eintretenden Abläufen und den künstlich vom Menschen durch technische Hilfsmittel erzwungenen Prozessen.

Die mechanistische Denkweise führt hier eine grundsätzliche Änderung herbei. Das Orientierungsmodell sind nicht mehr die natürlichen, von sich aus in der Natur auftretenden biologischen Vorgänge, sondern die künstlich durch Menschenhand unter Benutzung entsprechender Apparaturen und Instrumente herbeigeführten mechanischen

Die Rückseite des Titelblatts von G. H. Rivius: Newe Perspectiva (Nürnberg 1547) illustriert die neue mathematisch-mechanistische Denkweise: ,,Gold wird durch Feuer geprüft, der Geist aber durch die Mathematik``. In der Titelzeile werden die Werkzeuge als intellektuelle Leistung gedeutet. ,,Der Geist bleibt lebendig, alles andere muß sterben``.

Abläufe. An die Stelle der ganzheitlichen, auf den Gesamtprozeß und auf das Endresultat abgestellten teleologischen Betrachtungsweise tritt bei der mechanischen Auffassung die ,Momentaufnahme' des Zusammenhangs zwischen räumlich und zeitlich unmittelbar aufeinanderfolgenden Zuständen; statt der Zielursache tritt die Wirkursache bzw. der funktionale Zusammenhang zwischen neutralen Variablen in den Vordergrund.

Das begriffliche und theoretische Rüstzeug zur Beschreibung und Analyse von Naturphänomenen wird auf diese Weise nicht mehr an den ,höheren' und komplexeren organischen Prozessen abgelesen, sondern den ,niederen', einfacheren, anorganischen Abläufen entlehnt. Gemessen an der biologischen Evolution, die von einfachen anorganischen Strukturen zu komplexeren organischen Gebilden führt, beruht die moderne Technik also auf einer Art Regression, denn man greift auf die primitiveren und leichter zu handhabenden Prozesse des entwicklungsgeschichtlich früheren anorganischen Stadiums zurück. Während mechanische Prozesse wesentlich die menschliche Muskelarbeit verstärken bzw. ersetzen, bietet die Computertechnik im Prinzip die Möglichkeit, Steuerungsfunktionen des Nervensystems zu simulieren und sich dadurch den ,höheren' organischen Prozessen anzunähern.

6. Darüber hinaus ist die Leistungsfähigkeit der modernen Technik gebunden an die von Galileo Galilei (1564–1642) eingeführte Mathematisierung der Natur. Um die Abmessungen technischer Systeme und die Größe der einschlägigen physikalischen und chemischen Prozesse festlegen zu können, ist man auf entsprechende Berechnungen angewiesen. Die exakte quantitative Beschreibung technischer Vorgänge ist der historischen Entwicklung und der Sache nach eng mit der mechanistischen Naturauffassung verknüpft, aber keineswegs mit ihr identisch. Einerseits ist es möglich, einfache mechanische Apparate auch ohne mathematische Berechnungen herzustellen, indem man nur auf qualitative Vorstellungen und das überlieferte handwerkliche Erfahrungswissen zurückgreift. Und andererseits zeigt die Geschichte der Mathematik, daß abstrakte Kalküle wegen ihres formalen, logischen Aufbaus weitgehend unabhängig von konkreten Anwendungsproblemen entwickelt werden können. Insgesamt gesehen ist jedoch in der Neuzeit die enge Verbindung und wechselseitige Steigerung zwischen mechanistischem Naturverständnis und mathematischer Methode unverkennbar. [III-3.3]

Für die Entwicklung der Technik ist das mathematische Denken in dreifacher Hinsicht bedeutsam geworden:

Der Gedanke der quantitativen Exaktheit, dessen empirisches Gegenstück die genaue Messung von Beobachtungsgrößen bildet, ermöglicht den zahlenmäßigen Vergleich zwischen konkurrierenden Verfahren und schafft dadurch die Voraussetzung für den optimalen Einsatz technischer Ressourcen.

Die Idee der funktionalen Abhängigkeit, bei der im einfachsten Fall die Veränderung einer Größe in Abhängigkeit von der vorgegebenen Variation einer anderen Größe untersucht wird, liefert das begriffliche Instrumentarium für die Konzentration auf die jeweils interessierenden, spezifischen Zusammenhänge. Dadurch wird es möglich, sich ganz auf die relevanten Parameter zu beschränken und die jeweiligen technischen Möglichkeiten voll auszuschöpfen.

Das Operieren mit abstrakten Variablen bietet ferner den Ausgangspunkt für die begriffliche und gleichzeitig für die reale Isolierung einzelner technischer Elemente, Prozesse und Phänomene, die dann je nach Wunsch auf unterschiedliche Weise kombiniert werden können. Dadurch entstehen immer neue Möglichkeiten des technischen Handelns.

7. Die mechanistische Naturauffassung und die mathematische Methode sind zunächst nur theoretische Konzeptionen. Um praktisch anwendbar zu sein, bedürfen sie der empirischen Rückbindung an konkrete Naturprozesse. Methodisch gesehen beruht denn auch der Aufschwung der Naturwissenschaften und der Technik in der Moderne auf der Kombination von mathematisch-mechanischer Theorie mit systematisch durchgeführten experimentellen Untersuchungen. Das eigentlich Neue sind dabei die aktiven Eingriffe in das Naturgeschehen. Auch die aristotelische Physik gründete auf Erfahrungen, die sich aber im wesentlichen auf die passive Beobachtung beschränkten. Erst die zielgerichtete ‚Befragung‘ der Natur durch geeignete Experimente, die ihrerseits an entsprechende technische Hilfsmittel gebunden sind, hat die systematische Indienstnahme der physischen Welt durch den Menschen ermöglicht.

Die aktive, zugreifende Einstellung ist ihrerseits eine besondere Ausformung der obengenannten Verdinglichung der Natur, die ja bei allen Experimenten als ein beliebig verfügbares Objekt betrachtet wird. Die Geisteshaltung, auf der dieses Vorgehen beruht, wird im Prinzip bereits von Francis Bacon formuliert, der empirische Untersuchungen mit einem Gerichtsverfahren vergleicht, das der Menschheit durch göttliche Gnade und Vorsehung gewährt wird, damit sie ihr verdientes Recht über die Natur erlangen kann[8]. In säkularisierter Form findet sich diese Metapher dann wieder bei Kant, der davon

Albrecht Dürers berühmte Darstellung der Melancholia (1514) zeigt vielfältige Instrumente und Utensilien, die auf die Meßbarkeit des Universums hinweisen. Ist die Schwermut Resignation angesichts einer in festen Regeln erstarrten Welt oder ist sie Ausdruck des Unvermögens, mit Maß und Zahl schöpferisch umzugehen?

MELENCOLIA·I

spricht, daß die Vernunft mit dem Experiment an die Natur herangehen müsse, „aber nicht in der Qualität eines Schülers, der sich alles vorsagen läßt, was der Lehrer will, sondern eines bestallten Richters, der die Zeugen nötigt, auf die Fragen zu antworten, die er ihnen vorlegt" [9].

An dieser Stelle wird auch der in der Natur der Sache angelegte enge Zusammenhang zwischen Naturwissenschaft und Technik deutlich. Zwar war die Technik zu Beginn der Industrialisierung noch wesentlich vom handwerklichen Wissen und Können geprägt. Doch im Verlauf des 19. Jahrhunderts hat sich dann bis zur Gegenwart hin eine immer engere Verflechtung beider Bereiche herausgebildet, so daß heute oft gar keine eindeutige Unterscheidung mehr möglich ist. Technische Maßnahmen und naturwissenschaftliche Experimente haben wesentliche Merkmale gemeinsam. In beiden Fällen geht es darum, daß Objekte hergestellt und Prozesse herbeigeführt werden, die zu technisch erwünschten bzw. wissenschaftlich interessierenden Resultaten führen. Deshalb kann man alle – geglückten oder mißlungenen – technischen Konstruktionen als Experimente betrachten, aus denen sich ganz bestimmte Erfahrungen ablesen lassen. Und jedes naturwissenschaftliche Experiment stellt seinerseits einen technischen Vorgang dar. Naturwissenschaftliche Methoden und Erkenntnisse einerseits und technische Geräte, Apparaturen, Verfahren und Systeme andererseits sind – in übergreifender methodologischer Sicht – nur zwei Seiten des zusammengehörigen Phänomens Naturwissenschaft-und-Technik. [III-4.1]

Der Weg, auf den die Menschheit sich durch das systematische, theoriegeleitete und mit technischen Hilfsmitteln durchgeführte Experimentieren begeben hat, liefert nicht nur die willkommene Grundlage für naturwissenschaftliche Erkenntnisse und technische Handlungsmöglichkeiten. Dadurch wird gleichzeitig auch ein nahezu unbegrenzter Spielraum für die Manipulation der physischen Welt eröffnet, der höchst bedrohliche Perspektiven bereithält. Wenn der gegenwärtige Trend, die geschaffenen Möglichkeiten ungehemmt auszuschöpfen, fortgesetzt wird, rückt die Gefahr einer Selbstzerstörung der Menschheit durch perfektionierte Superwaffen und der ‚Konstruktion' eines neuen Menschen durch genetische Manipulationen immer näher. Abgesehen von ihren immanenten Strukturgesetzen, über die wir durch die modernen wissenschaftlich-technischen Forschungsmethoden immer genauer unterrichtet werden, setzt die physische Welt unserem erkennenden und handelnden Zugriff keine Schranken. Die Naturprozesse sind gleichsam blind und wehren sich nicht gegen einen wie auch immer gearteten Mißbrauch. Nachdem wir die Natur entzaubert und in Dienst genommen haben, müssen wir uns selbst Beschränkungen auferlegen, um eine Katastrophe zu verhindern.

Literaturnachweise

1 *Acham*, Karl: Grundlagenprobleme der Geschichtswissenschaft. In: Enzyklopädie der geisteswissenschaftlichen Arbeitsmethoden, 10. Lieferung. München 1974, S. 3–76
2 *Arendt*, Hannah: Vita activa oder vom tätigen Leben. München 1974, S. 76–123
3 *Weber*, Max: Die protestantische Ethik. Hrsg. v. Winkelmann, Johannes. Bd. 1. München/Hamburg 1965, S. 134–138
4 *Brunner*, Otto: Neue Wege der Verfassungs- und Sozialgeschichte. Göttingen 1968, S. 91–101
5 *Sachsse*, Hans: Anthropologie der Technik. Braunschweig 1978, S. 54–92
6 *Eliade*, Mircea: Schmiede und Alchemisten. Stuttgart 1960, S. 26–31
7 *Cassirer*, Ernst: Symbol, Technik, Sprache. Hamburg 1985, S. 53–63
8 *Bacon*, Francis: Works (ed. Spedding et al.). Bd. 4., Nachdr. Stuttgart 1962, S. 263
9 *Kant*, Immanuel: Kritik der reinen Vernunft. In: Werke. Hrsg. v. Weischedel, Wilhelm. Bd. 2. Darmstadt 1963, S. 23

TECHNISCHES PROBLEMLÖSEN UND SOZIALES UMFELD

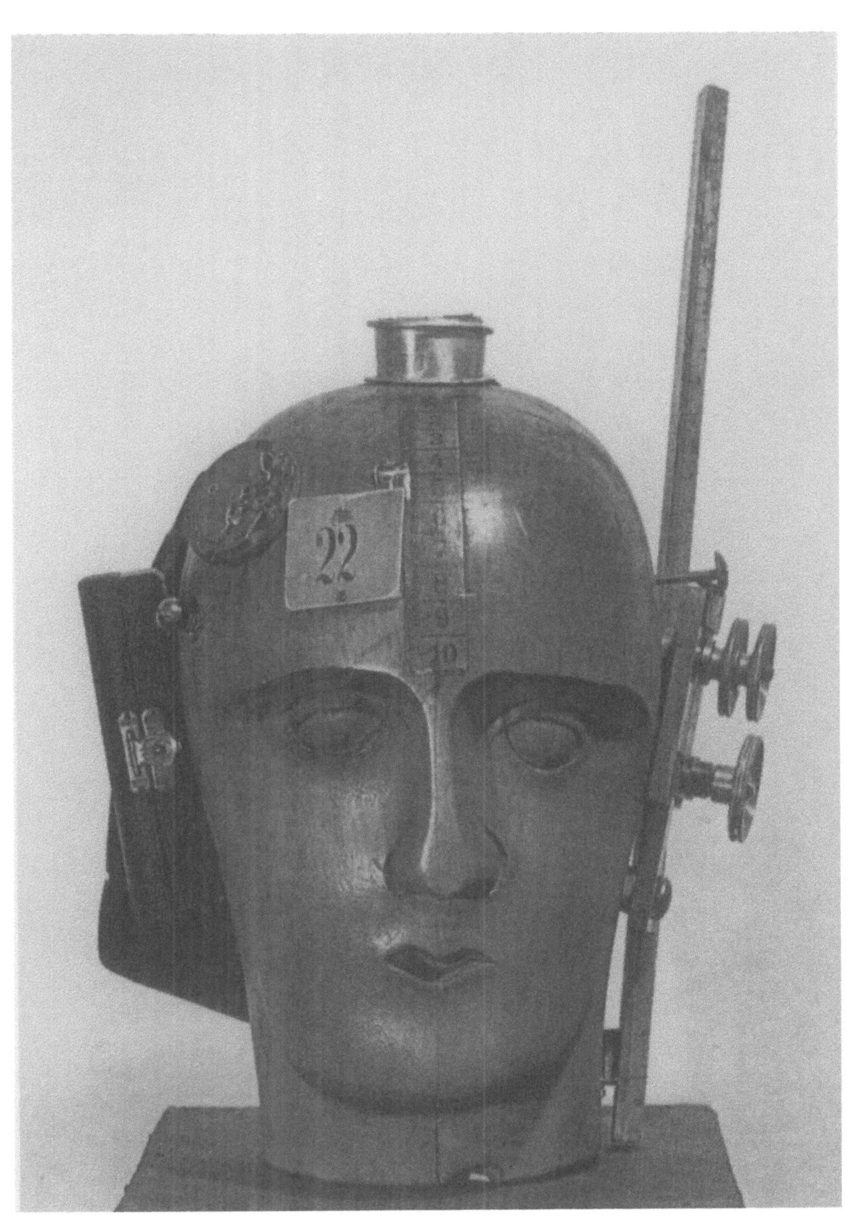

Technisches Problemlösen und soziales Umfeld

Günter Ropohl

Wenn man sich philosophisch mit einem Bereich der Wirklichkeit beschäftigen will, tut man gut daran, zunächst das Vorverständnis aufzudecken, von dem die Überlegungen ausgehen. So haben denn auch Technikphilosophen immer wieder den Versuch unternommen, den Gegenstand ihrer Betrachtung in allgemeiner Form zu charakterisieren. Es ist ja eine Hauptaufgabe der Philosophie, aus der verwirrenden Mannigfaltigkeit der Einzelerscheinungen das Grundsätzliche und Allgemeine herauszudestillieren. Dabei treten jedoch häufig zwei Fehler auf, denen auch die Technikphilosophie nicht immer entgangen ist: Entweder man verengt seinen Blick auf einen bestimmten Einzelaspekt des Gegenstandsbereichs und gibt diesen dann unter der Hand für das Ganze aus; oder man erfaßt das Ganze nur um den Preis übergroßer Abstraktion, die dann das „Wesen des Gegenstandes" bestimmen soll, aber die Komplexität seiner verschiedenen „Wesenszüge" nicht mehr angemessen widerzuspiegeln vermag.

Im Unterschied zu solch allgemeinen Wesensdeutungen der Technik, von denen im vorhergehenden Kapitel ja schon die Rede war, wollen wir im folgenden einen besonders wichtigen Teilaspekt der Technik betrachten, ohne freilich zu vergessen, daß es sich dabei lediglich um einen Ausschnitt aus der Vielfalt technischer Erscheinungen handelt. Insgesamt umfaßt die Technik die Menge der nutzenorientierten, künstlichen, gegenständlichen Gebilde (Artefakte bzw. Sachsysteme), die Menge menschlicher Handlungen und Einrichtungen, in denen Artefakte entstehen, und die Menge menschlicher Handlungen, in denen Artefakte verwendet werden (Schema 1). [I-1.2]

In diesem Kapitel wollen wir uns mit einer Teilmenge der zweiten Gruppe von technischen Phänomenen beschäftigen, mit jenem technischen Handeln nämlich, das für bestimmte Probleme, die in menschlicher Arbeits- und Lebensgestaltung auftreten, technische Lösungen entwirft. Anders ausgedrückt, wir wollen der Frage nachgehen, wie die Vorstellungen der Erfinder und Konstrukteure entstehen, nach denen dann all die Maschinen, Apparate, Geräte, Fahrzeuge und Bau-

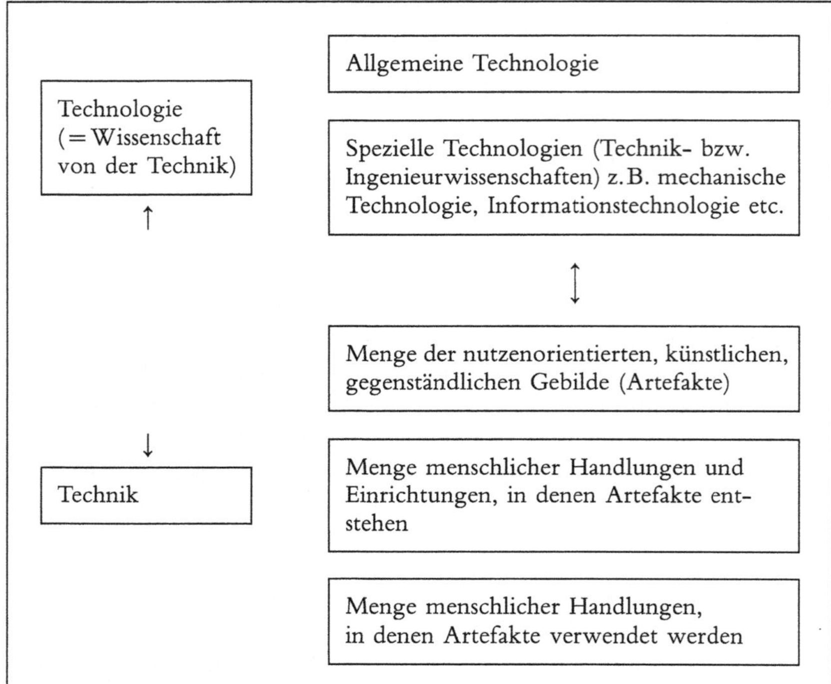

Schema 1:
Die Begriffe ,,Technik'' und ,,Technologie''

werke hergestellt werden, die, als die erste Gruppe von technischen Phänomenen in obiger Definition, sozusagen den harten Kern der Technik ausmachen; dabei kann es nicht ausbleiben, daß wir uns hier und da auch mit den realen Sachsystemen befassen müssen, die von der Erfindung anvisiert werden.

Das Erfinden wird sich als eine ganz besondere menschliche Aktivität erweisen, die dem theoretisch-kontemplativen Denken, das bei Philosophen vorherrscht, erhebliche Verständnisschwierigkeiten bereitet. So fremd ist die Vita activa der Philosophie geworden, daß selbst Technikphilosophen zu merkwürdigen Fehldeutungen jenes Kernstücks praktischer Problemlösungstätigkeit verleitet wurden. Damit wird sich der erste Abschnitt dieses Kapitels beschäftigen. Das Charakteristische der Erfindung, so werden wir sehen, besteht darin, daß sie eine künstliche, zuvor unbekannte Wirklichkeit entwirft, die neben die vorfindbare Realität der Naturdinge tritt. In einem zweiten Abschnitt müssen wir daher das Verhältnis zwischen Erfindung und Natur untersuchen.

Damit die Darstellung nicht in abstrakter Allgemeinheit verbleibt, wird dann der dritte Abschnitt den Gang einer technischen Problemlösung schematisch beschreiben und mehrere Phasen und Schritte unterscheiden, die dafür typisch sind. Da es sehr verschiedenartige technische Probleme gibt, muß auch berücksichtigt werden, daß z. B. der Elektronikingenieur beim Problemlösen ganz andere Verfahren verwendet als etwa der Maschinenkonstrukteur. Die Fähigkeit, ein Problem richtig zu erkennen und eine neue Lösung dafür zu finden, wird als Kreativität bezeichnet. Damit beschäftigt sich der vierte Abschnitt und vermittelt einen Eindruck, wie man heute versucht, technische Kreativität zu entmystifizieren und mit methodischen Vorgehensregeln zu unterstützen. Das ist um so wichtiger, als man mehr und mehr den Computer zur Unterstützung technischen Problemlösens einsetzen will. Wie alle geistige Tätigkeit bedarf auch das Problemlösen sprachlicher Mittel, sei es als Werkzeug des Denkens oder als Medium der Mitteilung. Im fünften Abschnitt wird zu zeigen sein, daß Ingenieure eigene Fachsprachen für ihre Arbeit entwickelt haben. Einerseits erleichtern diese Fachsprachen das Problemlösen, andererseits sind ihnen aber auch gewisse Einseitigkeiten eigen, die den Horizont des Problemverständnisses nicht selten allzusehr begrenzen.

Das gilt besonders für jene Phase des Problemlösens, in der unter mehreren möglichen Lösungen die dem Problem am besten angepaßte Lösung ausgewählt werden muß. Technisches Problemlösen erweist sich als eine fortgesetzte Kette von Entscheidungen, denen selbstverständlich Bewertungen zugrundeliegen. So gelangen wir von den Methoden technischen Problemlösens zur Wertproblematik in der Technik, einem technik- und sozialphilosophischen Thema, das in der gegenwärtigen Legitimationskrise des technischen Fortschritts sehr kontrovers diskutiert wird. Viele Ingenieure liebäugeln mit einer Ideologie der Wertneutralität, in der die Unschuld der technischen Mittel behauptet und alle Verantwortung für deren Folgen auf Wirtschaft, Gesellschaft und Politik abgeschoben wird; damit setzt sich der siebte Abschnitt kritisch auseinander. Folgt man dieser „Kritik der instrumentellen Vernunft"[1], gelangt man zu der Forderung, auch ökologische und gesellschaftliche Werte ausdrücklich in die Entscheidungen über technische Problemlösungen einzubeziehen. So wird am Ende des Kapitels das Programm einer umfassenden Technikbewertung vorgestellt, die sich nicht allein auf das ethische Verantwortungsbewußtsein der einzelnen Ingenieure verläßt, sondern künftiges technisches Problemlösen in einen umfassenden gesellschaftspolitischen Steuerungszusammenhang einzubeziehen hat. [I-3.5]

Philosophie der Erfindung

Erfindungen gelten als die Marksteine der technischen Entwicklung.
In Nachschlagewerken und populärwissenschaftlichen Darstellungen
der Technikgeschichte finden sich regelmäßig Tabellen, in denen bedeutende Erfindungen und ihre Urheber chronologisch aufgelistet
sind. Der „Brockhaus Naturwissenschaften und Technik" nennt an die
600 Daten[2], die, neben naturwissenschaftlichen Entdeckungen, zum
großen Teil auch bahnbrechende technische Erfindungen markieren:
Archimedes hat um 250 vor unserer Zeitrechnung den Flaschenzug
erfunden, Gutenberg um 1445 den Buchdruck mit beweglichen Me-
tall-Lettern, Schickard 1623 die mechanische Rechenmaschine, Watt
1765 die Dampfmaschine, Reis 1861 das Telefon, Werner von Siemens
1866 die Dynamomaschine, Marconi 1897 die drahtlose Telegraphie,
Zuse 1941 den programmgesteuerten Rechner, Bardeen, Brattain und
Shockley 1948 den Transistor, Wankel 1957 den Drehkolbenmotor
und so weiter und so weiter.

Solche Listen sind umstritten, weil ihnen eine gewisse Willkür an-
haftet; beispielsweise wird im vorliegenden Fall Phillip Reis als Erfinder des Telefons genannt, obwohl erst 15 Jahre später die Amerikaner
Bell und Gray Telefonapparate erfunden haben, die für die heute
übliche Nutzung bestimmt waren. Und da eine theoretisch fundierte
Klassifikation der kaum überschaubar vielfältigen technischen Hervorbringungen bis heute nicht ausgearbeitet ist, fragt man sich natürlich auch, wie viele Erfindungen in solchen Listen fehlen. Jedenfalls
machen derartige Übersichten deutlich, daß es ohne Erfindungen
keine Technik gäbe. All die Maschinen, Apparate und Geräte, die als
Technosphäre unseren Planeten überzogen haben, sind noch gar nicht
lange auf der Welt; dies ist bedeutsam, wenn man bedenkt, daß die
Geschichte der Menschheit einige hunderttausend Jahre zurückreicht.
Erst als Erfindungen sind diese vielen technischen Schöpfungen vor-
ausgedacht und vorausbestimmt worden, bevor sie verwirklicht werden konnten. Auch bestimmte Tiere gestalten ihren Lebensraum: Vö-
gel bauen Nester, Biber legen Dämme an, und Bienen formen Waben.
Doch Karl Marx vermerkt zu Recht: „Eine Spinne verrichtet Opera-
tionen, die denen des Webers ähneln, und eine Biene beschämt durch
den Bau ihrer Wachszellen manchen menschlichen Baumeister. Was
aber von vornherein den schlechtesten Baumeister vor der besten Biene
auszeichnet, ist, daß er die Zelle in seinem Kopf gebaut hat, bevor er
sie in Wachs baut"[3]. In der Erfindung taucht neue Wirklichkeit auf;
sie ist ein Bewußtseinsakt, der die alte Wirklichkeit hinter sich läßt und

neue Gestaltungsmöglichkeiten ersinnt. Weil aber jede Erfindung eine Antwort auf menschliche Lebensprobleme darstellt, gilt das Erfinden als herausragende Ausprägung technischen Problemlösens. [VI]

Ein „Problem" – der griechischen Wortherkunft nach so viel wie „das Vorgeworfene, das Vorgelegte" – wurzelt in einem Spannungszustand, der mit dem Ungenügen des Bestehenden, mit der Mangelhaftigkeit des Ist-Zustandes zu tun hat. Wörter wie „ungenügend", „Mangelhaftigkeit" oder „fehlen" geben nur dann einen Sinn, wenn ein kontrastierender Soll-Zustand vorstellbar ist. Gewiß ist diese Vorstellung vom erwünschten noch nicht Existierenden zunächst äußerst vage und unbestimmt, aber nur wenn es eine solche Vorstellung gibt, gibt es auch ein Problem. Ein Problem besteht also in der Differenz zwischen einem vorgestellten und erwünschten Soll-Zustand und dem als unbefriedigend verstandenen Ist-Zustand. Probleme setzen mithin Bedürfnisse, Wünsche, Zwecke oder Ziele voraus; sie erwachsen aus der Bedürftigkeit und Zielorientiertheit des Menschen und aus seiner Fähigkeit, aus den Mangelerfahrungen heraus Mögliches zu konzipieren, das den Mangel beheben könnte. Problemlösen nennen wir dann die menschliche Aktivität, mit der die Differenz zwischen dem Ist-Zustand und dem Soll-Zustand überwunden wird.

Dieser weite Problembegriff mag vielleicht zunächst etwas befremdlich erscheinen, da von Problemen häufiger in einem theoretischen Sinn die Rede ist, wenn man also eine Fragestellung meint, auf die man die Antwort wissen will. Tatsächlich sind theoretische Probleme lediglich ein Sonderfall: Das zugrundeliegende Bedürfnis ist die Neugier, der Ist-Zustand das Nichtwissen und der Soll-Zustand das erstrebte Wissen. Praktische Probleme dagegen sind viel komplexer, da die Differenz zwischen Wunsch und Wirklichkeit durch eine reale Veränderung der Wirklichkeit überwunden werden muß. Theoretische Probleme kann man auf nahezu beliebig enge Teilaspekte eingrenzen – die Spezialisierung in den Wissenschaften zeigt das ja zur Genüge –, während es praktische Probleme immer mit der ganzheitlichen Komplexität der Wirklichkeit zu tun haben. Wenn man daher von technischen, von wirtschaftlichen oder von politischen Problemen spricht, sind solche Unterscheidungen im Grunde nur für theoretische Probleme angemessen. Praktische Probleme sind fast immer mehrdimensional und bereichübergreifend; so haben technische Probleme, wie wir noch sehen werden, immer auch eine wirtschaftliche, eine gesellschaftliche und eine politische Dimension.

Es gibt Probleme, die sich mit Hilfe einer wohlbekannten Verfahrensvorschrift eindeutig lösen lassen. Theoretische Probleme dieser

Art sind beispielsweise Rechenaufgaben, auf die wir die bekannten arithmetischen Regeln anwenden können. Aber auch in der Praxis gibt es solche wohldefinierten Probleme; besteht das Problem etwa darin, eine bestimmte Speise zuzubereiten, können wir uns an das entsprechende Kochrezept halten, das uns alle einzuschlagenden Schritte der Problemlösung ganz genau vorgibt. Ein Problem ist also wohldefiniert, wenn ein Verfahren mit endlich vielen Schritten exakt anzugeben ist, das den Ist-Zustand in den Soll-Zustand zuverlässig und eindeutig überführt; eine solche Verfahrensregel heißt Algorithmus. Auch unter den technischen Problemen gibt es solche, die wohldefiniert sind; dazu gehören vor allem Herstellungsprobleme – auch die Zubereitung einer Speise ist ja ein technisches Herstellungsproblem – und teilweise auch Instandsetzungsprobleme. Entwurfsprobleme dagegen, also das Erfinden, Entwickeln und Gestalten neuer technischer Lösungen, sind meist schlecht definierte Probleme, das heißt, es gibt keinen zuverlässigen Algorithmus der Lösungsfindung.

Mit dieser Art technischen Problemlösens wollen wir uns hier beschäftigen. Der seinerzeit bekannte Dichter–Ingenieur Max Eyth (1836–1906) hat im Jahre 1903 einen Vortrag „Zur Philosophie des Erfindens" gehalten und darin seinen Gegenstand folgendermaßen definiert: „Wer erfolgreich Mittel und Wege zeigt, ein bisher unerreichtes Ziel auf dem Gebiet materiellen Wirkens zu erreichen, oder auch wer neue Wege und Mittel zeigt, ein bereits bekanntes Ziel zu erreichen, hat eine Erfindung gemacht"[4]. Erfindungen sind also, so wird schon in dieser Definition zu Recht hervorgehoben, immer zweckorientiert, und sie können danach eingeteilt werden, ob sie eine neue Lösung für ein bereits bekanntes Problem vorlegen oder ob ihre Leistung neben der Lösungsfindung zunächst auch darin besteht, ein bislang unbekanntes Problem überhaupt erst wahrzunehmen.

Wie Max Eyth haben auch andere frühe Technikphilosophen, besonders wenn sie der Ingenieurtätigkeit nahestanden, die wirklichkeitsschaffende Rolle der Erfindung hervorgehoben. Aber gerade diese Besonderheit des Erfindens hat ihnen auch erhebliche Deutungsschwierigkeiten bereitet. So hat man nicht selten den Erfindern übernatürliche Kräfte zugeschrieben, zumal manche Ingenieure sich darin gefielen, den Geniekult der Romantik von den Schönen Künsten auf das technische Schöpfertum zu übertragen. Aber auch die Philosophen, die „die Welt nur verschieden interpretiert" haben[5], taten sich bislang schwer, jene Bewußtseinsleistung zu würdigen, die es im Sinne hat, die Welt handgreiflich zu verändern. Gleich der berühmten Kinderfrage „Was tut der Wind, wenn er nicht weht?", sind metaphysische Fehldeutungen der Erfindung vorgelegt worden, denen die Frage zu Grunde liegt: „Wo ist die Erfindung, wenn sie noch nicht gemacht worden ist?". Solche Fehldeutungen sind insofern bemerkenswert, als sich in ihnen das Unvermögen äußert, die Erfindung als menschliche Neuschöpfung anzuerkennen und den grundlegenden Unterschied zwischen der Welt des Gewordenen und der Welt des Gemachten zu begreifen. Es lohnt sich daher, solche Fehldeutungen genauer zu betrachten.

Da ist vor allem Friedrich Dessauer (1881–1963) zu nennen, der wohl prominenteste Technikphilosoph der ersten Jahrhunderthälfte, der, im Anschluß an technikphilosophische Arbeiten vor allem von Alard Du Bois-Reymond (1860–1922) und Eberhard Zschimmer (1873–1940)[6], in der Erfindung geradezu das Wesen der Technik verkörpert sah. Im Stadium der Erfindung, meint Dessauer, gewährt die Technik einen reineren Anblick als in der Produktion und in der Nutzung; am Ort ihrer Herkunft, Entstehung, historischen Ankunft enthüllt sie besser ihr Wesen. „Hier ist die Technik", sagt er, „bei sich selbst, noch wenig vermischt und getrübt durch andere Faktoren der menschlichen Gesellschaft"[6]. [I-1.2]

Das erfinderische Schaffen besteht nach Dessauer aus drei Komponenten: der menschlichen Zwecksetzung, dem naturgesetzlichen Material und der inneren Verarbeitung im Bewußtsein. Dessauer scheut sich jedoch offensichtlich, wie vor ihm auch schon Max Eyth, das schöpferische Erfinden allein den menschlichen Fähigkeiten zuzuschreiben. Er, der selbst als erfolgreicher Erfinder tätig war, erlag der Versuchung, den Ursprung der Erfindung an einen überirdischen Ort zu verlegen. Dessauer meint, der Erfinder mache nicht die neue Lösung, sondern er finde sie. Er läßt den Erfinder zu seiner neuen Lösung sagen: „Ich habe Dich in einer anderen Welt gefunden, und so lange weigertest Du Dich, in das sichtbare Reich hinüber zutreten, bis ich Deine wirkliche Gestalt in jenem anderen Reich richtig gesehen hatte"[6].

Dieses „andere Reich" ist ein Reich der Ideen, in dem alle Lösungsgestalten in idealer Form vorgeprägt existieren, lange, bevor ein menschlicher Erfinder sie gefunden hat. Dessauer ist sich „zuinnerst ganz sicher, daß die Gestalten des anderen Reiches, eben diese Lösungen der Probleme, schon bereit liegen und nur ihres Finders harren"[6]. Dabei bezieht sich Dessauer ausdrücklich auf die platonische Ideenlehre, nach der die Wesenheiten der Dinge eine absolute Existenz jenseits der konkret erfahrbaren Wirklichkeit besitzen. So also sollen auch die Wesenheiten aller Erfindungen, auch derer, die noch nicht von Menschen gemacht worden sind, „unverrückbar, zeitlos in sich ruhend, absolut, d. i. losgelöst vom Menschlichen"[6] immer schon in einem solchen Reich der Ideen vorgegeben sein. Und diese idealen Lösungsgestalten sollen zugleich die bestmöglichen Lösungen sein, an die sich menschliche Erfindungskunst im allgemeinen nur schrittweise annähern kann. Schließlich verleiht Dessauer dieser idealistischen Konzeption zusätzlich noch theologische Weihe, indem er dieses Reich der prästabilierten Lösungsideen auf den göttlichen Schöpfungsplan zurückführt, der von den Erfindern dann lediglich ausgeführt werde.

Diese theologisch-idealistische Deutung des Erfindens ist nur schwer nachzuvollziehen, wenn man Dessauers metaphysische Glaubensvoraussetzungen nicht teilt. Wenn man aus der philosophischen Abstraktion in die konkrete technische Entwicklung heruntersteigt, fragt man sich überdies, ob denn nun das Wasserkraftwerk, das Kernkraftwerk oder das Solarkraftwerk als ideale Lösung in Dessauers Ideenhimmel vorgezeichnet ist. Die Vorstellung, es gebe immer nur eine einzige, innertechnisch bestimmbare, beste Lösung, die hier ihre metaphysische Begründung erfährt, läßt sich in der technischen Praxis kaum bestätigen, und wir werden später auf dieses technizistische Mißverständnis zurückkommen müssen. Vorläufig wollen wir hervorheben, daß Dessauer das Erfinden letztlich nur mit außermenschlichen Wesenheiten glaubt erklären zu können. Statt die menschliche Erfindungsgabe als das zu würdigen, was sie wirklich ist, statt sie also als ursprüngliche Leistung des Bewußtseins anzuerkennen, das neue Wirklichkeit zu konzipieren vermag, verwandelt Dessauer das Erstaunliche ins Unglaubliche, in dem er die Erfindung auf eine ideale Urgestalt zurückführt, die in außermenschlichen Regionen beheimatet sein soll.

Diese metaphysische Spekulation ist nun insofern besonders interessant, als sie auch materialistisch gewendet werden kann. Dies tut Ernst Bloch (1885–1977), der mit dem 37. Kapitel seines Hauptwerkes „Das Prinzip Hoffnung", wo er die technischen Utopien behandelt, bemerkenswerte Thesen zur Technikphilosophie vorlegt und den metaphysischen Ort der Erfindung vom Reiche der Ideen in die Natur verlegt. [I-1.3; I-4.1]

Zwar beschreibt Bloch die Bewußtseinsvorgänge bei kreativen Prozessen in einer Art und Weise, die auch vielen Erfindern geläufig ist. Danach hat das Bewußtsein die Fähigkeit der Antizipation, der Vorwegnahme des Noch-Nicht-Gewordenen. Dann aber meint auch er, das Noch-Nicht-Gewordene könne nur darum vom menschlichen Bewußtsein vorgestellt werden, weil es als metaphysische Gegeben-

Die moderne Technik geht nicht den Weg über die phantastische Abwandlung von Naturprinzipien; sie wählt den Umweg über die Analyse physischer Prozesse.

heit außerhalb des Menschen real angelegt sei: „Das Noch-Nicht-Gewordene gibt der utopischen Phantasie ihr konkretes Korrelat: eines außerhalb eines bloßen Gärens, Brausens im inneren Kreis des Bewußtseins. Die konkrete Phantasie und das Bildwerk ihrer vermittelten Antizipationen sind im Prozeß des Wirklichen selber gärend; antizipatorische Elemente sind ein Bestandteil der Wirklichkeit selbst". Auch Bloch also ist der Ansicht, daß die antizipative und gestalterische Kraft des erfinderischen Bewußtseins nicht für sich bestehen könne, sondern einer Entsprechung außerhalb des Bewußtseins bedürfe; während Dessauer diese Entsprechung im platonischen Ideenhimmel angelegt sieht, siedelt Bloch sie in der materiellen Wirklichkeit der Natur an. Die Erfindung ist für Bloch nicht allein das Werk des Menschen, sondern bedarf einer dem Menschen äußerlichen „Mitproduktivität der Natur". Auch Bloch also läßt es nicht dabei bewenden, daß Erfindungen in den Köpfen der Menschen entstehen; auch er ist der Ansicht, Erfindungen seien nur möglich, weil das zu Erfindende von vornherein in geheimnisvoller Weise vorgegeben ist. Und da für Bloch ein Reich der Ideen nicht in Betracht kommt, sieht er sich genötigt, ein quasi-mystisches „Natursubjekt" gewissermaßen als Teilhaber der Erfindungsideen anzunehmen.

Interessanterweise findet sich ein ähnliches Denkmuster auch in einer technikphilosophischen Schrift von Martin Heidegger (1889–1976), in der das technische Machen, dessen Teil ja die Erfindung ist, als ein „Her-Vor-Bringen" bezeichnet wird. Heidegger überdehnt dann das Sprachspiel, in dem er vorschnell fortfährt: „Her-Vor-Bringen bringt aus der Verborgenheit her in die Unverborgenheit vor"[7]. Statt also das Hervorbringen als einen kreativen Akt aufzufassen, der technische Lösungen vom Nicht-Sein zum Sein bringt, der sie, mit anderen Worten überhaupt erst konstituiert, unterstellt auch Heidegger etwas Außermenschlich-Vorgängiges: die Verborgenheit. So sieht Heidegger das Entscheidende der Technik nicht im Machen, sondern im „Entbergen"; und die resultierende „Unverborgenheit" deutet er auch noch als „Wahrheit", indem er den grundlegenden Unterschied zwischen Erkennen und Gestalten verwischt. Wenn auch bei Heidegger unentschieden bleibt, ob die Verborgenheit idealistisch wie bei Dessauer oder materialistisch wie bei Bloch zu verstehen ist, teilt er doch mit jenen den Irrglauben, der Mensch könne nichts erfinden, was nicht schon von sich aus, aller menschlichen Kreativität vorausgehend, präexistent sei. [I-1.3]

Neben dieser höchst fragwürdigen Vorentscheidung ist es aber auch – vielleicht mit Ausnahme von Ernst Bloch – der verengte Technikbegriff, der solche Erfindungsphilosophien so praxisfremd macht. Das Erfinden wird als ein technisches Handeln aufgefaßt, das sich völlig losgelöst von wirtschaftlichen, gesellschaftlichen und politischen Rahmenbedingungen vollzieht. In dem Bemühen, den zu untersuchenden Gegenstand möglichst rein herauszudestillieren, isoliert und abstrahiert man ihn soweit von der konkreten Wirklichkeit, daß sich diese schließlich in philosophischen Konstruktionen vollends verflüchtigt. So haben wohl auch Ingenieure diese philosophischen Deutungsversuche ihrer ureigensten Arbeit dem Inhalt nach nicht wirklich ernst genommen. Aber ihre Sprecher haben sich immer wieder gerne solcher philosophischen Verklärung bedient, um daraus Versatzstücke für eine fragwürdige Standesideologie zu gewinnen. Dessauer und auch andere Technikphilosophen haben freimütig ihre Motivation mitgeteilt, dem Ingenieurberuf zu höherem gesellschaftlichen Ansehen zu verhelfen. Ob die gewählte Strategie in früheren Jahrzehnten erfolgreich war, sei dahingestellt; heute jedenfalls scheinen metaphysische Spekulationen kaum mehr dazu angetan, die faktischen Ambivalenzen des technischen Fortschritts und der Ingenieurarbeit zu legitimieren.

Technik und Natur

In den philosophischen Deutungen des Erfindens, die wir im letzten Abschnitt besprochen haben, war bereits mehrfach das Verhältnis zur Natur angeklungen. Bevor wir uns damit systematisch beschäftigen, müssen wir uns allerdings zunächst eines angemessenen Naturbegriffs vergewissern.

Zu diesem Zweck müssen wir zwischen einem sehr weiten und einem engeren Naturbegriff unterscheiden. Ein sehr weiter Naturbegriff findet sich beispielsweise in dem marxistischen „Wörterbuch Philosophie und Naturwissenschaften"[8], wo „Natur" definiert wird als „die Gesamtheit aller materiellen Gegenstände, Strukturen und Prozesse in der unendlichen Mannigfaltigkeit ihrer Erscheinungsform". Zählt man in dieser Weise alles Materielle zur Natur, dann müßten auch die technischen Hervorbringungen dazu gehören. Darum erscheint dieser weite Naturbegriff als unzweckmäßig, weil damit das Verhältnis zwischen Gewordenem und Gemachtem gar nicht problematisiert werden könnte. Brauchbarer erscheint für unsere Zwecke der klassische Naturbegriff des Aristoteles, der wohl auch den aktuellen Diskussionen über Natur und Technik implizit zugrunde liegt: „Man kann die Gesamtheit des Seienden (in zwei Klassen) einteilen: in die Produkte der Natur und in die Produkte anders gearteter Gründe", nämlich, wie es wenig später heißt, „die Artefakte"; dabei steht „Artefakte" für eine griechische Wendung, die, wörtlich übersetzt, „aufgrund von Techne Seiendes" besagt. Während „ein jedes Naturprodukt das Prinzip seiner Prozessualität und Beharrung in ihm selbst" hat, liegt beim Artefakt „das Prinzip seiner Herstellung in anderem und außerhalb seiner", nämlich im gestaltenden und herstellenden Menschen [9]. Natur in diesem engeren Sinne bedeutet also all das, was aus sich heraus ohne Einwirkung des Menschen besteht. Diesem Naturbegriff läßt sich dann Technik insofern leicht gegenüberstellen, als technische Gegenstände eben nicht von sich aus, sondern nur durch menschliches Zutun entstehen. [VI-1; VI-2]

Freilich entsteht und besteht Technik auch keineswegs losgelöst von der Natur. Indem wir den Technikbegriff an den gegenständlichen Artefakten festmachen, haben wir zu berücksichtigen, daß diese Gegenstände aus stofflicher Substanz bestehen, die ihrerseits von sich aus entstanden ist, also der Natur zugehört. Das gilt auch für alle jene Materialien, die, wie beispielsweise viele Metalle, erst technisch aufbereitet werden müssen, oder, wie die Kunststoffe, überhaupt erst durch chemische Technik zustande kommen; trotz allem nämlich stammen die ursprünglichen Ausgangsstoffe aus der Natur. Gleiches gilt selbstverständlich für die Energie, die in technischen Systemen umgesetzt und genutzt wird: Die Primärenergien, von denen alle Energietechnik ausgeht, sind natürlicher Herkunft; so stammt die chemische Energie in Kohle und Erdöl aus den Lebensprozessen vorgeschichtlicher Pflanzen und Tiere, und die Kernenergie ist zunächst in der Struktur der Materie gebunden. Insofern nun aber die technischen Gegenstände ihre stoffliche und energetische Basis mit der Natur gemeinsam haben, sind sie selbstverständlich auch in gleicher Weise den Naturgesetzen unterworfen. Grundsätzlich ist keine technische Lösung realisierbar, die in Widerspruch zu den Naturgesetzen stünde. Wenn also Technik nach unserer begrifflichen Unterscheidung auch nicht identisch mit der Natur ist, besitzt sie doch eine naturale Dimension.

Überhaupt ist es in der Erfahrungswirklichkeit häufig nicht einfach, konkrete Gegenstände eindeutig dem einen oder dem anderen Bereich zuzuordnen; denn die Bereichsunterscheidungen werden ja vom menschlichen Denken lediglich zu Orientierungszwecken vorgenommen und können die komplexe Realität nur in erster Näherung widerspiegeln. So wird zwar niemand daran zweifeln, daß ein Auto zur Technik und ein Leopard zur Natur zu rechnen ist. Ob man hingegen auch das Maultier ohne weiteres der Natur zurechnen darf, ist nicht mehr so einfach zu entscheiden; Nutzpflanzen und Nutztiere sind durchweg aus einem langwierigen und zunehmend planmäßigen Züchtungsprozeß hervorgegangen, so daß sie ihre Existenz dem menschlichen Eingriff in die Natur verdanken und eigentlich keine reinen Naturwesen mehr sind. Noch schwierigere Abgrenzungsprobleme treten auf, wenn durch gentechnische Manipulation völlig neuartige Lebewesen geschaffen werden, die sich dann aber doch auf „natürliche" Weise fortpflanzen. Wenn man also an der analytischen Bereichsabgrenzung von Natur und Technik festhält, muß man jedenfalls im Sinn behalten, daß diese Bereiche recht „unscharfe Ränder" aufweisen.

Solche Unschärfen belasten auch die philosophische Diskussion über das Verhältnis von Natur und Technik, vor allem, wenn sie mit wertenden Stellungnahmen zum „richtigen" Umgang mit der Natur verbunden sind. In der Geistesgeschichte der Neuzeit gibt es mehrere Phasen, in denen sich menschliches Denken sehr ausgeprägt mit der Natur befaßt hat. Zunächst formulierten Philosophen programmatisch jenes Naturverhältnis, das für den folgenden Technisierungsprozeß bestimmend werden sollte: René Descartes (1596–1650) erklärte die Menschen zu „Herren und Besitzern der Natur[10], und auch Francis Bacon (1561–1626) wollte alle Naturerkenntnis in den Dienst der Naturbeherrschung stellen; denn die Natur könne nur beherrscht werden, wenn man ihr gehorcht[11]. Doch mit der Verbreitung der Aufklärungsphilosophie und ihrem technisch-gesellschaftlichen Optimismus traten auch die ersten Gegenredner auf. Jean-Jacques Rousseau (1712–1778) machte in seiner Kulturkritik geltend, daß die Beherrschung und Zerstörung der Natur die Menschen um ihr Glück bringe[12]. [VI-1; VI-2]

Anders als Rousseau freilich, dem außer subjektiven Eindrücken lediglich theoretische Spekulation zu Gebote stand, vermögen sich die heutigen Advokaten der Natur auf regierungsamtliche Dokumente zu berufen, die in statistischer Kleinarbeit über die menschheitsbedrohenden Gefahren einer fortgesetzten Mißachtung der Natur informieren[13]. Die materielle Basis der Naturproblematik ist in der Tat eine andere geworden, und diese materielle Basis bedarf einer gehörigen Revision; davon wird noch die Rede sein. Gleichzeitig mit den realen Umweltproblemen ist aber auch eine ideologische Naturverklärung wieder aufgelebt, die von Rousseau über die Romantik bis auf unsere Tage gekommen ist. Diese Einstellung zur Natur kommt in den Schriften des Ökologismus[14] immer wieder zum Ausdruck. Da wird die „Gewaltsamkeit" der Technik gegenüber der Natur kritisiert. Da wird die „Herrschaft" des Menschen über die Natur beklagt. Da wird eine „moralische Pflicht gegenüber der Natur" gefordert. Da soll „die Natur als Partner" behandelt werden. Da soll „die Natur in uns zur Sprache und so zu sich selbst kommen", auf daß wir unseren „Frieden mit der Natur" machen. [I-3.4; II-4.5; VI-4]

Diese und ähnliche Formulierungen klingen so, als wäre die Natur ein selbständiges persönliches Wesen, dem wir in gleicher Weise zu begegnen hätten wir einem Mitmenschen. Begriffe wie Herrschaft oder Freundschaft, die streng genommen nur für zwischenmenschliche Verhältnisse sinnvoll definiert sind, werden auf Beziehungen zu nichtmenschlichen Gegebenheiten ausgeweitet. Indem man aber gesellschaftliche Kategorien unversehens auf nicht-gesellschaftliche Sachverhalte überträgt, verzeichnet man das Bild der Wirklichkeit; man tut so, als wenn nicht-menschliche Gegenstände menschliche Eigenschaften besäßen.

Damit aber begehen Anhänger des Ökologismus in ihrem Denken genau den Fehler, dem sie dem technischen Handeln zur Last legen: Sie kritisieren, daß der Mensch sich zum Mittelpunkt der Welt macht, und stützen diese Kritik auf Gedankengänge, in denen sie selbst die außermenschliche Natur nach menschlichem Maße verstehen. Sie kritisieren das anthropozentrische Naturverhältnis des technischen Handelns und bleiben doch selbst in einem anthropozentrischen Naturverständnis befangen. Im Lichte der naturwissenschaftlichen Ökologie läßt sich auch das anthropozentrische Naturverhältnis gar nicht prinzipiell verurteilen. Da stellt jede Gattung sich selbst und ihre Interessen in den Mittelpunkt des Überlebensprogramms und wird dann freilich im Wechselspiel der Ökosystemzusammenhänge von den anderen Gattungen beizeiten begrenzt.

Dies allerdings ist der wahre Kern der gegenwärtigen ökologischen Krise: Mit der gigantischen Vervielfachung technischer Problemlösungen haben die Menschen eine Situation herbeigeführt, in der ihnen von den verschiedenen Komponenten des globalen Ökosystems Grenzen gesetzt werden. Im Kampf um Lebenssicherung und Lebensentfaltung haben die Menschen vergessen, jene natürlichen Kreisläufe aufrecht zu erhalten, von denen auch ihr eigenes Überleben abhängt. Die Verknappungen der natürlichen Ressourcen und die vielfältigen Gefährdungen der Biosphäre durch technische Prozesse sind inzwischen allgemein bekannt. Unsere gegenwärtige Technik ist eben immer noch höchst unvollkommen, da sie, Bacons Postulat vernachlässigend, den ökologischen Naturgesetzen nicht gehorcht und daher auch die Natur nicht wirklich beherrscht. [I-3.6; VI-4]

Offensichtlich steht der Technisierungsprozeß der Gegenwart vor einer Wende, die dem frühgeschichtlichen Übergang von der Jäger- und Sammlergesellschaft zur Hirten- und Ackerbaugesellschaft in gewisser Weise ähnlich sein wird: Wiederum geht es um die Ablösung des Ausbeutungsprinzips durch das Prinzip der Hege und Pflege. Hatten die Sammler und Jäger vom natürlichen Bestand gezehrt, ohne sich um die Regeneration des Bestandes zu kümmern, so gingen die Ackerbauern und Hirten dazu über, die natürlichen Bestände planmäßig zu erhalten und zu erweitern, indem sie durch Pflanzen- und Tierzucht die Natur domestizierten und dann von den Früchten der Bestände leben konnten, statt diese selbst aufzuzehren. Mit den Errungenschaften der Agrikultur aber, mit den Zuchtpflanzen und Zuchttieren und mit der landwirtschaftlichen Überformung der Erdoberfläche, vollzog sich eine erste Technisierung der Natur. Die Landschaft, die unsere Naturschützer bewahren wollen, hat längst aufgehört, Natur im aristotelischen Sinne zu sein; Landschaft ist zum Artefakt geworden, ebenso, wie die meisten Pflanzen und Tiere, die wir dort antreffen. Hege und Pflege sind eben – das wird in der gegenwärtigen ökologischen Diskussion meist übersehen – auch technische Kategorien. Betrachtet man jene Agrarrevolution als Modell, so wird technisches Problemlösen in Zukunft von einem systemaren Naturverhältnis ausgehen müssen, indem es die Optimierung ökologischer Zusammenhänge in seinen Problemhorizont einbezieht. [III-3.6; VI]

Gewiß werden zukünftige Erfindungen dann auch häufiger an natürlichen Abläufen Maß nehmen; in der Biotechnik zeichnet sich das ja bereits ab. Ob es dann freilich häufiger Erfindungen geben wird, die regelrechte Imitationen der Natur darstellen, bleibt dennoch zweifelhaft. Bisher jedenfalls überwiegen solche technischen Lösungen, die in der Natur kein unmittelbares Vorbild haben, sei es das Rad, der Kurbeltrieb, der Generator, die Glühlampe, die Eismaschine oder der Transistor. Selbst bei den flugtechnischen Erfindungen hat die Beobachtung des Vogelflugs lediglich die technische Problemstellung befruchtet; die Lösungen, die dafür gefunden wurden, sind durchaus verschieden vom natürlichen Vorbild. Auch wenn die Erfindung sich natürlicher Stoffe, natürlicher Energien und naturwissenschaftlicher Prinzipien bedient, stellt sie doch in aller Regel ein künstliches, in der Natur nicht vorfindbares Neuarrangement dieser Elemente dar. So sagt denn auch Dessauer, bevor er sich zu den erwähnten methaphysischen Spekulationen versteigt, zu Recht: „Die Ordnung des Naturgesetzlichen in der Erfindung ist durchaus verschieden von der natürlichen Ordnung (. . .) nicht in Anlehnung an die Natur, nach einer der

Natur ganz fremden Ordnung sind viele Werke der Technik gebaut. (. . .) So sind die Mittel zwar dem Reiche der Naturgesetze entnommen, auch wenn die Ziele den naturgesetzlichen Wirkungen entgegengesetzt sind. Aber die Ordnung der Mittel ist naturfremd. Und überdies, die Wirkungen gehen weit über das Naturgesetzliche hinaus"[15]. Und die Erfinder sind auch immer wieder darauf aus, die Grenzen der Naturgesetze zu ignorieren – wie die verzweifelten Bemühungen um ein Perpetuum mobile illustrieren – oder doch jedenfalls den jeweiligen Stand des naturwissenschaftlichen Wissens hinter sich zu lassen – wie die zahlreichen Erfindungen belegen, deren naturgesetzliche Grundlage erst sehr viel später erkannt wurde. Inwieweit der Natur gehorcht werden muß, steht für den Erfinder längst nicht immer von vornherein fest; ausschlaggebend ist vielmehr das Bemühen, den Naturzwang soweit wie möglich zu überwinden. [III-4.5; VI]

Damit ist im Grunde auch bereits der weitverbreitete Irrglaube widerlegt, die Technik sei angewandte Naturwissenschaft. Dabei ist es unter Wissenschafts- und Technikhistorikern sogar umstritten, wie die Beziehungen zwischen der aufkeimenden Naturwissenschaft und der sich entwickelnden Technik in der Anfangsphase der Neuzeit wirklich ausgesehen haben. Die einen behaupten, zunächst habe es stets die wissenschaftliche Neugier gegeben, die natürliche Erscheinungen erklären wollte, und dann erst seien die Naturforscher selbst oder auch irgendwelche Praktiker auf den Gedanken verfallen, aus den naturwissenschaftlichen Entdeckungen technischen Nutzen zu ziehen. Die anderen verweisen darauf, daß selbst so bedeutende Mathematiker und Naturforscher wie Niccolò Tartaglia (1500–1557) oder Galileo Galilei (1564–1642) ihrem Broterwerb in den Arsenalen der Waffen- und Schiffsbautechnik nachgingen und ihre Theorien, die in die Wissenschaftsgeschichte eingegangen sind, vor allem zur Lösung praktischer technischer Probleme entwickelt haben. Unentschieden ist diese Streitfrage bis heute, weil gleichermaßen für den Primat der Naturwissenschaft wie für den Primat der Technik Fallbeispiele aus der Geschichte herangezogen werden können. [III-3.3; III-4.1; III-4.4]

In den letzten hundert Jahren ist diese Frage noch komplizierter geworden, weil sich zwischen Naturwissenschaften und technische Praxis die Ingenieurwissenschaften geschoben haben, die einerseits großenteils mit naturwissenschaftlichen Methoden arbeiten, andererseits aber ihre Erkenntnisinteressen weitestgehend an praktischen Problemlösungen orientieren. Vor allem industrielle Großunternehmen unterhalten Forschungs- und Entwicklungsabteilungen, in denen theoretische Naturwissenschaft, praxisorientierte Technikwissenschaft und zweckbezogenes technisches Problemlösen eine kaum noch trennbare Einheit eingegangen sind. Trotzdem bleibt auch in der „verwissenschaftlichten Technik" ein prinzipieller Unterschied zwischen der naturwissenschaftlichen Erkenntnis und der technischen Erfindung erhalten. Damit werden wir uns im nächsten Abschnitt zu beschäftigen haben. [III–4.4]

Entwicklung einer technischen Lösung

Wenn wir jetzt beschreiben wollen, in welchen Schritten technisches Problemlösen vor sich geht, dürfen wir nicht vergessen, daß wir uns nur mit jenem Typ von technischem Problemlösen beschäftigen, aus dem technische Neuerungen hervorgehen: dem Lösen von Entwurfsproblemen; bei anderen Typen technischer Probleme gestaltet sich selbstverständlich auch der Lösungsgang in anderer Weise. Aber die Entwurfsprobleme stehen zu Recht im Mittelpunkt der Aufmerksamkeit, weil gerade in diesem technischen Handeln geschieht, was so schwer zu verstehen ist: die geistige Vorwegnahme neuer Wirklichkeit.

Allgemein ist es heute üblich, den Entwicklungsgang einer technischen Neuerung in mehrere Phasen einzuteilen; Schema 2 zeigt diese Einteilung, wobei in der linken Hälfte jeweils jene Aktivität angegeben ist, die günstigenfalls zu den rechts eingetragenen Resultaten führt.

Ein solcher Neuerungsprozeß kann mit einer Kognition, einer Erkenntnis aus wissenschaftlicher Forschung beginnen, mit der ein bislang unbekanntes Naturphänomen, ein Effekt oder ein Gesetz, ans Licht gebracht wird. Der Ausdruck „Kognition" ist, im Gegensatz zu den weiteren Bezeichnungen des Schemas, bislang nicht geläufig, hat aber den Vorteil, der gleichen internationalen, lateinisch-englisch-französischen Wissenschaftssprache zuzugehören, der auch die anderen Ausdrücke entstammen. Nun kann man allerdings, wie oben angedeutet, keineswegs behaupten, jeder technische Problemlösungsprozeß beginne mit einer wissenschaftlichen Erkenntnis. Auch darf man nicht annehmen, jede Kognition gehe mit Notwendigkeit in die nächste Phase, die Invention, über. Vielmehr ist der Zusammenhang zwischen Kognition und Invention, da Technik eben nicht in angewandter Naturwissenschaft aufgeht, recht unbestimmt und locker; darum ist im Schema auch nur ein gestrichelter Pfeil eingezeichnet

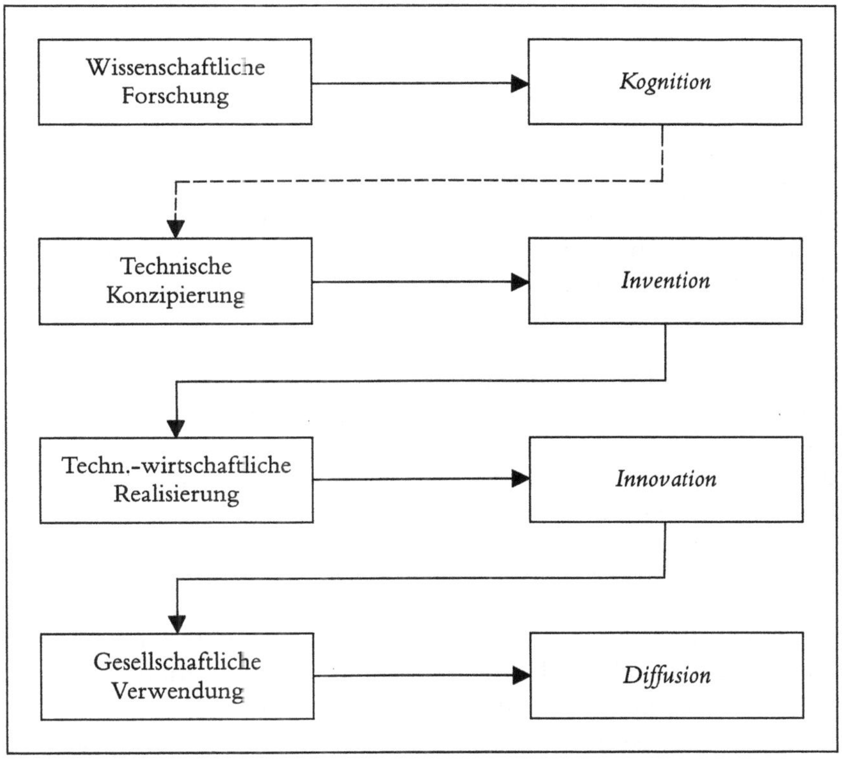

Schema 2:
Flußdiagramm einer technischen
Entwicklung

Wissenschaftliche Forschung → *Kognition*

Technische Konzipierung → *Invention*

Techn.-wirtschaftliche Realisierung → *Innovation*

Gesellschaftliche Verwendung → *Diffusion*

worden. Man muß dies ausdrücklich betonen, da es auch Theorien der technischen Entwicklung gibt, in denen zwischen den Resultaten wissenschaftlicher Forschung und den eigentlichen Erfindungen überhaupt nicht unterschieden wird; damit aber würde ein prinzipieller Unterschied zwischen Wissenschaft und Technik in irreführender Weise verwischt.

Die zweite und im technologischen Sinn grundlegende Phase des Problemlösens ist die Invention, die eigentliche Erfindung eines neuen technischen Systems. In der Erfindung werden erstmals Funktion und Struktur eines neuen Systems wenigstens dem Prinzip nach beschrieben und verbal, zeichnerisch, in einem Realmodell oder in einem Prototyp dargestellt. Für eine Erfindung kann auf Antrag ein Patent erteilt werden; das Patent stellt eine Art Schutzbrief dar, der zwar einerseits die Erfindung der Fachöffentlichkeit gegenüber offenlegt, andererseits aber dem Erfinder die ausschließliche Verwertung seiner Lösungsidee garantiert und ihn dadurch rechtlich vor ungebetenen Nachahmern schützt. Ein solches Schutzrecht wird selbstverständlich nur erteilt, wenn die Erfindung bestimmten Standards genügt, und so sind denn Charakteristik und Qualität der Erfindung nicht nur Gegenstand technikphilosophischer, sondern auch patentrechtlicher Diskussion. Wir sehen an dieser Stelle wiederum, daß abstrakte philosophische Spekulation die gesellschaftliche Seite des technischen Problemlösens völlig vernachlässigt. Was als Erfindung in unserer Industriegesellschaft gilt, bestimmt weder der Philosoph noch der Ingenieur, sondern der technisch versierte Jurist. [III-2.6]

Nach herrschender Rechtsauffassung werden an eine patentfähige Erfindung die Anforderungen der Brauchbarkeit, der Neuheit, des Fortschritts und der Erfindungshöhe gestellt. Mit der Brauchbarkeit, also der Fähigkeit, praktische menschliche Bedürfnisse zu befriedigen, werden wir uns noch beschäftigen müssen. Daß der Inhalt der Erfindung neu sein muß, versteht sich von selbst; sonst wäre sie ja eine unbewußte oder bewußte Nachahmung bereits bekannter Lösungen. Nicht ganz so leicht ist das Fortschrittskriterium zu bestimmen, zumal darin eine mehr oder minder lineare Steigerung technischen Könnens und Wissens unterstellt wird, dessen bereits erreichtes Niveau die Erfindung überschreiten muß. Mit der Erfindungshöhe schließlich ist die fachliche Exzellenz der neuen Lösung gemeint; geringfügige Lösungsverbesserungen, die man von der normalen Qualifikation des Durchschnittsfachmanns erwarten kann, gelten nicht als Erfindungen. Zwar muß der Erfinder alle wesentlichen Erfordernisse der vorgeschlagenen Lösung erkannt haben, doch verlangt das Patentrecht ausdrücklich nicht die wissenschaftliche Erkenntnis der zugrundeliegenden Zusammenhänge; auch darin kommt die relative Unabhängigkeit technischen Problemlösens gegenüber naturwissenschaftlicher Forschung zum Ausdruck.

Nun lagern in den Archiven der Patentämter eine Fülle von Erfindungsbeschreibungen, die nie ausgeführt und auf den Markt gebracht worden sind; für die Erteilung eines Patents wird nämlich nicht vorausgesetzt, daß eine Ausführung der Erfindung oder eine verkaufsreife Konstruktion vorliegt. Diese technisch-wirtschaftliche Realisierung gehört bereits zur nächsten Phase der Entwicklung, der Innovation. Erst mit der Innovation wird ein neues technisches System für den Verwender verfügbar; die Innovation also ist die eigentliche Geburtsstunde des neuen technischen Gegenstandes. Da man auch für die Innovation das Kriterium der Neuheit geltend macht, bezeichnet man später nachfolgende Varianten der ursprünglichen Innovation gelegentlich als Imitation. Ferner versucht man, nach der technisch-wirtschaftlichen Bedeutung zwischen Basisinnovationen und Verbesserungsinnovationen zu unterscheiden, ohne daß freilich sonderlich klare Unterscheidungsmerkmale angegeben werden. Jedenfalls markieren Imitationen und Verbesserungsinnovationen bereits den Übergang zur letzten Phase, nämlich zur Diffusion, in der die neue technische Lösung zur industriellen und gesellschaftlichen Selbstverständlichkeit geworden ist.

Für das Fallbeispiel des Telefons können die genannten Phasen recht genau bestimmt werden. Physikalische Effekte, die der Umwandlung von akustischen und elektrischen Schwingungen zugrundeliegen, wurden in den dreißiger und vierziger Jahren des vergangenen Jahrhunderts entdeckt. Wenn es auch über die eigentliche Erfindung immer noch Prioritätsstreitigkeiten gibt, ist jedenfalls um 1850 die Erfindung des Telefons von einem Franzosen Namens Charles Bourseul beschrieben worden, ohne daß es ihm gelungen wäre, ein funktionstüchtiges Modell zu bauen. Dies gelang dann dem Deutschen Philipp Reis, der sein Modell 1861 der Öffentlichkeit vorstellte. Wahrscheinlich unabhängig von Reis meldeten 1876 die Amerikaner Alexander Graham Bell und Elisha Gray am gleichen Tag ein Patent für das Telefon an. Abgesehen von der Tatsache, daß in jenen Jahrzehnten noch einige andere Erfinder Anspruch darauf erhoben, als erste das Problem des Telefonierens gelöst zu haben, belegt vor allem jene Gleichzeitigkeit der Patentanmeldungen von Bell und Gray, daß man Erfindungen nicht als die singuläre Leistung eines einmaligen Genies verstehen darf, sondern darin den mehr oder minder unausbleiblichen Erfolg eines vielfachen Suchprozesses sehen muß, der immer dann in Gang kommt, wenn das Wissen um ein gesellschaftliches Problem und um denkbare technische Lösungsmöglichkeiten eine gewisse Ausprägung erreicht haben. Während die Erfindungsgeschichte des Telefons rund 30 Jahre gedauert hatte, folgte dann die Innovation sehr bald: die ersten Fernsprechnetze wurden 1878 in den USA und 1881 in Deutschland in Betrieb genommen; bei vielen anderen Erfindungen ist die Zeitspanne zwischen Invention und Innovation größer und hat in einigen Fällen sogar fünfzig bis hundert Jahre gedauert. Während die Innovation beim Telefon sehr schnell vollzogen wurde, sollte dann freilich die Diffusion wiederum Jahrzehnte währen: Noch zu Beginn der sechziger Jahre unseres Jahrhunderts, also 80 Jahre nach der Einführung des Telefons in Deutschland, verfügte kaum jeder siebte Haushalt in der Bundesrepublik über einen eigenen Telefonanschluß; erst in den letzten 25 Jahren setzte sich das Telefon im Privatbereich wirklich durch und ist heute in mehr als 80% der Haushalte zu finden.

Die Diffusion ist ein höchst komplexer Prozeß, in dem neben technischen Anschlußproblemen vor allem ökonomische, gesellschaftliche und politische Fragen zu lösen sind; für Technikphilosophie und Technikforschung stellen sich in dieser Phase vor allem Probleme der Nutzungsbedingungen und Nutzungsfolgen. Da wir uns hier auf das technische Problemlösen im engeren Sinne beschränken, wollen wir im folgenden die Phase der Invention und den Übergang zur Innovation noch ein wenig genauer betrachten.

Was die Erfindung angeht, müssen wir noch einmal auf die Unterscheidung von Max Eyth zurückkommen, die bereits erwähnt wurde. Er sprach von neuen Mitteln für neue Zwecke und neuen Mitteln für bekannte Zwecke. Nun fallen natürlich die Zwecke genausowenig wie die Mittel vom Himmel, und da sich diese beiden Arten von Erfindungen in systemtheoretischer Sprache besser erläutern lassen, wollen wir von Funktionserfindungen und Strukturerfindungen sprechen. Dabei empfiehlt es sich, die theoretische Analyse der Erfindung nicht auf die technischen Gegenstände zu beschränken, die dann erfunden werden, sondern von jenem menschlichen Handlungszusammenhang auszugehen, in dem die Erfindung, wenn sie realisiert worden ist, ihren Platz hat.

Die Menschen verspüren in ihren Handlungszusammenhängen das Bedürfnis, mit anderen Menschen sprachlich zu kommunizieren, um sich über Ziele, Pläne, Kenntnisse, Erfahrungen und Gefühle auszutauschen. Wenn sich nun der erwünschte Gesprächspartner an einem anderen Ort befindet, wenn weder der eine noch der andere sich zueinander bemühen können und wenn beide dennoch nicht auf spontane Wechselrede verzichten wollen, dann entsteht die Vorstellung, es müsse eine Einrichtung geschaffen werden, mit der das gesprochene Wort von einem zum anderen Ort transportiert werden kann. Das ist im Grundsatz bereits die Funktionserfindung des Telefons; es wird postuliert, daß eine Teilfunktion menschlichen Handelns, die wechselseitige Übermittlung gesprochener Sprache von Ort zu Ort, durch eine technische Einrichtung realisiert werden kann. Gäbe es nicht diese zunächst noch vage Funktionsvorstellung, wäre all jenes Basteln mit elektrischen Leitungen, magnetisierten Stäben, Membranen und so weiter höchstwahrscheinlich gar nicht erst in Gang gekommen. Die Funktionsvorstellung ist also eine notwendige Bedingung dieses Typs von Erfindungen; als hinreichende Bedingung kommt freilich hinzu, daß der Erfinder halbwegs realistische Vorstellungen von der technischen Struktur besitzt, die jene Funktion realisieren kann. Käme es allein auf die Funktionsvorstellung an, wäre beispielsweise die Tarnkappe, die einen Menschen in Gegenwart anderer unsichtbar macht, längst erfunden; natürlich gibt es diese Erfindung im technischen Sinn noch nicht, weil bislang niemand naturale Effekte und konstruktive Strukturprinzipien angeben konnte, mit denen sich Unsichtbarkeit erreichen läßt. Übrigens zeigt das Beispiel, daß Märchen und Sagen voll von solchen Funktionsvorstellungen sind, und ein Großteil davon hat sich in technischen Erfindungen längst verwirklicht.

Die Funktionserfindung bezieht sich also immer auf Teilfunktionen menschlichen Handelns, ganz gleich übrigens, ob diese auch ohne technische Hilfsmittel realisierbar sind oder nicht, und birgt damit immer schon eine entsprechende Nutzungsidee in sich: die Funktionserfindung ist die Erfindung einer Nutzung. Es wäre also völlig unzutreffend, im Erfinder einen Glasperlenspieler sehen zu wollen, der, wie das manche Sozialphilosophen behaupten, mit beliebigen Systemfunktionen für freibleibende Zwecke jonglieren würde; vielmehr besteht eine Erfindung grundsätzlich darin, eine Sachsystemfunktion mit einer Handlungsfunktion zusammenzubringen. Es gibt keine Erfindung, die nicht ihre Nutzungsidee, und das heißt ihren Zweck, in sich tragen würde. Mit dieser Einsicht läßt sich nun auch der Unterschied zwischen einer Kognition und einer Invention präzisieren. Naturforscher mögen die interessantesten Effekte entdecken, auch Ingenieure mögen zufällig auf ganz unerwartete Wirkungszusammenhänge stoßen – aus dem allen wird erst eine Erfindung, wenn man auf den Gedanken kommt, daß die beobachtete Erscheinung für einen menschlichen Handlungsvollzug nutzbar gemacht werden kann.

Einfacher ist es mit den Strukturerfindungen, bei denen die grundlegende Funktion bereits definiert ist. Eine objektivierte Zeitmessung in technischen Geräten zu vergegenständlichen, ist als Funktionsvorstellung seit alters her bekannt; mit der Sonnenuhr, der Sanduhr und seit dem 14. Jahrhundert mit der mechanischen Uhr hatte man auch längst technische Systeme entwickelt, die diese Funktion leisten. So war es denn lediglich eine Strukturerfindung, das Pendel oder die Unruhe als Taktgeber durch die Schwingung eines Quarzkristalls zu ersetzen. Strukturerfindungen bestehen also darin, für gegebene Funktionen neuartige Realisationsmöglichkeiten zu entwickeln.

Wenn freilich die Erfindung in eine Innovation überführt werden soll, muß sie derart konkretisiert werden, daß sich die erdachte technische Lösung auch ganz konkret darstellen läßt. Die zugrundeliegenden Effekte müssen sicher beherrscht und in entsprechenden Strukturelementen technisch vergegenständlicht werden. So weit das der Stand der naturwissenschaftlichen Theoriebildung zuläßt, müssen Art und Größe der Effekte und der auslösenden Faktoren berechnet werden. Geeignete Materialien sind auszuwählen und das Gesamtsystem ebenso wie seine Bauelemente sind räumlich zu gestalten. In dem Maße, in dem sich in der technischen Entwicklung die Arbeitsteilung zwischen Planung und Ausführung durchgesetzt hat, sind alle Details der vorgestellten Lösung in Werkplänen unmißverständlich zu fixieren, damit nach diesen Plänen in der Werkstatt ein Prototyp gebaut werden kann. Handelt es sich um sehr aufwendige und große Systeme, wird man zunächst Modelle in kleinerem Maßstab herstellen und in Modellversuchen überprüfen, ob die gefundene Lösung die an sie gestellten Erwartungen erfüllt; sonst werden die Prototypen entsprechenden Tests unterzogen. Häufig verlaufen die ersten Versuche unbefriedigend, und die Erfinder und Konstrukteure gehen auf die Fehlersuche und verbessern Schritt für Schritt die ursprüngliche Lösung, wenn sich nicht gar herausstellt, daß die ganze Erfindung in der ursprünglichen Form nichts taugt; in einem solchen Fall beginnt das Grübeln von neuem, und man versucht, die Erfindung mit anderen Strukturelementen zu modifizieren, bis dann schließlich doch ein funktionstüchtiges System zustande kommt. Wenn wir auch die Herstellungsprobleme aus dieser Darstellung ausklammern wollen, müssen wir doch anmerken, daß oft die produktionstechnischen Möglichkeiten über das Wohl und Wehe einer Erfindung entscheiden und daß der Erfinder und Konstrukteur gut beraten ist, wenn er während seiner Entwurfs- und Gestaltungsarbeit die Herstellungsprobleme gleich mit bedenkt.

Nun wissen wir, wie technisches Problemlösen, von außen betrachtet, vor sich geht, welche Typen von Erfindungen daraus hervorgehen und wie die Erfindungen dann ausgearbeitet werden. Doch wie die neuen Vorstellungen, die eine Erfindung ausmachen, zustande kommen, darüber sagt eine solche Beschreibung natürlich noch nichts. Darum wollen wir uns im nächsten Abschnitt mit Erklärungs- und Rekonstruktionsversuchen der technischen Problemlösungsfähigkeit beschäftigen.

Technische Kreativität

Die Phasen und Schritte des technischen Problemlösens, die wir im letzten Abschnitt beschrieben haben, kämen nicht zustande, wenn den Erfindern und Konstrukteuren keine neuen Lösungsvorstellungen einfallen würden. Gute Ingenieure zeichnen sich freilich durch diese Fähigkeit aus, die man heute allgemein Kreativität nennt. Allerdings erweist sich bei näherer Betrachtung schon dieser Ausdruck, genauso wie einige weitere Begriffe der sogenannten Kreativitätsforschung, als keineswegs unproblematisch. Zunächst weckt er Assoziationen an die theologische Sprache, da die mit Kreativität gemeinte Schöpfungskraft ursprünglich allein dem göttlichen Schöpfer des Weltalls zugesprochen wurde. So birgt der Ausdruck die Gefahr in sich, daß metaphysische Erfindungsphilosophie weiterhin darin mitschwingen könnte. Dann aber wird Kreativität in der Umgangssprache häufig verdinglicht und führt dadurch auch Erfindungstheorien nicht selten in die Irre.

So wird der Erfolg eines Menschen, der eigene neue Ideen zu verwirklichen vermag, mit der Bemerkung erklärt, das liege an seiner Kreativität. Da jedoch bis heute auch die Kreativitätspsychologie noch nicht exakt hat angeben können, worin diese besondere Fähigkeit besteht, ist Kreativität eigentlich nur die zusammenfassende Beschreibung jener Fähigkeit, die man damit zu erklären glaubt. Mit dem Begriff der Intelligenz verfährt man übrigens oft ganz ähnlich, und so wird denn auch die Kreativität heute in der Denkpsychologie in engem Zusammenhang mit der Intelligenz gesehen. Mit dem Begriff der Kreativität umschreibt man mentale Leistungen, „die durch bislang noch nicht scharf umgrenzte Kriterien wie zum Beispiel Originalität und Neuartigkeit der Problemlösung, Einfallsreichtum und Flexibilität des Produzierenden, Offenheit und Flüssigkeit des Produktionsprozesses" gekennzeichnet werden können[16]. Über die technische Kreativität im besonderen liegen bislang, abgesehen von erfindungsphilosophischen Spekulationen und subjektiven Erfahrungsberichten, keine systematischen Erkenntnisse vor; die dafür erforderliche Zusammenarbeit zwischen Denkpsychologen und Technikwissenschaftlern setzt gegenwärtig gerade erst ein. [VII]

Wenn wir dennoch einige Mutmaßungen über technische Kreativität anstellen wollen, können wir zunächst einige recht einfach gelagerte Falltypen ausgrenzen. Im einfachsten Fall kommen technische Problemlösungen durch schieren Zufall zustande. Bei Überlegungen oder Tätigkeiten, die entweder planlos spielerisch oder auch zu ganz anderen Zwecken vollzogen werden, können Menschen unerwartet und wirklich zufällig auf eine neue Vorstellung oder eine neue Erscheinung stoßen, die sie dann als mögliche Lösung eines bereits bekannten oder in diesem Augenblick bewußt werdenden Problems identifizieren. Zu diesem Typus dürften die vor- und frühgeschichtlichen Erfindungen, z. B. die Nutzung des Feuers oder die Entwicklung von Steinwerkzeugen, gehören. Der kreative Akt beschränkt sich dann auf den Einfall, der zufällig entdeckten Vorstellung oder Erscheinung eine bestimmte Nutzung zuzuordnen. Freilich versteht sich auch dieser Schritt nicht von selbst; beispielsweise werden in frühen Zeiten viele Menschen einschlagende Blitze und brennende Bäume beobachtet haben, ehe schließlich ein einzelner auf den Gedanken verfiel, dieses Feuer in kontrollierter Weise als Wärmequelle zu nutzen.

Ein weiterer recht einfacher Fall ist das Problemlösen nach Vorbild; in der Konstruktionslehre spricht man sogar ausdrücklich von Vorbildkonstruktionen. Damit ist gemeint, daß man bereits ausgeführte und bewährte Problemlösungen kennt und für ein anstehendes gleichgelagertes Problem, allenfalls in leichter Modifikation, nachahmt. Von diesem Typ waren beispielsweise fast alle Problemlösungen des Robinson Crusoe, der die Vorbilder für seine handwerkstechnischen Lösungen während seiner früheren Lebensjahre in zivilisierten Gegenden längst kennengelernt hatte, so daß er auf seiner einsamen Insel dann vor allem Herstellungsprobleme zu lösen hatte. Auch das Problemlösen des heutigen Heimwerkers ist durchweg an Vorbildern orientiert; wer sich für eigenen Bedarf ein Bücherregal oder einen Sofatisch bauen will, stützt sich auf die Vorbilder der gewerblichen Möbelherstellung oder gar auf die vom Heimwerkerhandel angebotenen Bausätze. Aber auch im professionellen technischen Problemlösen spielen Vorbilder eine große Rolle. Ein nicht unbeträchtlicher Teil der herkömmlichen Ingenieurausbildung besteht darin, die Studierenden mit erprobten und bewährten technischen Lösungen bekannt zu machen, auf die sie dann in ihrer späteren Berufspraxis zurückgreifen können. Das Problemlösen nach Vorbild zeichnet sich dadurch aus, daß sowohl der Problemtyp wie auch die Problemlösung im Prinzip längst bekannt sind.

Von kreativem Problemlösen spricht man freilich in der Regel erst dann, wenn zuvor unbekannte Lösungswege aufgefunden werden oder wenn sogar neuartige Probleme bewußt werden, für die dann auch die Lösung geliefert wird, wenn also Struktur- und Funktionserfindungen gemacht werden. Bedarf es für die Zufallserfindung lediglich des Problembewußtseins und für die Problemlösung nach Vorbild lediglich eines bestimmten Wissens, so müssen beim kreativen Problemlösen Problembewußtsein, Wissen und Vorstellungskraft zueinanderfinden. Ähnlich beschreibt auch Dessauer die Bedingungen des erfinderischen Schaffens, wenn er die drei Komponenten „menschliche Zwecksetzung", „naturgesetzliches Material" und „innere Verarbeitung im Bewußtsein" nennt.

Das Problembewußtsein besteht in der Fähigkeit, den Ist-Zustand als unbefriedigend zu empfinden und einen Soll-Zustand als möglich anzunehmen, in dem die Mängel des Ist-Zustandes beseitigt sind. Problembewußtsein enthält also ein kritisches und ein utopisches Element.

Nur wer sich mit dem Gegebenen nicht fraglos abfindet, sondern eine gewisse Distanz zur vorgefundenen Wirklichkeit herstellt, kann überhaupt eines Problems gewahr werden. So sind denn auch Kritikfähigkeit und Nonkonformismus in der Kreativitätsforschung als Persönlichkeitsmerkmale identifiziert worden, die sich bei kreativen Menschen besonders häufig finden. Unzufriedenheit mit dem Bestehenden würde jedoch in unfruchtbarer Nörgelei verharren, wenn nicht die optimistische Einstellung hinzuträte, daß in der Zukunft eine befriedigendere Situation hergestellt werden kann. Kreatives Problemlösen wurzelt in der Überzeugung, daß es ein Besseres geben kann und daß dieses Bessere machbar ist; das hat Ernst Bloch nicht nur allgemein beschrieben, sondern, wie gesagt, auch gerade anhand der technischen Utopien nachgewiesen. Aber auch die Verknüpfung von kritischer und utopischer Einstellung würde noch nicht ausreichen, wenn den Problemlöser nicht eine starke Motivation beflügeln würde, die erkannte Differenz zwischen Ist- und Soll-Zustand zu überwinden.

Dieser Antrieb, das hat die moderne Psychologie herausgearbeitet, setzt sich aus individuellen und gesellschaftlichen Faktoren zusammen. Durchweg wird von Erfindern berichtet, daß sie über starke Willenskräfte verfügen, die sich bis zur Besessenheit steigern können. Und oft genug richtet sich diese Besessenheit ausschließlich auf die Lösung des technischen Sachproblems und ist von sekundären Motivationen, so dem Wunsch nach wirtschaftlichem Gewinn oder gesellschaftlicher Anerkennung, weitgehend unberührt. Andererseits aber kann auch das gesellschaftliche Klima die individuelle Motivation befruchten oder hemmen; so ist die Erfindungsrate in traditionalen Gesellschaften sehr gering, während sie sich in der vom Fortschrittsoptimismus erfaßten bürgerlichen Gesellschaft der industriellen Revolution geradezu überschlug. Dabei können selbstverständlich auch wirtschaftliche Anreize eine Rolle spielen, obwohl dieser Faktor von einigen Wirtschaftshistorikern vermutlich überschätzt worden ist.

Wenn dann nach einer konkreten Lösung gesucht wird, bedarf der Erfinder und Konstrukteur einschlägigen Wissens. Das muß, wie gesagt, nicht unbedingt naturwissenschaftlich systematisiertes Wissen sein. Aber ohne jede Kenntnis von Naturerscheinungen, Effekten, Materialien, Energieformen und ausgeführten Lösungen in anderen Problembereichen wird kaum eine erfolgreiche Problemlösung zustandekommen. Freilich ist es nicht das Wissen an sich, das Problemlösungen zustande bringt, sonst könnten wir heute eine riesige Datenbank mit allen verfügbaren technischen Informationen füttern und ruhig abwarten. Entscheidend für die Entwicklung einer neuartigen

Problemlösung ist die Vorstellungskraft, mit der eine neuartige Konstellation in der Wirklichkeit gedanklich konzipiert wird. Dessauer beschreibt diese Fähigkeit als „assoziative Beweglichkeit" und charakterisiert sie als „die Fähigkeit der Seele, aus der Fülle ihrer Residuen, das ist aller der von ihr einmal aufgenommenen und bewahrten Empfindungen und Komplexe, zu verknüpfen, zu assoziieren, was unter irgend einem Interesse, irgendeiner Aufmerksamkeitsrichtung Zusammenhang erhält"[17]. Wie Problembewußtsein und Vorstellungskraft zusammenfinden, beschreibt übrigens auch Arnold Gehlen (1904–1976) aus der Sicht der Antropologie in ganz ähnlicher Weise: „Erinnerung des Gewesenen und damit bewußter Vergleich, Auswertung der Erfahrung in Hinsicht auf Erwartungen des Zukünftigen, in Rechnung stellen des Entfernten werden möglich, all jene Leistungen, auf welchen eine planende, intelligent gesteuerte und nach der Zukunft hin gerichtete Tätigkeit beruht. Das jetzt und hier Vorhandene ist im menschlichen Verhalten fast immer bloßer Durchgangsbestand, bloßes Material, ihm wächst in unserem Denken die Verfügbarkeit zu, und jede beliebige Einzelheit des Vorgefundenen kann ‚vorstellend' räumlich und zeitlich verlagert und mit jeder anderen kombiniert werden"[18]; Gehlen nennt das die Weltoffenheit des menschlichen Bewußtseins, ohne die es keine Problemlösungsfähigkeit gäbe.

Freilich sind der Ablauf jener Assoziativität und das Auftauchen der neuen Lösungsidee lange Zeit als rein intuitive Vorgänge aufgefaßt worden. Erfinden und Konstruieren galten als eine Kunst, die nicht eigentlich gelehrt, sondern nur von besonders Begabten durch fleißige Übung und Einfühlung nachvollzogen werden könne. Noch bei Fritz Kesselring, der bereits bemerkenswerte Beiträge zur rationalen Rekonstruktion des Erfindens geleistet hat, fallen etliche intuitionistische Passagen in seiner „Technischen Kompositionslehre" besonders auf; da ist, in Erinnerung an eigene Erfindungstätigkeit, von Erleuchtungen und fixen Ideen, von traumhaften Überlegungen und vom „Augenblick der Inspiration" die Rede[19]. Auch wenn dieser Autor keineswegs verschweigt, in welchem Maße seine Erfindungen auf naturwissenschaftlich-technischem Wissen basierten, so versteht er sich doch im Ganzen ein Flair romantischen Künstlertums zu verleihen. Entkleidet man allerdings diese Selbstbeobachtungen ihres romantisierenden Schleiers, so stößt man auf geistig-psychische Phänomene, wie sie auch in den rationalen Rekonstruktionen der Kreativitätspsychologie dargestellt werden.

Demnach besteht der kreative Prozeß aus vier Phasen: der Präparation, der Inkubation, der Inspiration und der Verifikation. Die Präparationsphase besteht darin, möglichst viele Informationen zu sammeln, die für die Problemlösung relevant sein könnten; in dieser Phase orientiert sich der Erfinder über naturale Effekte und konstruktive Prinzipien, die ihm bereits von früher bekannt sind oder die er durch zielstrebige Informationssuche ermitteln kann. Die Kreativitätspsychologie nimmt nun an, daß alle diese angesammelten Wissenselemente sich auch ins Unterbewußte absenken und dort zum Gegenstand unreflektierter Assoziations- und Verknüpfungsversuche werden, und nennt diese Phase die Inkubation; als Beleg dafür mag gelten, daß nicht wenige Erfinder davon berichten, Lösungsideen erstmals im Traum erlebt zu haben. Wenn dann nach der Inkubationsphase plötzlich eine Lösungskonzeption auftaucht, wenn, nach diesem psychologischen Modell, eine der unbewußt erzeugten Assoziationen ins Bewußtsein tritt, so wird dieser Vorgang subjektiv häufig als mirakulöses Ereignis erfahren. Auch die Kreativitätsforschung apostrophiert diese Phase als Inspiration oder Illumination, mit Ausdrücken also, die aus der Sphäre mystisch-religiösen Erlebens stammen. Die letzte, als Verifikation bezeichnete Phase vollzieht sich dann wieder in der Helle des Bewußtseins und befaßt sich mit der kritischen Prüfung und nüchternen Ausarbeitung der gefundenen Lösungsidee.

Dieses intuitionistische Konzept technischen Problemlösens beschreibt den kreativen Prozeß, ohne ihn allerdings wirklich zu erklären und damit reproduzierbar zu machen. Das steht in merkwürdigem Kontrast zu jener wissenschaftlichen Rationalität, die man dem technischen Handeln gemeinhin nachsagt. So ist es auch nicht verwunderlich, daß sich Technikforscher in der zweiten Hälfte unseres Jahrhunderts mit solchen Mystifikationen nicht länger zufriedengeben wollten und daher eine eigene Konstruktionswissenschaft begründeten, in der objektivierte Algorithmen des technischen Problemlösens aufgestellt werden sollen. In der kreativitätspsychologischen Deutung ist implizit die These enthalten, eine Erfindung sei im Grunde nichts anderes als eine neuartige Kombination an sich bereits bekannter Elemente. Diese These wird nun vom rationalistischen Konzept ausdrücklich zum methodischen Prinzip erhoben: Man postuliert, daß die sonst unbewußt und unkontrolliert zustande kommenden Verknüpfungen durch geeignete Prozeduren objektiviert, damit systematisch erzeugt und intersubjektiv zugänglich gemacht werden können.

Auch die Konstruktionswissenschaft gliedert den Problemlösungsprozeß in mehrere Schritte, die aber, im Gegensatz zur kreativitätspsychologischen Einteilung, alle bewußt und rational abgewickelt werden sollen. Danach beginnt der Problemlöser damit, seine Aufgabenstellung als Funktion im systemtheoretischen Sinn zu definieren. Soll er beispielsweise eine Uhr entwickeln, bestimmt er deren Funktion entsprechend Schema 3: Er beschreibt die Uhr als ein technisches System, das fortlaufend die Information I_a über die jeweilige Uhrzeit abgibt, das zu bestimmten Zeitpunkten t_i, t_k usw. mit Energie E_e versorgt werden muß, das in sich zur Überbrückung der Zeitspannen zwischen t_i und t_k einen Energiespeicher E_z besitzt und das in einem Informationsspeicher I_z den standardisierten Zeittakt enthält, der die Informationsausgabe mit der Normalzeit synchronisiert. Damit ist in allgemeinster Form präzisiert, was eine Uhr zu leisten hat, ohne daß auch nur das Mindeste über ihre konstruktive Beschaffenheit vorentschieden wäre. Freilich wird damit vorausgesetzt – und das ist bislang die Schwäche der Konstruktionswissenschaft –, daß die Funktionserfindung bereits gemacht worden ist und daß es nur noch um die Strukturerfindung geht; ob man durch eine Erweiterung des Modellrahmens auf Handlungs- und Arbeitssysteme auch Funktionserfindungen systematisch generieren kann [20], muß erst geprüft werden.

Während die Funktionsdefinition das zu entwickelnde technische System als eine Art „schwarzen Kasten" betrachtet, dessen „Inneres" noch unbekannt ist, befaßt sich der nächste Schritt damit, dieses „Innere", wenn auch zunächst ebenfalls noch in abstrakter Form, zu strukturieren: Der Problemlöser überlegt sich, welche Teilfunktionen notwendig und hinreichend sind, um die Gesamtfunktion darstellen zu können, und postuliert für jede Teilfunktion ein entsprechendes Subsystem. Dieser Schritt, der im Fallbeispiel zu Schema 4 führt, kann zwar nicht im logischen Sinne aus der Funktionsdefinition deduziert werden, wird aber durch heuristische Regeln erleichtert. Für Eingabe und Ausgabe sind jeweils periphere Subsysteme und für Speicherfunktionen interne Subsysteme vorzusehen; die naheliegende Annahme, daß die Ausgangsgrößen der Speicher nicht unbedingt der erforderlichen Eingangsgröße der Anzeigevorrichtung entsprechen, veranlaßt den Problemlöser dazu, zwei weitere, energie- und informationswandelnde Subsysteme zu postulieren, die, der traditionellen Uhrentechnik zufolge, als „Motor" und „Getriebe" bezeichnet werden. Ungeklärt ist bei diesem Schritt – das müssen wir kritisch anmerken –, ob heuristische Regeln für die Bestimmung der abstrakten Struktur auch dann ausreichen, wenn es, anders als in der Uhrentechnik, noch keine ausgeführten Lösungsvorbilder gibt.

Im dritten Schritt kann nun eine Systematik aller denkbaren Prinziplösungen ausgearbeitet werden, wobei man sich der von Fritz

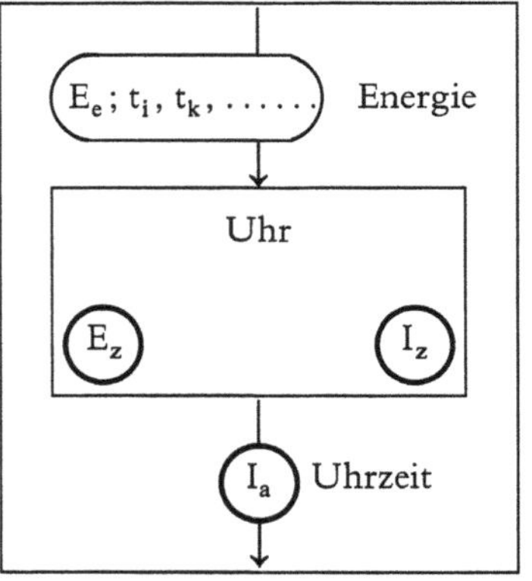

Schema 3:
Blockschaltbild einer Uhr

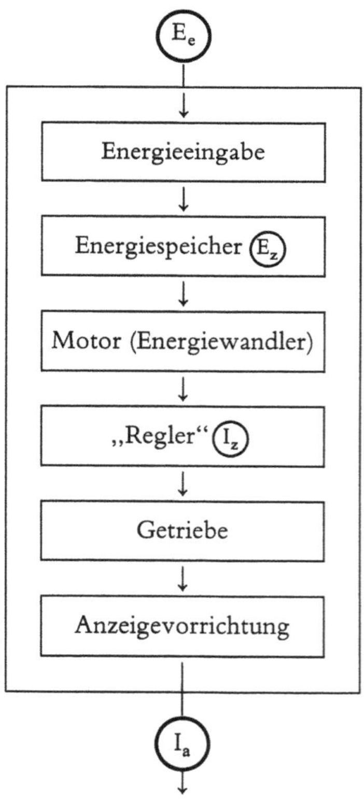

Schema 4:
Struktur einer Uhr

Räderwerk einer Schwarzwälder Wanduhr (um 1800) mit Stunden- und Minutenangaben und Glasglocken-Spielwerk.

Zwicky (1898–1974) vorgeschlagenen mehrdimensionalen Klassifikationsmethode des „Morphologischen Kastens" bedient. Wie Schema 5 für das Fallbeispiel verdeutlicht, sieht man in einer solchen Matrix für jedes postulierte Subsystem der abstrakten Struktur eine eigene Zeile vor und trägt dann in jede Zeile alle denkbaren physikalisch-konstruktiven Realisierungsmöglichkeiten der betreffenden Teilfunktion ein. Wie im Schema dargestellt, sollte man in jeder Zeile ein Feld offen lassen und damit der Eventualität Rechnung tragen, daß noch weitere Lösungsprinzipien bekannt werden können; als ein entsprechendes Schema für die Uhr Anfang der fünfziger Jahre veröffentlicht wurde [21], fehlten noch die Lösungselemente Schwingquarz, Mikroprozessor, Leuchtdioden und Flüssigkristalle, weil die Elektronik damals nicht so weit entwickelt war. Dieses Beispiel illustriert eine weitere Tücke der Methode: Solange man sich bei der Ausarbeitung der morphologischen Matrix allein an vertrauten und bewährten Lösungsprinzipien orientiert, bleiben bahnbrechend neue Erfindungen meist aus. Allerdings war – das sei zur Ehrenrettung jener früheren Systematik der Uhren hinzugefügt – als mögliche Energiequelle bereits die Lichtstrahlung genannt worden, die erst in allerjüngster Zeit bei sogenannten Solaruhren mit Photoelementen praktisch genutzt wird.

Schema 5:
Morphologische Systematik
der Uhren

Subsysteme		Mögliche Lösungselemente					
		1	2	3	4	5	6
Energie-quelle	A	Handaufzug	Erschütte-rung	Batterie	Photo-elemente	Stromnetz	
Energie-speicher	B	Gewichts-speicher	Feder-speicher	Batterie	Akkumulator	Kein Speicher	
Motor	C	Gewichts-antrieb	Federmotor	Elektro-motor	Kein Motor		
Regler	D	Pendel mit Anker	Unruhe	Stimmgabel	Schwing-quarz	Netz-frequenz	
Getriebe	E	Zahnrad-getriebe	Mikro-prozessor				
Anzeige-vorrichtung	F	Zeiger und Zifferblatt	Rollen und Fenster	Wende-blätter	Leucht-dioden	Flüssig-kristalle	

Durch die Einführung von CAD (Computer-Aided-Design) haben sich die Konstruktionsmethoden grundlegend verändert. An die Stelle der Arbeit am Zeichenbrett ist der Dialog mit dem Computer getreten.

Trotz der genannten Einschränkung stellt die morphologische Methode eine sehr fruchtbare rationale Heuristik dar, da sie die Vielfalt der Kombinationsmöglichkeiten ausdrücklich ausweist. Grundsätzlich kann jedes Lösungselement einer Zeile mit jedem Element der anderen Zeilen verknüpft werden; bei einer Matrix im abgebildeten Umfang liegt die Anzahl von Kombinationsmöglichkeiten theoretisch in der Größenordnung von mehreren Tausend. Faktisch verringert sich zwar das Lösungsspektrum erheblich, weil nicht alle Lösungselemente miteinander verträglich sind; zum Beispiel kann man mit Handaufzug und Gewichtsspeicher keinen Elektromotor antreiben. Dennoch gewinnt man, statt der erstbesten Lösung, die das intuitive Erfinden hervorbringt, sogleich eine beträchtliche Menge von Lösungsalternativen, aus denen man dann nach bestimmten Bewertungskriterien die im Einzelfall bestgeeignete Lösung auswählen kann. So bildet der systematische Bewertungskalkül, der beim intuitiven Problemlösen gar keinen Platz fände, im rational-methodischen Konzept den vierten Schritt des Lösungsverfahrens.

Solche rationalen Rekonstruktionen des technischen Problemlösens werden immer wichtiger, weil in den Entwicklungs- und Konstruktionsbüros der Industrie zunehmend computerunterstützte Konstruktionssysteme eingesetzt werden. Für den Computer aber kann man nur programmieren, was als Algorithmus, also als definitive Lösungsrezeptur, zu präzisieren ist. Für Vorbild- und Variantenkonstruktionen ist das tatsächlich in einigen Anwendungsfeldern bereits gelungen. Sonst aber leidet dieses rational-methodische Lösungskonzept zum einen unter der bereits genannten Beschränkung, daß wirklich Neues nur dann generiert wird, wenn der Algorithmus alle denkbaren Lösungselemente abarbeiten kann – womit sich die Kreativitätsanforderungen auf die Entwicklung der Lösungselement-Kataloge verlagern. Zum anderen dürfte auch die Formalisierung der Verträglichkeitstests und der Bewertungskalküle erhebliche Schwierigkeiten bereiten. So ist es heute noch umstritten, ob technisches Problemlösen überhaupt vollständig rationalisiert werden und vom menschlichen Problemlöser auf Computersysteme übergehen kann.

Sprachen des Ingenieurs

Wir haben bisher übergangen, daß man beim technischen Problemlösen auch sprachliche Ausdrucksmittel braucht. Zwar verfügen gestalterisch tätige Ingenieure im allgemeinen über ein besonders ausgeprägtes räumliches Vorstellungsvermögen und können, besser als ungeübte Laien, auch recht komplizierte Gebildestrukturen mit ihrem geistigen Auge formen. Doch erweisen sich, wenn es um komplexere Lösungsgestalten geht, Zeichenstift und Papier, neuerdings auch das Eingabetablett und der Bildschirm eines Zeichnungs- und Konstruktionscomputers, als unentbehrliche Hilfsmittel. Was für den Schriftsteller das Wechselspiel zwischen Formulieren, Schreiben und kontrollierendem Lesen des Geschriebenen, ist für den Ingenieur das Wechselspiel zwischen bildhaftem Konzipieren, Zeichnen und kontrollierendem Betrachten des Gezeichneten. Weil darüber hinaus technisches Problemlösen und Herstellen heute durchweg eine arbeitsteilige kollektive Tätigkeit darstellen, müssen Ingenieure ihre Problemlösungsbeiträge einander mitteilen und miteinander darüber diskutieren können. Sie müssen ihre endgültigen Lösungsvorstellungen so unmißverständlich fixieren können, daß die Kollegen aus der Fertigung zweifelsfrei daraus ablesen können, was sie materiell zu produzieren haben.

Technisches Problemlösen bedarf besonderer Sprachen, und nicht zu Unrecht heißt es: „Die Zeichnung ist die Sprache des Ingenieurs". Der Begriff der Sprache wird dabei allerdings in einem weiten Sinn verstanden; im folgenden bedeutet er ganz allgemein eine Menge von Zeichen, die nach vereinbarten Regeln miteinander verknüpft werden können und vereinbarte Bedeutungen haben. So stellt eine Maschinenzeichnung oder eine Bauzeichnung ein ikonisches Zeichensystem dar, in dem graphische Elemente und deren Relationen reale Gegen-

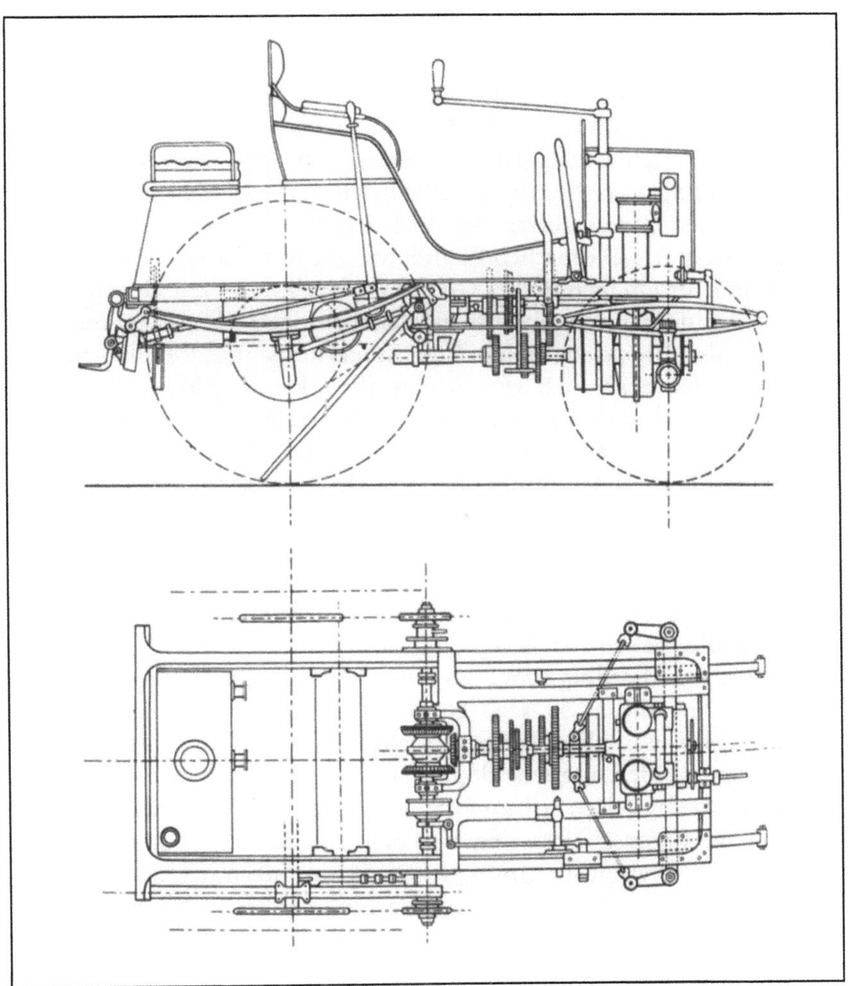

stände analog abbilden. In der Verwendung dieser Sprache zeigt sich sogleich der besondere Charakter der Ingenieurarbeit: Die technischen Objekte, die in der Zeichnung beschrieben werden, existieren noch nicht in der Realität; die Zeichnung ist der Plan zukünftiger Realität, die Sprache der Zeichnung eine antizipative Sprache, die sich nicht auf Gegenwärtiges, sondern auf künftig noch zu Schaffendes bezieht. Die Sprache des technischen Zeichnens ist in Zeichnungsnormen streng reglementiert. Unmißverständlichkeit und Eindeutigkeit, Exaktheit und Abbildungstreue sind oberstes Gebot.

Neben der extrem realistischen Bildsprache in der Maschinenzeichnung gibt es aber auch eine ganze Palette graphischer Ausdrucksmittel mit zunehmendem Abstraktionsgrad. Schon die Bauzeichnung ist meist weniger detailliert als die Maschinenzeichnung. Anlagenpläne, etwa in der Verfahrenstechnik, bedienen sich bereits stilisierter Figuren zur Darstellung von Aggregaten, Rohrleitungssystemen und so weiter, unter den Schaltbildern der Elektrotechnik überwiegen, neben wenigen figurativ-ikonischen Elementen, die abstrakten Symbole, die nicht mehr für ein technisches Gerät in seiner konkreten Gegenständlichkeit, sondern nur mehr für eine bestimmte technische Funktion stehen. In den Blockschaltbildern der Steuerungs- und Regelungstechnik schließlich zeigt sich eine völlig abstrakte graphische Sprache, deren Zeichen ihre Bedeutung durch willkürliche Vereinbarung erhalten haben, also als Symbole zu verstehen sind. Auch diese teils eher ikonischen, teils eher symbolischen graphischen Sprachen sind in der Regel standardisiert und genormt.

Von der Symbolsprache der Blockschaltbilder, die in der Systemtheorie verallgemeinert werden kann, ist es nur noch ein kleiner Schritt zur abstrakten Sprache der mathematischen Formeln und Gleichungen, die, neben der Zeichnung, auch eine wichtige Sprache des Ingenieurs ist. Allerdings bevorzugt der Ingenieur, wenn irgend möglich, auch hier die graphische Darstellung funktionaler Zusammenhänge in Form von Diagrammen, Schaubildern und ähnlichem. In der Formelsprache der angewandten Mathematik werden jene Gesetze und Regelmäßigkeiten formuliert, deren sich der Ingenieur bedient, wenn er die Eigenschaften und Verhaltensweisen seiner Konstruktionen theoretisch vorausbestimmen will. Während in den Zeichnungssprachen das konstruktiv-synthetische Element technischen Denkens zum Ausdruck kommt, spiegelt sich in der Formelsprache der Ingenieurmathematik dessen abstrakt-analytische Komponente.

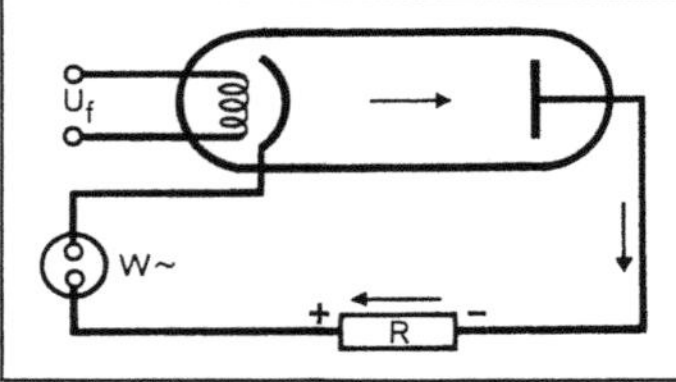

Einfache Diodenschaltung.

Diesen Sprachen des technischen Problemlösens ist eines gemeinsam: Es handelt sich um künstliche, konstruierte und formalisierte Sprachen, um Präzisionssprachen also, deren Zeichenrepertoire, Verknüpfungsregeln und Semantik reglementiert und normiert sind. Demgegenüber kommt nun auch im Ingenieurwesen die begrifflich-verbale Sprache vor. Vergegenwärtigt man sich typische Merkmale der verbalen Sprache – ihre Naturwüchsigkeit und geschichtliche Bedingtheit, ihre Unschärfe, ihren Interpretationsspielraum und die Vielfalt assoziativer und konnotativer Kontextzusammenhänge –, so kann man ermessen, welche gewaltige Kluft sich auftut zwischen den verschiedenen Sprachwelten des Ingenieurs, den artifiziellen Präzisionssprachen einerseits und der natürlichen Umgangssprache andererseits. Freilich gibt es dann auch verbale Fachausdrücke, von denen zwei Typen herausragen. Das sind zum einen die Gegenstandsbenennungen. Insofern technisches Schaffen fortgesetzt neue, künstliche Realität schafft, besteht ein ständiger Bedarf für neue Sachbezeichnungen; technische Innovation verursacht sprachliche Innovation. Die fachsprachlichen Ausdrücke dieser Art betreffen in der Regel technische Gebilde in ihrer konkreten Dinglichkeit, entsprechen also in ihrer Konkretheit gewissermaßen der Zeichnungssprache. Als zweiter Typ technischer Fachsprachen erscheinen theoretische Ausdrücke hohen Abstraktionsgrades, die ihre Herkunft und Verwandschaft mit naturwissenschaftlicher Begrifflichkeit meist nicht verleugnen können und nur mit mathematischen Hilfsmitteln angemessen erklärt werden können. Mit der Abstraktheit solcher theoretischen Ausdrücke kann sich der Durchschnittsingenieur nur in dem Maße anfreunden, in dem er sie für operationale Berechnungsverfahren anzuwenden hat.

Die Fachsprachen des Ingenieurs, sei es das ikonische Zeichensystem der Zeichnungssprache oder das symbolische Zeichensystem der Formelsprache, sind also zu einem erheblichen Teil nonverbaler Natur. Darüber hinaus lassen sich viele, vermutlich sogar die meisten Ausdrücke der begrifflich-verbalen Fachsprachen den nonverbalen Fachsprachen derart zuordnen, daß sie dem Ingenieur lediglich als behelfsmäßige Kürzel für die Zeichnung und die Formel erscheinen. So gibt es in den Sprachen des Ingenieurs einmal die Tendenz zu äußerster Konkretion, als technische Zeichnung oder als Gegenstandsbenennung, wobei der einzelne technische Gegenstand in größtmöglicher Detailliertheit bezeichnet und beschrieben wird; und zum anderen die Tendenz zu äußerster Abstraktion, als mathematische Formel oder als naturwissenschaftlich geprägter theoretischer Begriff, wobei allgemeine Gesetze und Regelmäßigkeiten bezüglich abgegrenzter physikalisch-technischer Eigenschaften erfaßt werden. Trotz der Gegenläufigkeit hinsichtlich des Abstraktionsgrades weisen diese beiden Tendenzen dennoch gewisse Gemeinsamkeiten auf.

Wir vermuten nun, daß diese Gemeinsamkeiten für den Denkstil der technischen Intelligenz nicht ohne Folgen sind. Dabei gehen wir von der These aus, daß es grundlegende Entsprechungen zwischen der Sprachform und der Denkform eines Menschen gibt. Die sprachphilosophischen Folgerungen, die wir aus dieser These und der vorherigen Analyse der Fachsprachen des Ingenieurs ziehen wollen, werden uns in folgenden Abschnitten helfen, die Eindimensionalität zu verstehen, die technisches Problemlösen vielfach belastet.

Da ist erstens der atomistische Charakter der technischen Fachsprachen zu nennen, gleichgültig, ob er nun in der theorielosen Gegenstandsbenennung der isoliert erfaßten technischen Sache oder in der analytischen Aspekthaftigkeit des theoretischen Gesetzes zum Ausdruck kommt. In der Beschränkung auf reine Tatsächlichkeit und auf die Determination begrenzt gültiger Regeln läßt sich unschwer eine Art praktischer Positivismus ausmachen, der in seiner Generalisierungs- und Interpretationsabstinenz blind ist gegenüber komplexen Zusammenhängen, globalen Beziehungsnetzen und der Vieldeutigkeit von Sinn- und Wertproblemen. Seine Sprache eröffnet dem Ingenieur nichts anderes als Teilperspektiven, in denen Mehrdeutigkeiten, Interpretationsspielräume sowie historische und soziokulturelle Relativitäten keinen Platz haben.

Um so größer ist, zweitens, die Präzision der technischen Fachsprache, die mit der geforderten Qualität und Zuverlässigkeit der Ingenieurarbeit übereinstimmt. Zwar ist dies, nach dem vorher Gesagten, nur eine Genauigkeit im Detail, doch veranlaßt sie den Ingenieur, solche Präzisionsanforderungen entweder unangemessen zu verallgemeinern, worin ein Keim technokratischen Denkens liegt, oder sich ganz bewußt auf jene Wirklichkeitsbereiche zu beschränken, welche seinem Genauigkeitsideal zu genügen scheinen. Da er die Beherrschung der ihm geläufigen Fachsprachen einem langwierigen und höchst disziplinierten Einübungsprozeß verdankt, scheut sich der Ingenieur, die gehobene Umgangssprache etwa der Politik oder der sozio-ökonomischen Sphäre sich zu eigen zu machen, weil er, einem rigiden Kompetenzmodell zufolge, das Idiom staatsbürgerlicher Aufgeklärtheit mit der Terminologie eines ihm fremden Fachgebietes verwechselt, für das er sich nicht zuständig fühlt.

Drittens schließlich ist es die Objektivität technischer Fachsprachen und die Unmöglichkeit subjektiver Verwendungsvarianten, die zur Eindimensionalität technischen Denkens beitragen. Das zeigt sich besonders deutlich in den Sprachnormungstendenzen, die zwar bei Gegenstandsbenennung äußerst sinnvoll sind, bei allgemeinen Begriffen hingegen zu einer verhängnisvollen Erstarrung des Denkens führen können. Der Ingenieur ist an die Zweckmäßigkeit standardisierter Zeichensysteme in seinem engeren Fachgebiet gewöhnt und bringt wenig Verständnis dafür auf, daß hinter allgemeineren Begriffen umfassende theoretische Konzepte stehen können, die man nicht einfach durch Sprachregelung konservieren oder ignorieren sollte. Überträgt dann der Ingenieur die Idee der Sprachnormung auf Bereiche, denen nur ein Pluralismus von Theorien, Hypothesen und Konzepten gemäß ist, so verfällt er einer Ideologie der Sachlichkeit, welche die Eindeutigkeit und Unbezweifelbarkeit konkreter und exakter Sachverhältnisse zu Unrecht auch übergreifenden Sinnzusammenhängen unterstellen will. Diese Ideologie der Sachlichkeit und Wertneutralität – auf die wir noch ausführlicher eingehen werden – erschwert es den Ingenieuren vor allem, die normativen Bestandteile des technischen Problemlösens richtig zu verstehen.

Technische und außertechnische Werte

Als wir in einem früheren Abschnitt den Ablauf technischen Problemlösens beschrieben haben, konnte der Eindruck entstehen, das Problemlösen beschränke sich auf die richtige Kombination von Wissen und Kreativität. Und eben diese Vorstellung ist es, die bei Ingenieuren noch heute überwiegt. Vor allem im intuitionistischen Verständnis des technischen Problemlösers ist für normative Erwägungen wenig Raum. Auf welche Art und Weise die Probleme selbst definiert werden, hält man im Rahmen dieser Konzeption überhaupt nicht für reflexionsbedürftig. Entweder ist es eben auch die Intuition, die den Erfinder ein Problem gewahr werden läßt, oder das zu lösende Problem wird ihm sozusagen von außen, von Wirtschaft, Gesellschaft und Politik, vorgegeben. In der Arbeit an einer geeigneten Lösungskonzeption treten zwar in der Regel mehrere, oft sogar viele verschiedene Lösungsansätze über die Schwelle des Bewußtseins, doch werden die meisten unter der Hand sogleich wieder verworfen. Daß dies ein unreflektierter Bewertungsprozeß ist, wird im allgemeinen nicht verstanden, und noch weniger ist man sich über die zugrunde liegenden Werte im klaren, die letztlich ja doch für die intuitiven Auswahlentscheidungen verantwortlich sind. Jeder Strich, den der Konstrukteur aufs Reißbrett zeichnet, könnte auch anders aussehen; die eine besondere Weise, in der er ihn anordnet, markiert – sofern nicht schierer Zufall im Spiel war – bereits eine Entscheidung, die sich auf mehr oder minder bewußte Bewertungen stützt. Da freilich beim intuitiven Problemlösen die in Betracht gezogenen Alternativen nicht ausdrücklich offengelegt werden, entsteht der Eindruck, die tatsächlich ausgeführte Lösung hätte sich sozusagen von selbst angeboten und wäre das notwendige Resultat technikimmanenter Entwicklungslogik. Allerdings finden sich solche intuitiven Bewertungen und Vorentscheidungen wohl nur bei sehr erfahrenen und qualitätsbewußten Entwerfern; sind solche Qualifikationen weniger entwickelt, wird häufig der erstbeste

Lösungseinfall für die einzig mögliche Lösung gehalten. Dann folgt der Prüfstein der Laborversuche, Tests und Erprobungen mit Modellen und Prototypen der gefundenen Lösung; aber trotz aller Mängelsuche und Fehlerkorrektur, mit denen man die erste Lösung schrittweise verbessert, gibt man sich auch in dieser Phase selten Rechenschaft davon, daß man die Lösung aufgrund bestimmter Werte beurteilt und daß es von diesen Werten abhängt, ob man die Lösung für verbesserungsbedürftig oder für gelungen hält. [I-3.5]

Daß bereits die Problemdefinition normativ aufgeladen ist, wird aber auch von einer methodologisch reflektierteren Konstruktionswissenschaft immer noch zu wenig beachtet. Wenn die technische Problemstellung darin besteht, einen mikroelektronischen Minispion zu entwickeln, steckt in dieser Problemstellung doch bereits ein bestimmtes Handlungsprogramm, das sich der zu entwickelnden Lösung bedienen will: der Plan nämlich, andere Menschen unbemerkt und unbefugt zu belauschen; so stellt bereits die genannte technische Problemstellung einen Verstoß gegen den Wert der Privatheit, mit anderen Worten gegen das inzwischen sogar verfassungsrechtlich anerkannte Recht auf informationelle Selbstbestimmung dar. Wie man zu technischen Problemformulierungen gelangt und wie sie zu begründen sind, ist auch in der Konstruktionswissenschaft bislang nicht befriedigend erklärt worden.

Allerdings wird mit den Methoden der Konstruktionswissenschaft der Anspruch erhoben, für eine gegebene Problemstellung die Gesamtheit aller möglichen Lösungen aufzuzeigen. Statt sich also auf einen einzigen, intuitiv gefundenen Lösungsweg festzulegen, soll der Erfinder und Konstrukteur zunächst einen systematischen Überblick über alle denkbaren Alternativen gewinnen, diese Alternativen dann ebenso systematisch bewerten und schließlich die optimale Lösungsalternative auswählen. Schema 6 verdeutlicht das Bewertungsproblem, das dann entsteht. Durch entsprechende Problemlösungsmethoden hat man die Lösungsalternativen L_1, L_2 und so weiter gefunden, für die jeweils eine Zeile des Schemas vorgesehen ist. Jede Lösungsalternative ist dann hinsichtlich der Ziele Z_1, Z_2 u.s.w. zu bewerten. Auch diese Forderung spiegelt einen Fortschritt im bewußten Problemlösen wieder. Zunächst nämlich lassen sich Erfinder und Konstrukteure vor allem von der Absicht leiten, für das gestellte Problem überhaupt eine funktionstüchtige Lösung zu verwirklichen, und sie sehen darin ihr einziges Ziel. Viele Entäuschung und Verbitterung hat es schon gegeben, wenn dann die ausgeführte Lösung zwar funktionstüchtig war, aber in anderen Hinsichten so viel zu wünschen übrig ließ, daß sie

Schema 6:
Matrix für das Bewertungsproblem

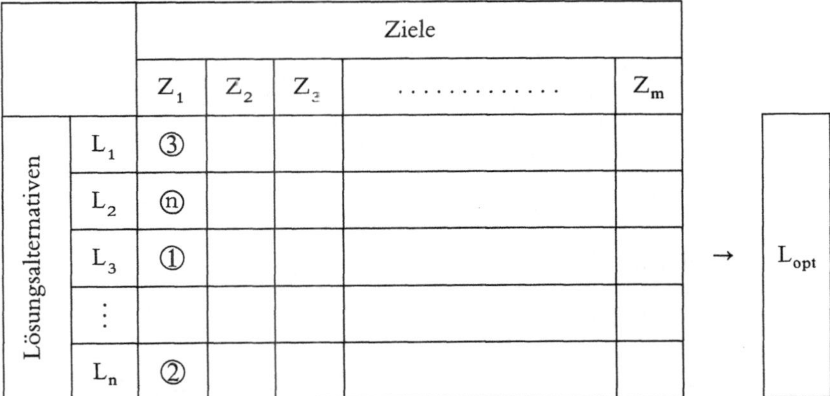

schließlich doch verworfen werden mußte. Darum wird im methodischen Problemlösen die Forderung erhoben, die Lösungsalternativen von vornherein nach allen bedeutsamen Zielkriterien zu beurteilen. Dann aber stellt sich regelmäßig heraus, daß die Lösungsalternativen bezüglich der verschiedenen Ziele und Werte sehr unterschiedlich einzuschätzen sind. Bei einer Uhr beispielsweise bietet die analoge Zifferblatt-Anzeige große Ablese-Bequemlichkeit bei nur mäßiger Ablese-Genauigkeit, während es sich bei einer Digital-Anzeige genau umgekehrt verhält; schon in einem derart einfachen Fall muß man also zwischen verschiedenen Werten abwägen, und es liegt auf der Hand, daß Präzision und Bedienungsfreundlichkeit nicht die einzigen Werte sind, welche die Qualität einer technischen Lösung ausmachen.

Sobald sich Ingenieure von den Entscheidungskriterien und Werten Rechenschaft geben, von denen sie sich beim technischen Problemlösen leiten lassen, werden sie mit zahlreichen und teilweise gegenläufigen Wertorientierungen konfrontiert. In einem Richtlinien-Vorentwurf „Empfehlungen zur Technikbewertung" hat ein Ausschuß des Vereins Deutscher Ingenieure die „Werte im technischen Handeln" systematisiert (Schema 7)[22]. An erster Stelle geht es Ingenieuren natürlich um die Funktionsfähigkeit technischer Lösungen; trivialerweise soll die erarbeitete Lösung in der Lage sein, das vorliegende Problem zu bewältigen, indem sie entweder eine bislang menschliche Handlungs- oder Arbeitsfunktion nun mit technischen Mitteln realisiert oder aber eine neuartige Funktion, die ein Mensch gar nicht leisten könnte – zum Beispiel die Beleuchtung eines Raumes – überhaupt erst mit technischen Mitteln möglich macht. Der technische

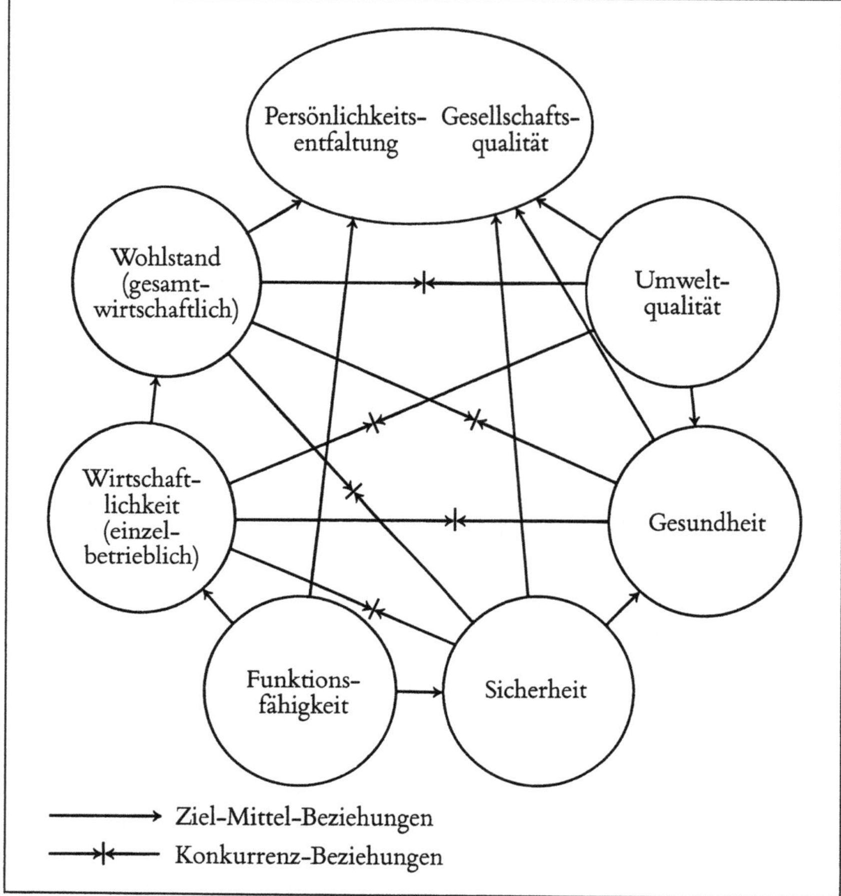

Schema 7:
Werte im technischen Handeln: Wichtige Ziel-, Mittel- und Konkurrenzbeziehungen zwischen zentralen Wertbereichen.

Wert der Funktionsfähigkeit kann durch einige Unterwerte konkretisiert werden. Schon bei den Kriterien für die Patentfähigkeit einer Erfindung war von der Brauchbarkeit der neuen Lösung die Rede; das heißt zunächst, daß die technische Lösung für irgendeinen denkbaren menschlichen Handlungszweck als Mittel tauglich sein muß. Wenn sich technisches Handeln auf Zweckerfüllung mit technischen Mitteln richtet, ist es selbstverständlich an der Machbarkeit der konzipierten Lösung interessiert. Bestimmte Wirkungen überhaupt mit technischen Mitteln herbeizuführen, ist ein originär technischer Impetus zur Realisierung artifizieller Welten, der freilich nicht zu jenem „technologischen Imperativ" [23] verkommen darf, dem zufolge alles gemacht werden soll, was man machen kann; wenn allein das Können das Sollen bestimmen würde, gäbe man alle anderen Werte preis. Wenn aber technische Lösungen machbar sind und gemacht werden sollen, will ihnen der Ingenieur auch ein Höchstmaß an Wirksamkeit verleihen; Wirksamkeit umfaßt Ziele wie Leistungsfähigkeit, Geschwindigkeit oder Kapazität. Dabei soll die gewählte Lösung sich durch größtmögliche Perfektion auszeichnen; dazu gehören Genauigkeit, Zuverlässigkeit, Lebensdauer, Einfachheit, Robustheit, Bedienungsfreundlichkeit und Bequemlichkeit, technische Eleganz u. a.

Schließlich streben Ingenieure auch danach, das Verhältnis von Nutzen und Aufwand immer weiter zu steigern. Dieser Wert der technischen Effizienz konkretisiert sich beispielsweise in der mengenmäßigen Produktivität, der stofflichen Ausbeute und dem energetischen Wirkungsgrad. Während die beiden zuletzt genannten Zielgrößen wegen der bekannten Erhaltungs- und Verlustsätze immer unterhalb des Grenzwertes von 100% liegen, gibt es bei der Produktivität, da sie durch heterogene Größen definiert ist, keinen naturgesetzlichen Maximalwert. Umstritten ist die Frage, ob die technische Effizienz überhaupt ein technikimmanenter Wert ist oder schon von ökonomischen Erwägungen bestimmt ist. Offensichtlich stellt die technische Effizienz eine besondere Ausprägung des allgemeinen Rationalprinzips dar, das jedes zweckrationale Handeln unter das Gebot möglichst sparsamen Mitteleinsatzes stellt. Wenngleich dieses Rationalprinzip häufig auch als ökonomisches Prinzip bezeichnet wird, besitzt es doch einen so weiten Anwendungsbereich, daß es nicht in wirtschaftlichem Handeln aufgeht, wo es freilich eine ganz besondere Bedeutung besitzt. Überdies gibt es zahlreiche Beispiele dafür, daß technische Effizienz mit wirtschaftlicher Zweckrationalität in Konflikt gerät: so wachsen etwa die Grenzkosten der letzten Prozente des theoretisch erreichbaren Maximalwirkungsgrades derart, daß aus ökonomischen Gründen häufig darauf verzichtet wird, den Wirkungsgrad zu maximieren; oder der energetische Gesamtwirkungsgrad, also die technische Effizienz aller Wandlungsprozesse von der Primär- bis zur Nutzenenergie, ist für einen Gasherd dreimal so hoch wie für einen Elektroherd, doch die Kosten des Energieverbrauchs sind aufgrund der Preisgestaltung der Energiewirtschaft keineswegs entsprechend niedriger, die Anschaffungskosten des Gasherdes wegen geringerer Produktionsstückzahlen sogar höher, so daß der Haushalt größere technische Effizienz mit geringerer Wirtschaftlichkeit bezahlen muß. In analytischer Betrachtung wird man daher die technische Effizienz doch den technikimmanenten Werten zurechnen dürfen, auch wenn sich darin ein Prinzip ausdrückt, das in allgemeiner Form alles zweckrationale Handeln bestimmt.

Analysiert man die anerkannten Regeln der Technik, die in DIN-Normen und Richtlinien verschiedener Institutionen dem technischen Problemlösen eine durchweg beachtete Orientierung geben, so zeigt sich, daß auch der Wert der Sicherheit für technisches Handeln eine große Rolle spielt. Vielen Ingenieuren ist dieser Wert so selbstverständlich geworden, daß sie ihn bereits als technischen Wert begreifen. Aber wenn man Sicherheit, in klarer Abgrenzung von der Zuverlässigkeit technischer Systeme, als Abwesenheit von Gefahr für Leib und Leben definiert, hat dieser Wert strenggenommen nichts mit der Funktionsfähigkeit der technischen Systeme zu tun, sondern bezieht sich allein auf die körperliche Unversehrtheit und das Überleben derjenigen Menschen, die von der Entwicklung und Nutzung der technischen Systeme in Mitleidenschaft gezogen werden könnten. Tatsächlich gibt es ja genügend Beispiele dafür, daß technische Systeme bezüglich ihrer Funktionsfähigkeit keinen Wunsch offen lassen und dennoch Gefahren für Leib und Leben heraufbeschwören.

Nun gibt es in der Technik, ebenso wie in anderen Lebensbereichen, keine absolute Sicherheit. Immer muß, wenn vielleicht auch nur bei sehr niedriger Wahrscheinlichkeit, mit dem Eintreten einer Schädigung gerechnet werden, sei es bei normalen Betrieb, sei es im Fall des Versagens oder sei es auch im Fall des Mißbrauchs des technischen Systems. Darum quantifiziert man die Sicherheit als den reziproken Wert des Risikos und definiert das Risiko durch das Produkt aus Schadensumfang beziehungsweise Gefahrenpotential und Eintrittshäufigkeit beziehungsweise Eintrittswahrscheinlichkeit. Das sicherheitstechnische Ziel der Risikoverringerung darf nicht nur bedeuten, die Schadenswahrscheinlichkeit herabzusetzen; da die Schadenswahrscheinlichkeit nichts über den konkreten Einzelfall aussagt, erweist sich die Begrenzung des Gefahrenpotentials legitimerweise als selbständiger Unterwert der Sicherheit, ganz unabhängig davon, wie wahrscheinlich ein aktueller Schaden ist. Eine weitere Sicherheitsanforderung, die im technischen Handeln bis heute noch nicht allgemein beachtet wird, besteht darin, die Gefahr eines möglichen Mißbrauchs von vornherein mit technischen Mitteln zu begrenzen oder gar auszuschließen; Sicherheit im weiteren Sinne umfaßt also auch Mißbrauchsresistenz.

Schließlich ist technisches Problemlösen heute durchweg in wirtschaftlich-industrielle Organisationsformen eingebettet, und das Wirtschaftsunternehmen ist an der Entwicklung von Gebrauchswerten nur insoweit interessiert, als diese Entwicklungen zu Tauschwerten führen; denn die Unternehmen sind darauf angewiesen, die Aufwendungen, die sie für die Entwicklung und Herstellung technischer Lösungen gemacht haben, durch Verkauf der Produkte auf dem Markt zurückerstattet zu bekommen und dabei nach Möglichkeit auch noch Gewinne zu erzielen. Insofern bilden technisches und wirtschaftliches Handeln eine auf das engste verflochtene Einheit, doch in der Praxis technischen Problemlösens neigen Ingenieure dazu, wirtschaftliche Werte, wie beispielsweise die Kostenminimierung, zunächst hintan zu stellen und bestmöglicher Funktionsfähigkeit dem Vorrang zu geben. Daraus resultieren die vielzitierten Konflikte zwischen den „Technikern" und den „Kaufleuten"; denn letzten Endes kann die Industrie nur solche technischen Problemlösungen in die Produktion aufnehmen, die sich auch wirtschaftlich rechnen. Seit der Rationalisierungsbewegung der zwanziger Jahre werden große Anstrengungen unternommen, um den Ingenieuren ein angemessenes „Kostendenken" anzugewöhnen und die wirtschaftlichen Grenzen technischen Problemlösens klarzumachen. Dessenungeachtet hält sich im technischen Selbstverständnis immer noch die Vorstellung, die wir in der Erfindungsphilosophie Dessauers entdeckt haben: daß es nämlich ein „reines" technisches Problemlösen gebe, das allein auf Brauchbarkeit, Machbarkeit und Wirksamkeit abzielt und „eigentlich" nicht von sozioökonomischen und politischen Faktoren zu beschränken sei. Wir nennen diese Vorstellung, die sich immer noch nicht nur als eine Art „Hintergrundphilosophie" der Ingenieure, sondern auch als ausdrückliche technikphilosophische These in mannigfachen Varianten findet, die Ideologie der Wertneutralität.

Neutralität der technischen Mittel?

In der Analyse des Erfindens und Konstruierens haben wir bereits herausgearbeitet, daß technisches Handeln grundsätzlich wertorientiert ist. Vor allem die Funktionserfindung impliziert immer schon Handlungszwecke, die letztlich wertbezogen sind, indem sie ja nicht nur ein neues technisches Mittel, sondern zugleich eine neue Nutzungsidee definiert. Wenn der Ingenieur also eine Funktionserfindung macht, bezieht er sich dabei, auch wenn ihm das nicht bewußt ist, immer auch auf diejenigen Werte, an denen sich das Handeln orientiert, in dessen Zusammenhang die Erfindung zu nutzen ist. Schon im Zentrum technischer Kreativität, in der Erfindungsaktivität, ist also die Wertorientierung unübersehbar. Aber auch bei den vielfachen Auswahlentscheidungen, die mit der Ausarbeitung der technischen Lösung einhergehen, kommen immer Wertungen zum Ausdruck. Sieht man vom Wert der Brauchbarkeit ab, der selbstverständlich immer auf außertechnische Werte zu beziehen ist, könnte man versucht sein, die Wertneutralitätsthese damit zu rechtfertigen, daß man, bei aller zugegebenen Relevanz technischer Funktionswerte, doch an der Behauptung festhält, technisches Handeln sei gegenüber außertechnischen Werten neutral. Aber wie unsere Bemerkungen zur Dominanz wirtschaftlicher Entscheidungskriterien im industriell organisierten technischen Problemlösen deutlich gemacht haben, läßt sich auch diese Argumentation nicht aufrecht erhalten; nicht die technischen, sondern die ökonomischen Kriterien entscheiden darüber, welche Lösungsideen verwirklicht werden. Übrigens ist all das, was wir hier zur Wertorientierung technischen Handelns herausgearbeitet haben, den Ingenieuren in ihrer praktischen Erfahrung gar nichts Neues; nur wenn sie sich jenseits dieser Praxis reflektierend über Technik äußern, verfangen sie sich in jenen Wertfreiheits-Irrtümern, die dann auch von manchen Philosophen und Sozialwissenschaftlern kultiviert worden sind.

Die These von der Wertneutralität der Technik trägt also alle Züge der Ideologie: Es ist eine Behauptung, die sich weder mit techniktheoretischen Überlegungen noch mit industriellen Praxiserfahrungen vereinbaren läßt, und es ist ein Rechtfertigungsversuch, die Verantwortung für die Folgen des eigenen Handelns abzuweisen. Insofern ist Horkheimers „Kritik der instrumentellen Vernunft", der er vorwirft, über der Perfektionierung von Mitteln nicht mehr nach der Vernünftigkeit der Zwecke zu fragen, durchaus am Platze. Aber wie bei jeder Ideologie findet man auch bei der Auffassung von der Wertneutralität der Technik einige zusätzliche Hilfskonstruktionen, die der Immunisierung gegen Kritik dienen sollen. [I-1.3]

Da ist zunächst die Vorstellung von der Eigenständigkeit der Technik, die man auch als technologischen Internalismus apostrophieren kann. Es ist die Vorstellung, technisches Handeln erfordere nichts als technisches Wissen und sei ausschließlich an technischen Gesichtspunkten orientiert; die technische Entwicklung gehorche einer inneren Logik, sei nicht von außertechnischen Faktoren mitbestimmt und dürfe auch nicht davon abhängig gemacht werden. Der technologische Internalismus versucht Technik auf autonomes Sachgestalten zu reduzieren, und verkennt, daß über ökonomische Faktoren immer auch gesellschaftliche Interessenlagen und Machtverhältnisse die technische Entwicklung mitbestimmen. In diesen Zusammenhang gehört übrigens auch die immer wieder vorgebrachte Behauptung, vor allem die moderne Technik stelle nur mehr „Potenzen für freibleibende Zwecke" bereit[24], das heißt, sie schaffe unentwegt einen Überschuß an Mitteln, für welche die Zwecke erst nachgängig zu ermitteln sind. Tatsächlich wäre dies ja nur möglich, wenn technisches Handeln in der Realisierung beliebiger apparativer Effekte aufginge und über den Machbarkeitsproblemen die Brauchbarkeitsprobleme völlig ignorieren würde. Wenn wir mit der Kritik der instrumentellen Vernunft auch die Beanstandung übernehmen, daß technisches Problemlösen umfassendere Wertorientierungen nicht ausdrücklich reflektiert, so müssen wir doch die Behauptung, es überwiege gegenwärtig ein zweckfreies, technikinternes Tüfteln und Basteln, als unrealistisch zurückweisen.

Dann gibt es die Vorstellung vom einen besten Weg der technischen Entwicklung, die letztlich auf einen technologischen Determinismus hinausläuft. Für diese Vorstellung, es gebe für eine bestimmte Aufgabe immer eine, technikimmanent entscheidbare beste Lösung, läßt sich ein klassischer Kronzeuge anführen: Es war kein geringerer als Frederick Winslow Taylor (1856–1915), der genau diese Formulierung von der einen besten Methode („one best method") an zentraler Stelle seiner „wissenschaftlichen Betriebsführung" publik gemacht hat[25]. Diese Vorstellung hat sich in Technikwissenschaft und Ingenieurpraxis fest eingenistet und wird häufig mit der wissenschaftlichen Fundierung der Technik begründet, die doch nur eine Wahrheit zulasse. Deutlich läßt sich das an der aktuellen Technikdebatte ablesen, wenn Ingenieure, und keineswegs nur die Protagonisten der betreffenden Fachgebiete, vehement darauf bestehen, daß es zu bestimmten umstrittenen Lösungswegen keine Alternative gebe. Aber auch in die Sozialwissenschaften ist diese irrige Vorstellung vom einen besten Weg eingedrungen; vor allem Helmut Schelsky (1912–1984) hat damit sein Modell des technokratischen Staates begründet, in dem angeblich alle politisch-gesellschaftlichen in technische Fragen übergehen, für die es eine sachgesetzlich eindeutige Lösung gibt, ohne daß man noch politische Ideologien zu bemühen brauchte[26]. Schelskys Konzeption von der Herrschaft technischer Sachzwänge über die Politik ist zwar längst mit überzeugenden Argumenten widerlegt worden, taucht aber in der Technikdebatte unserer Tage immer wieder auf. [X]

Schließlich ist noch die Vorstellung von der Wissenschaftlichkeit der Technik zu nennen, die wir als technologischen Szientismus bezeichnen wollen. Es ist dies die schon in einem früheren Abschnitt kritisierte Vorstellung, Technik sei nichts anderes als angewandte Naturwissenschaft, und technische Lösungen ließen sich zwangsläufig aus naturwissenschaftlichen Gesetzen ableiten. Hier müssen wir auf diese Fehldeutung zurückkommen, weil sie eben auch für die behauptete Wertneutralität der Technik in Anspruch genommen wird. Das sogenannte Wertfreiheitsprinzip, das lediglich der rein erkenntnisorientierten Grundlagenwissenschaft empfiehlt, Sachaussagen und Werturteile nicht durcheinander zu bringen und insbesondere die letzteren nicht aus den ersteren abzuleiten, wird vom technologischen Szientismus unter der Hand auf Technikwissenschaft und Technik übertragen, die als angewandte Forschung beziehungsweise sozioökonomische Praxis jenem Wertfreiheitsprinzip gar nicht unterworfen werden können, da sie grundsätzlich auf Zwecke, und das heißt letztlich: auf Werte, bezogen sind. [IV-4.1]

Da sich eine Ideologie durch mangelnden Realitätsbezug auszeichnet, kann sie zur Begründung sehr widersprüchlicher Positionen in Anspruch genommen werden. Das gilt mit geradezu tragischer Ironie auch für die Ideologie von der Wertneutralität der Technik. Unkritische Technophile begründen damit die unbeschränkte Fortsetzung des Technisierungsprozesses, der, weil in sich wertneutral, an gewissen fragwürdigen Begleiterscheinungen gar nicht Schuld sein könne. Und eine ebenso überzogene Technophobie auf der anderen Seite begründet mit der gleichen Ideologie die Forderung, ein derart amoralisches Unternehmen wie die wertneutrale Technisierung müsse schleunigst beendet werden. Worauf es statt dessen wirklich ankommt, ist die längst fällige Einsicht in den ideologischen Charakter der Wertneutralitätsthese. Dann aber muß man die faktischen Ambivalenzen des technischen Fortschritts gerechterweise in jeder Hinsicht dem technischen Handeln zuschreiben: Nicht länger können Ingenieure und Technikoptimisten den Technisierungsprozeß von inhärenten Gefährdungen freisprechen, aber Technikpessimisten können auch nicht länger bestreiten, daß technisches Problemlösen im Grundsatz immer auf die Erleichterung und Verbesserung menschlicher Lebenspraxis gerichtet ist.

Umwelt- und Gesellschaftsqualität

Da technische Problemlösungen ohne eine wie auch immer geartete Brauchbarkeit keine solchen wären, sind sie mit ihrer Zweckorientierung immer auch wertbehaftet; lediglich sehr universelle Lösungen, zum Beispiel ein neuartiges Verbindungselement für die Montage von Bauteilen, können wegen der vielseitigen Zwecke, für die sie einsetzbar sind, auch sehr unterschiedliche Wertorientierungen berühren. Die ins Auge gefaßte Brauchbarkeit selbst dient, wie gesagt, in den meisten Fällen der Erleichterung und Bereicherung menschlicher Lebensmöglichkeiten; nur in wenigen Fällen, so zum Beispiel in der Waffentechnik, ist die vorgesehene Nutzung in sich fragwürdig. Doch bedeutet die technische Problemlösung, wenn sie realisiert wird, mehr als bloß ein gegenständliches Hilfsmittel. Dieses Mehr ist der tiefere Grund für die inzwischen allgemein bekannten Ambivalenzen der Technisierung, und die geläufigere Redeweise von den unerwünschten Nebenwirkungen kann den Blick darauf verstellen, daß jenes Mehr ein notwendiger und unvermeidlicher Bestandteil technischen Handelns ist. Es gibt nämlich keine technische Problemlösung, die nicht zugleich auch einen Eingriff in natürliche und gesellschaftliche Zusammenhänge bedeuten würde. Es ist diese ökologische und soziale Dimension technischen Handelns, die lange Zeit von den Fachleuten ebenso wie von den Laien zuwenig begriffen wurde und daher beim technischen Problemlösen auch nicht ausdrücklich und planmäßig berücksichtigt wurde.

Gewiß ist es richtig, daß Erfinder zunächst genug damit zu tun haben, eine bestimmte Handlungsfunktion überhaupt mit technischen Mitteln darzustellen. Als die Herren Benz und Daimler die Motorkutsche erfanden, ging es ihnen allein darum, die menschliche Fortbewegung durch ein motorbetriebenes Fahrzeug zu erleichtern und zu beschleunigen. So ist es gewiß verständlich, wenn sie über diesem respektablen Ziel und all den Schwierigkeiten, die sie überwinden mußten, um das Ziel zu erreichen, zunächst nicht daran dachten, was das Automobil für natürliche Umwelt und Gesellschaft einmal bedeuten könnte, wenn es sich massenhaft verbreitet haben würde. Aus einer solchen Erfinderperspektive mögen die zunächst nicht bedachten Veränderungen in Natur und Gesellschaft als Nebenwirkungen erscheinen, doch in Wirklichkeit sind selbstverständlich all die fragwürdigen Folgen der Motorisierung, über die heute geklagt wird, in der Erfindung des Automobils bereits angelegt worden, jedenfalls dann, wenn man unterstellt, daß die Erfinder mit der massenhaften Verbreitung ihrer technischen Lösung rechnen konnten. Sie benutzten ein Antriebsaggregat, das die nur begrenzt vorhandenen Erdölvorräte verbraucht und wegen der Unvollkommenheit des Verbrennungsprozesses giftige Abgase abgibt. Sie konzipierten ein Fahrwerk, das sich nur auf eigens dafür geschaffenen Verkehrswegen optimal fortbewegen kann, und leiteten damit die Expansion des Straßenbaues ein. Sie sahen die autonome Führung des Fahrzeugs durch den Fahrer vor und schufen damit das Risiko von Verkehrsunfällen durch unzureichend qualifizierte Fahrzeugführer. Indem sie den Menschen ein relativ schnelles und bequemes Individualverkehrsmittel bereitstellten, förderten sie die Mobilität und veranlaßten die Menschen, ihre Lebensaktivitäten räumlich zu streuen, also beispielsweise Arbeitsort und Wohnort zu trennen oder in der freien Zeit zu Erholungszwecken entlegene Regionen aufzusuchen. Indem sie dem Fahrzeug ein beträchtliches Geschwindigkeitspotential verliehen, eröffneten sie den Menschen die Möglichkeit, die Schnelligkeit der Fortbewegung als Symbol persönlicher Allmachtsphantasien und als Vehikel psychosozialer Prestigebedürfnisse einzusetzen. [X]

Das alles sind, wohlgemerkt, keine beiläufigen Nebenfolgen, die ebensogut auch hätten ausbleiben können; das sind Natur- und Gesellschaftsveränderungen, die mit der Erfindung selbst auf den Weg gebracht worden sind und allenfalls in der einen oder anderen Zuspitzung durch begleitende Maßnahmen hätten gemildert und korrigiert werden können. Gegen solche Erwägungen wird häufig vorgebracht, das hätte doch vor hundert Jahren niemand voraussehen können. Gewiß ist die Verbreitung des Automobils durch ökonomische und politische Entwicklungen beeinflußt worden, die Ende des 19. Jahrhunderts tatsächlich kaum voraussehbar waren. Doch unter der Voraussetzung, das Automobil werde sich massenhaft verbreiten, hätte man mit etwas Phantasie und Nachdenken die hier genannten und manche weiteren Folgen voraussehen können. Und tatsächlich findet man ja auch zeitgenössische Stimmen, die beizeiten auf manche unerwünschten Wirkungen hingewiesen haben, aber damals zuwenig beachtet wurden. Richtig ist freilich, daß jenes umfassende Technikverständnis, das wir hier zu begründen versuchen, vor hundert Jahren noch nicht existierte und sich auch heute noch nicht durchgängig verbreitet hat.

Daß jede technische Problemlösung in Naturzusammenhänge eingreift, ergibt sich zwangsläufig aus jenem Verhältnis zwischen Technik und Natur, das wir bereits in einem früheren Abschnitt besprochen haben. Da technische Systeme letztlich aus Naturstoffen bestehen und bei ihrem Betrieb auf natürliche Energiequellen angewiesen sind, zehren sie an Ressourcen, die großenteils nur in begrenztem Umfang vorhanden sind. Während ihres Betriebs setzen technische Systeme Abfallstoffe und Verlustenergie frei, welche die Ökosphäre in der einen oder anderen Weise belasten können. Weil technische Systeme künstliche gegenständliche Gebilde sind, verändern sie allein durch ihre Existenz und Verbreitung die sichtbare Gestalt der Erdoberfläche und vor allem das Landschaftsbild. Werden sie dann schließlich nach Ablauf ihrer Nutzungsdauer außer Betrieb gesetzt, gehen ihre stofflichen Bestandteile selbst in Abfall und Müll über, der eine weitere Belastung der Biosphäre mit sich bringt. Die genannten Beziehungen zur natürlichen Umwelt sind, wie gesagt, nicht spätere Nebenwirkung, sondern Bestandteil der technischen Problemlösung, lediglich mit der Einschränkung, daß diese Dimension der Erfindung ungenügend bedacht wurde. [VI]

Ähnliches gilt für die Einflüsse auf die einzelnen Personen und die gesamte Gesellschaft. Auch hier griffe es zu kurz, eine technische Problemlösung nur als künstliches Mittel anzusehen, das den Menschen und ihren Lebenszusammenhängen äußerlich bliebe. In Wirklichkeit bedeutet jede Erfindung eine Veränderung menschlichen Handelns, und wenn sich die Handlung selbst in ihrem Charakter ändert oder gar durch technische Möglichkeiten überhaupt erst konstituiert wird, ändert das eben meist auch die Handelnden und ihre gesellschaftlichen Interaktionen. Mittelfristig verfestigen sich dann die veränderten Handlungsmuster auch in überindividuellen Institutionen, so daß jede Technisierung letzten Endes auch gesellschaftlichen Strukturwandel bedeutet. Weniger als die ökologische ist die psychosoziale Dimension des Technisierungsprozesses bislang erforscht und theoretisch durchdrungen, und die hier skizzierten Hypothesen könnten als eine andere Spielart des technologischen Determinismus mißverstanden werden, jene Version nämlich, die den unentrinnbaren Sachzwang technischer Entwicklungen auf die gesellschaftliche Lebenspraxis behauptet. So weit wollen wir jedoch nicht gehen, sondern nehmen an, daß die Einflüsse technischer Problemlösungen auf die Entwicklung von Individuum und Gesellschaft mehrschichtig und zu einem erheblichen Teil gestaltungsfähig sind, wenn man nur solche Gestaltungsmöglichkeiten von vornherein bedenkt und nutzt. Am besten wäre es natürlich, die gesellschaftlichen Gestaltungskräfte technischer Neuerungen schon während des Problemlösungsprozesses in Rechnung zu stellen und technische Problemlösungen von vornherein so zu definieren und so zu gestalten, daß die mit Sicherheit zu erwartenden psychosozialen Effekte im Bereich des Wünschbaren liegen. [X]

Die Analyse des technischen Problemlösens führt mithin zu dem Ergebnis, daß die Werte der Umweltqualität und der Gesellschaftsqualität ausdrücklich, planmäßig und systematisch in die Definition

und Entwicklung technischer Problemlösungen eingehen müssen.
Und da es im technischen Problemlösen immer Alternativen gibt,
wird man mit wertbewußter Kreativität sicherlich auch solche Alternativen finden, die für Umwelt und Gesellschaft tragbar sind. Wir
vermeiden übrigens mit Vorbedacht die aus der neueren Technikdebatte bereits geläufigen Ausdrücke „Umweltverträglichkeit" und
„Sozialverträglichkeit", weil im Begriff der Verträglichkeit eine sta-
tische Vorstellung mitschwingt, als ob Umwelt und Gesellschaft, so
wie sie jetzt sind, unverändert erhalten werden müßten und technische
Systeme diesen Status quo auf keinen Fall verändern dürften. Wir
haben ja bereits ausgeführt, daß kaum eine Technisierung denkbar ist,
die nicht Umwelt und Gesellschaft auch weiterhin verändern würde;
aber Veränderung an sich ist ja nicht schlecht, wenn die damit herbeigeführten Qualitäten mit anerkannten Wertvorstellungen überein-
stimmen. So gehören zur Umweltqualität die Unterwerte Land-
schaftsschutz und Artenschutz, sparsamer Umgang mit natürlichen
Ressourcen sowie die Minimierung von Immissionen und Deponaten.
Zur Gesellschaftsqualität, die mit dem Wert der Persönlichkeitsentfaltung eng verbunden ist, gehören einige eher individuell orientierte
Unterwerte, wie Handlungsfreiheit, Kreativität oder Privatheit und
einige eher kollektiv orientierte Unterwerte, wie soziale Sicherheit,
kulturelle Identität, Stabilität oder Transparenz; natürlich ist es kein
Zufall, daß mit Unterwerten wie Freiheit, Solidarität und Gerechtigkeit Grundwerte rechts- und sozialstaatlicher Demokratien genannt
werden[27].

Die Einsicht, daß es in der technischen Entwicklung immer Alternativen gibt und daß wir für die zukünftige Entwicklung nur solche
Alternativen zulassen dürfen, welche die Umwelt- und Gesellschaftsqualität nicht verschlechtern, ist zweifellos ein wichtiger Ertrag der
jüngeren Technikdebatte. Allerdings werden in dieser Debatte auch
immer noch sehr extreme Positionen vertreten, die wir anderenorts
ausführlich kritisiert haben[28] und die wir hier lediglich kurz streifen
können. Die dahinter stehende kulturpessimistische Grundströmung
läßt sich bis zu Jean-Jacques Rousseau (1712–1778) zurückverfolgen,
der bereits gegen die handwerkliche Technik die typischen Argumen-
tationsfiguren vorgebracht hat, mit denen heute die industrielle Technik verurteilt wird. Während Rousseau von der Unschuld des Natur-
zustandes träumte, sehnen sich heute manche Zeitgenossen nach der
angeblichen Idylle vorindustrieller Handwerksproduktion zurück und
empfehlen zur „Überwindung des Industrialismus" eine „alternative
Technik", eine „mittlere Technik", eine „sanfte Technik" oder wie

auch immer die flink gestanzten Etiketten für eine ganz andere Technik lauten mögen[29]. Solche Konzepte geben wohl Zeugnis von der ungebrochenen Sehnsucht nach romantischen Natur- und Sozialverhältnissen, aber sie erweisen sich bei genauerer Betrachtung als völlig illusionistisch; sie sind nicht nur mit bewährten Einsichten der wissenschaftlichen Ökologie und der Sozialwissenschaften unvereinbar — beispielsweise ist die Vorstellung von einer Gesellschaft, in der alle Individuen aus höherer Einsicht das gleiche wollten, nicht einmal eine Utopie, sondern einfach barer Unsinn —, sondern verstricken sich mit ihren Fiktionen oft genug sogar in Selbstwidersprüche. Eine konkrete Utopie einer anderen Technik, die in sich stimmig wäre, liegt unseres Wissens bis heute nicht vor und läßt sich wahrscheinlich gar nicht ausarbeiten. Sicherlich kann man manche Einseitigkeiten der bisherigen Technisierung zu Recht angreifen; aber den Menschen wäre wenig gedient, wenn man nun die eine Einseitigkeit durch eine andere ersetzen wollte. Worum es geht, ist ein wohlverstandener Pluralismus technischer Lösungsalternativen; oder, wie es Joseph Huber ausgedrückt hat, der eine Zeitlang der ökologischen Bewegung nahegestanden hatte: „Es gibt Alternativen *in* der Industriegesellschaft, aber keine *zu* ihr"[30]; und er gibt in seinem Buch einen Überblick über zahlreiche neue Techniken, von der Mikroelektronik über Biotechnik und Solartechnik bis zur Ökotechnik, mit denen viele Mängel der gegenwärtigen industriellen Technik zu beheben sind, die aber ihrerseits gleichwohl auch eine industrielle Entwicklungs- und Produktionsbasis benötigen. Wenn man die Werte der Umweltqualität, der Persönlichkeitsentfaltung und der Gesellschaftsqualität ausdrücklich in die Aufgabenstellungen und Entscheidungsmechanismen des technischen Problemlösens aufnimmt, werden daraus sicher zahlreiche Lösungen hervorgehen, die von den bislang herrschenden Tendenzen der Technisierung abweichen. Das bedeutet aber keineswegs, daß uns eine völlig andere Technik bevorstünde, zumal wohl niemand ernstlich daran denkt, all die bewährten und weitgehend unproblematischen Techniken in Industrie und Haushalt abzuschaffen, die menschliche Arbeit beträchtlich erleichtert und menschliche Entfaltungschancen gesteigert haben; und auch technische Großsysteme wie das Telefonnetz und das Eisenbahnsystem gehören dazu.

Technologische Aufklärung

Wenn wir die neue Illusion von der ganz anderen Technik zurückweisen, müssen wir freilich auch jene alte Illusion verabschieden, die vom vorauseilenden technischen Fortschritt die gewissermaßen selbsttätige Steigerung von Freiheit, Moral und Glück erwartet. Wir müssen also die Naivitäten einer unentwickelten Aufklärungsphilosophie aufdekken, die kritisch sich nur zu überkommenem Macht- und Herrschaftswissen verhielt, aber durchaus unkritisch auf jene „unsichtbare Hand" vertraute, die, nicht nur in der Ökonomie, aus allen sektoralisierten Teilrationalitäten die Vernunft des Ganzen wieder hervorzaubern sollte. Französische Enzyklopädisten wie der Marquis de Condorcet (1743–1794) und schottische Moralphilosophen wie Adam Smith (1723–1790) haben, indem sie die Fortschrittsidee theoretisch pauschalierten, faktisch die Sektoralisierung von Fortschrittsstrategien begründet: Wenn der Zuwachs von Wissen und Können gleichbedeutend ist mit dem Zuwachs an menschlicher Glückseligkeit, wenn der Erfolg des individuellen Gewinnstrebens gleichbedeutend ist mit dem Gemeinwohl der Nation, dann genügt es ja offensichtlich, allein den technischen und privatwirtschaftlichen Fortschritt zu betreiben, um von unsichtbaren Händen humanen und sozialen Fortschritt sozusagen als Zugabe beigepackt zu erhalten. In Wirklichkeit aber erweist sich die aufklärerische Fortschrittsidee als ein komplexes Bündel sehr verschiedenartiger Steigerungserwartungen, die in ihren Wechselbeziehungen zu vielschichtig sind, als daß die eine Steigerung die andere jeweils zwangsläufig einschlösse. Im einzelnen erwartet die Fortschrittsidee:

1. die Zunahme an Wissen und Können (den wissenschaftlichen und den technischen Fortschritt im engeren Sinne);

2. das Wachstum des materiellen Wohlstands (den wirtschaftlichen Fortschritt);

3. die Zunahme von Freiheit und Gerechtigkeit (den gesellschaftlichen Fortschritt);

4. die Zunahme individueller Moralität;

5. die Steigerung emotionaler und ästhetischer Sensibilität; und schließlich

6. die Vermehrung des persönlichen Glücks (mit den letzten drei Elementen also die fortschreitende Humanisierung des Menschen).

Es ist nun der Kategorienfehler der Fortschrittsdebatte bis auf den heutigen Tag, daß sie die Gestaltungsoffenheit gesellschaftlichen Wandels mit dem Determinismus von Naturgesetzlichkeiten verwechselt.

Nur so konnte es zu der Annahme kommen, alle Elemente der Fortschrittsidee wären, trotz offenkundiger Ungleichartigkeiten, zwangsläufig miteinander gekoppelt und würden sich ausnahmslos gleichsinnig miteinander entfalten. Das ist der tiefere Grund, warum naive Fortschrittsapostel noch immer meinen, mehr Technisierung und mehr Wirtschaftswachstum brächten selbsttätig mehr Freiheit, Moral und Glück mit sich. Doch hat sich diese Annahme in kulturellem Selbstverständnis derart tief eingegraben, daß sie nicht nur die Apologeten, sondern auch die Kritiker der Fortschrittsidee leitet. Fortschrittskritiker nämlich, statt diesen Denkfehler zu durchschauen, übernehmen ihn vielmehr in spiegelbildlicher Wendung: Weil Technisierung und Wirtschaftswachstum von sich aus nicht mehr Freiheit, Moral und Glück schaffen, haben sie versagt und dürfen nicht länger verfolgt werden. Dieser Fehlschluß ist der tiefere Grund für die zuvor erwähnte Illusion, wir brauchten eine ganz andere Technik, um den verlorenen Fortschrittspfad wiederzufinden.

Man muß also die Aufklärung fortsetzen, indem man zunächst über die Vereinfachungen der Aufklärung aufklärt. Technisierung und Wirtschaftswachstum allein garantieren nicht das gute Leben, wenngleich sie wichtige Bedingungen dafür herstellen können; aber sie können das gute Leben auch gefährden, wenn nicht humaner und sozialer Fortschritt gleichzeitig und ebenso ausdrücklich verfolgt werden. Mit einem Wort: technischer und gesellschaftlicher Fortschritt bedingen einander gegenseitig. Daraus folgt aber praktisch: Fortschreitende Technisierung wird nur akzeptabel sein, wenn sie in wachsende ethische und politische Steuerungskompetenz eingebettet wird. [I-4.3]

Mit dieser Kritik an der pauschalen Fortschrittsidee können wir nun besser verstehen, warum die Werte der Umweltqualität, der Persönlichkeitsentfaltung und der Gesellschaftsqualität bislang das technische Handeln nicht ausdrücklich geleitet haben. Wenn sich technisches Problemlösen als autonomer Sektor mißversteht, dann teilt es damit jene Sektoralisierungsstrategie, die geradezu als das Charakteristikum der Moderne angesehen werden kann. Einerseits nötigten wachsendes Können und Wissen zu forcierter Arbeitsteilung und Spezialisierung, das ist nicht zu verkennen; die Wissenschaften parzellierten die Welt theoretisch, um sie besser erkennen zu können und spalteten sich in eine Vielzahl gesonderter Disziplinen, und parallel dazu sektoralisierte die Gesellschaft die Welt auch praktisch, um sie gestaltendem Zugriff leichter unterwerfen zu können: in Öffentliches und Privates, in Staat und Wirtschaft, in die vielfältigen Ressorts professioneller und bürokratischer Teilzuständigkeiten. Technikwissenschaftliches Forschen und technisches Handeln verfolgten diesen Weg besonders konsequent: sie orientierten ihr Technikverständnis allein an den Naturwissenschaften und zogen sich mit der Gründung eigener Hochschulen vollends aus jener Universalität von Wissens- und Sinnzusammenhängen zurück, die einmal der Fluchtpunkt philosophischen und wissenschaftlichen Strebens gewesen war. Damit legten sie aber auch den Grundstein zu jenem praktischen Selbstverständnis, das die Sphäre der Technik verselbständigt und in jener Ideologie der Wertneutralität gipfelt, die wir zuvor beschrieben haben.

Wir räumen, wie gesagt, ein, daß der Zuwachs an Wissen und Können, also der wissenschaftliche und technische Fortschritt im engeren Sinne, zu dieser Entwicklung beigetragen hat; kein einzelner vermag mehr alles zu können und zu wissen, was sich die Gesellschaft als Ganzes zu eigen gemacht hat. Aber die beklagte Sektoralisierung ist nicht nur ein zwangsläufiger Reflex auf wachsende Erkenntnis- und Handlungspotentiale; in der Konsequenz, mit der sie betrieben wurde, spiegelt sich auch das Paradigma der analytischen Rationalität, wie es von der Aufklärungsphilosophie inauguriert wurde. Sonst hätte man mit der zweifellos erforderlichen Spezialisierung auch in anderer Weise umgehen können.

Wir können das beispielhaft an der Qualifikation des technischen Problemlösers erläutern, da die Überspezialisierung der Ingenieure bereits im Begriff ist, erfolgreiches Problemlösen in der industriellen Praxis zu behindern; auf die mannigfachen Reibungsverluste, die daher rühren, daß Ingenieure häufig nicht einmal die wirtschaftliche Dimension technischen Handelns wahrhaben wollen, hatten wir ja bereits hingewiesen. Als Reaktion auf die wachsenden Schwierigkeiten, mit überspezialisierten Ingenieuren technische Großprojekte erfolgreich abzuwickeln, welche die verständige Kooperation der verschiedensten Fachgebiete erfordern, hat sich seit der Mitte unseres Jahrhunderts die Konzeption der Systemtechnik entwickelt, und die dafür erforderliche Qualifikation des Systemingenieurs ist dann sehr bald folgendermaßen beschrieben worden: „Der Systemingenieur muß ein Generalist sein im Unterschied zum Spezialisten, aber er darf kein Dilettant sein"; das Qualifikationsprofil des Generalisten soll vertiefte Kenntnisse in einem speziellen Fachgebiet mit einem breiten Überblick über andere Fachgebiete in sich vereinen [31]. Da ja auch der Spezialist kaum noch alles beherrschen kann, was eigentlich zu seinem Fachgebiet gehört, wäre es wohl auch kein Unglück, wenn er nicht alle Kapazität dem Expertenwissen widmen würde, sondern einen gewissen Teil, vielleicht ein Drittel oder ein Viertel seiner Kapazität, für fachübergreifendes Orientierungswissen verwenden würde. Das wenige, wovon er alles weiß, würde um einen kleinen Bruchteil reduziert, auf daß er vieles in sich aufnehmen kann, das ihm Orientierung und Verständnis ermöglicht.

Betrachtet man die heutige Ingenieurausbildung, muß man allerdings feststellen, daß diese Konzeption bislang keineswegs den gebührenden Niederschlag gefunden hat. Und auch in anderen Ausbildungsgängen scheint, unter der mißverstandenen Devise der Berufsorientierung, die Spezialisierung ständig zuzunehmen, und generalistische Anteile, soweit sie noch vorhanden waren, werden mehr und mehr zurückgedrängt. Aber nicht nur technisches Problemlösen verlangt nach Generalisten; auch die mannigfachen anderen Aufgaben der gesellschaftlichen Praxis dürften mit sektoralisierter Spezialistenmentalität auf Dauer nicht zu bewältigen sein. Darum bedarf es dringend einer Bildungskonzeption, welche die Vorzüge der Spezialisierung bewahrt und ihre Nachteile behebt; das skizzierte Modell des Generalisten erscheint als aussichtsreiche Synthese. [V-Einleitung]

Aber die Qualifikationsentwicklung der Individuen ist nur eine Seite einer hypertrophierenden Sektoralisierung. Die andere Seite erblicken wir in der Verselbständigung der gesellschaftlichen Teilbereiche, die sich in der Bewußtseinsverengung der Individuen lediglich widerspiegelt. Hier können wir, da von technischem Problemlösen die Rede ist, lediglich auf die Verselbständigung von Wirtschaft und Industrie verweisen, die, immer noch herrschenden ökonomischen Auffassungen zufolge, vorrangig oder gar ausschließlich allein wirtschaftlichen Werten folgen soll und damit angeblich der Lebensqualität der Gesellschaft am besten dient; es fehlt ja gegenwärtig nicht einmal an Versuchen, die metaökonomischen Werte der Umweltqualität und Gesellschaftsqualität ihrerseits zu ökonomisieren, wenn beispielsweise im Umweltrecht schädliche Emissionen mit Ausgleichszahlungen abgegolten werden oder wenn in Kosten-Nutzen-Analysen Schäden für Leib und Leben mit dem Geldbetrag quantifiziert werden, um den dadurch das Sozialprodukt sinkt. Die Vernachlässigung solcher metaökonomischen Werte kann daher keineswegs allein aus dem Versagen der Ingenieure erklärt werden, sondern hat einen wesentlichen Grund auch in der Verselbständigung der technisch-wirtschaftlichen Institutionen. Ähnlich, wie die Spezialisierung der Individuen fachübergreifend zu kompensieren ist, müßte dementsprechend auch die Sektoralisierung der Institutionen bereichsübergreifend überwunden werden; auf konkrete Modelle, die sich beispielsweise in Konzepten der gewerkschaftlichen Mitbestimmung oder der politisch-ökonomischen Technikbewertung bereits andeuten, können wir an dieser Stelle nicht näher eingehen.

Jedenfalls hat die Aufklärungsphilosophie nicht nur die Komplexität der Fortschrittsidee unterschätzt, sondern überhaupt verkannt, daß ihr Prinzip der analytischen Rationalität zu einer Sektoralisierung der Lebenszusammenhänge führt, denen dadurch die Sinneneinheit verloren geht. Daher rührt das „Unbehagen in der Modernität" [32], das sich zu Recht auch an der Verselbständigung des technisch-industriellen Sektors festmacht. Tatsächlich ist das Projekt der Moderne auf halbem Wege stehen geblieben, indem es vor lauter Differenzierung die fällige Reintegration versäumt hat. So ist denn synthetische Rationalität zu kultivieren, theoretisch mit interdisziplinärem Systemdenken und praktisch mit intersektoralen Institutionen; nur so kann auch die bislang begrenzte Rationalität technischen Problemlösens verantwortbar auf übergeordnete Werte des guten Lebens verpflichtet werden.

Literaturnachweise

1 *Horkheimer,* Max: Zur Kritik der instrumentellen Vernunft. Frankfurt 1967
2 *Brockhaus* Naturwissenschaften und Technik. Bd. 2. Wiesbaden 1983, S. 58–61
3 *Marx,* Karl: Das Kapital, Bd. 1. In: Marx, Karl/Engels, Friedrich: Werke (MEW). Bd. 23. Berlin 1959, S. 193
4 *Eyth,* Max: Lebendige Kräfte. Berlin 1919, S. 321 f. In: Bohring, Günter: Technik im Kampf um die Weltanschauungen. Berlin 1976, S. 112 f.
5 *Marx,* Karl: Thesen über Feuerbach. In: MEW. (wie Anm. 3). Bd. 3. Berlin 1958, S. 5–7, Zitat S. 7
6 *Dessauer,* Friedrich: Philosophie der Technik. Bonn 1927, S. 172 ff.; daraus auch die folgenden Dessauer-Zitate; vgl. auch die erheblich überarbeitete und erweiterte Fassung „Streit um die Technik". Frankfurt 1956
7 *Heidegger,* Martin: Die Technik und die Kehre. Pfullingen 1962, S. 11
8 *Kosing,* Alfred/*Löther,* Rolf: Natur. In: Hörz, Herbert/Löther, Rolf/Wollgast, Siegfried (Hrsg.): Wörterbuch Philosophie und Naturwissenschaften. Berlin 1978, S. 628–630
9 *Aristoteles:* Physikvorlesung, 192b 8–30. Hrsg. v. Wagner, Hans. Berlin/Darmstadt 1967, S. 32
10 *Descartes,* René: Abhandlungen über die Methode. Hrsg. v. Frenzel, Ivo. Frankfurt a. M. 1960, S. 82
11 *Bacon,* Francis: Novum Organum. Teil 1, Aphorismus 3. Hrsg. v. Buhr, Manfred. Berlin 1982, S. 41
12 *Rousseau,* Jean-Jacques: Abhandlung über die Wissenschaften und die Künste; Abhandlung über den Ursprung und die Grundlagen der Ungleichheit. In:

Schriften. Bd. 1. Hrsg. v. Ritter, Henning. München 1978, S. 27–60, S. 165–303

13 Global 2000. Der Bericht an den Präsidenten. Frankfurt a. M. 1980

14 *Meyer-Abich*, Klaus Michael: Wege zum Frieden mit der Natur. München/Wien 1984

15 Vgl. 6, S. 41

16 *Mühle*, Günther: Kreativität. In: Wulf, Christoph (Hrsg.): Wörterbuch der Erziehung. München 1974, S. 347–353

17 Vgl. 6, S. 43

18 *Gehlen*, Arnold: Anthropologische Forschung. Reinbek 1961, S. 53

19 *Kesselring*, Fritz: Technische Kompositionslehre. Berlin 1954, S. 212 ff.

20 *Hubka*, Vladimir/*Ropohl*, Günter: Was ist ein technisches System. Zur Grundlegung der Konstruktionswissenschaft. In: VDI-Zeitschrift. Jg. 128, 1986, Nr. 22, S. 869–874

21 *Boesch*, W.: Die Organisation industrieller Forschung. In: Industrielle Organisation. Jg. 23, 1954, Nr. 10, S. 35–44

22 Verein Deutscher Ingenieure (Hrsg.): Richtlinien – VDI 3780 (Entwurf), Empfehlungen zur Technikbewertung. Düsseldorf 1989; Vorabdruck Teil I–III. In: Lenk, Hans/Ropohl, Günter (Hrsg.): Technik und Ethik. Stuttgart 1987, Anhang

23 *Mumford*, Lewis: Mythos der Maschine. Frankfurt 1977, S. 548; *Rapp*, Friedrich: Analytische Technikphilosophie. Freiburg/München 1978, S. 148

24 *Freyer*, Hans: Theorie des gegenwärtigen Zeitalters. Stuttgart 1955, S. 166 f.

25 *Taylor*, Frederick Winslow: Die Grundsätze wissenschaftlicher Betriebsführung. München 1913, S. 25

26 *Schelsky*, Helmut: Der Mensch in der wissenschaftlichen Zivilisation. In: ders.: Auf der Suche nach Wirklichkeit. Düsseldorf/Köln 1965, S. 439–480

27 Vgl. 22, S. 10 ff.

28 *Ropohl*, Günter: Die unvollkommene Technik. Frankfurt a. M. 1985, S. 35–84

29 *Bossel*, Hartmut: Bürgerinitiativen entwerfen die Zukunft. Frankfurt a. M. 1978; *Strasser*, Johanno/*Traube*, Klaus: Die Zukunft des Fortschritts. Bonn 1981; *Illich*, Ivan: Selbstbegrenzung. Reinbek 1975; *Schumacher*, E. Fritz: Small is Beautiful. Dtsch. Reinbek 1977; *Ullrich*, Otto: Technik und Herrschaft. Frankfurt a. M. 1977

30 *Huber*, Joseph: Die verlorene Unschuld der Ökologie. Frankfurt 1982, S. 10

31 *Machol*, R. E.: Methodology of Systems Engineering. In: Machol, R. E. (Hrsg.): Systems Engineering Handbook. New York 1965, S. 1–3 bis 1–13, Zitat S. 1–11; *Ropohl*, Günter (Hrsg.): Systemtechnik – Grundlagen und Anwendung. München/Wien 1975

32 *Berger*, Peter L./*Berger*, Brigitte/*Kellner*, Hansfried: Das Unbehagen in der Modernität. Frankfurt a. M./New York 1975

TECHNIK UND VERANTWORTUNG

Die zwei Kulturen: technische und humanistische Rationalität

Friedrich Rapp

Im Jahre 1959 hat der englische Physiker und Romancier Charles P. Snow mit seinem Vortrag über die „Zwei Kulturen" weltweit eine lebhafte Diskussion ausgelöst. Seine These lautet, daß in unserer modernen, durch Naturwissenschaft und Technik geprägten Welt einzig und allein den Naturwissenschaftlern und Ingenieuren die intellektuelle und moralische Führungsrolle zukomme. Sie allein hätten das nötige Sachwissen und die fortschrittliche ethische Einstellung, die zur Bewältigung der komplexen Probleme der Industriegesellschaften notwendig seien. Die Vertreter des literarisch-humanistischen Denkstils sind für Snow nur wirklichkeitsfremde Maschinenstürmer, die an einem überholten Bildungsideal festhalten und sich damit gegen den sozialen Fortschritt stellen, der allein durch die Förderung von Wissenschaft, Technik und Industrie erreicht werden könne. Wenn Snows Thesen zutreffen, müßte man also eigentlich von einem technischen Humanismus und einem literarischen Konservatismus sprechen. [V-2]

Wie die folgenden Ausführungen zeigen werden, liefert die Kontroverse über das Problem der zwei Kulturen in systematischer Hinsicht auch einen klärenden Beitrag zum Abschnitt über „Sachzwänge und Wertentscheidungen" [I-3.2]. Es dürfte zweckmäßig sein, bei dieser Diskussion zu unterscheiden zwischen einer subjektiv-psychologischen und einer objektiv-wissenschaftstheoretischen Seite. Subjektiv-psychologisch gesehen ist Snows Angriff in erster Linie gegen das — insbesondere bei der akademischen Ausbildung in England fortwirkende — Ideal der humanistisch-literarischen Bildung gerichtet. Seine Kritik soll demgegenüber die Bedeutung der naturwissenschaftlich-technischen Bildung zur Geltung bringen. In der Tat hat das antike Ideal vom höheren Wert der distanzierten theoretischen Einsicht gegenüber dem ‚nur' auf praktische Erfolge ausgerichteten, technischen Handeln in allen europäischen Ländern nachgewirkt. So wurden in Deutschland Gewerbeschulen und Bauakademien erst im Verlauf des 19. Jahrhunderts in Technische Hochschulen umgewandelt. Dabei hat sich schließlich das theoretisch ausgerichtete, an der mathematischen und naturwissenschaftlichen Grundausbildung orientierte Modell der Ecole Polytechnique in Paris gegenüber einer nur ordnenden und beschreibenden Gewerbekunde allgemein durchgesetzt. Die Ingenieurwissenschaften wurden als eigenständige wissenschaftliche Disziplin erst anerkannt, als neben den vorher üblichen Konstruktionsübungen am Reißbrett und der Demonstration an Modellen auch Experimente und systematische Messungen im Laboratorium zum Bestandteil der Ausbildung wurden. Durch die Untersuchung von Materialien, Maschinen und Geräten im natürlichen Maßstab wurde schließlich ein eigenständiger, nicht auf mathematische oder naturwissenschaftliche Fragestellungen zurückführbarer Gegenstandsbereich für ingenieurwissenschaftliche Forschungen geschaffen. Erst unter Berufung auf diesen besonderen, theoretischen Forschungsgegenstand wurde den Technischen Hochschulen im Jahre 1899 gegen den heftigen Widerstand der Universitäten schließlich das Promotionsrecht – und damit der wissenschaftliche Status – zuerkannt [1]. [V-3.4; V-3.5]

Der Streit um den Vorrang der Natur- und Ingenieurwissenschaften bzw. der Geistes-, Sozial-, und Geschichtswissenschaften gehört heute weitgehend der Vergangenheit an. Im öffentlichen Bewußtsein und in den Lehr- und Ausbildungsplänen der Schulen, Hochschulen und Universitäten ist sogar eher eine Umkehrung festzustellen: Im Vordergrund steht nicht die durch Geistes- und Geschichtswissenschaften vermittelte literarische Bildung. Das Hauptinteresse gilt den Natur- und Ingenieurwissenschaften, die Berufserfolg und Wirtschaftswachstum versprechen. Und auch bei der intellektuellen Einordnung haben sich die Gewichte verschoben. Heute wird niemand mehr die Komplexität und den theoretischen Gehalt des Wissens und Könnens bestreiten wollen, auf dem unsere moderne, durch Naturwissenschaft und Technik geprägte industrielle Lebenswelt beruht.

Dennoch ist in den dreißig Jahren, die seit Snows provozierender These verflossen sind, ein grundsätzlicher Wandel in der Erwartungshaltung eingetreten. Die technikoptimistische Auffassung ist in die Defensive geraten. Die selbstverständliche Erwartung, daß Naturwissenschaft und Technik gleichsam zwangsläufig zu einer besseren Welt führen werden, wird heute keineswegs mehr allgemein geteilt. An die Stelle ist eine allgemeine Skepsis gegenüber dem naturwissenschaftlichen und technischen ‚Fortschritt‘ getreten. Diese Skepsis reicht von einem diffusen, gefühlsmäßigen Unbehagen bis zu einer grundsätzlichen Kritik an dem durch die Naturwissenschaft und Technik geprägten modernen Lebensstil. Dabei ist ein gewisser Zwiespalt unverkenn-

Deutsche Geschichte

im

Zeitalter der Reformation.

Von

Leopold von Ranke.

———

Erster Band.

Sechste Auflage.

Leipzig,
Verlag von Duncker & Humblot.
1881.

Clarendon Press Series

AN

ELEMENTARY TREATISE

ON

ELECTRICITY

BY

JAMES CLERK MAXWELL, M.A.

LL.D. EDIN., D.C.L., F.R.SS. LONDON AND EDINBURGH
HONORARY FELLOW OF TRINITY COLLEGE,
AND PROFESSOR OF EXPERIMENTAL PHYSICS IN THE UNIVERSITY OF CAMBRIDGE

EDITED BY

WILLIAM GARNETT, M.A.

FORMERLY FELLOW OF ST. JOHN'S COLLEGE, CAMBRIDGE

Oxford

AT THE CLARENDON PRESS
1881

Die Denkstile der Geistes- und Geschichtswissenschaften einerseits und der Natur- und Ingenieurwissenschaften andererseits werden durch klassische Arbeiten beispielhaft repräsentiert, an denen sich die jeweiligen Fachvertreter orientieren.

bar. Einerseits strebt man allgemein nach einem höheren Lebensstandard und vergrößertem Wirtschaftswachstum. Und doch beklagt man ebenso allgemein und mit vollem Recht die Umweltbelastung, den Ressourcenverbrauch und das Gefährdungspotential technischer Innovationen in der Rüstungstechnik, Gentechnik oder der Computertechnik. Dieser Zwiespalt beruht nicht nur auf einer egoistischen Anspruchshaltung, bei der ganz selbstverständlich Autobahnen, Flugplätze und Mülldeponien gefordert werden, aber niemand bereit ist, diese in seiner Nähe zu dulden. Über solche vergleichsweise vordergründigen Wert- und Interessenkonflikte hinaus wächst das Bewußtsein dafür, daß der technische Wandel, bei dem niemand genau weiß, wohin die Reise führen wird, nicht ins Unbegrenzte fortgesetzt werden kann[2].

Bemerkenswerterweise ist die Skepsis gegenüber dem Fortschrittsdenken ebenso wie der von Naturwissenschaft und Technik geprägte Lebensstil ein weltweites Phänomen. Die durch die moderne Technik bereitgestellten Transport- und Kommunikationsmöglichkeiten führen materiell und ideell zu einer globalen Vereinheitlichung; sie machen die Welt kleiner und schaffen dadurch auch die äußeren Voraussetzungen für eine einheitliche Meinungsbildung. Gewiß wird die Diskussion in den Ländern der Dritten Welt oder im Ostblock mit anderen Schwerpunkten geführt als in den westlichen Industrienationen. Doch die Umweltbelastung, die Ressourcenknappheit, der Rüstungswettlauf, die Entfremdung in der kaum mehr durchschaubaren hochspezialisierten technischen Arbeitswelt und die Freisetzung von Arbeitskräften durch Rationalisierungsmaßnahmen kommen in unterschiedlicher Ausprägung überall zur Geltung. Angesichts der wechselseitigen Abhängigkeiten und des internationalen wirtschaftlichen Konkurrenzkampfs kann sich in unserer globalen wissenschaftlich-technischen Zivilisation kein Land mehr vom Weltgeschehen isolieren. Ebenso wie die durch Wissenschaft und Technik geprägte Zweite Natur, die uns heute auf Schritt und Tritt umgibt, sind auch die durch die Industrialisierung aufgeworfenen Probleme weitgehend unabhängig von der politischen Verfassung, den sozialen Strukturen und den ideologischen Hintergrundvorstellungen eines Landes. So findet man heute überall auf der Welt im Prinzip dieselben Autobahnen, Flugplätze, Fernsehgeräte und Supermärkte. Die weltweite Ausbreitung und die politische Systemneutralität der modernen Technik verleihen der Frage nach den zukünftigen Prioritäten und nach der Funktion der technischen Intelligenz ein besonderes Gewicht.

Der Gegensatz zwischen Technikoptimisten und Technikpessimisten läßt sich − zumindest auf den ersten Blick − auf persönliche, gefühlsmäßige Einstellungen zurückführen. Dabei ist gewiß auch der allgemeine Bildungshintergrund bedeutsam, auf den Snow sich bezieht. Doch bei einer sachbezogenen, objektivierenden Begründung beruft man sich nicht auf persönliches Dafürhalten, sondern auf das allgemeine Bild des Menschen, der Gesellschaft und der Geschichte. Für die Technikkritiker bildet heute keineswegs, wie Snow unterstellt, die literarische und historische Bildung den maßgeblichen Bezugspunkt. Man beruft sich vielmehr auf das überzeitliche, soziologisch konzipierte, utopische Idealbild des nicht entfremdeten Daseins in einer herrschaftsfreien, befriedeten Gesellschaft, die sich in Harmonie mit ihrer Umwelt befindet. Demgegenüber betrachten die Technikoptimisten weitausholende theoretische Überlegungen mit Skepsis. Sie konzentrieren sich auf die konkrete, pragmatische Bewältigung der unmittelbar anstehenden Aufgaben und sind insofern nüchtern und theoriefern. Gleichzeitig rechnen sie aber damit, daß es in Zukunft, wie bisher, gelingen wird, für anstehende Probleme naturwissenschaftliche und technische Lösungsmöglichkeiten zu finden, zum Beispiel durch Kernfusion, Solarenergie, Rohstoffgewinnung aus dem Meer oder Recycling. Hier ist also eine bemerkenswerte Verkehrung der Fronten festzustellen. Diejenigen, die kritisch und pessimistisch gegenüber der Technik eingestellt sind, orientieren sich in sozialtheoretischer Hinsicht an einem utopischen Idealbild des Menschen und der Gesellschaft, während die Technikoptimisten sich nur auf unmittelbare Problemlösungen konzentrieren, aber gleichzeitig auf den immanenten Fortschritt der Naturwissenschaften und der Technik setzen: Die Technikkritiker sind technikpessimistisch und sozialoptimistisch und die Technikbefürworter sind technikoptimistisch und sozialpragmatisch eingestellt.

Im Sinne einer vereinfachten Modellvorstellung läßt sich eine Zuordnung zwischen der Einstellung zur Technik und bestimmten Berufsgruppen treffen – was in der Realität und im konkreten Einzelfall Abweichungen keineswegs ausschließt. Naturwissenschaftler, Ingenieure und Manager mit Entscheidungskomeptenz sind in der Regel optimistisch eingestellt. Nur mit dieser Haltung können sie ihren Beruf erfolgreich ausüben. Vorbehalte und Kritik in den Einzelheiten sind dadurch keineswegs ausgeschlossen. Doch ihr Tun ist immanent nur sinnvoll, wenn sie grundsätzlich nicht daran zweifeln, daß vertiefte Naturerkenntnis, verbesserte technische Verfahren und angemessene Entscheidungen möglich sind. So geht denn auch der Ingenieur mit Recht von der Voraussetzung aus, daß es möglich sei, für eine vorgegebene spezifische Aufgabe jeweils eine brauchbare und im Idealfall sogar eine optimale Lösung zu finden. Dabei ist seine ganze Aufmerksamkeit auf die unmittelbare Bewältigung der anstehenden Probleme gerichtet. Diese Tätigkeit erfordert den vollen Einsatz und die sichere Beherrschung fachtechnischer Kenntnisse und Fertigkeiten, so daß in der Berufspraxis für das grundsätzliche Infragestellen der vorgegebenen Zielsetzungen zunächst gar kein Raum verbleibt. Ganz ähnlich liegen die Verhältnisse in der naturwissenschaftlichen Forschung. Und ein Manager ist wesentlich Entscheider, d. h. er ist gezwungen, kurzfristig und meist aufgrund unvollständiger Informationen festzulegen, welche der gegebenen Möglichkeiten die ‚richtige‘ ist. Selbstverständlich hat jeder mündige Bürger auch im Berufsleben das Recht zur Kritik. Doch dieser Kritikmöglichkeit sind Grenzen gesetzt. Sie darf den Rahmen einer funktionierenden Arbeitsteilung und die in Großgruppen mehr oder weniger unvermeidbaren hierarchischen Entscheidungsstrukturen nicht sprengen. Andernfalls würde das komplexe Zusammenspiel der unterschiedlichen Aufgabenstellungen in unserer arbeitsteiligen Industriegesellschaft empfindlich gestört und in Frage gestellt. [I-3.4]

Im Gegensatz zu diesem nach außen gewendeten, auf Machbarkeit und die Umgestaltung der materiellen Welt gerichteten Technikoptimismus steht – auch wiederum im Sinne einer vereinfachten Modellvorstellung – der Technikpessimismus vieler Literaten, Künstler, Theologen und Geisteswissenschaftler. Ihr Interesse gilt der seelischen und geistigen Situation des Menschen und nicht in erster Linie der Veränderung der äußeren Lebensumstände. Statt objektiver Sachverhalte und technischer Systeme steht hier die existentielle Befindlichkeit zur Diskussion. Auch in diesem Fall ist eine gewisse Einseitigkeit unvermeidbar. Im Zuge der Wendung nach innen gelten die äußeren Erfolge der Naturwissenschaft und der Technik als Ablenkung vom Wesentlichen und als Bedrohung der persönlichen Freiheit und nicht als positiv zu würdigende Leistung, die überhaupt erst die materielle Voraussetzung für ein menschenwürdiges Dasein schafft. Der unzulänglichen Wirklichkeit wird hier die konkrete Phantasie und das Idealbild einer besseren Welt gegenübergestellt, die trotz und entgegen widrigen Umständen zu verwirklichen ist: Die Utopie ist die einzig wahre Realität!

In objektiver, wissenschaftstheoretischer Hinsicht betrifft der Gegensatz zwischen Befürwortern und Kritikern der Technik die Frage, welcher Denkstil, der literarisch-humanistische oder der naturwissenschaftlich-technische, über die Zukunft der technischen Entwicklung entscheiden soll. Wenn es um Fachkompetenz und Expertenwissen geht, sind die Erkenntnisse der Natur- und Ingenieurwissenschaften sicher unverzichtbar. Diese Feststellung gilt unbeschadet der Tatsache, daß das Wissen über die Gesetzmäßigkeiten der Natur und die Struktur technischer Prozesse auf ganz bestimmten erkenntnistheoretischen Vorentscheidungen beruht und insofern unvermeidbar ‚parteiisch‘ ist[3]. Das Erkenntnisinteresse der Natur- und Ingenieurwissenschaften zielt auf mathematische Beschreibung, wiederholbare Effekte und technische Leistungsfähigkeit. Es beruht auf der Unverfügbarkeit der materiellen Welt, die auf experimentelle Fragen in ganz bestimmter

Weise antwortet und deren Strukturprinzipien (wie etwa die Erhaltungssätze) wir auf unterschiedliche Weise begrifflich fassen, aber nicht beliebig verändern können. Dabei liegt es in der Natur der Sache, daß insbesondere an der Forschungsfront und bei kritischen Fragen, wie etwa der nach den Toleranzgrenzen des menschlichen Organismus, auch unter Fachleuten unterschiedliche Auffassungen möglich sind. Dem steht ein breiter Fundus gesicherter natur- und ingenieurwissenschaftlicher Erkenntnisse gegenüber, die weltweit gelehrt und immanent erfolgreich in die Praxis umgesetzt werden. Diese Feststellung gilt für einen bestimmten historischen Zeitpunkt. Sie wird relativiert, aber nicht grundsätzlich aufgehoben, durch den Umstand, daß die theoretischen Konzepte der Natur- und Ingenieurwissenschaften ihrerseits einem historischen Wandel unterliegen. Dieser Wandel betrifft die begriffliche, theoretische Fassung von Erkenntnissen, wobei aber die konkreten, experimentell nachgewiesenen und technisch umsetzbaren Zusammenhänge keineswegs aufgehoben, sondern nur differenziert, weiterentwickelt und anders formuliert werden [4]. [I-1.4; III-3.1]

Die fachliche Kompetenz der Experten ist aber immer nur hypothetischer Art. Sie allein können in fachtechnischer Hinsicht Auskunft geben über den günstigsten Weg, auf dem ein vorgegebenes Ziel zu erreichen ist. Zur Beantwortung der Frage, welche Zielsetzungen für die künftige Technikentwicklung maßgeblich sein sollen, ist jedoch ein Kernphysiker oder ein Elektroingenieur nicht mehr und nicht weniger kompetent als irgendein anderer urteilsfähiger Bürger, ganz gleich welchen Beruf er ausüben mag. Vom Sachbereich her – und nur in diesem formalen Sinne – kommt hier die an der historischen Tradition orientierte literarisch-humanistische Bildung ins Spiel. Denn sobald es um den Sinngehalt des technischen Handelns und um die Kriterien für das Wahlverhalten in Entscheidungssituationen geht, ist nach den Werten gefragt, die definitionsgemäß humanistischen Idealen verpflichtet sind.

Dies bedeutet aber nicht, daß an dieser Stelle Literaten und Geisteswissenschaftler eine höhere Kompetenz in Sachen Wertorientierung beanspruchen könnten, die dem instrumentellen Sachwissen der Naturwissenschaftler oder Ingenieure vergleichbar wäre. Hier liegt eine unsymmetrische Situation vor. Die Kompetenz der Geisteswissenschaftler (einschließlich der Philosophen und Theologen) betrifft nur die Benennung alternativer Zielsetzungen, das Aufzeigen von Ableitungs- und Begründungszusammenhängen und den Aufweis formaler, methodischer Prinzipien für Prozesse der inhaltlichen Normenfindung. Auf diese Weise kann und muß ein Aufklärungsprozeß in Gang gesetzt werden, der eine sachbezogene und begründete Diskussion bewirkt und neue Entscheidungsspielräume vor Augen führt. Doch die konkrete Erfüllung mit Inhalten, d. h. die Ermittlung der jeweiligen Wert- und Zielvorstellungen, muß in einem demokratischen Gemeinwesen den mündigen Bürgern vorbehalten bleiben. Gewiß haben Personen, die im Blickpunkt der Öffentlichkeit stehen, in diesen Fragen eine gewisse Leitfunktion. Doch diese ist nicht mit einer offiziellen und förmlichen Entscheidungskompetenz gleichzusetzen. Die jeweilige Stellungnahme muß in die öffentliche Diskussion miteinfließen und zur Meinungsbildung beitragen, ohne das allgemeine Urteil vorwegzunehmen.

In Wirklichkeit handelt es sich denn auch bei der technischen und der humanistischen Rationalität gar nicht um zwei streng voneinander getrennte Kulturen. Denn jeder Naturwissenschaftler und jeder Ingenieur hat immer auch teil an der literarisch-humanistischen Bildung. Und ein Literat, ein Historiker oder Philosoph muß seinerseits über ein Minimum an Kenntnissen der Naturwissenschaften und der Technik verfügen, wenn sein Urteil nicht völlig realitätsfremd sein soll. Weit wichtiger als die Trennung nach Fachdisziplinen und Denkstilen ist die Forderung nach Ergänzung und Zusammenarbeit, um der gemeinsamen Verantwortung gerecht werden zu können. (Im Band „Technik und Wissenschaft" wird der Versuch unternommen, auf metatheoretischer Ebene einen Wissenschaftsbegriff zu formulieren, der sowohl die Natur- als auch die Geisteswissenschaften umfaßt.) [III-1]

Literaturnachweise

1 *Diemer*, Alwin (Hrsg.): Konzeption und Begriff der Forschung in den Wissenschaften des 19. Jahrhunderts (Studien zur Wissenschaftstheorie. Bd. 12). Meisenheim 1978, S. 193–207

2 *Oltsmans*, Willem L. (Hrsg.): Die Grenzen des Wachstums – Pro und contra. Reinbek 1974, S. 10–27

3 *Albert*, Hans/ *Topitsch*, Ernst (Hrsg.): Werturteilsstreit. Darmstadt 1979, S. 313–414

4 *Diederich*, Werner (Hrsg.): Theorien der Wissenschaftsgeschichte. Frankfurt a. M. 1974, S. 7–51

Sachzwänge und Wertentscheidungen

Friedrich Rapp

Wenn man die technischen Veränderungen der jüngsten Vergangenheit betrachtet, drängt sich der Eindruck eines zwangsläufigen Geschehens auf, das gar keinen Spielraum für ethische Gesichtspunkte zuläßt. Technische Neuerungen und wachsende Bedürfnisse schaukeln einander wechselseitig auf; je mehr Bedürfnisse erfüllt werden, desto höher scheint das Anspruchsniveau zu steigen. Der Bestand des technischen Wissens und Könnens wird durch die in der Industrie, den Großforschungseinrichtungen und den Universitäten systematisch betriebene Forschungs- und Entwicklungsarbeit beständig erweitert. Angesichts des scharfen internationalen wirtschaftlichen Konkurrenzkampfes werden die dabei gewonnenen Erkenntnisse möglichst bald in die Praxis umgesetzt, wobei sich die Zeitspanne zwischen der Erfindung einer technischen Neuerung und ihrer wirtschaftlichen Ausbreitung immer mehr verkürzt. In dieser Sichtweise erscheint der beschleunigte technische Wandel, den wir heute erleben, als ein von unserem Willen unabhängiger, gleichsam naturgesetzlicher Prozeß, dem wir alle auf Gedeih und Verderb ausgeliefert sind.

Doch dieser Eindruck trügt. Technische Prozesse und Systeme existieren nicht von selbst. Sie haben nicht den Charakter von Naturereignissen, wie der Lauf der Gestirne, Erdbeben oder das Wetter. Diese Ereignisse entziehen sich unserer Einflußmöglichkeit; wir können sie nur passiv hinnehmen. Doch im Fall der Technik liegen die Dinge anders. Die Technik existiert nicht von selbst. Sie ist letzten Endes immer vom Menschen gemacht. Alles, was hier geschieht, läßt sich direkt oder indirekt auf entsprechende Handlungen und Maßnahmen zurückführen, die von Menschen in einer ganz bestimmten Absicht ausgeführt wurden. Gewiß ist es für viele Zwecke nützlich, in abkürzender Redeweise davon zu sprechen, daß die Technik sich ausbreitet, oder daß der technische Fortschritt bestimmte Forderungen stellt. Dabei wird dann ,die Technik' als eine selbständige Instanz betrachtet, die von sich aus aktiv wird und sogar Ansprüche stellt und Ziele setzt. In Wirklichkeit handelt es sich dabei aber nur um eine abkürzende und für manche Fälle nützliche, zusammenfassende Darstellung.

Das tatsächliche Geschehen in Sachen Technik beruht stets auf dem komplexen Zusammenwirken vielfältiger Maßnahmen, die sich letzten Endes immer auf das Wünschen und Wollen, auf das Tun und Lassen der handelnden Menschen zurückführen lassen. Die vereinfachende Darstellung, bei der die Technik als ein selbständig handelndes Subjekt erscheint, führt zu einem grundsätzlich falschen Bild, wenn man die Untersuchung in diesem Stadium beendet. Dadurch entsteht der falsche Eindruck, als handle es sich hier um ein ohne menschliches Zutun und mit naturgesetzlicher Zwangsläufigkeit ablaufendes Geschehen, das keinerlei Eingriffsmöglichkeiten mehr zuläßt. Die Modellvorstellung des technologischen Determinismus hält einer näheren Nachprüfung nicht stand.

Gewiß ist nicht zu verkennen, daß unsere hochdifferenzierte, arbeitsteilige Industriegesellschaft durch vielfältige institutionelle und organisatorische Vorgaben geprägt ist. Ohne diese Vorgaben, die unsere Lebensvollzüge gleichsam kanalisieren und dadurch einen wohlbestimmten Handlungsspielraum eröffnen, wäre der hohe Komplexitätsgrad und die relative Verläßlichkeit der materiellen und organisatorischen Strukturen unserer technischen Zivilisation unmöglich. In der soziologischen Theorie betrachtet man denn auch vielfach Institutionen und soziale Gruppen als selbständige Instanzen[1]. Doch auch dies ist eine Vereinfachung, denn Institutionen existieren nur solange und nur in dem Umfang, wie sie von Menschen aufrechterhalten oder zumindest geduldet werden. So reicht denn auch die prägende Kraft der vorhandenen gesellschaftlichen Einrichtungen und die Trägheitswirkung des bisherigen Verlaufs der Technikentwicklung immer nur soweit, wie die handelnden Individuen diese Vorgaben (zumindest stillschweigend) akzeptieren und sich dementsprechend verhalten.

Entscheidend ist der Umstand, daß die Menschen auf dem Gebiet der Technik, ebenso wie in allen anderen Lebensbereichen, nicht blind, planlos und automatisch, d. h. naturgesetzlich, handeln. Die Art und Weise, wie der gegebene technische Stand genutzt wird, bzw. wie neue technische Möglichkeiten geschaffen und umgesetzt werden, ist stets Ausdruck bestimmter Wertvorstellungen. Dies bedeutet nicht, daß hier in jedem Fall eine bewußte Reflexion auf bestimmte Werte, Sinnbezüge und Zielvorstellungen erfolgt. Im Sinne bestimmter Wertvorstellungen zu handeln ist nicht unbedingt gleichbedeutend damit, daß man sich über diese Wertvorstellungen auch Rechenschaft ablegt. Als das „nichtfestgestellte Tier" (Nietzsche) ist der Mensch verhaltensoffen; es fehlt ihm an eindeutigen ererbten oder erlernten Verhaltensmustern. Er kann und muß wählen und ist in diesem Sinne zur Freiheit verurteilt. Innerhalb dieses Freiheitsspielraums ist sein Verhalten bestimmt von Wertvorstellungen über das, was er für erstrebenswert, positiv und wertvoll hält. Es ist unerheblich, ob man hier von Werten, Interessen oder Bedürfnissen spricht. Bei Interessen handelt es sich im allgemeinen eher um subjektiv oder politisch bestimmte Ziele, während Bedürfnisse biologische, naturgegebene und allgemeinmenschliche Forderungen betreffen. Doch letzten Endes ist alles, was über die bloß physische, biologische Existenzerhaltung hinausgeht, nicht Sache der Natur, sondern der Kultur. Wie Ortega y Gasset formuliert hat, ist der Mensch ein Wesen, das Nein sagen kann, und die Kultur repräsentiert gerade das, was biologisch gesehen eigentlich überflüssig ist[2]. [I-2]

Alles, was an der Technik über die reine Daseinserhaltung hinausgeht, ist also abhängig von den Wertvorstellungen, die in einer bestimmten Gesellschaft herrschen, denn diese legen fest, was jeweils als gut und erstrebenswert bzw. als schlecht und verwerflich zu gelten hat. Unter normativen Gesichtspunkten betrachtet handelt es sich hierbei um einen bestimmten Stil, in dem das Leben zu führen ist: jede Kultur stellt ein realisiertes Wertsystem dar, durch das sie überhaupt erst definiert wird. In diesem Sinne müssen alle komplizierteren Techniken der Kultur zugerechnet werden. Bis zur industriellen Revolution wurde die Technik denn auch als selbstverständliches Element der kulturellen Lebenswelt betrachtet und deshalb gar nicht als eigenständige Größe wahrgenommen. So haben noch im 19. Jahrhundert bedeutende Denker wie Jacob Burckhardt (1818–1897), Georg Wilhelm Friedrich Hegel (1770–1831) oder Wilhelm Dilthey (1833–1911) der Technik keine historisch entscheidende Rolle zugebilligt. Die subjektiv wahrgenommene Unabdingbarkeit, die man bestimmten Bedürfnissen zubilligt, erweist sich demnach – abgesehen von elementaren biologischen Erfordernissen – als Ausdruck einer kulturbestimmten Lebensform und damit letzten Endes als Manifestation einer ganz bestimmten Wert- oder Präferenzordnung. Erst durch die ausdrückliche oder stillschweigende Orientierung an einem solchen Wertsystem werden im Rahmen der gegebenen Handlungsmöglichkeiten jeweils ganz bestimmte Zielsetzungen bzw. Zustände als erstrebenswert oder als zu vermeiden ausgezeichnet[3].

Die Lebensbedeutung solcher kulturell geprägten und durch Vorbild und Erziehung auf die nächste Generation übertragenen – und gegebenenfalls durch bestimmte Negation von ihr abgelehnten – Vorstellungen beruht darauf, daß sie als selbstverständlich gelten und gar nicht hinterfragt werden. So kommt auch das Wertsystem, von dem wir uns bei unserem Umgang mit der Technik leiten lassen, dann am ehesten ins Blickfeld, wenn Problemsituationen auftreten. Die vielberufene Orientierungskrise, d. h. die Unsicherheit unseres Urteils über die gegenwärtige Situation und über die Zukunftsaussichten, wirkt hier wie eine Bruchstelle, die den Blick in sonst verborgene Zusammenhänge freigibt. So wird etwa heute mit Recht eine bewahrende und liebende Einstellung gegenüber der Natur gefordert, die an die Stelle des rücksichtslosen Strebens nach Herrschaft und Macht treten soll, um der ungehemmten Ausbeutung der Ressourcen und der Zerstörung des ökologischen Gleichgewichts Einhalt zu gebieten. Für das Geschichtsverständnis lautet die entsprechende Forderung, daß an die Stelle des Fortschrittsdenkens das Streben nach konstanten Verhältnissen und die Bewahrung des Erreichten treten müsse. Wenn solche neuen Wertvorstellungen allgemeinen Anklang finden und in die Tat umgesetzt werden, könnte die außer Kontrolle geratene Technikentwicklung bewußt in eine sinnvolle und im eigentlichen Sinne humane Richtung gelenkt werden. Der Wandel im Umweltbewußtsein, der in den letzten zwanzig Jahren eingetreten ist, gibt hier Anlaß zur Hoffnung.

Gegen diese Vorstellung sind zwei Einwände denkbar. Erstens könnte darauf hingewiesen werden, daß die bisherige Entwicklung Tatsachen geschaffen hat, die nunmehr als Sachzwänge wirken, so daß gar keine Wahlmöglichkeiten mehr bestehen. Beispiele dafür wären etwa die bisherigen Investitionen in technische Projekte oder der eingeschränkte ökonomische und politische Handlungsspielraum, dem heute jeder Entscheidungsträger in führender Position Rechnung tragen muß. Derartige Fragen sind im Rahmen der „Technokratiediskussion" ausführlich erörtert worden [4].

Diese Auffassung hält jedoch einer näheren Nachprüfung nicht stand. Denn die tatsächlich vorliegenden Umstände können, für sich allein genommen, keine wie auch immer gearteten Handlungen erzwingen. Genau besehen legen sie nur die äußeren, physischen Rahmenbedingungen und die Handlungsmöglichkeiten fest, die in einer konkreten Situation gegeben sind. Die erwähnten ,Sachzwänge', denen sich ökonomische und politische Entscheidungsträger ausgesetzt sehen, beruhen aber in Wirklichkeit stets auf einer Kombination von äußeren Gegebenheiten und inneren Einstellungen, d. h. Wertungen. Dies läßt sich durch ein Gedankenexperiment verdeutlichen: Weder die Naturgesetze noch der Stand der vorhandenen bzw. der derzeit erreichbaren Technik stehen einer Lösung der ökologischen Probleme entgegen. Allerdings wäre dazu ein Verzicht auf die Erfüllung anderer

Die Göttin der Geschwindigkeit symbolisiert das Streben, die Beschränkung durch Raum und Zeit zu überwinden.

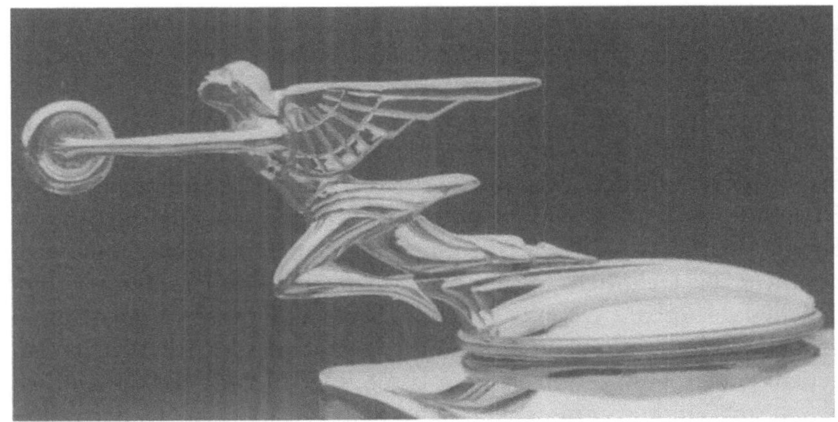

Wünsche erforderlich. Wir müssen uns von neuen Wertvorstellungen leiten lassen, denn Mittel, die in den Umweltschutz fließen, würden nicht mehr für anderweitige Vorhaben wie Konsum und Dienstleistungen zur Verfügung stehen. In ähnlicher Weise wäre unter den augenblicklichen Umständen eine wesentliche Verringerung des Verbrauchs an fossiler Energie theoretisch möglich, aber nur, wenn wir bereit wären, eine entsprechende Senkung unseres Lebensstandards hinzunehmen. Aus unserem Verhalten kann man also auf die Wertordnungen schließen, die unausgesprochen unser Tun bestimmen. Nur aufgrund von bestimmten Wertungen bzw. Zielsetzungen, und das heißt aufgrund entsprechender normativer Vorgaben, lassen sich in einer gegebenen Handlungssituation bestimmte Aktionen als ‚notwendig‘ erweisen. Der Aufweis der jeweils stillschweigend vorausgesetzten Wertungen ist also geeignet, die Sachzwangthese zu entkräften.

Die Natur- und Ingenieurwissenschaften eröffnen immer nur bestimmte Möglichkeiten. Doch sie lassen es offen, ob und wie wir von diesen Möglichkeiten Gebrauch machen. Die entsprechenden Aussagen, Formeln oder Theorien sind stets hypothetischer und konditionaler Art; sie sagen nur, was wir tun können [5]. Genauer betrachtet geben sie an, welche Resultate zu erwarten sind, *falls* bestimmte Maßnahmen ergriffen werden; doch sie schreiben uns nicht vor, was wir tun sollen. Ganz entsprechende Überlegungen gelten für die wirtschaftlichen und politischen Aspekte der Technik. Auch in diesen Fällen geht es darum, daß man bestimmte, ausdrücklich oder stillschweigend als wertvoll und erstrebenswert vorausgesetzte Ziele erreichen will, woraus sich dann die ‚Notwendigkeit‘ einer bestimmten Handlungsweise ergibt.

Der jeweils vorliegende Stand der Wissenschaft und Technik stellt also immer nur ein in unterschiedlicher Weise interpretierbares ‚Angebot' dar.

Der zweite, wesentlich schwerwiegendere Einwand bezieht sich auf die Grenzen eines bewußt herbeigeführten Wertwandels und auf die daraus resultierenden Schranken für veränderte Handlungsweisen. Hier ist zu bedenken, daß die Wertauffassungen, die eine bestimmte Kultur definieren, und die aus ihnen abgeleiteten Zielvorstellungen uns nicht wie technische Systeme und Prozesse als äußere, fremde und beliebig verfügbare Objekte gegenüberstehen. Sie sind vielmehr integrierender Bestandteil unseres Selbst, von dem sie sich nur in der gedanklichen Abstraktion trennen lassen. Der Mensch hat als Kulturwesen stets ein bestimmtes Welt- und Selbstverständnis. Ja, der rationale Anteil des Charakters einer einzelnen Person und einer sozialen Gruppe ist geradezu bestimmt durch die Wertvorstellungen, die jeweils im Rahmen der historisch überkommenen Vorgaben als verbindlich betrachtet werden. Dabei hat sich der in der historischen Rückschau aufweisbare Wertwandel unter der Leitfunktion übergreifender, langfristiger geistiger Strömungen wie Naturbeherrschung, Säkularisierung, Fortschrittsdenken, Demokratisierung, Chancengleichheit stets hinter dem Rücken der Menschen als ein nicht vorhersehbarer, gleichsam untergründiger Prozeß vollzogen. Die Verbindlichkeit von Wertvorstellungen beruht denn auch gerade darauf, daß sie nicht zur Disposition stehen. [I-3.3]

Im Gegensatz zu traditionalen Gesellschaften, die sich an einem unbefragt hingenommenen Wertsystem orientieren, ist für unsere Gegenwart ein Wertpluralismus kennzeichnend, der in einer allgemeinen Liberalität und in einem breiten Spektrum politischer Standpunkte seinen Ausdruck findet. Um ein gedeihliches Zusammenleben sicherzustellen, ist aber neben der Freiheit zur individuellen Entscheidung auch ein Einverständnis über die Verfahren zur Entscheidungsfindung und über einen Grundbestand an inhaltlichen Festlegungen erforderlich. Auch hier kann ein Gedankenexperiment aufschlußreich sein: Wenn es an einem solchen Grundkonsens fehlen würde und jeder eine völlig uneingeschränkte Wahlfreiheit für sich in Anspruch nehmen könnte, wäre unsere komplexe, hochdifferenzierte Industriegesellschaft, rein funktional gesehen, auf Dauer nicht lebensfähig.

Bei Wertungen stößt man auf ein Letztgegebenes: Sie können immer nur im Wechselspiel von tradierten Auffassungen und neuen Vorstellungen im Namen anderer Wertungen kritisiert und verändert werden, wobei der Ausgang dieses Umwertungsprozesses keineswegs von vornherein feststeht. Der philosophische Disput zwischen Vertretern des Rationalismus und des Dezisionismus ist hier aufschlußreich. Dabei geht es um ein grundsätzliches Spannungsverhältnis: Auf der einen Seite steht die argumentativ begründete und im Idealfall von allen einsichtigen Diskussionsteilnehmern als ‚vernünftig' erkannte und eben deshalb akzeptierte Erkenntnis von bestimmten Werten. Dem steht auf der anderen Seite der Zwang gegenüber, in einer bestimmten Wahlsituation kurzfristig und eventuell auch ohne Diskussion und Begründung zu einem akzeptablen Konsens oder zu einer praktisch brauchbaren Mehrheitsentscheidung zu kommen. Hier treffen zwei Denkmodelle aufeinander: Die Vorstellung von der Universalität der Vernunft, die unmittelbar für sich selbst spricht und deshalb alle überzeugt, und der auf einer persönlichen Entscheidung beruhende, begrifflich nicht weiter auflösbare individuelle Willensakt. In Wirklichkeit sind jedoch stets beide Elemente im Spiel. Es wird nie völlig blind und willkürlich entschieden, und das entschlossene moralische Wollen setzt mehr voraus als nur begriffliche Einsicht und vernünftige Argumente. Jede vernünftige Entscheidung bezieht sich auf die überpersönliche Idee der Vernunft und sie ist gleichzeitig gebunden an einen pragmatischen Willensakt. Auch in Sachen Technikentwicklung ist ein Wertwandel nur möglich durch die Verbindung von vernünftigen Argumenten mit der Entschlossenheit des Wollens.

Literaturnachweise

1 *Luhmann*, Niklas: Ökologische Kommunikation. Opladen 1986, S. 32–39
2 *Ortega y Gasset*, José: Betrachtungen über die Technik. Stuttgart 1973, S. 31
3 *Rickert*, Heinrich: Kulturwissenschaft und Naturwissenschaft. Tübingen ⁶1926
4 *Lenk*, Hans (Hrsg.): Technokratie als Ideologie. Stuttgart 1973, S. 58–76
5 *von Wright*, Georg Henrik: Erklären und Verstehen. Frankfurt a. M. 1974, S. 89–99

Geschichtlicher Wertwandel

Ernst Oldemeyer

> „ ,*Der Wille zur Macht.* Versuch einer Umwertung aller Werte' –
> mit dieser Formel ist eine *Gegenbewegung* zum Ausdruck gebracht,
> in Absicht auf Prinzip und Aufgabe; eine Bewegung, welche in
> irgendeiner Zukunft jenen vollkomenen Nihilismus ablösen wird;
> welche ihn aber *voraussetzt,* logisch und psychologisch; welche
> schlechterdings nur *auf ihn und aus ihm* kommen kann. Denn warum
> ist die Heraufkunft des Nihilismus nunmehr *notwendig?* Weil unsre
> bisherigen Werte selbst es sind, die in ihm ihre letzte Folgerung
> ziehn; weil der Nihilismus die zu Ende gedachte Logik unsrer
> großen Werte und Ideale ist, – weil wir den Nihilismus erst erleben
> müssen, um dahinter zu kommen, was eigentlich der Wert dieser
> ,Werte' war … Wir haben, irgenwann, *neue Werte* nötig …'".
> (Friedrich Nietzsche: Aus dem Nachlaß der achtziger Jahre. In:
> Werke. Hrsg. v. Schlechta, Karl. Bd. 3. München 1966, S. 634 f.)

Die Rede vom „Wertwandel" ist in den letzten zehn bis zwanzig
Jahren einer großen Öffentlichkeit zunehmend geläufig geworden.
Eine starke Schubkraft bei dieser Wiederbesinnung auf ein viel älteres
Problem hat die ausgedehnte Diskussion um die These von den
„Grenzen des Wachstums" der modernen Industriekultur bewiesen,
die das Team von Denise Meadows (geb. 1942) mit dem ersten Bericht
des „Club of Rome" ausgelöst hatte. Obschon diese These in ihrer
Beurteilung durch die Experten umstritten blieb, ist inzwischen in den
wirtschaftlich hochentwickelten Gesellschaften ein Krisenbewußtsein
fast selbstverständlich geworden. Es zieht aus zahlreichen weiteren
Anlässen immer neue Nahrung. Zu diesen Anlässen gehören viele
unbeabsichtigte Auswirkungen der neuzeitlichen Technik. Inzwischen
weiß jeder auch nur mäßig informierte Zeitgenosse für bereits eingetretene Katastrophenfälle ebenso wie für bestehende Großrisiken und
für befürchtete Langfristfolgen von Anwendungen verschiedenster
Techniken leicht eine Handvoll von Beispielen aufzuzählen.

Mit der gesteigerten Krisensensibilität ist auch der Sinn dafür gewachsen, daß diese Lage nicht allein durch Erkenntnismängel, Unvoll-
kommenheiten und Fehlleistungen der Technik, wirtschaftliche Sachzwänge und verkrustete Sozialstrukturen bedingt ist. Wissenschaft
wie öffentliche Meinung sind aufs neue darauf aufmerksam geworden,
daß Werthaltungen eine Orientierungs- und Lenkungsfunktion für

menschliches Denken und Handeln, auch das wissenschaftliche und technische, besitzen. Zur Wiederentdeckung der Wertdimension haben gesellschaftlich-politische Schrittmachergruppen – wie Bürgerinitiativen, „grüne" Parteien, Propagatoren „alternativer" Lebensformen – das Ihre beigetragen. Die unter marxistischem Einfluß lange vorherrschende Ansicht, daß Werthaltungen als Erscheinungen des „Überbaus" einseitig von „Basis"-Faktoren, wie den Primärbedürfnissen, Produktivkräften oder Eigentumsverhältnissen abhängig seien, hat an Boden verloren. Die nach zwei Weltkriegen gewachsene Wahrnehmungs- und Toleranzbereitschaft für einen regionalen, zeitlichen und schichtenspezifischen Pluralismus der Kulturformen ließ auch den Gedanken eines geschichtlichen „Wertwandels" wieder plausibel werden. Zwei Perspektiven stehen dabei in Konkurrenz miteinander: einmal die Bejahung und Forderung einer Abkehr vom „bürgerlichen" Wertekanon hin zu „alternativen" Werten, die für die Bewältigung der Krise angemessener seien, zum andern die Warnung vor einem Abbau traditioneller Werte durch rasanten sozialen Wandel, auf den mit einer Werterhaltungspolitik zu antworten sei [1].

Was ist unter „Wertwandel" zu verstehen? Der Begriff „Wert" hat einen nicht immer genügend beachteten Doppelsinn. Er wird im Sinne von „Güterwert" und von „Orientierungswert" verwendet. „Güterwerte" sind Werteigenschaften, die eine Sache – als ein „Gut" – für ein wertendes Subjekt hat: Gebrauchswert, Repräsentationswert, Tauschwert, Preis. „Orientierungswerte" sind Leitbegriffe („ideale" Geltungseinheiten) – zum Beispiel Freiheit, Schönheit, Gesundheit, Wohlstand –, auf die ein wertendes Subjekt sich bezieht, wenn es Werturteile über Güter fällt [2]. Daß Güterwerte einem unablässigen Wandel unterworfen sind, wundert in unserer Kultur niemanden. Nicht so selbstverständlich indes ist es, daß auch Orientierungswerte einem Wandel ausgesetzt sein sollen. Eben dies aber meinte Friedrich Nietzsche (1844–1900), als er in den 1880er Jahren die Formel von der „Umwertung der Werte" prägte [3]. Diese Formel bezeichnet in gewisser Hinsicht den Vorgang genauer, der heute mit dem Ausdruck „Wertwandel" belegt wird. Denn es handelt sich dabei nicht primär darum, daß Werte ihren Sinn verändern, noch darum, daß alte Werte aus dem menschlichen Horizont verschwinden und neue dafür eingeführt werden. Eher ist es so, daß ein gewisser Bestand an Grundwerten, der in Religionen und Ideologien, in Moralregeln und Rechtsordnungen, aber auch in informellen Bräuchen und Geschmacksmustern mehr oder weniger ausdrücklich enthalten ist, im Zuge des sozial-kulturellen Wandels eine Veränderung seiner Bewertung erfährt. Was sich dabei ändert, sind vor allem die Rang- und Präferenzordnungen jener Werte.

Diese Um-Bewertung von Werten vollzieht sich teils – wie beim Wechsel von Moden und öffentlichen Stimmungslagen – relativ reibungslos und ohne nähere Beachtung durch die beteiligten Menschen, teils aber auch vollbewußt im Durchleben tiefreichender Orientierungskrisen und Konflikte. Dies letztere ist vor allem dann der Fall, wenn bei einer Konfrontation starker Interessengegensätze die Umwertung im Sinne einer Umpolung von Wert und Unwert vor sich geht. Dabei wird ein in der Tradition oder auf einem gegnerischen Standpunkt hochgeschätztes Leitbild zum Unwert (als „schlecht", „minderwertig", „böse") erklärt und ihm ein dort eher negativ beurteilter Wert als Positivum entgegengestellt. Ein Beispiel ist Nietzsches Umwertung der christlichen Liebesmoral zur „Sklavenmoral" und einer naturalistischen Machtmoral zur „Vornehmheits-" oder „Herrenmoral"[4]. In einer verdeckten Form finden sich suggestive Wert-Unwert-Umpolungen auch in ideologischen Wertkonflikten der Gegenwart, etwa wenn ein Wahlslogan lautete „Freiheit statt Sozialismus" oder wenn zwei verschiedene politische Leitlinien zur Friedenssicherung zu einem Gegensatz von Friedenswilligkeit und Kriegsbereitschaft uminterpretiert wurden.

Eine solche Wert-Unwert-Umpolung ist aber für komplexe Wertauseinandersetzungen in einer pluralistischen Kultur zu grobschlächtig, ja verfälschend. Denn meist geht es hier um Konflikte zwischen konträren Orientierungswerten, denen beiden für bestimmte Lebensbereiche ein positiver Wertsinn zukommt. Derartige Konflikte zwischen durchaus positiven Leitwerten finden sich in der europäischen Geschichte häufig. Sie werden keineswegs nur zwischen äußeren ideologischen Gegnern, sondern oft zwischen „zwei Seelen in einer Brust" ausgetragen. Man denke an so traditionsreiche Polaritäten wie diejenigen zwischen Werten der Individuation und der Sozialisation, der Freiheit und der Bindung, der Selbstbehauptung und der Selbstlosigkeit, der Kontrolle und des Vertrauens, der Pflicht und der Neigung.

Zusammenfassend läßt sich sagen, daß es sich beim Wertwandel in einer Gesellschaft überwiegend um Verschiebungen in der Relevanzeinschätzung und der Präferenz von Orientierungswerten handelt, die allerdings im polemischen Klima von Wertkonflikten gern zu Wert-Unwert-Umpolungen hochstilisiert werden. Für solche Prioritätsverschiebungen sprechen auch bisherige Ergebnisse der empirischen Wertforschung, die in den letzten Jahrzehnten – vor allem mit sozialwissenschaftlich-demoskopischen Methoden – betrieben worden ist.

Felder der Wertkonfrontation

		I. Wirtschaftlich-berufliches Leben	II. Rechtlich-staatlich geregeltes politisches Leben	III. Individuelle Selbstverwirklichung	IV. Verhältnis zwischen Mensch und Natur
Gegensätzliche Positionen	Fortschrittsorientierte Position	Prinzip des Wettbewerbs	Hierarchische Ordnung unterschiedlicher Kompetenzen	Persönlichkeitsbildung durch expansiven individuellen Aktivismus unter Konkurrenz	Unbegrenzter kultureller und technischer Fortschritt durch Unterordnung der Natur
	Alternative Position	Prinzip der Solidarität	Gleichberechtigte Teilhabe	Persönlichkeitsbildung in partnerschaftlicher Orientierung auf den Mitmenschen	Natur-Technik-Symbiose durch Natureinfügung der Kultur

Demgegenüber finden totale Umbrüche der Wertorientierung eher bei Einzelmenschen statt, die aus bekehrungsartigen Erweckungserlebnissen Konsequenzen ziehen. Wertkonflikte und sozial ausstrahlende Umwertungsprozesse lassen sich für einen großen Teil der Menschheitsgeschichte nachweisen, soweit schriftliche Zeugnisse Einblick in das Selbstverständnis von Kulturen gewähren. Dies gilt auch für Konflikte um die Akzeptanz bedeutender technischer Neuerungen. In den folgenden Ausführungen kann nur die Frontstellung skizziert werden, um die es bei den in den letzten Jahrzehnten virulenten Orientierungskrisen geht. Dabei sollen nicht die statistischen Ergebnisse der empirischen Wertwandelsforschungen nachgezeichnet werden, deren Deutung und Prognosekraft noch umstritten ist. Vielmehr wird eine knappe Gegenüberstellung von zentralen Wertstandpunkten gegeben, die in diesen aktuellen Auseinandersetzungen, vor allem im politischen Kampf und in der veröffentlichten Meinung aufeinanderstoßen. Dabei beschränken wir uns auf die exemplarische Gegenüberstellung von zwei Wertkomplexen, die von verschiedenen Gruppen vertreten werden, nämlich einerseits von den bisherigen Trägern des wissenschaftlich-technischen Fortschritts und andererseits von den eingangs erwähnten alternativen Schrittmacher-Bewegungen.

Als ein erstes Feld solcher Wertkonfrontationen in der europäisch-amerikanischen Kultur der Gegenwart sei der Bereich des wirtschaftlichen und beruflichen Lebens genannt. Die traditionelle Ausrichtung, die aus den Werthaltungen des neuzeitlichen Humanismus, der Aufklärung und des Wirtschaftsliberalismus gespeist ist, läßt sich wie folgt charakterisieren: Vorherrschend ist eine Orientierung am Prinzip des Wettbewerbs. Diese Konzeption gilt als Garant des Fortschritts von Produktivität und Wohlstand. Man betrachtet den Wettstreit um einen „Platz an der Sonne" als die natürliche Bestimmung der auf Eigenständigkeit und Selbstbehauptung angelegten Lebenseinheiten und ist der Überzeugung, daß sich der größte Vorteil für die Gesellschaft ergibt, wenn diese Lebenseinheiten (die Individuen, Gruppen und Verbände) primär ihre Eigeninteressen verfolgen. In den sozialen Marktwirtschaften bilden allgemeine Regeln zur Garantie einer Chancengerechtigkeit und ein „soziales Netz" den Rahmen, innerhalb dessen ein möglichst unbehindertes Rivalisieren und Konkurrieren dieser Einheiten als stärkstes Stimulans für das Erbringen von Leistungen gilt. Die obersten Werte sind der Wettbewerb und das Leistungsprinzip: die durch eigene Arbeit erbrachte Leistung wird als das gerechteste Maß für die Honorierung sowie für die Zuweisung von sozialen Positionen und Rängen angesehen [5].

Dieser Wertausrichtung wird eine andere, „alternative" entgegengestellt, die vom Prinzip der Solidarität oder der „Brüderlichkeit" ausgeht. Sie hat – in der heute im Westen vertretenen Form – ihre Quellen in den Ideen eines nicht-marxistischen Sozialismus. Als Grundnorm gilt die „gegenseitige Hilfe" innerhalb sozialer Gruppen und zwischen ihnen [6]. In Rudolf Steiners (1861–1925) „sozialem Hauptgesetz" ist diese Haltung exemplarisch formuliert: „Das Heil einer Gesamtheit von zusammenarbeitenden Menschen ist um so größer, je weniger der Einzelne die Erträgnisse seiner Leistungen für sich beansprucht, das heißt, je mehr er von diesen Erträgnissen an seine Mitarbeiter abgibt, und je mehr seine eigenen Bedürfnisse ... aus den Leistungen der anderen befriedigt werden", kurz: „je geringer der Egoismus ist". Als „Gesamtheit" ist hier nicht eine „Summe von einzelnen Menschen" verstanden, sondern eine von einem „Gesamtgeist", einer „geistigen Mission" erfüllte Gemeinschaft, in der jeder „freiwillig tut, wozu er berufen ist nach dem Maß seiner Fähigkeiten und Kräfte" [7]. In einer solchen geistig harmonierenden Gemeinschaft wird die Freude an der Zusammenarbeit und ein partnerschaftliches Wetteifern um die besten Problemlösungen als zureichender Anreiz zur Leistung angesehen. Institutionalisierte Rangordnungen und Statusunterschiede werden abgelehnt.

Ein zweites Gebiet von Wertkonflikten ist das des rechtlich-staatlich geregelten politischen Handelns. Hier ist in der westlichen Kultur der letzten Jahrhunderte fast überall eine repräsentative Demokratie als normale Verfassung durchgesetzt worden. Politische Willensbildung, Repräsentantenwahl und Entscheidung durch die Gewählten sind an staatlich institutionalisierte Verfahren gebunden. Die Institutionen des Staates sind in der Regel hierarchisch organisiert, wobei den unter- und übergeordneten Ämtern deutlich unterschiedliche Kompetenzen zukommen. Das Interesse der Bewerber um Ämter ist auf die chancengleiche und ungehinderte Erreichbarkeit derjenigen Stufen gerichtet, die den jeweiligen Befähigungen und Leistungen entsprechen. Ein Grundwert heißt: Aufstieg. Die nach Ressorts gegliederte Bürokratie mit der ihr innewohnenden Tendenz zu jeweils möglichst hoher Zentralisierung wird als Rahmen für die staatlichen Verwaltungsaufgaben bejaht. Dem Staat werden umfassende Verantwortlichkeiten und zumindest rahmensetzende Kompetenzen, auch in außerpolitischen Bereichen wie Wirtschaft, Sozialfürsorge, Erziehung, Kultur und Wissenschaft zuerkannt. Ungleichgewichte der Machtballung und Mißbräuche sollen durch das Prinzip gegenseitiger Kontrolle der Instanzen verhindert werden, vor allem durch die Gewaltenteilung zwischen Gesetzgebung, ausführender Regierungstätigkeit und Rechtsprechung.

Als Alternative zu dieser Orientierung bieten sich Konzeptionen einer partizipatorischen Regelung des politischen Handelns und Entscheidens an. Grundwert ist die gleichberechtigte Teilhabe aller Betroffenen an politischen Entscheidungen. Eine direkte oder Basisdemokratie soll diesem Ideal am ehesten gerecht werden. Dazu gehört eine weitgehende Selbstverwaltung überschaubarer politischer Einheiten. Gegenüber den bisherigen Strukturen wird Dezentralisierung, Regionalisierung, Föderalisierung gefordert. Wenn auch das Leitbild völliger Herrschaftslosigkeit (Anarchie) meist als unrealisierbar betrachtet wird, so gilt doch die Regel, daß auf Bürokratie mit Ressortspezialisierung und Ämterhierarchie zu verzichten sei. Politische Institutionen, wo sie denn unumgänglich sind, sollen basisdemokratisch legitimiert sein und eine nicht-autoritäre Struktur besitzen, in der Führungsaufgaben nur wahrgenommen werden können, solange und soweit ein Basisauftrag dazu besteht. Insgesamt gilt als erstrebenswert, den Staat in seinen Aufgaben weitestgehend zu beschränken — zum Beispiel auf bloßen Schutz seiner Bürger — und außerpolitische Bereiche wie Wirtschaft, Erziehung, Wissenschaft usw., zu entstaatlichen („Minimalstaat") [8].

Ein dritter Bereich ist derjenige der individuellen Selbstverwirklichung. Hier hat sich auf der einen Seite aus christlich-humanistischen Wurzeln, gefördert durch die protestantische Ethik der „innerweltlichen Askese", das Ideal des „innengeleiteten" Menschen, der ich-starken, unabhängigen, in sich geschlossenen Persönlichkeit ausgebildet [9]. Sie entfaltet sich durch Erbringen von Leistungen unter Konkurrenz, durch Erringen von Erfolgen über Rivalen, durch Mehren von Eigentum, Bildung und Kulturgütern. In dieser „Habens"-Orientierung ist Grundwert ein expansiver Aktivismus der Selbststeigerung in einem als Kampf und Prüfung aufgefaßten Leben.

Diesem Ideal wird das „alternative" Leitbild eines partnerschaftlich orientierten Einzelnen gegenübergestellt, der offen ist für die vielen Seiten zwischenmenschlicher Begegnung. Hier wird der Grundwert im Erreichen der „Konvivialität", der Fähigkeit zum friedlichen Zusammenleben, gesehen [10]. Diese kann nicht aus rein passiver Anpassung an jeweilige Bezugsgruppen entstehen („Außenleitung"); sie setzt vielmehr ein In-sich-Ruhen der Person voraus, das aus einer kontemplativen Welt- und Selbsterfahrung, aus Bewußtseinserweiterung, aus der Orientierung an „Seins"- statt „Habens"-Werten erwächst.

Ein viertes Gebiet ist für die Technik von besonderer Bedeutung: das Verhältnis des Menschen zur Natur. Aus einer langen Geschichte des Für und Wider um die Akzeptanz der technischen Umgestaltung der Erde durch den Menschen haben sich bis zur Gegenwart zwei Grundstandpunkte erhalten und entfaltet. Der eine Standpunkt – ein Optimismus der Lebensverbesserung – vertritt das Wertideal eines zeitlich unbegrenzten kulturellen und technischen Fortschritts: Im Zeichen eines expansiven Vermögens technischer Raumbeherrschung ist die Natur auf der Erde nach menschlichen Zwecksetzungen immer perfekter umzugestalten. Das Fernziel ist ein globales kulturell-technisches Gesamtsystem, dem die beherrschte Natur untergeordnet und kleinere Wildnis-Zonen als Schutz- und Erholungsgebiete eingeordnet sind.

Der entgegengesetzte, wiederum als „alternativ" zu bezeichnende Standpunkt leitet sich von der alten Wertidee einer Natureinfügung der Kultur her. Auf dem heute erreichten technischen Niveau wird diese Idee durch den Gedanken einer neuartigen Natur-Technik-Symbiose konkretisiert. Ihr Sinn besteht darin, daß auch hochentwickelte Techniken in ökologischer Verantwortung den erkannten Systemzusammenhängen der Natur einzupassen wären („angepaßte Technik"). Das Fernziel liegt im Erreichen einer regenerativen Technik, deren Prozesse in natürliche Kreisläufe zurückgelenkt werden können [11].

Ob sich aus diesen Konflikten in den genannten Feldern eine langfristige Änderung der Werthaltungen herausbildet, hängt wohl weniger von einem „Sieg" der einen oder anderen Seite ab. Wie immer in der Geschichte dürfte es vielmehr darauf ankommen, ob die positiven Züge in beiden Positionen, die den drängenden Zeiterfordernissen entsprechen, zu einer produktiven Synthese gebracht werden können.

Literaturnachweise

1 *Klages,* Helmut/*Kmieciak,* Peter (Hrsg.): Wertwandel und gesellschaftlicher Wandel. Frankfurt a. M., 1979, S. 11 f.
2 *Oldemeyer,* Ernst: Zum Problem der Umwertung von Werten. In: Wertwandel (wie Anm. 1), S. 597 ff.
3 *Nietzsche,* Friedrich: Zur Genealogie der Moral. In: Werke. Hrsg. v. Schlechta, Karl. Bd. 2. München 1966, S. 897
4 Vgl. 3, S. 771 ff.
5 *Lenk,* Hans: Eigenleistung. Plädoyer für eine positive Leistungskultur. Zürich/Osnabrück 1983, S. 88 ff.
6 *Kropotkin,* Peter: Gegenseitige Hilfe in der Tier- und Menschenwelt. Leipzig 1923
7 *Steiner,* Rudolf: Geisteswissenschaft und soziale Frage. In: Gesamtausgabe. Hrsg. v. Steiner, Rudolf, Nachlaßverwaltung. Bd. 34. Dornach 1960, S. 213
8 *Steiner,* Rudolf: Die Kernpunkte der sozialen Frage. (Steiner TB 606). Dornach 1974, Kap. II; *Nozick,* Robert: Anarchie – Staat – Utopia. München 1976
9 *Riesman,* David: Die einsame Masse. (rde 72/73). Reinbek 1958, S. 120 ff.
10 *Illich,* Ivan: Selbstbegrenzung. Reinbek 1975, S. 30 ff.
11 *Vester,* Frederic: Neuland des Denkens. Stuttgart 1980, S. 81 ff.: „Acht biokybernetische Grundregeln"

Verantwortungsdifferenzierung und Systemkomplexität

Hans Lenk

Grundlegende Probleme

„Ungeheuer ist viel. Doch nichts ungeheurer als der Mensch" läßt Sophokles den Chor der thebanischen alten Männer in seiner Tragödie „Antigone" sagen. Er konnte sich in seinen Beispielen nur auf Schiffe, Pflugscharen, Haus- und Stadtbau sowie auf Kriegskünste mit Pfeil und Bogen beziehen. Sophokles ahnte noch nichts von der ins Ungeheuerliche gewachsenen technischen Macht des Menschen, der heute mit Hilfe der Waffentechnik oder durch Großkatastrophen der Chemie oder Reaktortechnik regional oder sogar kontinental alles höhere Leben vernichten oder schwer schädigen könnte – einschließlich seiner eigenen Lebensbedingungen oder jener von entfernten Mitmenschen. So groß ist des Menschen technische Macht geworden, daß er zum „Meister und Besitzer der Natur" ward, wie René Descartes (1596– 1650) und schon Francis Bacon (1561–1626) es am Beginn der Aufklärungs- und Industrialisierungsepoche formulierten[1]. Macht hängt vom Können ab, Können vom Wissen. Wissen wurde erst heute wirklich Macht, wie Bacon es voraussah. Mit der Macht aber wächst die Verantwortung. Erweiterte Handlungs- und Einwirkungsmöglichkeiten erzeugen erhöhte Verantwortlichkeiten. Noch niemals hatte der Mensch soviel technische Macht. Demzufolge hatte er noch niemals zuvor in der Geschichte soviel Verantwortung zu tragen wie heute. Seine technisch vervielfältigte, potenzierte Macht erstreckt sich nicht nur auf andere Menschen, sondern auf die eigene Umwelt, die gesamte belebte und unbelebte Natur, auf alle Geschöpfe, ja auf die Biosphäre insgesamt.

Mag die Macht auch ins Unermeßliche gewachsen sein, so sind Macht und Wissen doch nicht unbegrenzt. Die Macht ist durch Achtung, Vorsorge und gar Fürsorge für andere Menschen und Lebewesen einzuschränken – also durch Moral und Recht. Das Wissen erhöht nicht nur die Macht, sondern auch die Verantwortung. „Nicht die Lösung der technischen, sondern die der ethischen Probleme wird unsere Zukunft bestimmen", urteilte 1972 der Technikphilosoph Hans

Sachsse (geb. 1906) [2]. Man ist versucht, dieses Wort abzuwandeln, seiner Überpointierung zu entkleiden; man sollte deutlicher sagen: „Nicht nur die Lösung der technischen Probleme, sondern ebenso auch die Lösung der mit der technischen Entwicklung und ihrer weltweiten Anwendung verbundenen ethischen Probleme wird die Zukunft der Menschheit entscheidend mitprägen". Jedenfalls können wir es uns schon heute, und besonders künftig, nicht mehr leisten, die drängenden ethischen Probleme der Technik und der angewandten Wissenschaften zu vernachlässigen. Die ethische Problematik stellt sich heutzutage stärker als früher auch im Zusammenhang mit den neuartigen Manipulations- und Zugriffsmöglichkeiten zum Leben, auch zum menschlichen Leben selbst. Durch die technologisch bis ans Ungeheuerliche grenzenden Wirkungsmöglichkeiten des Menschen entsteht auch für die ethische Orientierung eine neue Situation, die zum Teil neue Verhaltensregeln — und damit neue Verhaltensregelungen erfordert.

Ist damit aber auch eine neue Ethik nötig? Man könnte meinen, selbst bei konstantbleibenden „Prinzipien des Guten" seien wenigstens die „Ausführungsbestimmungen der Ethik", „die Durchführungsregeln ethischer Grundsätze" sowie die Normen weiterzubilden und den neuartigen ausgedehnten Verhaltens-, Wirkungs- und Nebenwirkungsmöglichkeiten konstruktiv „anzupassen". Eine solche Anpassung ergibt sich nicht automatisch aus der neuen Situation und den neuen Verhaltensmöglichkeiten. Sie muß vielmehr im Lichte ethischer Grundwerte und voraussehbarer und eigens wieder zu bewertender Konsequenzen erfolgen.

Worin besteht aber die Neuartigkeit der ethischen Situation? Unter anderem darin, daß sich bestimmte moralische und auch rechtliche Begriffe auf die neuen technischen Phänomene und Prozesse nicht mehr ohne weiteres anwenden lassen. So zeigte Sachsse [3], daß sich die Informationsübermittlung nicht einfach im Sinne eines Güteraustausches deuten läßt, wobei der Verkäufer nach dem Tausch bzw. Verkauf die Sache nicht mehr selbst besäße. Informationsmengen folgen nicht einer Additions- und Subtraktionsregelung wie Sachgüter. Man kann Informationen weitergeben und doch behalten und auch selbst weiterhin nützen. Unsere an Güterbegriffen oder an Substanzvorstellungen orientierten moralischen Begriffe von Eigentum, Diebstahl und gerechtem Tausch lassen sich also nicht direkt auf Informationen anwenden. — Die Rechtsprechung hatte früher schon Schwierigkeiten mit der Strommenge, die zunächst nicht als „Sache" im herkömmlichen Rechtssinne galt. — Doch das Auftreten neuer technischer Phänomene und Prozesse allein ist nicht das einzige Kennzeichen der gegenwärtigen Situation, die aufgrund der technischen Entwicklung neuartige ethische Probleme erzeugt. Der entscheidende Gesichtspunkt für eine neue Interpretation oder Neuanwendung der Ethik ist zweifellos die früher ungeahnte technische Verfügungsmacht des Menschen. Diese führt in wenigstens acht Punkten zu Folgen und Risiken, die neue ethische Gesichtspunkte erfordern:

1. Die Zahl der von technischen Maßnahmen oder deren Nebenwirkungen Betroffenen ist gewaltig angestiegen. Die Betroffenen stehen oft nicht mehr unmittelbar im Handlungszusammenhang mit den tatsächlichen Akteuren.

2. Natursysteme werden in großem Maßstab Gegenstand des menschlichen Handelns: Der Mensch kann sie durch seine Eingriffe nachhaltig stören oder gar zerstören. Viele dieser Eingriffe können unter Umständen nicht kontrolliert werden und führen zu irreversiblen, nicht rückgängig zu machenden Schädigungen. Die Natur – als ökologisches Ganzes – und die Arten in ihr gewinnen angesichts der im wahrsten Sinne „ungeheuerlichen" technischen Macht eine ganz neuartige ethische Bedeutsamkeit. War die Ethik bisher im wesentlichen nur auf Handlungen und Handlungsfolgen zwischen Menschen ausgerichtet, so gewinnt sie nun eine weitergehende ökologische Bedeutsamkeit für anderes Leben, etwa wie es Albert Schweitzers Ethik der „Ehrfurcht vor dem Leben" schon vorformuliert hatte. Angesichts möglicher irreversibler Schädigungen in Gestalt von Klimaänderungen, Strahlenschäden, Bodenerosion, Dauerverschmutzung, Umkippen von Gewässern usw. geht es auch um den Menschen, aber keineswegs nur um ihn. [I-3.6; VI]

3. Angesichts der gewachsenen Eingriffs- und Wirkungsmöglichkeiten im biologisch-medizinischen wie auch im ökologischen Zusammenhang stellt sich auch das Problem der Verantwortung für ungeborenes Leben – sei es für individuelle Embryonen wie auch für nachgeborene Generationen. [I-3.6; IV]

4. Ein besonderes ethisches Problem stellt sich im Zusammenhang mit wissenschaftlichen und technischen Humanexperimenten. Nicht nur bei möglichen Eingriffen in sein Unterbewußtes oder durch soziale Manipulation, sondern auch bei pharmakologisch-medizinischen und bei sozialwissenschaftlichen Forschungsprojekten wird der Mensch selbst zum Gegenstand der wissenschaftlichen Untersuchungen und damit potentiell zum Manipulationsobjekt. [I-3.6; IV]

5. Im Bereich der Gentechnologie hat der Mensch inzwischen die Möglichkeit, durch biotechnische Eingriffe Erbgut zu verändern, durch Transplantation von Genen neue lebensfähige Arten zu schaffen

Karikatur von Horst Haitzinger (1981).

und künstlich Mutationen zu erzeugen. In den USA hat man ein
Verfahren zur gentechnischen Gewinnung eines ölverzehrenden Bak-
teriums patentiert, es wurden bereits Kröten mit den Erbanlagen von
sechs Eltern gentechnisch erzeugt, und Forscher haben sogar Mäuse
geklont, d. h. erbanlagengleich, genidentisch gedoppelt. Unter Umständen wird man bald den Menschen selbst genetisch beeinflussen,
oder später gar klonen können. Dies stellt natürlich eine ganz neuartige Dimension der ethischen Problematik dar. Kann der Mensch die
Verantwortung tragen dafür, hat er das Recht, künstlich andere Le-
bensarten technisch zu erzeugen und sich selbst eugenisch zu verändern oder zu verdoppeln und sei es auch zum Besseren? Selbst wenn
dies heute noch ins Science Fiction-Gruselkabinett gehört, muß sich
die Ethik im Vorgriff mit diesen Fragen befassen. Schon oft wurde die
Science Fiction schnell von der Technik eingeholt. [I-3.6; IV]
6. Der Mensch droht nicht nur im Zugriff der genetischen Manipulation zum Objekt der Technik zu werden. Er ist im Kollektiven wie im
Individuellen bereits Gegenstand so mancher manipulativer Beeinflussung geworden. Dazu gehören pharmakologische Einwirkungen
durch Tranquilizer ebenso wie die unterschwelligen Wirkungen von
Massensuggestionen.
7. Läßt sich mit der fortschreitenden Entwicklung der Mikroelektronik der computergesteuerten Systemorganisation und der perfektionierten Verwaltungsorganisation ein Drang zur ständig zunehmenden
Technokratie feststellen? Gehen in der Bürokratie die Technokratie
und Elektro(no)kratie eine überaus wirkungsvolle Verbindung ein, die
geradezu das Kommen von George Orwells „Großem Bruder" als
sehr realistisches Menetekel an die Programmtafel industriell hochent-
wickelter Gesellschaften schreibt? 1984 ist schon hinter uns! Entwickelt
sich eine umfassende Systemtechnokratie? Durch die Fortschritte und
Anwendungen der Computertechnik, der elektronischen Datentech-
nik und der Informationsverarbeitung stellt sich nachdrücklich das
Problem einer möglichen technokratischen Gesamtkontrolle der
Staatsbürger durch Sammlung und Auswertung ihrer kombinierten
Personaldaten. Die Gefährdung der Privatsphäre, des „Datengeheim-
nisses" hat schon zur rechtlichen Problematik des Datenschutzes geführt. Es ist offenkundig, daß diese Fragestellung auch erhebliche
moralische Bedeutsamkeit aufweist.
8. Aber die Technokratie weist noch eine andere, generelle Komponente auf. Wenn Edward Teller, der sogenannte „Vater der Wasser-
stoffbombe", in einem Interview meinte, der Wissenschaftler und
damit auch der technische Mensch „soll das, was er verstanden hat,

anwenden" und „sich dabei keine Grenzen setzen"[4], so spielt er auf eine überzogene Ideologie technokratischer Machbarkeit an, auf einen „technologischen Imperativ" (Ludwig Marcuse, Stanislaw Lem), der in den Schlagworten: „Can implies ought" – „Können umfaßt Sollen", „Was man kann, soll man auch tun", Ausdruck fand. Ob der Mensch aber all das, was er herstellen, machen, bewirken kann, auch in Angriff nehmen und durchführen soll oder darf – dies stellt die übergeordnete ethische Frage dar, die keineswegs, wie Teller meinte, einfach bejaht werden kann. [I-1.3]

Manche meinen, dieses Schlagwort sei geradezu zum Leitmotiv des technischen Fortschritts geworden. Allerdings wurden in der technischen Entwicklung stets nur ca. 5% der Patente serienmäßig zur Anwendung gebracht! Andere sehen vereinzelte Gegenbeispiele etwa in dem Beschluß der amerikanischen Regierung, das geplante Überschall-Reiseflugzeug nicht zu bauen und insbesondere in dem Verzögerungsantrag der amerikanischen Molekularbiologen von Asilomar (1975) zur Selbstbeschränkung gefährlicher Genforschungen, der vorübergehend wirksam war und auch zu gesetzlichen Einschränkungen geführt hat. Beide Entscheidungen tragen allerdings nur vorläufigen Charakter.

Erweiterte Vorsorge- und Fürsorgeverantwortung

Der emigrierte Politikwissenschaftler und Philosoph Hans Jonas (geb. 1903) machte 1979 in seinem Buch „Das Prinzip Verantwortung: Versuch einer Ethik für die technologische Zivilisation" die Herausforderungen der modernen Technik für die ethische Orientierung des menschlichen Handelns ausdrücklich zum Thema einer Theorie der erweiterten Verantwortlichkeit. Sein Ausgangspunkt ist die Feststellung, daß die überkommene Ethik in früheren nichttechnischen Epochen niemanden „für die unbeabsichtigten späteren Wirkungen seiner gut-gewollten, wohl-überlegten und wohl-ausgeführten" Handlungen verantwortlich machte. Dies habe sich mit der ins nahezu Unermeßliche gewachsenen und viele zum Teil unbeabsichtigte, zum Teil unkontrollierbare Nebenwirkungen erzeugenden technischen Macht des Menschen entscheidend geändert. Zwar gelten „die alten Vorschriften der ‚Nächsten'-Ethik – die Vorschriften der Gerechtigkeit, Barmherzigkeit, Ehrlichkeit usw. – ... immer noch für die nächste, tägliche Sphäre menschlicher Wechselwirkung", aber sie seien zu überformen von einer neuen erweiterten Ethik des techni-

Der Philosoph Hans Jonas stellt in seiner Ethik für die technische Zivilisation dem prometheisch-utopischen Schaffensdrang das „Prinzip Verantwortung" gegenüber.

schen, übergreifend wirksamen „kollektiven Tuns, in dem Täter, Tat und Wirkung nicht mehr dieselben sind wie in der Nahsphäre". Dieser Bereich erhalte durch das Übermaß technischer Macht „eine neue, nie zuvor erträumte Dimension der Verantwortung"[5]. Wir brauchen neben der traditionellen Nahethik auch eine Fernethik, eine Ethik der technischen Fernwirkungen und Systemwirkungen, weil wir negative Macht über die Biosphäre des Planeten haben, die wir (wenigstens in Teilsystemen) irreversibel verunreinigen könnten (z. B. durch Radioaktivität und Smog). „Die kritische Verletzlichkeit der Natur durch die technischen Eingriffe des Menschen" zeige, meint Jonas, daß die Art unseres Handelns sich geändert hat, indem die Natur als ein Ganzes zum Gegenstand menschlichen Handelns und menschlicher Verantwortlichkeit wird: etwas ganz Neuartiges, „über das ethische Theorie nachsinnen muß". Unumkehrbarkeit und ein Sichaufschaukeln vieler Wirkungen treten hinzu, sprengen die Nahgrenzen, die sich die herkömmliche Ethik für das menschliche Handeln gesetzt hatte.

Jonas meint – übrigens fälschlich, wenn man an Albert Schweitzers umfassende „Ethik der Ehrfurcht vor dem Leben" denkt –, daß „keine frühere Ethik" (außerhalb der Religion) uns vorbereitet habe, Natur und „Biosphäre als Ganzes und in ihren Teilen" sozusagen als „menschliches Treugut" mit eigenem moralischen Anspruch und eigenem moralischen Recht aufzufassen. Das naturwissenschaftliche Weltbild habe „eine solche Treuhänderrolle" gegenüber der Natur nicht vorgesehen. Auch „der kollektive Täter und die kollektive Tat" erforderten angesichts der Gesamtverantwortlichkeit für die Natur und für die Nachwelt ethische Gebote „neuer Art". Er möchte Immanuel Kants (1724–1804) formales grundlegendes Sittengesetz „Handle so, daß dein Handlungsvorsatz zum allgemeinen Gesetz werden könnte!", oder kürzer: „Handle repräsentativ!" ersetzen durch ein inhaltliches Gebot, durch ein neues ethisches Grundgesetz. „Handle so, daß die Wirkungen deiner Handlung verträglich sind mit dem dauerhaften Weiterbestehen echten menschlichen Lebens auf Erden; oder negativ ausgedrückt: ‚Handle so, daß die Wirkungen deiner Handlung nicht zerstörerisch sind für die künftigen Möglichkeiten solchen Lebens'; oder einfach: ‚Gefährde nicht die Bedingungen für den indefiniten (unbegrenzten) Fortbestand der Menschheit auf Erden'; oder, wieder positiv gewendet: ‚Schließe in deine gegenwärtige Wahl die zukünftige Integrität (die Existenz und Wohlfahrt) des Menschen als Mit-Gegenstand deines Wollens ein'"[6].

Allerdings forderte auch Kant, die Existenz jedes Menschen als einen Zweck an sich selbst – als Selbstzweck – anzuerkennen wie auch die Existenz der vernünftigen Natur und der Menschheit an sich. In dieser Hinsicht ist die Forderung der gesamtmenschheitlichen Verantwortung nicht so neu, wie Jonas meint. Eher ist das moralische Recht der nichtvernünftigen Natur eine neue Forderung. Eine solche hatte Kant nicht gesehen: Ethische Rechte hat für Kant nur der Mensch.

Entscheidender ist die Umdeutung des Verantwortungsbegriffs als Funktion von Macht und Wissen: Jonas meint, die Verantwortung in der traditionellen Ethik ist jeweils als ursächliche Zurechnung begangener Taten gesehen worden – sie bezog sich als rechtliche und moralische Verantwortung „auf getane Taten", für die der jeweilige Handelnde verantwortlich gemacht wird. Im Gegensatz zu dieser „Abrechnung und Aufrechnung für das Getane" gilt es, einen neuen, „einen ganz andern Begriff von Verantwortung" zu entwickeln, der das Zu-Tuende betrifft; „gemäß dem ich mich also verantwortlich fühle nicht primär für mein Verhalten und seine Folgen, sondern für die Sache, die auf mein Handeln Anspruch erhebt". Er sagt: „Die Sache wird meine, weil die Macht meine ist und einen ursächlichen Bezug zu eben dieser Sache hat. Das Abhängige in seinem Eigenrecht wird zum Gebietenden, das Mächtige in seiner Ursächlichkeit zum Verpflichteten"[7]. Angesichts meiner Verfügungsmacht über etwas schließt „meine Kontrolle darüber zugleich meine Verpflichtung dafür ein". Also: eine Verantwortung für – auch indirekt – Betroffene und Abhängige, für Menschen und Naturwesen. Technische Macht und ihre Nebenwirkungen, die Schnelligkeit des Wandels haben „die Zeitspannen der Verantwortung sowie des wissenden Planens (. . .) ungeahnt erweitert" und zu einem „Überschuß" der Verantwortung über die Voraussicht geführt[8]. Das Wissen bleibt in komplexen Systemen allemal unvollständig – gerade, was Nebenwirkungen angeht. Der Mensch muß sozusagen mehr verantworten, als er exakt voraussehen kann. Das Risiko ist eingebaut. Und er ist für mehr verantwortlich als er tut. Konnte man früher einer relativ konstanten Naturordnung sicher sein, die der Mensch durch seine Eingriffe nicht oder allenfalls unwesentlich beeinflussen konnte, so hat „mit der Machtergreifung der Technologie" nach Jonas „die Dynamik Aspekte angenommen, die in keine frühere Vorstellung eingeschlossen waren", und der Mensch ist für die geschichtliche Zukunft seiner selbst und der irdischen Natur verantwortlich. Die Macht wird gleichsam zur Wurzel des Sollens und der Verantwortung.

Das Können wird dem Menschen und der Menschheit zum Schicksal – tatsächlich und moralisch. Notwendig ist daher die Selbstkontrolle der technischen Macht. Der Mensch wird „zum Treuhänder aller anderen Selbstzwecke, die irgend unter das Gesetz seiner Macht kommen"[9]. Dieser Wechsel der Verantwortungsreichweite und ihrer Zeitbezüglichkeit ist für Jonas das Neue an der für die technologische Welt notwendigen „Ethik der Zukunftsverantwortung". Sie umfaßt nicht nur die Verantwortung für die „Zukunft der Menschheit", sondern auch für die „Zukunft der Natur". Seitdem der Mensch nicht nur sich selbst, sondern der ganzen Biosphäre gefährlich geworden sei, seit die „Schicksalsgemeinschaft von Mensch und Natur" und „auch die selbsteigene Würde der Natur" wiederentdeckt wurden, wird dem Menschen auch seine Verantwortung für den Zustand der gesamten Natur und für „den Zustand der Biosphäre" ebenso wie jene für „das künftige Überleben der Menschenart" bewußt. „Das Nein zum Nichtsein" des Menschen wie der Natur sei im Bewußtsein drohender Katastrophen das wichtigste Prinzip für eine „Notstandsethik der bedrohten Zukunft"[10]. Diese sei zur Einschränkung des Wildwuchses der technischen Macht nötig, aber „nur" durch „ein Höchstmaß politisch auferlegter gesellschaftlicher Disziplin" im Sinne einer „Unterordnung des Gegenwartsvorteils unter das langfristige Gebot der Zukunft" zu erreichen. Für uns sieht Jonas nur noch die Alternative einer „Ethik der Verantwortung". Dazu müsse man den rasanten technischen Fortschritt drastisch zügeln, wenn nicht die Natur selbst dies später rächend „auf ihre schrecklich härtere Weise tun" solle[11]. Die Hauptidee von Jonas' Entwurf ist also: Angesichts der ins fast Unermeßliche gewachsenen techn(olog)ischen Macht des Menschen und der Dynamisierung der Lebensumstände in der industriellen Welt sowie angesichts der Gefährdungen von Natur und Kreatur – einschließlich des Menschen selbst – durch Nebenwirkungen des industriellen Prozesses sei eine sittliche Erweiterung des Verantwortungskonzepts nötig: der Übergang von der Verursacherverantwortung zu einer „Treuhänder"- oder Hegerverantwortung des Menschen, von rückwirkend zuzuschreibender Verantwortung für Getanes zu einer auf Künftiges ausgerichteten Sorge-für-Verantwortung, von der Resultatsverantwortung zur Präventionsverantwortlichkeit, von der Handlungsverantwortung zur „Seinsverantwortung".

In der Tat kann angesichts von sich aufschaukelnden und sich aufsummierenden sowie erst gemeinsam und in der Zukunft eintretenden Kombinationswirkungen die Vorstellung einer am einzelnen Handelnden orientierten Verantwortung, die nur abgeschlossene Handlungen berücksichtigt, nicht mehr genügen. Die Zurechnung zu einzelnen Akteuren läßt sich bei zusammengeschalteten oder zusammenwirkenden Prozessen nicht mehr durchführen. Dennoch dürfen wir das Nichtzurechenbare, aber doch von uns Beeinflußbare nicht einfach ,seinem Schicksal' überlassen. Dies wäre ,unverantwortlich'. Unter dem Gesichtspunkt einer hegerischen Verantwortlichkeit, der Treuhänderschaft für ökologische Systeme, für Natur und Leben allgemein müssen kollektive Verantwortlichkeiten definiert werden, welche die Abwendung von Störungen zum Ziele haben, so daß wir unter Umständen auch Unterlassungen zurechnen können.

Kritisierend bzw. eher korrigierend muß man zu Jonas' Ausführungen sicherlich noch hinzufügen: Eigentlich handelt es sich nicht um einen Übergang von der überkommenen Verantwortung für Handlungsergebnisse zur Heger- und Präventionsverantwortung, sondern die traditionelle Verantwortung für Getanes bleibt natürlich weiterhin bestehen, was die Verursachung des Handelns – gerade auch mit der technisch gewaltig erweiterten Wirkungsausdehnung – betrifft. Angesichts der zum Teil schwerer zu übersehenden unbeabsichtigten Nebenwirkungen ist diese Verantwortung nur schwieriger zu tragen und zuzuschreiben. Statt von einem Übergang von einem Verantwortungstyp zu einem anderen zu sprechen, sollte man von zwei zugleich zu berücksichtigenden Verantwortungsarten sprechen: einer strikteren sowie einer erweiterten. Ein Übergang wäre allenfalls darin zu sehen, daß aufgrund der gewandelten Situation die Ethik sich nicht mehr auf den strikteren, engeren traditionellen Verantwortungsbegriff beschränken kann, sondern auch den neuen erweiterten Verantwortungsbegriff einbeziehen muß, ohne die herkömmliche Handlungsverantwortung beiseite zu schieben oder zu ignorieren.

Das Gesagte hat natürlich erhebliche Folgen für die Ethik insgesamt. Die traditionell ausschließlich am Handeln des einzelnen ausgerichtete Ethik der moralischen Einzelverpflichtung muß ausgedehnt werden in Richtung auf eine zeitübergreifende, insbesondere auf eine zukunftsorientierte Ethik, die auch für handelnde Gruppen oder auch für Träger von Verfügungsmacht gilt, selbst und vielleicht gerade dann, wenn diese nicht handeln und dadurch bestimmte Wirkungen zulassen. [VI]

In einer Welt zunehmender Systemvernetzungen, wachsender ökonomischer, politischer, sozialer und ökologischer Abhängigkeiten, die vermehrt geprägt ist durch technische Eingriffe und deren Risiken und Nebenwirkungen, kann eine Moral der bloßen Nächstenliebe nicht mehr genügen. Die Ethik kann sich nicht mehr nur am Beispiel der Handlungen zwischen Menschen von Angesicht zu Angesicht orientieren. Sie muß unter Beachtung der weiterhin zu berücksichtigenden moralischen Rechte des Individuums künftig mehr ,,von einer zu

Die biologische und technische Welt als Wechselspiel vernetzter Systeme.

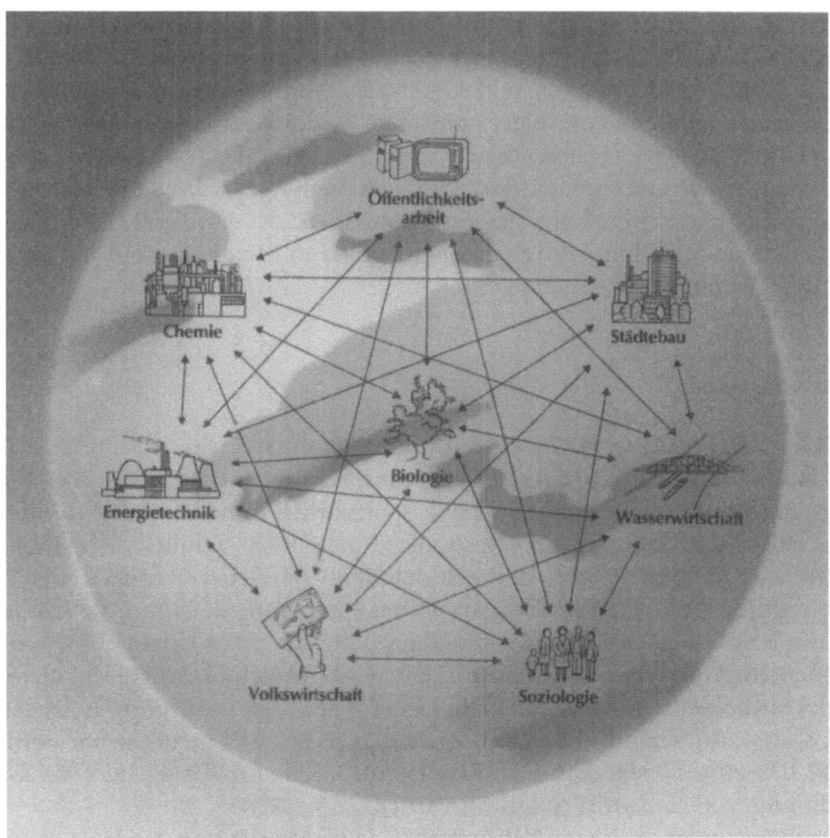

praktizierenden Verantwortung für die Gesamtmenschheit getragen werden − nicht nur für die Existierenden, sondern auch für die Nachwelt". Sie muß nicht nur stärker gesamtmenschheitsorientiert, zukunftsoffener, sozialer und praxisnäher werden, sondern sie muß sich auch auf kollektiv Handelnde unter einem erweiterten Begriff der ‚Treuhänder'- und Vorsorgeverantwortung beziehen. Daß die Ethik unter Einschluß ihrer Anwendungsbedingungen in einer ständig sich wandelnden Welt nichts Statisches bleiben kann, sondern sich den jeweils geänderten Wirkungsmöglichkeiten und Nebenwirkungsmöglichkeiten im Bereich des technisch Machbaren stellen muß, ist einsichtig. Die konstanten ethischen Grundimpulse können und müssen auf die Gegenwartssituation des „technischen Menschen" bezogen werden. Mag sich der ethische Grundimpuls selbst auch kaum gewandelt haben, so haben sich doch die Anwendungsbedingungen in der systemtechnologischen Welt von heute sehr drastisch verändert. Da das ethische Nachdenken und Urteil den Verantwortung tragenden, „den handelnden, besonders auch den Neues schaffenden, die Welt verändernden Menschen" betrifft, ist „die Moral . . . angesichts der dynamischen Entwicklung ständig neu weiter zu ‚erschaffen'". Sie darf nicht stehenbleiben, sie muß sozusagen „dynamisiert" werden; denn neue Handlungsmöglichkeiten bedingen erweiterte und modifizierte Verantwortlichkeiten [12].

Biozentrische Moral und Zukunftsethik

Albert Schweitzer (1875–1965) hatte schon 1923 in seinem Werk „Kultur und Ethik" das vorweggenommen, was man heute ökologische Ethik nennt. Er hatte Ethik schlechthin mit der „subjektiven, extensiv und intensiv ins Grenzenlose gehenden Verantwortlichkeit für alles in seinen (d.i. des Handelnden) Bereich tretende Leben" gleichgesetzt [13]. Aus der Erkenntnis des eigenen Willens zum Leben in mir begründet er „die gleiche Ehrfurcht vor dem Leben" anderer Menschen und Wesen. Dies sei „das denknotwendige Grundprinzip des Sittlichen (. . .) Gut ist, Leben erhalten und Leben fördern; böse ist, Leben vernichten und Leben hemmen". „Ethik ist Ehrfurcht vor dem Willen zum Leben in mir und außer mir". Jede Opferung oder Schädigung von Leben ist Schuldigwerden.

Diese in der Tradition der indischen Jainas, Franz von Assisis (1182–1226), Arthur Schopenhauers (1788–1832) und auch der buddhistischen Weltanschauung stehende Ethik ist außerordentlich provozierend angelegt. Ihr Antrieb, ihre Grundeinsicht und Schweitzers bekannte praktische Anwendung durch seine ärztliche Tätigkeit im Urwald sind human und moralisch beeindruckend. Seine ethische Überzeugungskraft, die auf der eigenen moralischen Tat mit ständiger Reflexion und Predigt beruht, ist zweifellos unübertroffen.

Anders steht es mit der von ihm selbst beschworenen Rationalität, der Widerspruchsfreiheit und Lückenlosigkeit seines ethischen Entwurfs – und mit der praktischen, konsequenten Durchführbarkeit seines Ansatzes im Zeitalter der Bevölkerungsexplosion. Beschränken wir uns auf wenige Punkte. Zunächst führt seine rationalistische Forderung, alles aus einem einzigen obersten Prinzip „denknotwendig" abzuleiten, zu Schwierigkeiten: Die Gleichrangigkeit und Gleichheit der Ehrfurcht vor dem Leben anderer Wesen folgt keineswegs denk-

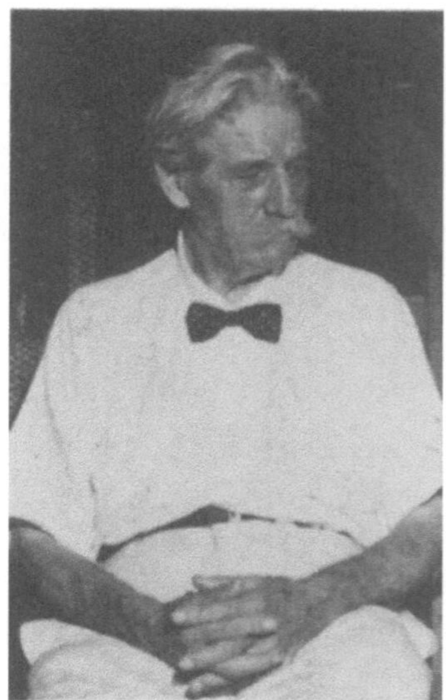

Albert Schweitzer hat schon früh die Ehrfurcht vor dem Leben zum ethischen Prinzip erhoben.

notwendig aus der Erkenntnis des Willens zum Leben in mir. Dies ist ein weitergehender wertender Entwurf, der sich nicht aus der Erkenntnis eigenen Lebenswillens ableiten läßt. Zudem führt er zu Schwierigkeiten, die Schweitzer übrigens selbst gesehen hat: Dem Leben oder Lebenswillen von Pockenbakterien kann auch der Arzt Schweitzer nicht die gleiche Ehrfurcht entgegenbringen wie dem Menschenleben. Er bezeichnete sich selbst einmal als „Mörder von Bakterien", der mit schlechtem Gewissen Millionen Kleinstlebewesen tötet, um einen Menschen zu retten. Übertriebener protestantischer Schuldkomplex? Schweitzer meint in der Tat, man könne „unegoistisch schuldig" werden [14]. Dies aber könne nicht ethisch relevant sein. Wir werden fortwährend schuldig, indem wir anderes Leben vernichten oder schädigen – auch, wenn wir dies zum eigenen Überleben tun müssen.

Schweitzer geht es darum, die Betroffenheit des Gewissens selbst bei notwendigem Töten zu wecken und natürlich alles unnötige Töten moralisch zu verurteilen. Man hat ihm oft vorgeworfen, daß er keine Rangordnung der Werte lebendiger Wesen zugrunde gelegt habe und seine Ethik daher unanwendbar werde. Dieser Vorwurf betrifft nicht seinen grundlegenden Gewissensappell, wohl aber die praktische Anwendbarkeit seines ethischen Systems. Selbst auf Menschenleben bezogen führt Schweitzers Ethik im Extrem zu Schwierigkeiten: In einer seiner Straßburger Predigten (vom 16. März 1919) legte er sein oberstes sittliches Prinzip als „die Wahrheit" aus, „daß möglichst viele Menschen leben auf der Welt; daß es einen Weltzweck gibt, der will, daß möglichst viele Menschen das Dasein erleben und daß wir uns ihm beugen und jedes neue Menschendasein als etwas Wertvolles für die Welt ansehen, als etwas, das sein soll, und daß wir den andern Gedanken der Verminderung des Seins von Menschen in der Welt als Sünde empfinden" [15]. Hiernach würde es offensichtlich einen ethischen Imperativ geben, möglichst viele Menschen auf der Erde zu zeugen – geradezu um jeden Preis, ohne Rücksicht auf die Nebenfolgen der Bevölkerungsexplosion, für das Leben der Menschen selbst, für die Natur und für die ökologischen Systeme. Schweitzer hat offensichtlich die ökologische Problematik noch nicht in ihren Konsequenzen voll durchschaut, obwohl seine Ethik die erste biozentrische, ökologische Grundlegung der Moral darstellt und dem Gedanken einer Verantwortung für die Natur zum ersten Mal ausdrücklich Rechnung trägt.

Seine Ethik bedarf der Ergänzung und gewisser Abänderungen. Die unbegrenzte Vermehrung jeden Lebens und insbesondere des menschlichen Lebens überhaupt kann angesichts des exponentiellen, explosiven Bevölkerungswachstums und der Erschöpfung von Rohstoffen und natürlichen Lebensgrundlagen nicht oberstes moralisches Ziel sein. Dieses Prinzip kann nicht in dem Sinne absolut gelten, daß es in jedem einzelnen Fall ausnahmslos und in äußerster Konsequenz zu beachten wäre. Hier müssen Wert und Rangunterschiede in eine Güterabwägung eingebracht werden. Menschliches Leben muß dabei auch aus moralischer Perspektive weiterhin eine besondere Bedeutung haben. Diese Aspekte lassen sich ohne weiteres in den Schweitzerschen Grundentwurf eingliedern. Freilich muß man wohl das rationalistische Ansinnen aufgeben, alles aus einem einzigen obersten Prinzip ableiten zu wollen. Dieser Letztbegründungsrationalismus ist auch in der Erkenntnis- und Wissenschaftstheorie, und in der Philosophie überhaupt, gescheitert. Man gibt nichts wirklich auf, wenn man ihn nun auch in der Ethik preisgibt.

Man hat Albert Schweitzer fälschlich vorgeworfen, er würde das geistige Leben und ästhetische Werte nicht berücksichtigen und alles auf das Grundgebot der Ehrfurcht vor dem Leben beschränken. Bei ihm scheinen mehr oder minder versteckt Wertrangfolgen mitzuspielen, die sich nicht nur aus dem Grundsatz der Ehrfurcht vor dem Leben ergeben. So kann man zum Beispiel vermuten, Schweitzer vertrete stillschweigend das Prinzip „Glück verpflichtet" (eigenes Glück habe ich an anderen abzudienen, um sozusagen im Ausgleich etwas zu opfern). In der Tat ist es sinnvoll, über das zuerst von den alten indischen Denkern formulierte Nichtschädigungsgebot – fremdes Leben darf nicht getötet oder geschädigt werden – hinaus das aktive Gebot der Förderung von Leben bei Schweitzer auch so zu verstehen, daß Lebensqualität, ästhetische und geistige Werte des fremden wie des eigenen Lebens nach Möglichkeit zu entwickeln und zu unterstützen sind.

Dies hat auch Folgen für das Urteil über den technischen Fortschritt, soweit er über die Lebenserhaltung im engeren Sinne hinaus bedeutsam wird. Nicht ohne Grund hat Schweitzer im Zusammenhang mit seiner Ethik und seiner ärztlichen Tätigkeit in Afrika als erster die sozialethische Verpflichtung zur Entwicklungshilfe begründet. Manche Beurteiler sehen darin die epochemachende „Entdeckung einer neuen ethischen Dimension"[16]. Macht, Wissen und eigenes Wohlergehen verpflichten uns moralisch, anderen, besonders den Leidenden und Hilfebedürftigen, Unterstützung zu gewähren.

Der technische Fortschritt und seine Früchte, vor allem der Wohlstand, verpflichten uns also, von dem erzielten Überfluß den Bedürftigen im eigenen Lande wie in fremden Kontinenten abzugeben, indem wir informationelle und materielle Hilfe leisten. Dies führt auf den Gedanken einer moralischen Verantwortung für andere, die nicht in unmittelbarem Handlungszusammenhang mit uns stehen, sondern vielleicht in anderen Erdteilen von unseren Entwicklungen und Unterstützungsmöglichkeiten abhängig sind.

Traditionell und auch noch in der Kantischen Ethik empfand sich der Mensch nur gegenüber und für Menschen verantwortlich. Kant sagt ausdrücklich, man könne „sonst keine Pflicht gegen irgend ein Wesen haben, als bloß gegen den Menschen (. . .)": Die „vermeinte Pflicht gegen andere Wesen ist bloß Pflicht gegen sich selbst"; es sei ein Mißverständnis, wenn der Mensch „seine Pflicht *in Ansehung* anderer Wesen für Pflicht *gegen* diese Wesen verwechselt" [17]. Tierquälerei und Vandalismus gegenüber der Natur und deren Arten und Systemen wäre ausschließlich als Pflichtverletzung des Menschen gegen sich selbst zu verstehen: beide hätten lediglich verrohende Wirkung. Tiere, Tierarten und die Natur sowie ihre Systeme hätten an sich keine unmittelbare moralische Bedeutsamkeit und dementsprechend auch kein moralisches Recht. Nur wer Pflichten hat, könne auch Rechte haben. Es scheint, daß wir diese strikte Koppelung von moralischen Pflichten und Rechten aufgeben müssen. Jedenfalls hat sich im Zuge der zunehmenden Bewußtheit ökologischer Probleme auch in der Öffentlichkeit ein grundlegender Wandel vollzogen. Dieser Gedanke ist natürlich in der von Jonas betonten „Treuhänderschaft" des Menschen für Natur, Naturarten und die Lebenssphäre auf der Erde enthalten. Es geht nicht mehr nur um die Erhaltung der Lebensgrundlagen des Menschen allein, sondern auch um das Existenzrecht natürlicher Arten an sich. Bis hinein in die Rechtsprechung für Umweltschutz, Artenschutz usw. hat dieser Wandel bereits Konsequenzen gezeitigt.

Man hat gelegentlich von Quasirechten der Natur und ihrer Arten gesprochen, die zwar von Ombudsmännern oder Naturbeauftragten stellvertretend wahrgenommen, aber nicht von Naturwesen selbst eingefordert werden können. Das stellt natürlich keine Einschränkung der Auszeichnung des Menschen als des allein verantwortlichen moralischen Wesens dar. Wie eh und je ist auch weiterhin der Mensch das einzige Wesen, das Verantwortung zu tragen und Pflichten wahrzunehmen hat. Daß die Pflichten sich nicht nur auf menschliche, sondern auch auf andere Wesen beziehen, schränkt diese ausgezeichnete Stellung des Menschen in keiner Weise ein. Im Gegenteil: der moralischen Autonomie und Würde des Menschen steht es gut an, wenn er sich auch für andere, von ihm abhängige Naturwesen verantwortlich fühlt. Gerade hierdurch wird ein gewisser Gattungsegoismus in bezug auf die Objekte moralischer Verantwortung überwunden, der die traditionelle Ethik gekennzeichnet hatte. Freilich läßt sich alles dies nur sinnvoll durchführen und anwenden, wenn eine Güterabwägung und Rangfolge der Bewertungen spezifiziert werden kann.

Die überkommenen moralischen Normen entstammen den teils stammesgeschichtlich, teils gruppendynamisch geprägten Bedingungen des unmittelbaren Handlungs- und Sichtkontaktes. Moralische Werte und Normen waren zunächst nur auf individuelle Handlungen und auch auf direkt betroffene Individuen ausgerichtet. Sie galten in erster Linie dem einzelnen als moralischer Person. Diese Beschränkungen müssen heute im Zeitalter der Fernwirkungen überwunden werden. Rechtliche und moralische Regelungen müssen sich nach der Handlungsmächtigkeit und den Eingriffsmöglichkeiten ausrichten, ja, sie sollten sich – das entspricht durchaus auch dem Grundsatz der technologisch multiplizierten Verantwortlichkeit – sogar auf unbeabsichtigte, aber vorhersehbare Fernwirkungen richten. Konnte man zur Goethezeit noch ignorieren, wenn fern in der Türkei Menschen aufeinander einschlugen, so ist dies im Zeitalter der sozialen, ökonomischen und technischen Fernwirkungen und Systemvernetzungen nicht mehr möglich. Soziale, rechtliche und moralische Verantwortlichkeiten müssen über den unmittelbaren Handlungs- und Sichtkontakt auf diese Fernwirkungen und Eingriffsmöglichkeiten abgestellt werden. Hatte Friedrich Nietzsches Zarathustra von der „Nächstenliebe" abgeraten: „Ich rate euch zur Fernsten-Liebe", so gilt es heute, Nächstenmit Fernsten-Ethik im Maße der technischen Macht und des Wissens, im Verhältnis zum eigenen Wohlergehen und zur Möglichkeit des Wirkens und Handelns in die Ferne zu verbinden. Wir brauchen auch die Fernsten-Ethik, sprich: die Verantwortlichkeit für jene, die in der Ferne positiv wie negativ von unseren Handlungsmöglichkeiten abhängig sind.

Nietzsche sagte: "Die Ferneren sind es, welche eure Liebe zum Nächsten bezahlen"[18]. Unterlassene Hilfeleistung kann auch gegenüber dem Ferneren ein moralisches Versagen sein. Auch Unterlassungen sind moralisch relevant. Damit ist eine neue Dimension angesprochen, denn über die direkten Fernwirkungen durch technische Mittel und die entsprechend gewachsene Verantwortlichkeit braucht im Zeitalter der Fernlenkungs- und Totalvernichtungswaffen ohnehin kein weiteres Wort verloren zu werden. Eine Moral, die sich nur an unmittelbaren Sicht- und Handlungskontakten ausrichtet, kann mithin künftig nicht mehr genügen. Mit der Ausdehnung der Aktionsreichweite, der Eingriffsmöglichkeiten und auch der indirekten Abhängigkeiten erweitern sich politische und moralische Verantwortlichkeiten, denen offenbar das Rechtssystem nicht so schnell zu folgen vermag. Das Völkerrecht und überhaupt das internationale Technikrecht sind in fast allen Bereichen noch weit im Rückstand gegenüber der rasanten technologischen Entwicklung. Dies ist auf unserem Kontinent durch Störfälle wie Tschernobyl und Basel und durch das die nationalen Grenzen überschreitende Waldsterben in letzter Zeit drastisch vor Augen geführt worden. Die Japaner wurden schon Jahrzehnte früher mit dem radioaktiven Fallout oberirdischer Atomversuche konfrontiert. Sollten Recht und Moral global versagen, nicht greifen können, unwirksam bleiben? Zweifellos muß die moralische Perspektive im systemtechnologischen Zeitalter ins Soziale und Ferne ausgeweitet werden; sie muß sich den neuen Herausforderungen von Wissenschaft und Technik stellen. Eine praxisnahe Ethik kann nicht statisch bei den Bedingungen vergangener Handlungsmöglichkeiten und -wirkungen verharren, sondern sie muß sich entsprechend der erweiterten Wirkungsmacht auf umfassendere Bezugsbereiche ausrichten. Verantwortung für Natur, deren Arten und Systeme, Verantwortung für die Wahrung ökologischer Gleichgewichte, Mitverantwortung für die Lebensbedingungen Fernlebender, für die Erhaltung, Regenerierung und maßvolle Nutzung von Rohstoffreserven, ja, für die eventuellen erkennbaren Fernwirkungen eigenen Verhaltens gewinnen zunehmend moralische und politische Brisanz.

Maßhalten wird wieder eine moralische Tugend, diesmal eine durch voraussehbare Systemwirkungen geradezu erzwungene. Das gilt für die Ausbeutung von Rohstofflagern ebenso wie für die menschliche Fortpflanzung angesichts der Bevölkerungsexplosion und für den allzu sorglosen oder fahrlässigen Verbrauch an Energie und Chemieprodukten: Man denke nur an die bis vor kurzem nicht gesehene und bis heute noch nicht ganz verstandene Auswirkung der Chlorwasserstoff-Fluor-Kohlenstoffverbindungen im Freon-Gas unserer Sprühdosen, die offenbar das riesige Ozonloch über der Antarktis bewirken und weltweit zu einer erhöhten Hautkrebsgefährdung führen könnten. Der Streit um das Verbot der chemischen Herstellung dieser Gase im Großmaßstab zwischen Nordamerika und der Europäischen Gemeinschaft zeigt deutlich, wie wenig das Problem national oder kontinental gelöst werden kann und wie unterentwickelt die Möglichkeiten zur rechtlichen Lösung solcher globalen Probleme noch sind. Wo das Recht versagt oder unterentwickelt ist, ist politische und moralische

Verantwortung um so mehr gefordert. Die Schwierigkeit besteht darin, daß man solche Probleme der Gesamtverantwortung nur gemeinsam im internationalen Rahmen lösen kann. Schert ein mächtiger Handlungs- und Wirkungsträger aus, so kann ein globales Verschmutzungsproblem (etwa radioaktive Verseuchung) nicht gelöst, zum Teil nicht einmal merklich gemildert werden.

Die seit Jahrzehnten übliche Redeweise vom „Raumschiff Erde", in dem wir alle in einem Boot sitzen, gewinnt angesichts derartiger Globalgefährdungen durch die Folgen eines eventuellen unverantwortlichen Umgangs mit der Technik heute dramatische Bedeutsamkeit. Dies gilt nicht nur für die Probleme der radioaktiven Verseuchung und des Ozonschilds, sondern auch für die Fragen des globalen Wärmehaushalts, das Kohlendioxydproblem und andere. Immer mehr wird die Technik „heute vielleicht das Hauptthema für die Auffassung unserer Lage"[19], ja, gar zum Schicksal des Menschen. Es geht um unser aller Fähigkeit, weise und maßvoll mit ihr und ihren Möglichkeiten umzugehen. Weder technische Übersteigerung und ein unbeschränkter Fortschritt, nahezu um jeden Preis, noch eine totale Technikverdammung oder ein Totalverzicht können das Gebot der Zukunft sein. Beide Extreme würden bald eine Katastrophe zur Folge haben. Der gangbare Weg kann nur in einer mittleren Lösung, nur in der weisen Nutzung und der wohlabgewogenen Selbstbeschränkung bestehen. Vernunft und Tugend waren schon im Altertum für Aristoteles (384−322) eine Angelegenheit der abgewogenen rechten Mitte, der maßvollen Nutzung, des „Nichts im Übermaß!", wie es das Orakel von Delphi forderte. Dies gilt heute erst recht. Hans Jonas empfiehlt in seiner Ethik der erweiterten Zukunftsverantwortung, „heute, nach mehreren Jahrhunderten postbaconischer, prometheischer Euphorie, der auch der Marxismus entstammt, dem galoppierenden vorwärts die Zügel auf(zu)legen"[20]. Um im Bilde zu bleiben: Es scheint nicht sinnvoll zu sein, dem galoppierenden technischen Gaul vollends in die Zügel zu fallen und ihn zum Stillstand zu bringen. Richtiger wäre es, ihn zu zügeln, das heißt, den Galopp zu einem abgemessenen Vorwärtstraben werden zu lassen. Die Befolgung des sogenannten technologischen Imperativs, alles im Großmaßstab herzustellen, was man machen kann, wäre ebenso unverantwortlich wie ein völliger Fortschrittsverzicht.

Kollektives Handeln und individuelle Verantwortung

Die Wechselwirkungen zwischen unseren Eingriffen und den daraus resultierenden Wirkungen in Systemen der Natur und des Menschen sind nur teilweise erforscht und erkannt. Das traditionelle Denken in kausalen Ursache-Wirkungsketten reicht für die Erkenntnis von systemhaften Aufschaukelungswirkungen, Grenz- und Schwellenwerten, lawinenartigen, positiv rückgekoppelten oder sogar überexponentiellen Wachstumsprozessen offensichtlich nicht aus. Wir haben gelernt, daß Maßnahmen zugunsten der Menschheit oder zugunsten von Teilgruppen ungewollte Schädigungen erzeugen können, die aus dem Zusammenwirken vieler Wirkmechanismen, aus dem interessegeleiteten konkurrierenden strategischen Handeln vieler Akteure oder nicht bekannten Aufschaukelungsprozessen resultieren. Man spricht hier von kumulativen und synergistischen Kombinationseffekten. Wer – wenn überhaupt jemand – ist für solche Wirkungen verantwortlich zu machen? Das Waldsterben ist sicherlich ein Beispiel hierfür: Es kann nicht ein einzelner Verursacher allein verantwortlich gemacht werden. Erst das Zusammenwirken unterschiedlicher sonst unterschwelliger Verschmutzungen von Boden und Regen erzeugte die dramatische Eskalation der Schädigung. Die nur durch diese Wechselwirkung zustande gekommenen Nebenfolgen sind weder einem Einzelverursacher oder einem einzelnen Typ von Handelnden – etwa allein den Autofahrern – zuzuschreiben, noch wurden sie vorausgesehen. [VI]

Hier entstehen zwei Teilprobleme: erstens die Frage des Verantwortungsanteils bei solchen kumulativen und synergistischen Schädigungseffekten. Wie verteilt man die Verantwortung unter strategischen Gesichtspunkten auf die verschiedenen Akteure? Ist z. B. das für die Umweltrechtsprechung in Japan gültige Verursacherprinzip nach der statistisch ermittelten Schädigungsbeteiligung durch benachbarte oder vermutete Verschmutzer schon hinreichend? Die Beweislast läge dann beim potentiellen Verursacher, der etwa die Unschädlichkeit seiner Emissionen nachweisen müßte. Über diese pragmatische bzw. rechtliche Frage hinaus stellt sich hier zweitens ein erkenntnistheoretisches bzw. wissenschaftliches Problem: Wie kann man bei erst kumulativ und synergistisch eintretender Schädigung die Verantwortung (den Verursachungsbeitrag) für sonst als Einzelfaktoren unschädliche, unwirksame oder nur unterschwellige Schädigungswerte zurechnen, d. h. ihre Schädlichkeit erweisen? [VI]

Diese beiden speziellen Probleme der Verantwortungsverteilung – pragmatische Rechtsfindung und wissenschaftliche Ursachenzuschrei-

bung – werden moralisch relevant, wenn jeder legitim sein Eigen-
interesse verfolgt und eben dadurch unterschwellige Kleinschädigun-
gen auf öffentliche Güter (Luft, Wasser, unbeschädigte Umwelt) ab-
wälzt oder auch nur unbeabsichtigt oder unwissentlich auf sie
überträgt. Wegen der weitgehend offenen Rechtslage – die Gemeingüter sind rechtlich nur unzureichend geschützt – und der Schwierigkeiten bei der Erforschung der Verursachungsmechanismen besteht
immer die Versuchung, sich unter Berufung auf die ungeklärten Verhältnisse aus der ohnehin nicht eindeutig faßbaren Verantwortung zu
stehlen. Wenn dieses Verhalten zur allgemeinen Norm wird, die Wirkungen zunehmen, ist die vielberufene „Tragödie der Gemeingüter"
unabwendbar.

Für unvorhergesehene oder gar unvorhersehbare Systemwirkungen und Nebenfolgen, die durch synergistische und kumulative Effekte
entstehen, können nicht einzelne Verursacher verantwortlich gemacht
werden – verantwortlich wäre gleichsam das ganze System. Weil die
eintretenden Wirkungen letzten Endes durch menschliche Aktionen
hervorgerufen werden, müssen die Handelnden gleichwohl in irgendeiner Form Verantwortung übernehmen. Und bei globalen Wirkungen werden alle – die passiv Betroffenen ebenso wie die aktiv Handelnden – die Folgen zu tragen haben. Das Dilemma besteht darin, daß
der Mensch eigentlich auch für unvorhergesehene und gar unvorhersehbare Nebeneffekte seiner technischen und wissenschaftlichen
Großunternehmungen Verantwortung übernehmen müßte und damit
doch überfordert ist. Die ins schier Unermeßliche gewachsene und gar
nicht immer im voraus abschätzbare oder kontrollierbare technische
Eingriffs- und Verfügungsmacht führt dazu, daß wir sozusagen für
mehr verantwortlich sind, als wir voraussehen und somit eigentlich
bewußt verantworten können. Durch die Wissenschafts- und Technikentwicklung haben wir uns moralisch gleichsam selbst überfordert.

Die Tendenz, die Verantwortung zu verwischen und statt des Menschen nur die (von ihm hergestellten bzw. eingeleiteten) technischen
Systeme und Prozesse zu betrachten, ist besonders in der Computertechnik zu beobachten. Hier geht es um Informationssysteme, die von
Computern dargestellt und betrieben werden, und in denen automatisierte Entscheidungsprozesse unter vorprogrammierten Bedingungen
ablaufen. Wenn militärische Entscheidungen über Gegenschläge von
der automatischen Datenverarbeitung fehlerhafter Frühwarnsysteme
abhängig gemacht werden müssen – schon aufgrund der extrem kurzen Entscheidungszeiten –, kann die Verantwortung für diese vom
Menschen losgelöste, gegebenenfalls existentielle Entscheidung größ-

ten Ausmaßes nicht mehr von einzelnen Menschen getragen werden. Weder der Designer des Programms noch der Leiter des Rechenzentrums können die Verantwortung wirklich und belangbar allein übernehmen. Faktisch ist dazu auch der politisch Verantwortliche nicht in der Lage, der fern von den Computersystemen und deren Wirken die generelle Entscheidungsbefugnis und politische Verantwortung zu tragen hätte. Seit einigen Jahren neigt man dazu, den Computern selbst die Verantwortung zuzusprechen, sie für Entscheidungen verantwortlich zu machen, die Programmierung des Computers als Begründung von Ablehnungen – etwa bei der Aufnahme durch eine Versicherung oder bei Immatrikulationen – anzuführen. Joseph Weizenbaum berichtete schon vor längerer Zeit, daß ein amerikanischer General gefordert habe, Vertrauen zu den Computern zu entwickeln und diese ,,vertrauenswürdiger" zu machen; ein Planungspapier eines amerikanischen Universitäts-Informatik-Instituts führt aus: ,,Die Systeme sind zum großen Teil verantwortlich für die Aufrechterhaltung des Friedens und der Stabilität in der Welt . . .''

Neuerdings behauptet der Informatikpädagoge Klaus Haefner sogar, ,,der autonom Handelnde, selbstverantwortliche Mensch" sei ,,längst untergegangen in integrierten und durchstrukturierten Organisationen". In dem Maße, in dem durch die Informationstechnik ,,neue Netzwerke aus Hardware und Software" Bestandteile unseres Handelns werden, verbleibe ,,an Verantwortung und Kompetenz an vielen Stellen nur noch ein Restbereich"[21]. Entscheidungen werden vom Informationssystem übernommen. Das Programm, nicht mehr der Mensch entscheidet. Dieser muß sich auf die computerisierte Auswertung, Datenverarbeitung und Entscheidungsbearbeitung verlassen: ,,So verblassen auf der einen Seite Kompetenzen, die jetzt übergehen in integrierte Gesamtsysteme, und auf der anderen Seite werden Verantwortungen entwertet, da diese jetzt in Systemen stecken." Wir erleben den ,,ersten Schritt hin zu einer Integration des Menschen in ein sehr komplexes Gesamtsystem, welches für die Menschheit zunehmend Verantwortung und Kompetenz übernimmt". Haefner spricht zwar später den Verursachern – etwa beim Problem der Umweltverschmutzung – und den Netzanbietern und Erstellern persönlicher Informations- und Telekommunikationssysteme sowie den Medienvertretern doch wieder Verantwortung für die Entwicklung zu und hofft auf die Verbesserung der demokratischen Mitwirkung. Doch in der zitierten Beschreibung nimmt er recht unkritisch den Kompetenzenschwund und Verantwortungsverlust im Zuge der Ausbreitung der Informationssysteme als gegeben hin. [V–4.4]

Sprachlich und moralisch wird durch die zitierten Äußerungen des Generals und des Informatikers eine Art Tabu verletzt; genauer: es wird ein Kategorienfehler begangen. Zwar ist es sinnvoll, Computersysteme verläßlicher zu machen, doch moralische Vertrauenswürdigkeit und Verantwortung wird man ihnen nicht zusprechen können. Computer sind keine moralischen, Informationssysteme keine sozialen Wesen. Trotz der weitreichenden sozialen Auswirkungen müssen Menschen die volle Verantwortung für Anwendung oder Mißbrauch technischer Systeme tragen, wie es die Mount-Karmel-Deklaration über Technik und moralische Verantwortung vor anderthalb Jahrzehnten festgestellt hat.Die Verantwortung mag angesichts der möglichen Fernwirkungen zu verantwortender Entscheidungen für den Menschen, insbesondere für den einzelnen, kaum noch tragbar erscheinen. Moralisch besteht sie dennoch. Der Mensch kann sich nicht moralisch selbst entmachten; er kann seine moralische Verantwortlichkeit nicht an Computer und Informationssysteme abtreten. Angesichts der zunehmenden Ausbreitung automatisch bedingter Entscheidungen wird dieses Verantwortungsdilemma, dem die Beteiligten und die übergeordneten Entscheider nicht ausweichen können, immer schwerwiegender werden. Verantwortung darf auch nicht in Informations- und Entscheidungssystemen verwässern! Die einzige Möglichkeit einer Gegenreaktion besteht in einer erhöhten Sensibilisierung des Verantwortungsbewußtseins und der Ausbildung der entsprechenden Verantwortungsfähigkeit bei allen Beteiligten. Konsequenzen für die akademische Ausbildung der Techniker und Wissenschaftler liegen auf der Hand: Durch praxisnahe Seminare müßten sie dafür geschult werden, bewußt diese extrem erhöhte Verantwortung wahrzunehmen.

Man spricht zwar heute mit Recht von einer Gattungsverantwortung der Menschheit für die Biosphäre, d. h. für den Lebensbereich der Erde. Aber kann es sich hier wirklich um eine kollektive, eine Gemeinschaftsverantwortlichkeit aller heute lebenden Menschen handeln? Ist eine solche Kollektivverantwortung überhaupt greifbar oder dingfest zu machen? Sind tatsächlich alle Erdenbürger in gleicher Weise verantwortlich? Das kann wohl nicht der Fall sein. Man würde zu einer ins Beliebige und Folgenlose führenden, und deshalb praktisch nutzlosen, Verantwortungszuschreibung kommen, wenn alle für alles verantwortlich sind, wenn „jeder einzelne für die ganze Welt verantwortlich ist", wie es Joseph Weizenbaum behauptete [22]. Jeder habe „auf alles Rücksicht" zu nehmen, so umschrieb kürzlich auch Klaus Michael Meyer-Abich die unbegrenzte Verantwortlichkeit des einzelnen Menschen. Doch ist das nicht eine hoffnungslose Überforderung? Wenn jeder für alles verantwortlich ist, auf alles Rücksicht zu nehmen hat, kann niemand mehr wirklich für etwas verantwortlich sein. Verantwortlichkeit kann nicht allumfassend sein – insbesondere nicht die Verantwortung des Individuums. Andererseits ist Verantwortung ursprünglich und im eigentlichen Sinn stets ein auf den einzelnen bezüglicher Begriff. Der Verantwortungsbegriff muß also – zumindest grundsätzlich – zum einzelnen und seinen Handlungsmöglichkeiten in Beziehung gebracht werden.

Offensichtlich brauchen wir im Zeitalter der vernetzten Systemzusammenhänge – besonders angesichts der erwähnten synergistischen und kumulativen Wirkungsverschränkungen und -aufschaukelungen – einen über die Verursacherverantwortung des einzelnen hinausgehenden erweiterten Verantwortungsbegriff und eine dementsprechend erweiterte Moral und Rechtssprechung. Diese Erweiterung müßte sowohl den Gegenstandsbereich als auch den Kreis der Verantwortungsträger betreffen. Kann eine Erweiterung in beiderlei Hinsicht stattfinden, ohne daß dadurch die individuelle Verantwortlichkeit eingeschränkt wird und letzten Endes gar verschwindet? Weil unsere Verfügungs- und Eingriffsmacht stärker gewachsen ist als unsere Erkenntnis der Systemzusammenhänge, weil wir nicht alle Nebenfolgen und Fernwirkungen bis in jede Verästelung erkennen können, entsteht ein weiteres Dilemma für die Verantwortungserweiterung. Die Menschheit insgesamt ist aufgrund ihrer gewachsenen, aber nicht immer genau im voraus übersehbaren und überprüfbaren technischen Einwirkungsmacht offensichtlich für mehr verantwortlich, als sie voraussehen und somit eigentlich bewußt verantworten kann. Müßte der Mensch nicht auch für unvorhergesehene oder gar unvorhersehbare Nebenwirkungen seiner technischen Großunternehmungen Verantwortung gegenüber allen Betroffenen übernehmen? Aber wie könnte er das? Was man nicht weiß, kann man moralisch ebensowenig verantworten wie alles das, was nicht der eigenen Handlungsmacht und Verfügbarkeit unterliegt. Die Wirkungsfolgen – insbesondere die Neben- und Fernwirkungen – technischen Handelns scheinen stärker gewachsen als die individuelle Handlungsmacht und die Voraussehbarkeit. Dieses Verantwortungsdilemma im systemtechnologischen Zeitalter der Wirkungsvernetzungen wird nicht leicht zu überwinden oder gar zu lösen sein.

In Gegenwart und Zukunft ist die Menschheit vom technischen Fortschritt abhängig – schon aufgrund der Bevölkerungsentwicklung, die die natürliche Belastbarkeit der Erde, wenigstens in den überbevölkerten Kontinenten, längst überstiegen hat. Der Mensch ist zur Versorgung und Lebenssicherung so sehr vom technischen Entwicklungsstand abhängig geworden, daß er nur um den Preis von sozialen Katastrophen auf den hohen Stand der Technik und auf einen weiteren technischen Fortschritt verzichten könnte. Freilich muß Fortschritt nicht in ungeregelten Wildwuchs ausarten. Auch bei einem verantwortbaren Fortschritt kommt man nicht umhin, nach neuem Wissen zu suchen, Experimente zu erproben, in Erkenntnis und Erfahrung Neuland zu betreten. Wir müssen immer auch Wagnisse eingehen, wenn wir neue Möglichkeiten und Verfahren erkennen und austesten wollen. Der technische Fortschritt ist auf ein solches Betreten von Neuland angewiesen, kann auf Experimente und auch die Übertragung von Versuchen aus dem Labor ins wirkliche Leben nicht verzichten.

Angesichts der gewachsenen Auswirkungsmöglichkeiten bei Großversuchen und Großprojekten wachsen natürlich auch die Gefährdungen, d. h. das Ausmaß potentieller Schädigungen. Daher müssen Risiken möglichst klein gehalten werden. Da das Risiko als Produkt aus Schadensumfang und Eintrittswahrscheinlichkeit bestimmt wird, müßten die Eintrittswahrscheinlichkeiten für Störfälle, Unfälle oder gar Katastrophenfälle möglichst klein, bis an die Grenze des Verschwindens gebracht werden: die im sogenannten Restrisiko enthaltene Wahrscheinlichkeit sollte umso kleiner sein, je größer die Schadensausmaße sein können. Und all dies darf nicht nur in der Theorie gelten, sondern muß durch eine sorgsame und in hohem Maß verantwortliche Praxis mit an Sicherheit grenzender Wahrscheinlichkeit garantiert werden. Vorsicht im Erproben von Großprojekten mit Schadensgefahren für sehr viele Menschen, Tiere und für ganze Ökosysteme ist ein dringendes Gebot. Daß wissenschaftlich-technische Großprojekte nicht von einzelnen wirklich praktisch verantwortet werden können, sondern Gemeinschaftsprojekte vieler sind, in denen viele Mitarbeiter Mitverantwortung tragen, macht dies natürlich nicht leichter. Damit ist das Dilemma der Gruppenverantwortung angedeutet: wie kann Verantwortung in vernetzten Wirkungs- und Handlungssystemen, in denen viele einzelne und Gruppen gleichzeitig – sei es zusammen oder gar konkurrierend – handeln, in denen große Organisationen und Gruppen kollektiv Wirkungen, und vermutlich auch derzeit noch gar nicht absehbare Nebenwirkungen, hervorrufen, überhaupt noch getragen werden oder überprüfbar zugeschrieben werden? Kann die Verantwortung für Großprojekte allein vom Vorsitzenden oder von den am Projekt Beteiligten übernommen werden? Kann man sich angesichts der Auswirkungsmöglichkeiten etwa eines

Größten Anzunehmenden Unfalls (GAU) auf die formal-politische Verantwortungsübernahme zurückziehen? Was nützt es, wenn der Vorsitzende eines Kernkraftwerks nach der Kernschmelze und der radioaktiven Verseuchung ganzer Regionen oder gar Kontinentteile seinen Hut nimmt oder abgesetzt wird? Führt angesichts der hier auftretenden Dimensionen die Verantwortungszuschreibung nicht zu einer chronischen Überforderung, wenn nicht gar zu absurdem Theater? Es ist befremdend, wenn ein Physiker aus Jülich zu einer solchen Frage – natürlich noch vor Tschernobyl – erklärt, erstens sei der GAU ein in der Praxis nicht vorkommendes, rein theoretisches (!) Modell, und zweitens sei rechtlich – in der Bundesrepublik wenigstens – im unwahrscheinlichen Eintrittsfalle (sic!) alles eindeutig geregelt. Abgesehen von dem impliziten Widerspruch in seiner Feststellung, zeigt die Argumentation, daß der entscheidende Punkt, die Frage nach der Tragbarkeit der Verantwortung in solchen Dimensionen, gar nicht verstanden worden war.

Offensichtlich ist aber eine Gleichverteilung der Verantwortlichkeit auf alle Mitarbeiter ebenfalls nicht praktikabel. Sie würde zu einem Verwischungseffekt führen, wie er in Gremien mit geheimer Abstimmung auftritt, wo keiner mehr wirklich persönlich verantwortlich zu machen ist. Verantwortlichkeit muß, wenn sie wirklich greifen soll, letzten Endes persönlich zuschreibbar sein. Wie soll diese Zuschreibung bei einer stets kollektiven Gruppenverantwortung erfolgen? Handelt es sich hier nicht um einen „verschwommenen Begriff", wie der Nestor der deutschen Technikphilosophie, Hans Sachsse, meint? Die Sozialpsychologen kennen zudem einen Effekt, den sie „Verschiebung zu riskanten Entscheidungen" („risky shift") nennen: selbst bei amerikanischen Mount-Everest-Bergsteigermannschaften bestätigte sich: die Gruppe tendierte bei Kollektiventscheidungen zu viel risikoreicheren Verhaltensweisen, als jeder einzelne sie persönlich verantwortlich getroffen und vertreten hätte. Diese Tendenz zu riskanten Gruppenentscheidungen überlagert sich mit dem Verwischungseffekt der Verantwortung in Abstimmungsgremien.

Verantwortung und Mitverantwortlichkeit geraten also auf mehrfache Weise in Schwierigkeiten. Die erneute Untersuchung der Verantwortung und verschiedenen Arten der Verantwortlichkeit im Zeitalter vernetzter Systeme und kollektiv Handelnder ist deshalb ebenso nötig wie die Entwicklung eines handhabbaren Aufgliederungsmodells der Mitverantwortung, das rechtlich und moralisch „greift", zu persönlichen Zuschreibungen kommt und die Verantwortung zu den Handlungsmöglichkeiten des einzelnen in Beziehung setzt.

Begriff und Arten der Verantwortung

In dieser Situation dürfte eine grundsätzliche Analyse des Verantwortungsbegriffs hilfreich sein. Was ist gemeint, wenn von „Verantwortlichkeit" gesprochen wird? Verantwortlich zu sein, Verantwortung zu tragen heißt doch: zur Verantwortung, zur Rechtfertigung verpflichtet und zur Antwort bereit zu sein – gegenüber jemandem und für etwas. Wir sind verantwortlich für die Folgen einer eigenen Handlung, einer Pflicht oder Aufgabenerfüllung, einer uns aufgetragenen Betreuung usw. gegenüber einer bestimmten Instanz oder einer bestimmten Person. Die Verantwortlichkeit ist gebunden an Beurteilungsgesichtspunkte und Maßstäbe im Rahmen eines Regelsystems (einer Institution und ihrer Normen). „Verantwortlich sein" ist demnach ein sechsstelliger Beziehungsbegriff: Eine *Person* ist verantwortlich gegenüber *jemandem* für *etwas* unter bestimmten *Beurteilungsgesichtspunkten* und *Maßstäben,* die durch ein *Regelsystem* definiert sind. Je nach Instanz, Maßstab, Gesichtspunkt oder Institution stellt sich die Verantwortlichkeit unterschiedlich dar. Mit anderen Worten: „Verantwortung" selbst ist ein thematischer und sehr allgemeiner Begriff, der erst durch die genannten Bezüge konkretisiert werden muß. Bei den allgemeineren Gesichtspunkten kann man mindestens die vier folgenden Ebenen unterscheiden: die Handlungsfolgenverantwortung, die Rollenverantwortung, die rechtliche Verantwortlichkeit, die moralische Verantwortung.

Zunächst ist man allgemein für die durch das eigene Handeln verursachten Folgen gegenüber einer betroffenen Person und vor einer Instanz verantwortlich. Diese Instanz ist nicht an die betreffende Person gebunden: der religiöse Mensch weiß sich vor Gott für die Folgen seiner Handlungen gegenüber anderen Personen verantwortlich. Die allgemeine Handlungsverantwortung ist vom Verursacher zu tragen. Sie äußert sich fallweise besonders deutlich in mangelhafter Sorgfalt: der Einsturz eines Brückenbaus kann auf schlechte Bauausführung, unzureichendes Material, falsche Berechnungen oder – wie seinerzeit in Remagen beim Einsturz eines Konstruktionsvortriebs – auf ein unzureichend ausgelegtes bzw. berechnetes Konstruktionsverfahren zurückgehen. Auch unvorhersehbare Umstände von Erd- und Wasserbewegungen oder Wetterfaktoren können eine Rolle spielen. Bei richtigen Einzelberechnungen können dennoch mangelhafte Kenntnisse, Mängel in der Ausführung oder im Material einen Unglücksfall verursachen. Beim Remagener Brückeneinsturz lag der Konstruktion wohl ein falsch ausgelegtes statisches Grundkonzept zugrunde.

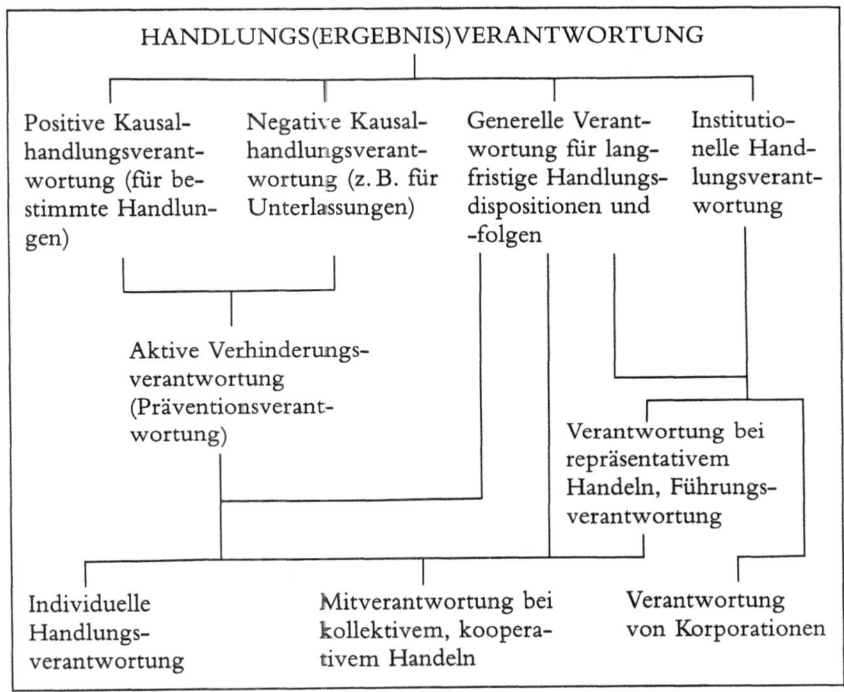

Von der positiven Handlungsverantwortung ist die negative Unterlassungsverantwortung zu unterscheiden. Pflichten bestimmen sich
meist dadurch, daß bestimmte Handlungen nicht unterlassen werden
dürfen. Über diese Pflicht zur Vermeidung von Unterlassungen hinaus gibt es auch die Verantwortung zur aktiven Verhinderung von
Störfällen, sozusagen eine aktive Abwendungspflicht, eine Präventionsverantwortung: Prüfungsingenieure haben die Aufgabe, aktiv
und systematisch nach Schwachstellen und Störpotentialen zu suchen.

Je nach Art der Tätigkeit kann man besondere Unterarten der
Handlungsverantwortung unterscheiden. Zu nennen sind hier besonders die in einer Gruppe mitzutragende Mitverantwortung für gemeinschaftlich geplante und ausgeführte Handlungen; die allgemeine
Vorsorge- und Fürsorgeverantwortung für Abhängige, die sich nicht
auf spezielle Handlungsfolgen, sondern allgemein auf die Behandlung
des betroffenen Abhängigen bezieht; die Führungs- oder Befehlsver-
antwortung desjenigen, der eine Organisation oder Institution leitet.
Die beiden letzteren Typen verweisen bereits auf die Rollenverant-
wortlichkeit.

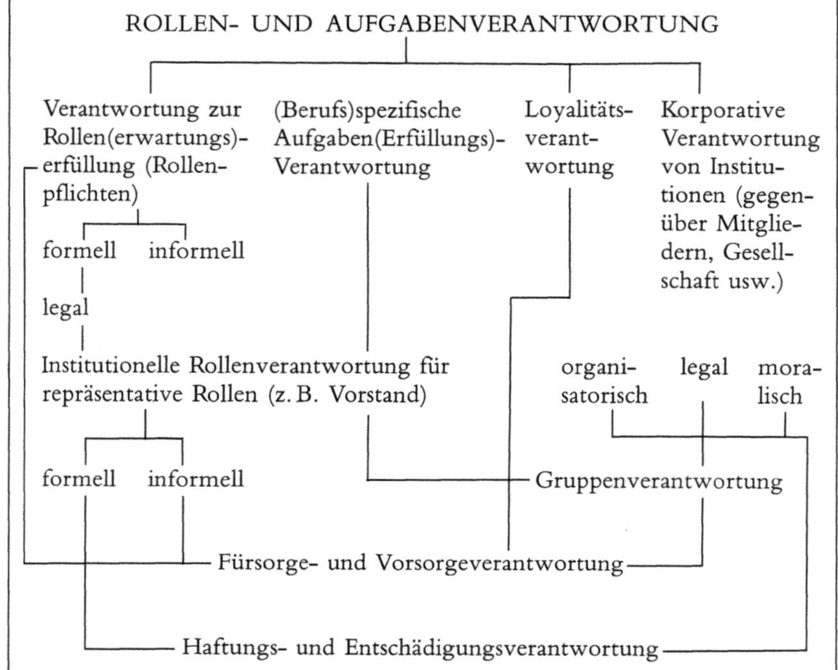

Schema 2:
Typen der Rollen- und Aufgaben-verantwortung

Die Rollenverantwortung ist mit jeder beruflichen, institutionellen oder auch nur vertraglich übernommenen Aufgabe verbunden. Die allgemeine Handlungsverantwortung wird dadurch im Rahmen besonderer Rollen und Aufgaben konkretisiert. So ist zum Beispiel der angestellte Techniker seiner Firma und deren Repräsentanten gegenüber für die Wahrnehmung seiner beruflichen Aufgaben verantwortlich. Zum Teil wird diese Verantwortlichkeit durch das Arbeitsrecht, oder auch durch einen moralischen Berufskodex – etwa sogenannte Ethikkodizes von Ingenieurvereinigungen oder wissenschaftlichen Gesellschaften – geregelt. – Hier überlappen sich Verantwortlichkeiten bereits mit rechtlichen und moralischen Gesichtspunkten.

Im Rahmen einer Rolle oder einer Aufgabe muß gelegentlich Verantwortung auch von jemandem übernommen werden, der nicht selbst die zu verantwortende Handlung ausgeführt hat: Eltern haften und sind verantwortlich für die Handlungen ihrer Kinder. Der Repräsentant einer Institution oder ein Politiker hat Verantwortung für die Pflichterfüllung Untergebener zu übernehmen. Schließlich kann auch einer Institution selbst – etwa dem Staat – Verantwortung zugeschrie-

ben werden. Dies verweist schon auf den nächsten Verantwortungs-
aspekt.

Die rechtliche Verantwortung wird im Rahmen des Rechtssystems
durch Gesetze geregelt, wobei unterschiedliche Verantwortlichkeiten
und Haftbarkeiten zu unterscheiden sind: zivilrechtliche, strafrecht-
liche, verwaltungsrechtliche, arbeitsrechtliche und öffentlich-recht-
liche Verantwortlichkeiten und Haftbarkeiten entsprechen den unterschiedlichen Bereichen und Zuständigkeiten, in denen der einzelne
wie auch Institutionen verantwortlich gemacht werden können. Im
Rahmen von Technik und Wissenschaft gibt es noch manche rechtlich
relativ ungeregelten Bereiche und einen schnell wachsenden Rege-
lungsbedarf. Hier nehmen die seit langem bestehenden technischen
Richtlinien des Vereins Deutscher Ingenieure, die Prüfnormen des
Verbandes Deutscher Elektrotechniker und der Technischen Überwachungsvereine sowie die DIN-Normen eine Zwischenstellung zwischen gesetzlicher Regelung und ermessensbedingter Expertenemp-
fehlung ein. Vom Atomrecht über die Technische Anordnung Luft,
die Großfeuerungsanlagenverordnung bis hin zu den neuen Richtlinien der Enquête-Kommission Gentechnologie finden sich viele Beispiele besonderer technikrechtlicher Regelungen. Heute lassen sich
Sicherheitsauflagen und verwandte Regelungen nicht mehr allein mit
arbeitsrechtlichen Mitteln abdecken. Die genauere Erfassung rechtli-
cher Verantwortlichkeiten und Haftbarkeiten erfordert eine Ausweitung der bisher vielfach vernachlässigten rechtlichen Regelungen der
Technik und der angewandten Naturwissenschaft. Die wachsende
Umweltbelastung macht umweltrechtliche Regelungen nötig. Um-
weltgesetze, Technik- und Wissenschaftsrecht gewinnen an Dring-
lichkeit. Da aber nicht alle Verantwortlichkeiten im Rahmen solcher
umgreifenden, allgemeingültigen Rechtsregelungen erfaßt werden
können (und Einzelfallregelungen allzu kompliziert, teuer und fort-
schrittsfeindlich wären), gewinnt auch hier die ethische Dimension an
Bedeutsamkeit. [III-2.6]

Es gibt Situationen, in denen eine besondere Handlungs- oder Rollenverantwortung irrelevant sein kann. In diesen Fällen kommt die
moralische Verantwortung zur Geltung. Sie ist maßgeblich bei allen
Aufgaben und Handlungen, von denen andere Menschen oder Lebewesen in Hinblick auf ihr leibliches und seelisches Wohlergehen bzw.
eine wirkliche Schädigung betroffen sind. Die Betroffenheit bezieht
sich unmittelbar auf die Situation und den jeweiligen Handlungszusammenhang. Dadurch wird eine direkte moralische Verantwortung
aktiviert, die sich nicht nur in der Handlungsverantwortung, sondern

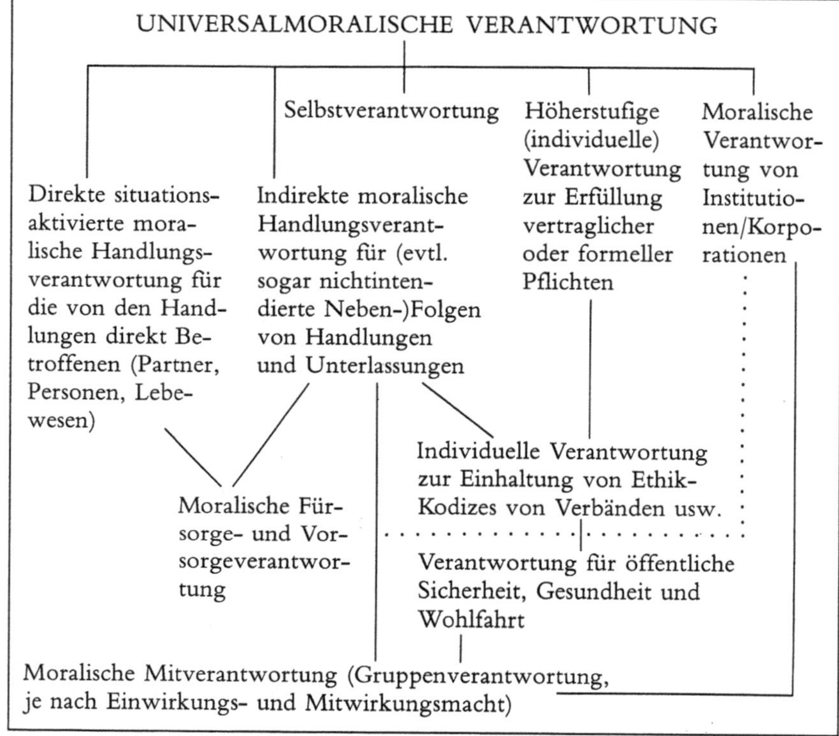

Schema 3:
Typen universalmoralischer Verantwortung

auch in der Unterlassungsverantwortung konkretisiert. So ergibt sich eine direkte moralische Verantwortlichkeit des Ingenieurs, wenn sein Sachverstand ausschlaggebend ist dafür, daß einem durch einen technischen Unfall in Not Geratenem geholfen werden kann. In diesem Fall besteht auch außerhalb der beruflichen Aufgabenbindung für den fachkundigen Ingenieur ein moralisches Gebot, den Betroffenen sachkompetent zu helfen und dies auch dann, wenn – wie in den USA – keine rechtliche Pflicht zur Hilfeleistung besteht.

Daneben gibt es aber auch eine allgemeinere moralische Verantwortung zur Erfüllung von übernommenen Pflichten und Aufgaben. Die Pflichterfüllung unterliegt insoweit generell einer moralischen Verantwortlichkeit höherstufiger Art, als die Wahrnehmung übernommener Pflichten und Aufgaben moralisches Gebot ist, solange dies nicht übergeordneten moralischen Pflichten widerspricht.

Die moralische Verantwortung ist abhängig von der konkreten Situation und dem Handlungszusammenhang, was ihre Aktivierung angeht; sie gilt jedoch universell und unbedingt. Sie ist jedem in vergleichbarer Situation und Position in gleicher Weise zuzuschreiben. Sie kann nicht abgeschoben, nicht abgelehnt, nicht aufgehoben werden. Sie ist auch nicht deligierbar, aufgebbar oder teilbar. „Teile die Verantwortung und sei entschuldigt!" ist keine moralisch zulässige Strategie. Während manche der erwähnten spezifischen Verantwortlichkeiten – wie die der Haftbarkeit – auch Gruppen, Verbänden oder Institutionen zugeschrieben werden können, ist die moralische Verantwortung stets nur individuell und persönlich zuschreibbar. – Wollte man etwa dem Staat oder der Idee des Rechtsstaats eine „moralische" Verantwortlichkeit für das Wohlergehen seiner Bürger zuschreiben, so wäre diese Verantwortlichkeit gleichwohl von ganz anderer Art als die persönliche; zumindest sollte man hier klar unterscheiden.

Angesichts der möglichen Konflikte von unterschiedlichen Verantwortungen und der Überlagerung von verschiedenen Ebenen und Gesichtspunkten erweist es sich als unumgänglich, zumindest die angeführten Verantwortungstypen zu unterscheiden. Hierbei ist insbesondere die moralische Verantwortung von den neutralen Typen der Handlungs- und Rollenverantwortung zu trennen.

Moralische Verantwortung im eigentlichen Sinne ist – wie wir feststellten – nur Personen zuzuschreiben. Sie läßt sich aber auch auf Individuen in Gruppen beziehen, wobei dann jeder an der gemeinschaftlich getragenen Verantwortung teilhat. Der amerikanische Ethiker John Ladd meint [23]: „Es ist vollkommen schlüssig, zu behaupten, daß mehrere Individuen dieselbe Verantwortlichkeit auch gemeinsam tragen können. Wenn sie dies tun, können wir von kollektiver Verantwortlichkeit oder Gruppenverantwortlichkeit sprechen", ohne daß von der jeweiligen individuellen Verantwortlichkeit auch nur ein Jota abgestrichen würde. Man sollte sie unmißverständlicher gemeinschaftliche Einzelverantwortung in Gruppen oder moralische Mitverantwortung nennen. Hierbei entstehen freilich Probleme der Anteiligkeit, der Gemeinschaftlichkeit und der Zuschreibbarkeit. Verantwortlichkeit muß gleichsam distributiv von der Gruppe der Beteiligten zu tragen sein, ohne sich jedoch mit der Anzahl der Beteiligten zu vermindern oder gar zu verschwinden. Wenn die gemeinschaftliche oder Gemeinschaftsverantwortlichkeit gegeben ist, muß sie irgendwie zum Handeln des einzelnen in Beziehung gesetzt werden. Sie muß gleichsam verteilt sein, ohne in kleinere Stücke aufgeteilt zu werden. Ein einzelner würde dann nur noch pro forma, der Form nach und öffentlich – gleichsam politisch – die Verantwortung für ein technologisches Großprojekt tragen.

Eine solche, nur formale Übernahme der Verantwortung scheint aber heute nicht mehr auszureichen. Eher dürfte noch die negative Formulierung der strategischen Verhinderungs- und Erhaltungsverantwortung fruchtbar und der Verantwortungsbeteiligung zugänglich sein, ohne daß sich dadurch die Gesamtverantwortung oder auch nur der Anteil der einzelnen Beteiligten auflöst. Gibt es Verteilungsmodelle, welche die Beteiligung sichern, ohne mit der Zahl der Beteiligten die Mitverantwortlichkeit zu verringern? Ein solches Modell könnte etwa graphentheoretische Begriffe und Elemente (nach Thomas L. Saaty) verwenden. Die Mitverantwortung in komplexen Systemzusammenhängen muß durch geeignete Modelle aufgegliedert werden ohne zu verschwinden – idealerweise wenigstens. Die Leitidee ist dabei: Jeder trägt Mitverantwortung entsprechend der strategischen Zentralstellung, die er im Wirkungs- und Handlungsmuster, im Macht- und Wissenszusammenhang des Systems einnimmt; dies insbesondere, insoweit er das System, die Systemerhaltung aktiv oder durch Unachtsamkeit oder Unterlassung stören kann. Entsprechend der Anordnungsbefugnis nimmt die Verantwortung nach oben – mit wachsender Nähe zum normalen Verantwortungszentrum – zu. Jeder Beteiligte ist im System mitverantwortlich, doch nur insoweit dieses von seinen Handlungs- und Eingriffsmöglichkeiten abhängt. Niemand aber ist allein für alles verantwortlich.

Gesamtverantwortung ist in diesem Sinne individuell mitzutragen, ohne verkleinert zu werden oder gar ganz zu verschwinden – und sie kann als jeweilige Mitverantwortung praktikabel und sogar persönlich zuzurechnen sein. Es geht also nicht zu wie in dem oben erwähnten sprichwörtlichen Entscheidungsgremium, in dem sich bei demokratisch geheimer Abstimmung keiner mehr als einzelner voll verantwortlich fühlt. Die Verwässerung der Verantwortung findet in diesem Modell nicht statt. Abschiebende Ausreden sind nicht erlaubt; der Versuch einer Entschuldigung unter Berufung auf den Befehlsnotstand ist moralisch ungerechtfertigt. Verantwortung ist somit gewissermaßen gemeinsam und anteilig mitzutragen, aber die Einzelverantwortlichkeit ist nicht als quantitativ verkleinerbar, substrahierbar oder diskontierbar zu verstehen. Die moralische Verantwortung kann sich durch Anteiligkeit des Tragens für den einzelnen nicht verkleinern: geteilte Verantwortung ist nicht halbe Verantwortung, sondern bleibt gleich gewichtig. Die grundlegende Vorstellung besagt, daß es in Sachen moralischer Verantwortlichkeit keine Ausflüchte durch Abschiebung oder Aufteilung geben darf. Moralische Verwässerungseffekte sind unzulässig, selbst wenn gruppenpsychische Wirkungen der moralisch wertenden Zuschreibung von Verantwortung entgegenwirken. So ist ein Parlamentarier dadurch nicht weniger verantwortlich, daß er die Verantwortung gemeinsam mit vielen Mitparlamentariern trägt.

In der Praxis besteht allerdings immer die Gefahr, daß das moralische Verhalten hinter den hier aufgestellten Forderungen zurückbleibt. Die Versuchung, sich gleichsam hinter dem anonymen Kollektiv zu verstecken, ist oft allzu groß. Dennoch gilt: In Sachen Moral gibt es kein Parlament. Hier ist jeder wirklich seinem Gewissen verantwortlich. Kant hat das Gewissen als „das Bewußtsein eines *inneren Gerichtshofes* im Menschen (,vor welchem sich seine Gedanken einander verklagen oder entschuldigen‘)" aufgefaßt[24]. Freilich sieht auch er die Schwierigkeiten dieses Bildes darin, daß dieselbe Person Ankläger und zugleich ihr eigener Richter ist. Das Gewissen als „innerer Richter" der eigenen Handlungen – diese Idee Kants läßt sich von dem Bild des Gerichtshofes ablösen und mit dem Verantwortungsbegriff verbinden: das Gewissen, meine ich, ist das Bewußtsein sich selbst zugeschriebener Verantwortlichkeit. „Verantwortung" ist von vornherein ein wertender und vorschreibender Begriff: ein Zuschreibungsbegriff. Das Gewissen ist ein verinnerlichtes, in der Persönlichkeitsentwicklung stabilisiertes psychisches Reaktionsmodell, bei dessen Aktivierung man sich selbst Verantwortung als verpflichtend zuschreibt. Das autonome oder selbständige Gewissen ist insofern eine Instanz der Selbstdeutung, der Selbstbeurteilung und der Selbstmoralisierung. Johann Wolfgang von Goethe hat dies in seinem Gedicht „Vermächtnis" klar gesehen:

> „Sofort nun wende dich nach innen:
> Das Zentrum findest du da drinnen,
> Woran kein Edler zweifeln mag,
> Wirst keine Regel da vermissen!
> Denn das selbständige Gewissen
> Ist Sonne deinem Sittentag".

Schwierigkeiten entstehen freilich, wenn das individuelle Gewissen blind ist, fehl geht oder der sozialen Verankerung ermangelt. Gibt es außer beim autoritären Gewissen (das die Über-Ich-Stimme im Sinne Freuds darstellt) auch beim autonomen Gewissen eine soziale Anbindung, die sich moralisch in Verantwortung und Mitverantwortlichkeit zeigt? Der Gestaltpsychologe Friedrich Kümmel sieht als eigentliche Form des autonomen Gewissens „das öffentliche Verantwortung tragende Gewissen für andere" an: Erst im humanitären oder öffentlich verantwortlichen freien Gewissen – „ohne jedes Machtstreben" – kann es den vermeintlich bloß privaten Charakter überwinden und „eine selbstlose soziale Funktion" übernehmen [25]. Es geht also um die Selbstzuschreibung sozialer und öffentlicher Verantwortung. Neben rechtlichen Regelungen und institutionellen Normen kann das Gewissen als eine Art Steuerungs- oder Regulierungsinstanz auch helfen, Verantwortungskonflikte zu überwinden. Denn es bestehen ja auch Konflikte zwischen manchen der erwähnten unterschiedlichen Verantwortungsarten, zum Beispiel zwischen der Weisungsgebundenheit eines angestellten Technikers und seiner moralischen Pflicht, der öffentlichen Wohlfahrt und dem Gemeinwohl zu dienen. Daß solche Konflikte nicht nur theoretisch sind, zeigen sozialpsychologische Untersuchungen: Nur 42% der in einer Umfrage befragten amerikanischen Chemieingenieure waren grundsätzlich bereit, sich dem Ansinnen ihres Vorgesetzten, einen gefälschten Bericht zu schreiben, zu widersetzen [26].

Selbst wenn in der Wirklichkeit die moralische Verantwortlichkeit oft unterliegt, das Gewissen übertönt oder verdrängt wird, rangiert die moralische Verantwortung grundsätzlich vor der Rollenverantwortung. Im Gegensatz zur Rollenverantwortung gibt es für das moralische Schuldigwerden keine äußeren Sanktionen. Und die innere Sanktion in Gestalt der Stimme des Gewissens ist dem Konflikt mit der Realität nicht immer gewachsen. Wenn die Gewissensstimme sich als schwach erweist, muß dies als Herausforderung gesehen werden, sie systematisch zu fördern und zu stärken.

Ethikkodizes für Ingenieure und Naturwissenschaftler

Ingenieure und Techniker waren ursprünglich zum großen Teil Selbständige, Unternehmer oder freie Berater – vergleichbar den Angehörigen anderer sogenannter Freier Berufe wie der Ärzte, Apotheker, Anwälte. Diese Freien Berufe erbringen wichtige, für den einzelnen und die Gesellschaft manchmal sogar überlebenswichtige Dienstleistungen, für die eine anspruchsvolle Expertenkompetenz und zumeist auch eine akademische Ausbildung erforderlich sind. Zum Angehörigen dieser Freien Berufe wird man in der Regel aufgrund eines Bestallungs- oder Approbationsverfahrens. Die Angehörigen Freier Berufe gestalten ihre Experten- oder Beratungstätigkeit autonom, also selbständig und eigenverantwortlich. Oft gehören sie Kammern oder Berufsvereinigungen an, die halböffentliche Aufgaben in Selbstverwaltung wahrnehmen. Im Englischen gibt es den treffenden Ausdruck der „professions", der sich im Deutschen nicht ganz bedeutungsgleich durch „Freie Berufe" wiedergeben läßt; denn neben den selbständigen Experten gibt es natürlich auch unselbständige Angehörige der „professions". Michael Bayles, der ein informatives Buch über „Professional Ethics" geschrieben hat, unterscheidet zu Recht zwischen „beratenden Experten" und „wissenschaftlichen Experten". Die letzteren sind oft in nichtselbständiger Stellung tätig; das gilt heute auch für den überwiegenden Teil der Ingenieure und Techniker.

Auch unselbständige wissenschaftliche Fachleute nehmen zum Teil nebenberuflich Expertenaufgaben wahr, indem sie Gutachten und Expertisen, Kontrollberichte, Planungen und Entwürfe, Empfehlungen und Beratungen durchführen. In der Berufsethik akademischer Experten („professional ethics") werden Pflichten und Verantwortlichkeiten der Mitglieder dieser Freien Berufe und der akademischen Experten in unterschiedlicher Weise behandelt. Im Vordergrund steht natürlich die Verantwortung gegenüber den Auftraggebern und Klienten, gegenüber den Betroffenen, gegenüber der Öffentlichkeit sowie gegenüber den Kollegen. Meist werden diese Rechte, Pflichten und Verantwortlichkeiten durch einen Berufskodex, ein Standesstatut oder ein Regelsystem für das Berufsverhalten umschrieben und von der entsprechenden Vereinigung überwacht.

Doch es gibt auch Verpflichtungen und Verantwortlichkeiten der unterschiedlichen Berufsgruppen selbst, die weder mit den Verantwortlichkeiten der einzelnen Mitglieder zu verwechseln noch auf diese zu reduzieren sind. So gehört es zur kollektiven (Selbst-)Verpflichtung der Berufsgruppen, denen die rechtliche Vertretung beziehungsweise die medizinische Versorgung anvertraut ist, jedem entsprechend Bedürftigen Rechtsbeistand oder medizinische Hilfe zu gewähren, obwohl einzelne Rechtsanwälte oder Mediziner keine Verpflichtung haben, allen in Not Befindlichen zu helfen. – Freilich entsteht eine solche Verpflichtung etwa für einen Mediziner, der auf einen aktuellen Notfall stößt. – Berufsexperten werden als Treuhänder tätig. Sie unterliegen Normen des Vertrauens von seiten der Klienten und dem Gebot der Vertraulichkeit gegenüber der Öffentlichkeit und gegenüber Dritten. Verantwortlichkeiten, Verpflichtungen und Tätigkeitsberechtigungen werden hieraus bereits deutlich. Angehörige der Expertenberufe haben besondere Pflichten, Rechte und Verantwortlichkeiten gegenüber Klienten, der Öffentlichkeit, Auftraggebern und Kollegen.

In diesem Zusammenhang stellt sich auch die Frage nach der Glaubwürdigkeit bzw. dem Glaubwürdigkeitsverlust der Experten. Es ist offenkundig, daß wir in unserer hochdifferenzierten, arbeitsteiligen Industriegesellschaft auf die fachliche Kompetenz, auf das Wissen und Können von Fachleuten angewiesen sind. Dabei sind zwei Extrempositionen zu beobachten. Einerseits wird Experten oft ein unkritisches, geradezu blindes Vertrauen entgegengebracht. Man sagt: „Die Wissenschaft hat erwiesen", „Computer haben berechnet". Dem steht auf der anderen Seite – etwa unter dem Motto: mündige Bürger entscheiden selbst – die Vorstellung gegenüber, daß Experten untereinander uneinig, voreingenommen, parteilich oder gar käuflich seien. In beiden Fällen handelt es sich um Überzeichnungen. Tatsächlich können wir nicht auf Experten verzichten. In der Lebenspraxis verlassen wir uns ständig auf die Sachkompetenz, die der Fachmann jeweils auf seinem Gebiet besitzt. Ohne die Bereitschaft, auf die Sachkunde und die Leistung anderer zu vertrauen, ließen sich die komplexen Strukturen unserer Gesellschaft gar nicht aufrecht erhalten. Neben dem gesicherten Stand des Wissens und Könnens und den daraus abgeleiteten sachgerechten Verfahrensweisen gibt es jedoch an der Forschungsfront immer auch gute Argumente für oder gegen bestimmte Auffassungen. In solchen Fällen besteht dann im Hinblick auf die Beurteilung der jeweiligen Zusammenhänge ein Ermessensspielraum, der aber keineswegs mit bloßer Willkür zu verwechseln ist.

Der älteste Berufs- und Standeskodex, jener der Mediziner, ist in dem bekannten Hippokratischen Eid ausgedrückt, der die Pflichten und Verantwortlichkeiten des Arztes gegenüber den Patienten, aber auch gegenüber dem Lehrer und anderen Berufsgruppen festlegt. Der Arzt mußte versichern „nach bestem Wissen und Können zum Heil der Kranken ... dagegen nie zu ihrem Sterben und Schaden" tätig zu werden und „niemandem eine Arznei (zu) geben, die den Tod herbeiführt"[27]. Der Arzt durfte gemäß dem Hippokratischen Eid keine Gallensteine schneiden; dafür waren offenbar spezielle Steinschneider zuständig. Insbesondere hatte er aber seinen Lehrer zu ehren, für ihn im Alter und sogar auch für dessen Nachkommen zu sorgen. [IV]

Was die Verantwortung des Technikers und des ingenieurwissenschaftlichen Forschers betrifft, so scheint aufgrund der oben geschilderten verschiedenen Arten der Verantwortung in unserem systemtechnologischen Zeitalter eine mittlere Stellungnahme sinnvoll: Weder kann gesagt werden, daß der Techniker überhaupt nicht und in keiner Weise für seine Entwicklungen und ihre eventuellen Folgen verantwortlich sein kann, noch, daß er für die Anwendung seiner

Ergebnisse allein oder gar umfassend verantwortlich gemacht werden müsse. Die Wirklichkeit ist komplizierter als extreme Lösungen und konsequent durchstilierte Denkmodelle.

Trotz aller Betonung der Verantwortlichkeiten des Ingenieurs wäre es in der Tat sinnlos, eine generelle Verantwortung des Ingenieurs für alles, für das Gemeinwohl schlechthin, zu statuieren. Eine allgemeine Verantwortung läßt sich leicht fordern, aber schwerlich einlösen und tragen. So ist auch die Forderung im Ethikkodex des amerikanischen Engineers Council for Professional Development: „Engineers shall hold paramount the safety, health, and welfare of the public in the performance of their professional duties"[28] zunächst noch recht global. Selbst wenn man die empfohlenen Anwendungsrichtlinien hinzunimmt, die den zitierten ersten Fundamentalgrundsatz spezifizieren und durch Verhaltensempfehlungen bzw. -forderungen ergänzen, bleiben noch viele Fragen offen. Offensichtlich bedarf es hier weiterer begrifflicher Differenzierungen. Mag die Verantwortung auch nicht aufteilbar und verkleinerbar sein, so ist sie doch sicherlich differenzierbar und je nach Aspekt unterschiedlich zu beurteilen.

Wegen der vielfältigen Aufgaben des Technikers sind die Verantwortungsprobleme für ihn noch konfliktreicher als für den wissenschaftlichen Grundlagenforscher einer anwendungsfernen Wissenschaft, obwohl heute jede Grundlagenwissenschaft anwendungsrelevant sein kann und dies indirekt meist auch ist. So kann der Fall eintreten, daß ein Ingenieur durch die Beteiligung an einem einzelnen Projekt mit eindeutiger Anwendungsgebundenheit – etwa an der Entwicklung einer schrecklichen Vernichtungswaffe – moralisch in einen schweren Gewissenskonflikt kommt. Die exponierte Stellung vieler Techniker macht das Verantwortungsproblem besonders dringlich: Sicherheit und Leben vieler Menschen, das öffentliche Interesse und das Gemeinwohl wären unter Umständen nachhaltig betroffen, wenn die Ingenieure keine besondere Verantwortungsbereitschaft aufbringen würden. Dies kommt in vielen Ethikregeln zum Ausdruck. So heißt es etwa in den 1984 ratifizierten Rahmenrichtlinien der American Association of Engineering Societies über das berufliche Verhalten ihrer Mitglieder[29]: „Ingenieure übernehmen Verantwortung für ihre Handlungen" und: „Sie sollen fair und gerecht sein und persönliche Verantwortung dafür übernehmen, daß sie den geltenden Gesetzen Folge leisten, das Wohlergehen der Allgemeinheit schützen und bei ihren beruflichen Handlungen und Verhaltensweisen die Sicherheit wahren. Diese Prinzipien beherrschen das Verhalten im Beruf, in dem Ingenieure den Interessen der Öffentlichkeit, der Kunden, der Unternehmer, der Kollegen und des Berufsstandes dienen". „Ingenieure, die bei der Ausübung ihrer beruflichen Pflichten eine Folgewirkung bemerken, die das Wohlergehen und die Sicherheit der Allgemeinheit in Gegenwart oder Zukunft nachteilig beeinflußt, sollen ihre Arbeitgeber und Kunden in aller Form darüber unterrichten und, wenn nötig, eine darüber hinausgehende Offenlegung in Betracht ziehen".

Trotzdem scheint sich jedoch das wirkliche persönliche Engagement für das Gemeinwohl und für die öffentliche Verantwortung bei den Ingenieuren auch heute noch nicht persönlich „auszuzahlen". Im Gegenteil: im Falle von Konflikt und Konkurrenz scheint es trotz aller Gegensteuerungsversuche der Ingenieurverbände, die heute zum guten Teil – etwa in den Bestimmungen der National Society of Professional Engineers – das öffentliche Interesse als von „überragender Bedeutung" bezeichnen, für den einzelnen immer noch riskant zu sein, sich zu exponieren. Wie in vielen anderen Bereichen auch wird leicht zum „troublemaker" gestempelt, wer sich im Interesse des Gemeinwohls engagiert. Wer dagegen nichts tut, wer kuscht, sich anpaßt – und sei es gegen den ausdrücklichen Wortlaut der Ethikregeln, die es in der Bundesrepublik gar nicht in detaillierter Form gibt –, hat auch nicht mit Sanktionen, Diskriminierung, Karrieregefährdung und Nachteilen aller Art zu rechnen. Die Mentalität der Duckmäuser zahlt sich individuell aus – zum Nachteil des Gemeinwohls.

Ist diese Dynamik auf das Ingenieurwesen beschränkt? Wohl nicht. Wer sich nicht besonders engagiert, sich vor allem nicht exponiert, lebt bequemer. Kann er das noch mit einer normalen Jobmentalität verbinden, sich im großen und ganzen an Minimalstandards der Rollenerwartung oder Stellenbeschreibung halten, so gerät er nicht in Gefahr, persönlich die nachteiligen Rückwirkungen eines besonderen Verantwortungsengagements zu erleiden. Wer will schon zum Helden werden, wenn man dabei zugleich Märtyrer werden muß! Man könnte „eine Art von ‚Ombudsman' " fordern, „um das Individuum zu schützen, wenn Situationen mit moralischer Brisanz entstehen: Ein Ingenieur soll nicht entweder ein Held oder ein Opfer sein müssen, um einen Sinn für ethische Verantwortlichkeit im öffentlichen Interesse zu zeigen"[30] und wirksam werden zu lassen. Die Forderung stellte 1971/72 zusammen mit seinen beiden Kollegen Holger Hortsvang und Max Blankenzee der durch Entlassung betroffene, moralisch verantwortlich handelnde Ingenieur Robert Bruder auf; die drei hatten auf Unsicherheiten in einem automatischen Zugkontrollsystem aufmerksam gemacht. Ombudsmänner und ethische Kommitees können in

Verbindung mit ethischen Kodizes die Diskussion innerhalb der Ingenieur-Vereinigungen und auch im betrieblichen Leben anregen und verbessern sowie die Sensitivität gegenüber Fragen der Verantwortung wesentlich erhöhen.

Fallbeispiele werden etwa von der Zeitschrift „Spectrum" der amerikanischen Elektroingenieurvereinigungen anonymisiert veröffentlicht, zur Diskussion gestellt und durch Leser und eine Ethikkommission der Ingenieurgesellschaft begutachtet. Da Demokratie von der Diskussion lebt und die kritische Debatte in einer Demokratie eine wichtige Kontrollfunktion ausübt, sollten sich auch die Ingenieurverbände dieses Mittels zur internen Kontrolle bedienen. Gerade dann wenn dies geschieht, muß nicht jeder Mißbrauch oder Problemfall an die große Öffentlichkeit gezerrt werden. Da das betriebsinterne Vorschlagswesen sich bewährt hat, sollte auch das ethische Vorschlags- bzw. Kritikwesen eine Chance erhalten. „Wichtiger noch, das Fehlen der Diskussion bedeutet eine Absage seitens der Ingenieur-Vereinigungen an Verantwortung für Anwendung und Folgen der Technik, gerade in Bereichen, in denen einige ihrer Mitglieder besonders kompetent sind"[31].

Werden aber Ingenieure für diese besondere Verantwortungsbereitschaft überhaupt geschult? Für den angehenden Techniker und Ingenieur ist es besonders wichtig, daß er in der Ausbildungsphase anhand von ethischen Problemen und Fallbeispielen sowie durch die Diskussion von Ethikkodizes die ethische und auch die rechtliche Sensitivität entwickelt, die er später in seiner beruflichen Praxis benötigt. Besonders die amerikanische Diskussion und die sich in letzter Zeit häufenden Skandalfälle zeigen deutlich, daß wir die ethischen Probleme, die sich vielfältig im Zusammenhang mit Technik und angewandter Technik stellen, nicht mehr einfach beiseite schieben können. Viele amerikanische Technische Hochschulen haben denn auch ein Pflichtprogramm für „Engineering Ethics" eingerichtet, viele Kongresse über Ingenieurethik haben insbesondere im Gefolge des erwähnten gut dokumentierten Falles stattgefunden, eine verzweigte Literatur ist erstellt worden. In Europa kümmern sich die Ingenieurfakultäten an den Hochschulen mit seltenen Ausnahmen noch zu wenig um solche ethischen Zusatzstudien, etwa im Rahmen eines Studium generale.

Man sollte allerdings nicht versuchen, aus dem Ingenieurstudenten einen überskrupulösen Ethiker zu machen, der sich sein Leben lang gezwungen fühlt, zwischen der ständigen Folgenvorausschau einerseits und Regierungslobby andererseits hin und her zu schwanken, um stets das öffentliche Wohl zu fördern. Die Hauptverantwortung der

Techniker und Ingenieure – und dies ist, wie sich gezeigt hat, gerade auch moralisch relevant – besteht darin, ihre berufliche Aufgabe sorgfältig zu verrichten. Nur konflikt- und fallweise sollten sie übergreifende moralische Gesichtspunkte berücksichtigen. Letztlich gestalten handelnde Menschen die Technik und deren Entwicklung, wenn auch in einer sehr vielfältig und verzweigt synthetisierten Kombinationsleistung. Im Sinne der dargestellten Erweiterung und Differenzierung des Verantwortungsbegriffs übernehmen sie natürlich als einzelne und als Team- und Gruppenmitglieder unterschiedliche Verantwortlichkeiten, besonders auch Präventionsverantwortung gegenüber mißbräuchlicher Anwendung. Dies gilt vor allem für Individuen in systemstrategischen Positionen. Dazu gehören die Mitglieder der Technischen Intelligenz. Sie müssen diese Verantwortlichkeiten erkennen, anerkennen und tragen lernen sowie die für Verantwortungskonflikte erforderliche Urteilskraft entwickeln. Die einzige relativ leicht zugängliche Möglichkeit, sich den künftigen ethischen Herausforderungen gewachsen zu zeigen, ist, die moralische Bewußtheit und Urteilskraft in konkreten projekt- und berufsbezogenen Zusammenhängen zu fördern.

Die Verantwortungsarten der Techniker sind zu differenzieren nach speziellen berufsbezogenen Aspekten einerseits und nach moralischen Gesichtspunkten andererseits. Die unterschiedlichen Verantwortungstypen – etwa die funktionale Verantwortung als Rollenträger und die moralische Verantwortung als Person – können miteinander in Konflikt geraten oder einander überlappen. Beides tritt häufig auf. Für die Lösung solcher Verantwortungskonflikte kann ein Ethikkodex kein Patentrezept liefern, aber er kann zur Unterscheidung der Verantwortlichkeitstypen und zur Aufmerksamkeitserhöhung, zur Sensibilisierung für Verantwortungsprobleme sowie zur entsprechenden Schulung beitragen. Persönliche Entscheidung ist für den Techniker unabweisbar. Freilich kann man nicht verlangen, daß er bei jeder Minimalentscheidung stets nur seinem hochempfindsamen moralischen Gewissen und dem übergreifenden Ideal der Förderung des öffentlichen Wohls folgen müsse. Hier muß sorgfältig unterschieden werden zwischen notwendig zu erfüllenden Pflichten und größeren idealen Leitorientierungen, die nur zu moralisch hochzuschätzenden Erwartungen Anlaß geben. Bei den unabdinglichen Pflichten stehen für die Ingenieure und Techniker Normen der Schadensabwendung, insbesondere der Vermeidung eigener Schadensverursachung – und sei es eine Verursachung durch Unterlassung – im Vordergrund. Zwischen Schadensverhinderung und der Vermeidung von Schadensverursachung läßt sich für viele Ingenieursaufgaben kein klarer Trennungsstrich ziehen. Eher schon ist die Abgrenzung gegenüber der aktiven Förderung des Guten möglich: Dies ist keine unabdinglich zu fordernde Pflicht, aber ein hochzuschätzender und zu fördernder moralischer Wert. Kein Elektroingenieur ist ethisch verpflichtet, jedem zu helfen, der eine Schaltung nicht reparieren kann, aber er ist moralisch gehalten, mit seinem Sachwissen jemandem beizustehen, der aufgrund eines elektrischen Unfalls in Not schwebt.

Die Ethikkodizes der Ingenieur-Vereinigungen sollten klarer aufgespalten werden nach moralischen unabdinglichen Verpflichtungen und nach moralischen Werten, die jeweils mit der beruflichen Tätigkeit verbunden sind. Deutlich abgehoben werden sollten davon die zunftinternen moralneutralen Normen sowie arbeitsrechtliche Rollenverpflichtungen gegenüber Arbeitgebern und Vertragspartnern. Dies würde irreführende Vermischungen von Verantwortungen und falsche Unterstellungen ethischer Gesichtspunkte bei in Wirklichkeit nur zunftinternen oder geschäftlichen Interessen verhindern oder zumindest vermindern. Die Existenz ausgearbeiteter Ethikkodizes hat sich in den Vereinigten Staaten bereits als hilfreich erwiesen – besonders, wenn eine Ethikkommission wie im Falle der amerikanischen National Society of Professional Engineers Zweifelsfälle in der Einhaltung von Muß-Normen des Kodex überwacht, diskutiert und ohne Firmen- und Namensnennung veröffentlicht sowie den Kodex weiterentwickelt. In einem Falle wurde von einem Elektroingenieur berichtet, der in der medizinischen Forschung an der Entwicklung einer neuen Prothese mitarbeitete und differenziert auf Gefährdungen aufmerksam machte. Seine Warnungen wurden zunächst in den Wind geschlagen, aber dann sehr wohl berücksichtigt, als er das entsprechende ethische Gremium des Verbandes der Elektroingenieure einschaltete.

Es bleibt schließlich die Frage, wie ein solcher Ethikkodex gemeint ist, selbst wenn man die Bestimmungen einer internen Standesmoral, also die Standards für angemessenes Verhalten im Sinne der Zunft und zur Wahrung von deren Ansehen abtrennt und sich auf die ethischen Vorstellungen im engeren Sinne beschränkt. Es ist ein Unterschied, ob die Ethikkodizes ideale Orientierungsleitlinien als Empfehlungen aufstellen oder Normen enthalten, die unbedingt eingehalten werden müssen. Wesentlich ist hier die Unterscheidung zwischen notwendig zu befolgenden Pflichten oder Muß-Normen einerseits und empfohlenen oder erwarteten Soll-Normen andererseits. Kant spricht übrigens bei der Begründung seines kategorischen Imperativs durch indirekt

beweisende Beispiele von „der strengen oder engeren (unnachlaß-
lichen) Pflicht" einerseits, „der weiteren (verdienstlichen) Pflicht" andererseits[32]. Die Einhaltung der ersteren Pflichten ist unnachlaßlich
gefordert.

In der Tat scheinen die meisten der allgemeinen Leitlinien der Ethikkodizes der Ingenieure, soweit sie die allgemeine Beachtung des öffentlichen Wohls betreffen, solche verdienstlichen Pflichten zu sein.
Höchstens im Konfliktfalle, in dem von der eigenen Handlung bzw.
Unterlassung direkt das Gemeinwohl betroffen ist, wird eine entsprechende Pflicht als unnachlaßlich zu verstehen sein. Allgemeine, gängige Aussagen wie „Macht und Wissen verpflichten!" begründen
keine strenge unnachlaßliche Pflicht zur unmittelbaren Handlung,
sondern allenfalls eine ideale Erwartung oder Empfehlung – wie die
Ethikkodizes in ihren meisten allgemeinen Forderungen insgesamt. Es
handelt sich hier, wie gesagt, eher um ein moralisches Ideal, eine
Richtlinie oder einen Standard für vollkommenes Handeln, als um
eine Soll-Norm. Der amerikanische Philosoph Robert F. Ladenson
betont zu Recht: „Daß irgend jemand besonders gut in der Lage ist,
mir in irgendeiner Weise zu nutzen, begründet in keiner Weise eine
spezielle Verpflichtung seinerseits, mein Wohlbefinden zu fördern"[33].
Dies kann allerdings durch besondere, zuvor eingegangene Verpflichtungen der Fall sein: Mit manchen Amts- oder Rollenverpflichtungen
kann auch die Förderung des Wohlbefindens anderer verbunden sein
– zum Beispiel im Fall des Arztes, bei bestimmten Aufgabenstellungen
von Planungsingenieuren usw. Grundsätzlich sind auch die weiteren
Pflichten moralisch relevant, ihre Erfüllung ist verdienstvoll („ver-
dienstlich" nach Kant) und sollte nach Möglichkeit gefördert werden.
Ein solches Handeln ist moralisch anerkennenswert, aber nicht unbedingt gefordert.

Ladenson versucht die Pflichten der Ethikkodizes der Ingenieure
nach diesem Kriterium zu sortieren, also danach, ob es sich um unbedingte strenge Pflichten handelt oder nicht. Er meint, nur die „Vermeidung der Verursachung eines Übels so wie Tod, Schmerz, Behin-
derung, Freiheitsverlust und Verlust an Lust" sei von moralischen
Regeln unmittelbar und unbedingt gefordert. Moralische Regeln
würden dagegen nicht erfordern, aktiv aufsuchend „Übel der ebenge-
nannten Arten zu verhindern oder das Gute, wie etwa Liebe, Freundschaft, Wissen usw. zu fördern". So versucht Ladenson zu begründen,
daß moralische Regeln und speziell jede Muß-Norm der Ethikkodizes
der Ingenieure sich „einfach auf die Vermeidung der Übelverursa-
chung" zu beschränken hätten. Soweit die Regeln der Ethikkodizes

sich unmittelbar auf die Schadensabwendung durch den Handelnden oder Unterlasser selbst beziehen, seien sie moralische Gebote – darüber hinaus nur empfehlenswerte moralische Ideale. Dies dürfte jedoch zu stark vereinfacht sein. Es gibt Fälle, in denen das Unterlassen der Verhütung eines Übels von der Verursachung des Übels praktisch nicht zu unterscheiden ist. Diese Nichtunterscheidbarkeit ist für manche Ingenieuraufgaben, besonders bei Überprüfungs- und Sicherheitsingenieuren, geradezu der prototypische Fall. Es gehört zu ihrer Amts- und Rollenpflicht, durch ihre Tätigkeit in dem betreffenden Bereich mögliche Schäden abzuwenden. Sie müssen gegebenenfalls aktiv werden, um das Eintreten des „Übels" zu verhindern.

Zu Recht wird vielfach betont, daß es zu den weiteren, besonders zu unterstützenden moralischen Aufgaben, wenn auch nicht zu den unabdinglichen Pflichten der Ingenieure gehört, die Öffentlichkeit über Folgen und Nebenfolgen technischer Entwicklungen zu informieren. In Einzelfällen konkreter Gefährdung und im abstrakten Idealfall dürfte diese Informationspflicht sogar ethisch unerläßlich sein. Jedenfalls sollte Ralph Naders Aufforderung zur Entwicklung einer „whistle-blowing-ethic"[34] unterstützt werden: Bei Gefahr für Leib und Leben der Betroffenen und für das Gemeinwohl muß jemand die Alarmglocke öffentlich betätigen! Dies gilt gerade auch für Ingenieurvereinigungen, denen bisher die Idee der Öffentlichkeitsmobilisierung angesichts drohender Gefährdungen durch eine schädigende Technikanwendung eher fremd war: „Bis heute scheint es nicht ein einziges hervorragendes Beispiel einer Ingenieurvereinigung zu geben, die zuerst das Problem eines größeren Mißbrauchs der Technik innerhalb ihres speziellen Kompetenzbereiches aufgeworfen hätte", meinte der Ingenieurwissenschaftler Collins vom Polytechnic Institute New York[35].

Ethik ist nicht schon einklagbares Recht! Der Ingenieur kann praktisch nicht bei jeder Ausübung seiner Berufspflicht stets die Sicherheit, die Gesundheit und die Wohlfahrt der Öffentlichkeit als „überragenden" obersten Wert im Auge haben. Doch muß er grundsätzlich sein ganzes Tun, jedes Verhalten, jede Entscheidung und jede Orientierung der ethischen Beurteilung zugänglich halten. Die Ethik kennt keine obligatorischen äußeren Sanktionen, doch die ethische Beurteilung ist idealerweise stets notwendig. Es kann sich hier nur um eine ideale Soll-Norm als innere Richtlinie handeln, die allerdings durch die Spezifizierung auf die relevanten beruflichen Aufgaben eingeschränkt ist. Nicht das allgemeine Wohl schlechthin ist der Bezugspunkt, sondern das Gemeinwohl, soweit dieses durch die Tätigkeit des Ingenieurs

und eventuell unmittelbar von ihm vorauszusehende bzw. beeinflußbare Folgen betroffen ist. Man kann allerdings, wie besonders Samuel
C. Florman[36] betont, die Verpflichtung auf alles „überragende"
Werte auch übertreiben. Es wäre kontraproduktiv, wenn man vom
Ingenieur im wörtlichen Sinne der Richtlinien nur noch die Orientierung am Gemeinwohl und an der Stimme seines Gewissens fordern
würde – etwa auf Kosten der Beachtung aller Anweisungen, der erteil-
ten Aufgabenstellung usw.: „Wenn man diesem Appell an das Gewissen wirklich folgte, würde das Chaos die Folge sein. Die Realitätsbin-
dung und Disziplin würden sich auflösen und Organisationen würden
zerbrechen. Öffentliche Kritik an den jeweiligen Vorgesetzten würde
zur Norm werden statt einer letzten verzweifelten Zuflucht. Es ist
undenkbar, daß jeder Ingenieur nach eigenem Gutdünken bestimmt,
welche Kriterien etwa bei jedem Sicherheitsproblem, mit dem er
konfrontiert wird, beachtet werden sollen".

Insofern kann es geradezu eine moralische Aufgabe sein, die Rollenpflicht zu erfüllen und nicht in die Bearbeitung der Aufgabe zuviel
allgemeine Moralität einfließen zu lassen: „Der Problemlöser kann
nicht seine persönliche Phantasie in jede Gleichung einbringen!" Dies
bedeutet nicht, daß dem Ingenieur moralische und politische Bürger-
pflichten abgesprochen werden sollten. Umgekehrt sollten aber die
Bürger diese Pflichten und ihre Verantwortung auch nicht in den
Bereich der Ingenieurethik abschieben. Manchmal werden ethische
Gesichtspunkte geradezu in ihr Gegenteil verkehrt. Dies geschieht,
wenn man in ihnen eine „willkommene Gelegenheit zur Ablehnung
von Kontrollen durch die Regierung" sieht oder glaubt, die Lösung
technischer Probleme durch „ethische Rhetorik" und „gute Absichten" ersetzen zu können. Es ist, schreibt Florman, „ein falscher Glaube,
das technische Utopia hänge hauptsächlich von moralischer Reformation ab". Man sollte die neue Technoethik nicht überfordern und nicht
ideologisieren. Florman hält „eifernde Armeen, die unter dem Banner
der Technoethik marschieren", für „gefährlich, weil sie durch globale
idealisierte Forderungen die differenzierte Sacharbeit" behinderten
oder gar verhinderten. Hieran ist sicherlich einiges wahr. Ethik kann
weder differenzierte technische, politische und institutionelle Regelungen ersetzen noch die kreative Eingebung und hingebungsvolle
Arbeit.

Natürlich gibt es eine Verantwortung des Ingenieurs gegenüber
seinen Kollegen, sowohl gegenüber Mitarbeitern als auch Konkurren-
ten als auch gegenüber dem eigenen Berufsstand. Wie bei den Medi-
zinern und Juristen zeigt sich auch bei Technikern, daß die Berufs-

gruppe insgesamt – etwa vertreten durch die entsprechenden Standesorganisationen oder -vereinigungen, wie bei uns beispielsweise durch den Verein Deutscher Ingenieure und den Verband Deutscher Elektrotechniker – eine Verantwortung gegenüber der Öffentlichkeit, der Gesellschaft hat.

Zu bedenken ist ferner, daß zwischen den Interessen des Klienten und jenen des Experten ein geradezu unvermeidbarer Konflikt besteht: Der Kunde ist an bestmöglicher Dienstleistung interessiert, der Experte zugleich an möglichst hohem Einkommen und geringem Zeitaufwand für die erbrachte Dienstleistung. Die Standesregeln dienen unter anderem dazu, die hohe Kompetenz des Experten und bestmögliche Qualität seiner Arbeit zu gewährleisten – gerade auch angesichts von Ausweich-, Mißbrauchs- oder Ausbeutungsversuchungen, denen der einzelne unterliegen kann. Die Standesorganisation oder Vereinigung der Berufsgruppe trägt demgegenüber die Verantwortung, von vornherein solchen Versuchungen zu wehren – durch Androhung von Strafen bis hin zum Ausschluß oder bis zum Lizenzentzug oder Tätigkeitsverbot.

Allgemein muß man sagen, daß Technikervereinigungen ihre Verantwortung gegenüber der Öffentlichkeit und Gesellschaft recht sorgfältig wahrgenommen haben, indem sie den jeweiligen „Stand der Technik" sorgsam bestimmten und überwachten, technische Regelwerke wie die Richtlinien des VDI, Prüfnormen des VDE und DIN-Normen schufen, die zum Teil trotz ihres Empfehlungscharakters Gesetzeskraft erlangt haben. Entsprechendes gilt für die Technischen Überwachungsvereine, Technischen Anweisungen und die Arbeit der Expertengremien, die Richt- und Grenzwerte festzusetzen haben. Obwohl die rechtliche Erfassung technischer Bereiche meist hinter dem jeweiligen „Stand der Technik" hinterherhinkt, sind Niveau und die jeweilige Anpassung der technischen Regelwerke in der Bundesrepublik Deutschland als hervorragend einzuschätzen.

Was die Ethikkodizes der Ingenieurvereinigungen in der Bundesrepublik angeht, so ist ein Rückstand gegenüber den Vereinigten Staaten festzustellen. Es gibt hier noch keine Ethikkodizes der Ingenieure, die diskutiert werden könnten – nur der Verband Deutscher Elektrotechniker diskutierte 1986 eine Übersetzung der Ethikrichtlinien des amerikanischen Institute of Electrical and Electronics Engineers (1981), lehnte aber die Übernahme als Ethikkodex ab. Beim Verein Deutscher Ingenieure hat in der Hauptgruppe „Der Ingenieur in Beruf und Gesellschaft" der Ausschuß „Grundlagen der Technikbewertung" einen Vorentwurf für eine Richtlinie „Empfehlungen zur Tech-

nikbewertung" ausgearbeitet, in denen die Bedeutung von Werten für
die Technik und das technische Handeln sowie die Wertgrundlagen
für die Technikbewertung hervorgehoben werden. Der Vorentwurf
wird im VDI kontrovers beurteilt. Dabei hatte der VDI selbst in seinen
1980 abgesteckten „Zukünftigen Aufgaben"[37] die „Absicherung des
individuellen Verantwortungsbewußtseins und Verantwortungswil-
lens im fachlichen und gesellschaftlichen Rahmen" als „eine wesentliche Voraussetzung für die Heranbildung sachverständiger Verantwortungsträger" gefordert: „Ohne die individuelle Verantwortungsübernahme in allen Lebensbereichen sind übergreifende Regelungen
undenkbar, da sie zu ihrer Erfüllung letztlich auf die individuelle
Verantwortungsbereitschaft jedes einzelnen angewiesen sind".

Zwar ist eine Organisation, wie jede andere bloß juristische Person,
keine moralische Person; doch sie hat gleichwohl moral-ähnliche Verpflichtungen. Dies hatte sicherlich auch Carl-Friedrich von Weizsäk-
ker im Auge, wenn er meint: „Die Wissenschaft ist für ihre Folgen
verantwortlich"; „der Wissenschaftler ist für die Folgen seiner Erkenntnis nicht legal, sondern moralisch verantwortlich"[38]. — Eine
Institution wie die Wissenschaft oder die Technik, ja, ein ganzer Kul-
turbereich kann aber nur im übertragenen Sinne moralisch verantwortlich sein. Moralische Verantwortung im engeren Sinne kommt
immer nur Personen zu. Freilich könnte es moral-analoge Verpflichtungen auch für Organisationen und Institutionen geben – auch Staaten unterliegen moralischer Bewertung. Doch sollte man in diesen
Fällen andere Ausdrücke benutzen; es handelt sich hier keinesfalls um
Moralität oder moralische Verantwortung in demselben Sinne, wie sie
natürlichen Personen zukommt. – So mag die Sicherung eines bestmöglichen Ausbildungsniveaus der Techniker in der Verantwortung
der technisch-wissenschaftlichen Vereinigungen und der entsprechenden Fakultäten liegen, sie ist jedoch nicht individuelle Pflicht jedes
einzelnen Technikers. Entsprechendes gilt für die Definition und die
Wahrung des jeweiligen „Standes der Technik" in technischen Regel-
werken. Diese übergreifenden Verpflichtungen für Vereinigungen haben natürlich individuelle Pflichten des einzelnen Technikers zur
Folge: So ist jeder Techniker nach bestem Wissen und Gewissen verpflichtet, entsprechend dem ihm erreichbaren besten Stand der Technik zu arbeiten.

Verantwortbarkeit des technischen Fortschritts

Der technische Fortschritt erweist sich bei näherem Zusehen als eine komplexe vieldimensionale soziale Erscheinung, die von den handelnden Individuen in ständigem Wechselspiel mit anderen Einflußgrößen und -bereichen hervorgebracht wird. Daß sich Verbesserungen und Veränderungen stets in Abhängigkeit vom jeweilig erreichten Entwicklungsstand der Technik, der Naturwissenschaft und anderer – auch gesellschaftlicher – Einflußgrößen entwickeln, hat die gleichsam gesetzliche Grundform eines sich selbst beschleunigenden technischen Fortschritts zur Folge.

Moralisch ergibt sich ähnlich wie bei der früheren Erörterung von Folgen, die erst durch das Zusammenwirken vieler Faktoren wirksam werden, daß eine ursächliche Verantwortung meist keinem einzelnen Forscher oder Techniker und auch keinem einzelnen Bereich zugeschrieben werden kann, denn die Entwicklung und besonders die Beschleunigung hängt von einer Vielzahl sich gegenseitig steigernder Wechselwirkungen ab. Im weiteren Sinne der Vorsorgeverantwortung, wie sie erläutert wurde, übernehmen natürlich beteiligte einzelne, d. h. die Techniker, Ingenieure und allgemein die Mitglieder der technischen Intelligenz und die in Anwendungsbereichen tätigen Naturwissenschaftler eine gewisse Mitverantwortung, ohne daß ihnen schlicht und einfach allein etwa die volle moralische Alleinverantwortung für die Anwendung ihrer Erfindungen anzurechnen wäre. Unter Umständen können sie im unübersichtlichen Systemzusammenhang schädliche Anwendungen nicht einmal voraussehen.

Zum Problem der individuellen Verantwortung des Naturwissenschaftlers in der anwendungsorientierten Forschung sei nur soviel angedeutet: Die gängige Unterscheidung zwischen dem „Entdecker" und dem „Erfinder" scheint auf den ersten Blick plausibel. Der Entdecker weiß im Gegensatz zum Erfinder vor der Entdeckung nichts über die Anwendungsmöglichkeiten, wohl aber der Erfinder. Diese Unterscheidung läßt sich aber nur zu einer ersten Groborientierung verwenden. Sie unterstellt zu einfache Verhältnisse: Auch technische Entwicklungen – z. B. die Entwicklung des Verbrennungsmotors oder die Herstellung von Dynamit – haben natürlich die Ambivalenz der positiven und destruktiven Verwendbarkeit an sich. Jedes Messer konnte man stets nützlich oder schädlich verwenden. Zudem lassen sich die Grundlagenforschung und technische Entwicklung nicht mehr so einfach voneinander trennen, wie es die ideale, eindeutige Unterscheidung zwischen dem „Entdecker" und dem „Erfinder" unterstellt.

Allgemein muß angesichts der Aufspaltung der Einzelverantwort-
lichkeiten und der unübersichtlichen Verzweigungen heute auch der
Gesellschaft insgesamt und ihren repräsentativen Entscheidungsträ-
gern eine politisch zu tragende kollektive Verantwortung für die Anwendung entwickelter technischer Verfahren – und auch für die Entwicklung technischer Großprojekte zugeschrieben werden. Die These
vom eigendynamischen, „naturwüchsigen" technologischen Ent-
wicklungsprozeß, der rein immanenten Sachzwängen gehorcht, ist
eine ideologische Ausrede, die einer kollektiven Flucht vor der Verantwortung gleichkommt. Letztlich gestalten nämlich handelnde Menschen die Technik und deren Entwicklung, wenn auch in einer sehr
vielfältig und verzweigt vereinten Kombinationsleistung. Mit der Erweiterung des Verantwortungsbegriffs – wie erörtert – übernehmen
sie natürlich als einzelne (insbesondere auch als Mitglieder einer handelnden Gruppe) Vorsorge- und Treuhänderverantwortung gegenüber mißbräuchlicher Anwendung. Dies gilt besonders für Individuen
in systemstrategischen Positionen.

In zehn Punkten sei alles bisher Gesagte zum Abschluß zusammengefaßt:
1. Macht und Wissen verpflichten – auch technische (überpersönliche)
Macht.
2. Die Schaffung neuer Abhängigkeiten schafft eine neue moralische
Verantwortung persönlicher und überpersönlicher Art. Eine ins Utopische gewachsene technische Verfügungsmacht erzeugt eine erweiterte Verantwortlichkeit: Über die Verursacherverantwortung hinaus
übernimmt der Mensch eine „sorgende" Heger- und Verhinderungs-
verantwortung.
3. Diese Verantwortlichkeit richtet sich nicht mehr nur auf das Wohl
des Nächsten und auf ein humanes Überleben der Menschheit, sondern auch auf die Erhaltung und Hege der Natur (einschließlich ihrer
ökologischen Funktionen) und auf die nichtmenschliche Mitkreatur
(z. B. Tierarten). Die Natur als ganze und in ihren Teilen ist Objekt
der Moral geworden – wenigstens negativ im Hinblick auf die Stö-
rungs- oder Zerstörungsfähigkeit des Menschen.
4. Die erweiterte Verantwortlichkeit richtet sich besonders auch auf
die Zukunft, auf die künftige Existenz der Menschheit, der nachfolgenden Generationen, beachtet ihr moralisches Recht auf ein menschenwürdiges Leben in einer zuträglichen Umwelt, aber auch auf die
Zukunft der Natur (und Mitkreatur). Es sollte ein justiziables Recht
der Nachgenerationen und der Mitkreaturen anerkannt werden.

5. Die Treuhänder- und Vorsorgeverantwortlichkeit nach Jonas kann nicht nur einzelnen zugerechnet werden. Angesichts der Gefahren zusammenwirkender und sich aufschaukelnder Wirkungen und technischer Großprojekte (an denen Tausende einzelne beteiligt sind) ist von den kollektiv Handelnden auch eine Gemeinschaftsverantwortung zu übernehmen: Teamverantwortung, Verantwortung der Gesamtgeneration.

6. Die Spezialistenverantwortung, die Verantwortung der wissenschaftlichen und technischen Fachleute in strategischen Positionen kann auch Bestandteil der Vorsorgeverantwortung sein: Man stelle sich vor, daß statt der Fluglotsen die Chemiker und Ingenieure gestreikt hätten, die die Wasserversorgung überwachen! An strategischen Schaltstellen wird diese Mitverantwortung in negativer Weise auch individuell zurechenbar. Wissenschaftler und Techniker, die Experimente mit Menschen im Labor oder im Feld durchführen, unterstehen zusätzlich zur Spezialistenverantwortung auch der normalen zwischenmenschlichen Handlungsverantwortung für ihre Versuchspersonen, besonders bei Nicht-Heilexperimenten.

7. Die Verantwortung des Technikers und anwendenden Wissenschaftlers ist immer nur dort aktualisiert, wo schädliche Effekte vorausgeschätzt und dementsprechend abgewendet werden können – zum Beispiel bei direkt anwendungsorientierten technischen Projekten. Eine persönliche Mitverursacherverantwortung ist fallweise gegeben. Eine generelle, strikt persönliche Verursacherverantwortung der Wissenschaftler und Techniker kann angesichts der Ambivalenz und der kollektiven Entstehung der Forschungsergebnisse – besonders in der Grundlagenforschung – jedoch nicht erhoben werden. Um so wichtiger ist die präventive Verantwortung. Die Unterscheidung zwischen dem „Entdecker"-Typ des reinen Wissenschaftlers und dem „Erfinder"-Techniker ist zur Groborientierung nützlich, aber nur als ein idealtypisches Modell. Tatsächlich treten alle Mischformen auf; daraus ergeben sich gemischte Verantwortlichkeiten innerhalb der allgemeinen Vorsorgeverantwortung.

8. Der Mensch darf sicherlich nicht alles tun, was er technisch kann, nicht alles anwenden, was er herzustellen vermag, „Können umfaßt Sollen" ist kein ethisches Gebot und darf auch kein unbeschränkter „technologischer Imperativ" sein. Andererseits ist die Fähigkeit des Menschen, technisch Neues zu schaffen und auszuführen, nicht über Gebühr zu beschränken, zumal technologische Entwicklungen ambivalent sind, also auch positiv genutzt werden können und müssen: Die Menschheit ist vom technischen Fortschritt abhängig gewor-

den und könnte sich nur um den Preis von Katastrophen wieder von ihm befreien. Der Mensch von heute kann es sich nicht mehr leisten, den technischen Fortschritt stillzustellen (wie Herbert Marcuse in den sechziger Jahren vorschlug) oder ihn auch nur abschätzig zu bewerten und dadurch zu behindern. Dies bedeutet freilich nicht, daß die Menschheit auf einen überzogenen industriellen Wachstumsfetischismus oder auf das Prinzip angewiesen wäre, alles Machbare auch herzustellen beziehungsweise zu innovieren. Sinnvolle Regelung, Selbstkontrolle und Mäßigung ist das Gebot der Vernunft: Weisheit im Umgehen mit der technischen Macht müssen wir erst noch lernen! Totaler Verzicht wäre ebenso falsch wie die Übertreibung der Technik.

9. Was menschen- und kosmosfreundlich ist, wandelt sich im Laufe der Geschichte abhängig von den Umständen. – In Zeiten des Bevölkerungsmangels stellten sich z.B. Fragen der Geburtenregelung ganz anders als in einer zunehmend von Wachstumsgrenzen, Rohstofferschöpfung und Umweltverschmutzung geprägten Welt. – Das ethische Nachdenken muß also dynamisch und praxisnah jeweils der geschichtlichen Situation Rechnung tragen. Bei aller Konstanz der Grundimpulse gilt es, angesichts neuer technischer Herausforderungen die Aufgabe der weiteren ethischen Differenzierung wahrzunehmen.

10. Angesichts der Entwicklungsdynamik und der Orientierungs- und Bewertungsschwierigkeiten können kaum umfassende ethische Allgemeinrezepte gegeben werden, die über die konstanten Grundverantwortlichkeiten für Menschheit, Mitmensch, künftige Generationen, Natur und Kreatur hinausgehen. Die einzige Möglichkeit, sich den künftigen ethischen Herausforderungen gewachsen zu zeigen, besteht darin, die moralische Bewußtheit, das Bewußtsein der Verantwortung für Mensch und Natur wo überhaupt möglich zu fördern – besonders auch in konkreten projekt- und berufsbezogenen Zusammenhängen. Vordringlich ist die Entwicklung und Verbreitung von Berufsethiken – und die entsprechende Ausbildung: Techniker und Forscher werden, soweit ich sehe, überhaupt noch nicht auf die ethischen Probleme ihrer Disziplinen hingewiesen. Ethik sollte nicht nur als Schulfach und Religionsunterrichtsersatz gefordert und gefördert werden, sondern besonders auch als berufsethische Bewußtmachungs- und moralische „Wächterdisziplin".

Wir haben keine andere Wahl, als die erweiterte Verantwortung zu übernehmen, einen vernünftig geregelten technischen Fortschritt zu wagen. Die Würde des Menschen besteht unter anderem auch darin, für andere, für abhängige Wesen verantwortlich zu sein – und weise mit seiner technischen Macht umzugehen.

Literaturnachweise

1 *Descartes*, René: Abhandlungen über die Methode. Hrsg. v. Buchenau, Artur. Hamburg 1952, S. 51; *Bacon*, Franz: Neues Organ der Wissenschaften. Hrsg. v. Bruck, Anton Theobald. Darmstadt 1962, S. 107, S. 236

2 *Sachsse*, Hans: Technik und Verantwortung. Freiburg/München 1972, S. 122

3 Vgl. 2, S. 134 ff.

4 *Teller*, Edward: Portrait. In: Bild der Wissenschaften. Jg. 12, 1975 H. 10, S. 94–116 (Zitat S. 116)

5 *Jonas*, Hans: Das Prinzip Verantwortung. Versuch einer Ethik für die technologische Zivilisation. Frankfurt a. M. 1979, S. 25 ff.

6 Vgl. 5, S. 36

7 Vgl. 5, S. 174 f.

8 Vgl. 5, S. 320, S. 229

9 Vgl. 5, S. 232, S. 175

10 Vgl. 5, S. 246, S. 248, S. 250

11 Vgl. 5, S. 388

12 *Lenk*, Hans: Pragmatische Vernunft. Philosophie zwischen Wissenschaft und Praxis (Reclam Bd. 9956). Stuttgart 1979, S. 73

13 *Schweitzer*, Albert: Kultur und Ethik. München 1960, S. 327, S. 332, S. 331, S. 335

14 Vgl. 13, S. 348

15 *Schweitzer*, Albert: Was sollen wir tun? Heidelberg 1974, S. 55

16 *Groos*, Helmut: Albert Schweitzer – Größe und Grenze. Basel 1974, S. 593

17 *Kant*, Immanuel: Die Metaphysik der Sitten. In: Werke. Hrsg. v. Weischedel, Wilhelm. Bd. 4. Darmstadt 1963, S. 578

18 *Nietzsche*, Friedrich: Also sprach Zarathustra. In: Werke. Hrsg. v. Schlechta, Karl. Bd. 2. München 1966, S. 325

19 *Jaspers*, Karl: Vom Ursprung und Ziel der Geschichte. Hamburg 1955, S. 98

20 Vgl. 5, S. 388

21 *Haefner*, Klaus: Mensch und Computer im Jahr 2000. Ökonomie und Politik für eine human computerisierte Gesellschaft. Basel 1984, S. 89, S. 91; *Weizenbaum*, Joseph: Die Macht des Computers und die Ohnmacht der Vernunft. Frankfurt a. M. 1977, 1979; *Meyer-Abich*, Klaus Michael: Wege zum Frieden mit der Natur. München 1984, S. 23

22 *Weizenbaum*, Joseph: Die Macht (wie Anm. 21), S. 349

23 *Ladd*, John: Philosophical Remarks on Professional Responsibility in Organizations. In: Applied Philosophy. Jg. 1, 1982, Nr. 2, S. 11

24 *Kant*, Immanuel: Die Metaphysik der Sitten. In: Werke. Hrsg. v. Weischedel, Wilhelm. Bd. 4. Darmstadt 1963, S. 572 f.

25 *Kümmel*, Friedrich: Zum Problem des Gewissens (1969). In: Blühdorn, Jürgen (Hrsg.): Das Gewissen in der Diskussion. Darmstadt 1976, S. 441–460 (Zitat S. 458 f.)

26 *Hughson*, Roy V./*Kohn*, Philip M.: Ethics. In: Chemical Engineering. Jg. 87, 1980, Nr. 19, S. 132–147

27 *Hippokrates:* Fünf auserlesene Schriften. Hrsg. v. Capelle, Wilhelm. Zürich 1955, S. 211

28 Zitat nach *Baum,* Robert J./*Flores,* Albert (Hrsg.): Ethical Problems in Engineering. Bd. 1. Readings. Troy, N.Y., 1978, S. 64 ff.

29 Zitat nach *Lenk,* Hans/*Ropohl,* Günter (Hrsg.): Technik und Ethik (Reclam Bd. 8395), Stuttgart 1987, Anhang

30 *Baum,* Robert J./*Flores,* Albert (Hrsg.): Ethical Problems in Engineering. Bd. 2. Cases. Troy, N.Y., 1980, S. 80 ff., S. 84, S. 88; *Unger,* Stephen H.: Controlling Technology. Ethics and the Responsible Engineer. New York 1982, S. 12−18; Vgl. 29, Anhang

31 Vgl. 30 (Ethical Problems; Zitat v. Collins, Frank), S. 247

32 *Kant,* Immanuel: Grundlegung zur Metaphysik der Sitten. In: Werke. Hrsg. v. Weischedel, Wilhelm. Bd. 4. Darmstadt 1963, S. 55

33 Vgl. 28 (Zitat v. Ladenson, Robert), S. 248

34 *Baum,* Robert J./*Flores,* Albert (Hrsg.): Ethical Problems (wie Anm. 30), S. 159 ff.

35 Vgl. 28 (Zitat v. Collins, Frank), S. 248

36 Vgl. 28 (Zitat v. Flormann, Samuel C.), S. 235 ff.

37 Verein Deutscher Ingenieure (VDI): Zukünftige Aufgaben. Sonderdruck Düsseldorf 1980, S. 9

38 *Weizsäcker,* Carl Friedrich von: Wahrnehmungen der Neuzeit. München 1983, S. 340−342

Möglichkeiten und Grenzen der Technikbewertung

Friedrich Rapp

Der theoretische Ansatz

Die Problemlage, aus der heraus das Bedürfnis nach einer systematischen Technikbewertung entsteht, ist allgemein bekannt. Wir erleben heute einen beschleunigten wissenschaftlich-technischen Wandel, der direkt oder indirekt alle Bereiche unseres Daseins betrifft. Es werden beständig weitreichende, folgenschwere und – wie die Erfahrung gezeigt hat – meist auch irreversible Entscheidungen in Sachen künftige Technikentwicklung getroffen. Die Weichenstellungen, die wir heute vornehmen, haben sicher ganz bestimmte Ergebnisse zur Folge. Und dennoch vermag derzeit niemand mit Sicherheit die konkreten Auswirkungen vorherzusagen.

Verglichen mit früheren Zeiten ist der zeitliche und räumliche Wirkungsbereich technischer Innovationen ins schier Unermeßliche gewachsen. Umweltbelastungen und Ressourcenverbrauch müssen heute in globalem Maßstab gesehen werden; in vielen Fällen sind die weltweiten Folgen unmittelbar offenkundig, wie beim Abholzen tropischer Wälder, dem Verbrauch fossiler Energieträger oder der Vergrößerung des Ozonlochs. Hinzu kommt, daß die Auswirkungen unseres Tuns unvermeidbar die Lebenschancen künftiger Generationen beeinflussen.

Wenn man sich in einem summarischen Überblick die technischen Neuerungen vom Faustkeil bis zum computergesteuerten Industrieroboter vor Augen führt, zeigt sich, daß hier der Sache nach immer eine Technikbewertung stattgefunden hat. Über die Einführung technischer Neuerungen wurde sicher nie blind und rein zufällig entschieden. Man muß vielmehr annehmen, daß neue Techniken deshalb gewählt wurden, weil man sie für zweckmäßiger, effizienter, besser, kurz: für wertvoller hielt. Durch die Einführung einer bestimmten Neuerung wird dann eine veränderte Sachlage geschaffen, die ihrerseits den Ausgangspunkt für die weitere Entwicklung bildet. Wie überall in der Geschichte entsteht auch im Verlauf des technischen Wandels das Neue auf der Grundlage des Alten, das überholt wird, aber gleichzeitig auch den Ausgangspunkt für das künftige Geschehen bildet. Da sich die früheren technischen Innovationen problemlos und gleichsam organisch in die naturnahe, agrarisch bestimmte Lebenswelt einordneten, sah man allerdings bisher keine Veranlassung für eine ausdrückliche und systematische Technikbewertung.

Hier stellt sich allerdings die Frage, warum bei technischen Innovationen überhaupt eine systematische Bewertung notwendig sein sollte. Die Erfolge der modernen Technik beruhen ja gerade auf dem Abwägen aller Möglichkeiten und auf einem zielstrebigen – und damit auch wertorientierten – Vorgehen. Weil auf technischem Gebiet immer nur die harten, augenfälligen Konsequenzen zählen, ist die Leistungsfähigkeit eines bestimmten Verfahrens unmittelbar einsichtig, so daß sich Gegenargumente gleichsam von selbst erledigen. Alles, was im Bereich der Technik geschieht, ist vergleichsweise eindeutig faßbar, geplant und vorausbedacht. Unerwartete oder unerwünschte Resultate werden ja im Rahmen des Möglichen von vornherein ausgeschaltet. Die Forderung nach einer Bewertung der technischen Entwicklung müßte demnach eigentlich gegenstandslos sein, weil hier immer schon eine Bewertung stattfindet.

In Wirklichkeit beschränkt sich jedoch die Bewertung, Vorausschau und Kontrolle immer nur auf die unmittelbare, ingenieurtechnische Funktionserfüllung. So wird etwa in der Verkehrstechnik eine möglichst schnelle, sichere und billige Fortbewegung verlangt, oder in der Nachrichtentechnik eine möglichst effiziente Informationsübertragung. Die Frage, ob die schnelle Fortbewegung oder die Übermittlung zusätzlicher Informationen tatsächlich in jedem Fall wünschenswert ist und dem wohlverstandenen Interesse des einzelnen oder der Gesellschaft dient, kommt dabei ebensowenig ins Blickfeld, wie die weiterführenden Auswirkungen technischer Maßnahmen auf die biologische Umwelt und die individuelle und soziale Lebenssituation. Im Sinne des an der technischen Funktionserfüllung orientierten Handelns werden technische Gebilde in der Regel ohne Rücksicht auf die weiterreichenden Konsequenzen hergestellt, benutzt und angewandt.

Diese eingeschränkte Sichtweise ist an sich natürlich und naheliegend. Denn schon die Bewältigung der konkreten technischen Aufgabenstellung erfordert die volle Konzentration der Kräfte. Und ohnehin ist niemand in der Lage, alle Folgen seines Tuns vorherzusehen. Im Fall der modernen Technik mit ihrer systematischen und großangelegten Umgestaltung der materiellen Welt erweist sich jedoch die Beschränkung auf den engen Kontext der Funktionserfüllung und der Wirtschaftlichkeit als unangemessen, weil die tatsächlichen Auswirkungen auf die Lebens- und Umwelt weit über die unmittelbaren ingenieurtechnischen Resultate hinausreichen. Die Technikbewertung stellt den Versuch dar, diese ingenieurtechnisch-ökonomische Perspektive zu ergänzen durch die Formulierung geeigneter Modellvorstellungen und entsprechender Szenarios. Das Ziel besteht darin, den Bewertungshorizont bewußt und folgerichtig auszuweiten und übergreifende Wertgesichtspunkte zur Geltung zu bringen, damit die technische Entwicklung nicht ins Uferlose und Destruktive abgleitet. Dies Verfahren ist deshalb erforderlich, weil unser Wahrnehmungs- und Betroffenheitshorizont und unser spontanes Vorausdenken auf den Nahbereich beschränkt sind. Dies aus guten Gründen. Die Zusammenhänge, in die unser Tun eingeordnet ist, sind so vielfältig und undurchschaubar, daß wir unsere stets begrenzte Kapazität zur Aufnahme und Verarbeitung von Informationen im Sinne einer Komplexitätsreduktion zunächst ganz auf die Bewältigung der nächstliegenden Aufgaben konzentrieren.

Die Auswirkungen unseres technischen Tuns sind heute deshalb so weitreichend und folgenschwer, weil das gesamte theoretische und praktische Arsenal der Natur- und Ingenieurwissenschaften zum Einsatz kommt. Dabei ist die theoretische Struktur der angewandten Verfahren von entscheidender Bedeutung, denn erst sie ermöglicht derart weitreichende Folgen. Die großangelegte Umgestaltung der Natur, die wir heute erleben, wäre mit dem Erfahrungswissen der Handwerkstechnik undenkbar. Im Sinne einer homöopathischen Therapie, die gleiches mit gleichem heilt, soll hier nun das wiederum theoretisch begründete Konzept der Technikbewertung Abhilfe schaffen. Dabei beruht der Grundgedanke der Technikbewertung seinerseits auf dem Modell des zielgerichteten, effizienten Handelns und damit im weitesten Sinne auch auf einer technischen Verfahrensweise. Das ist nur natürlich, denn komplexe Probleme lassen sich nur dadurch bewältigen, daß man die Gegebenheiten nüchtern analysiert und dann zielstrebig und folgerichtig nach einer Lösung sucht.

Die Elemente

Wenn man sich auf die Grundzüge beschränkt und von Einzelheiten absieht, lassen sich bei einem Technikbewertungsprozeß drei Bestimmungsstücke unterscheiden:
1. Den Ausgangspunkt bildet die jeweilige Handlungssituation und die in ihr gegebenen Alternativen (Pfade, Wege, Verfahren, Szenarios,

Vorgehensmöglichkeiten). Nur wenn verschiedene Wege offenstehen, stellt sich ja überhaupt das Problem einer Bewertung. Falls das jeweilige Ziel nur auf einem einzigen Weg erreichbar ist und unter allen Umständen verwirklicht werden muß, stellt sich die Bewertungsfrage gar nicht. Rein formal gesehen besteht die einfachste Form der Entscheidung vielfach darin, daß man einen bestimmten Weg nicht einschlägt. Dann reduziert sich die Wahlsituation auf die Frage Ja oder Nein, Tun oder Nichttun – wobei dann natürlich auch die Konsequenzen, die sich aus einem Nichttun ergeben, abgeschätzt und bewertet werden müssen. Vom Resultat her gesehen stellt sich auch eine Unterlassung als Handlung dar, weil sie zwangsläufig zu bestimmten Konsequenzen führt.

2. Das zweite Element sind die Folgen (Konsequenzen, Auswirkungen, Resultate), die von den einzelnen Alternativen zu erwarten sind. Eine differenzierte Analyse erfordert, daß die Folgen in unterschiedliche Teilfolgen aufgegliedert werden, wodurch ein ins einzelne gehender Vergleich zwischen den durch ihre Teilfolgen repräsentierten einzelnen Alternativen möglich wird. Wenn es um eine Abschätzung der Technikfolgen geht, ist die Untersuchung mit diesem Stadium beendet. Sie beschränkt sich dann auf die Nennung der Alternativen und die (subjektive) Schätzung der jeweils von ihnen zu erwartenden Folgen.

3. Eine begründete Entscheidung setzt voraus, daß die jeweiligen Alternativen – genauer: die Folgen, die jeweils von ihnen zu erwarten sind – darüber hinaus einer Bewertung unterzogen werden. Erst durch eine solche Wünschbarkeitsbetrachtung wird es möglich, eine begründete Auswahl zu treffen. Bei einem solchen Bewertungsprozeß ist man stets genötigt, ausdrücklich oder stillschweigend von bestimmten Kriterien, Zielvorstellungen oder Präferenzordnungen Gebrauch zu machen. Durch diesen Bewertungsvorgang wird den einzelnen Alternativen jeweils ein unterschiedliches Gewicht zugesprochen; Vor- und Nachteile, Nutzen und Kosten der verschiedenen Folgen werden gegeneinander abgewogen, so daß sich schließlich eine begründete Rangfolge der Wünschbarkeit bzw. des Wertvollseins ergibt.

Der Idealvorstellung zufolge sollen anhand dieser drei Elemente (Alternativen, Folgenabschätzung, Bewertung) über die unmittelbare technische Funktionserfüllung und den wirtschaftlichen Nutzen hinaus auch die weiterreichenden Folgen für das soziale und biologische Umfeld und die kommenden Generationen bewußt in Betracht gezogen werden.

Die Grundgedanken der Technikbewertung wurden seit 1966 in den USA entwickelt. Das 1972 in Washington, D.C., gegründete

Office of Technology Assessment (OTA) sollte als wissenschaftlich fundiertes ‚Frühwarnsystem‘ dienen und den Mitgliedern der Legislative Informationen liefern über die weiterreichenden Auswirkungen technischer Großprojekte wie Überschallflugzeuge und Raketenabwehrsysteme, die bei bloßen Wirtschaftlichkeitsüberlegungen nicht ins Blickfeld kommen. Diese als neutrale Informationsquelle zur politischen Entscheidungsfindung gedachte Institution ist jedoch in der Folgezeit von parteipolitischen Auseinandersetzungen nicht verschont geblieben und hat die ursprünglichen, hochgeschraubten Erwartungen kaum erfüllt. In der Bundesrepublik werden Technikbewertungsstudien an wissenschaftlichen Hochschulen und außeruniversitären, privaten und staatlichen Forschungseinrichtungen durchgeführt.

Schwierigkeiten: Zukunftsprognose und Wertepluralismus

Im Idealfall sollte die Technikbewertung ein neutrales, formales Instrumentarium bereitstellen, das unabhängig von dem jeweiligen Fall und von der besonderen Interessenlage eine möglichst objektive Beurteilung unter Offenlegung der jeweils in Anschlag gebrachten Wertgesichtspunkte ermöglicht.

Hierbei treten zwei grundsätzliche methodische Probleme auf:

Erstens muß man auf die Fachkenntnisse ganz unterschiedlicher wissenschaftlicher Disziplinen zurückgreifen (Ingenieurwissenschaften, Naturwissenschaften, Soziologie, Ökologie, Philosophie, Geschichtswissenschaft). Nun beruht aber jede Fachwissenschaft auf dem Kunstgriff, daß man bestimmte Sachverhalte mit Hilfe geeigneter Begriffe, Theorien und Erklärungsmuster im einzelnen untersucht, wobei alle anderen ‚sachfremden‘ Gesichtspunkte ganz bewußt ausgeklammert werden. Um den jeweils ‚eingeengten‘ Horizont aufzuheben und zu einer übergeordneten Synthese zu gelangen, ist die Technikbewertung auf Interdisziplinarität angewiesen. Je nach der Fragestellung, den betrachteten Einflußgrößen, den berücksichtigten Folgen und den zur Beurteilung herangezogenen Wertvorstellungen muß man die Ergebnisse und Methoden ganz verschiedener Disziplinen berücksichtigen. Dafür gibt es kein Patentrezept. Die schwierige Aufgabe, die verschiedenen fachwissenschaftlichen Ansätze über eine bloße Aneinanderreihung der disziplinären Ansätze hinaus zu einer Einheit zu verbinden, muß in jedem Einzelfall aufs Neue gelöst werden. Eine neue Superdisziplin ‚Technikbewertung‘ würde die bewußte Beschränkung und Einseitigkeit der Fachdisziplinen nur auf höherer Ebene wiederholen.

Es ist deshalb von der Sache her verfehlt, bei der Technikbewertung eine völlig einheitliche, standardisierte, übergreifende, für alle möglichen Fälle gültige definitive Vorgehensweise zu erwarten.

Zweitens ist zu bedenken, daß in die Formulierung der Fragestellung, in die Art der Datengewinnung und in die Wahl der Methoden unvermeidbar bestimmte Wert- und Interessenorientierungen einfließen. Weil es keine schlechthin verbindlichen, für jeden Fall und für jede Zugangsweise geeigneten Verfahren gibt, besteht immer ein pflichtgemäßer Ermessensspielraum für bestimmte Akzentsetzungen, der wahrgenommen werden kann und muß.

Angesichts dieser Sachlage bieten gerade konkurrierende Technikbewertungsstudien, die auf unterschiedlichen Fragestellungen und methodischen Ansätzen beruhen, am ehesten die Gewähr für eine konstruktive Kritik und für ein ausgewogenes Gesamtbild. Gerade in der Auseinandersetzung mit andersartigen Konzeptionen treten die Stärken und Schwächen eines bestimmten Ansatzes deutlich zutage. Dem – nie vollkommen erreichbaren – Ideal der Wahrheit ist mit einer Vielfalt von Ansätzen und wechselseitiger Kritik am ehesten gedient. Die Gegenüberstellung und der Vergleich unterschiedlicher Ansätze bringen innere Widersprüche und stillschweigende, andernfalls verborgen bleibende Voraussetzungen deutlich ans Licht. Dies gilt für die Prognosemethoden und die Nennung der Datenbasis ebenso wie für die Trennung zwischen empirisch überprüfbaren Aussagen und nur argumentativ zu rechtfertigenden Wertpostulaten.

In philosophischer Sicht geht es bei der Technikbewertung um bestimmte Idealvorstellungen, die bei allen Diskussionen den eigentlichen Bezugspunkt bilden, wobei diese Ideale aber von den verschiedenen Diskussionsteilnehmern jeweils auf unterschiedliche Weise inhaltlich gefaßt werden. Da die Technik direkt oder indirekt immer menschlichen Zielsetzungen dient, stößt man hier auf die Frage, worin ein im Vollsinn des Wortes humanes, erfülltes menschliches Dasein eigentlich besteht. Die Zusammenfassung der unterschiedlichen Wertauffassungen und Zielvorstellungen führt auf die philosophische Theorie der politischen Willensbildung, d. h. auf die Frage, wie aus den Einzelwillen ein gemeinsamer Wille gewonnen werden kann und wie er im einzelnen beschaffen sein sollte. Und die Vorstellung von der wertorientierten Steuerung der Technikentwicklung mündet ein in Fragen der Geschichtsphilosophie, denn hier geht es um eine Theorie vom Verlauf, Sinn und Ziel des historischen Gesamtgeschehens.

Solche grundsätzlichen Fragen kommen bei der tagespolitischen Diskussion meist gar nicht ins Blickfeld. Doch bei einer konsequent durchgeführten Analyse wird man schnell auf sie geführt. Warum ist Wohlstand erstrebenswert? Soll das Einzelinteresse gegenüber dem Gesamtinteresse zurückstehen? Besteht der Sinn der Geschichte wesentlich in der Herrschaft der Menschen über die Natur? Inwieweit müssen wir bei unseren eigenen Ansprüchen ein Eigenrecht der Natur und die Belange künftiger Generationen berücksichtigen? Fragen dieser Art führen unvermeidbar auf das Thema „Technik und Verantwortung". [I-2; I-3.4; I-4.3]

Die Idee der Technikbewertung setzt voraus, daß hinreichend zuverlässige Voraussagen über die Folgen der jeweils betrachteten Alternativen vorliegen. Diese Voraussagen sollten im Idealfall über die technischen, ökonomischen, sozialen, kulturellen und ökologischen Folgen einer bestimmten Innovation Auskunft geben. Dabei muß dann unterschieden werden zwischen primären, sekundären und tertiären Folgen, sowie zwischen erwünschten und unerwünschten Auswirkungen. Es ist offenkundig, daß man allwissend sein müßte, um hier wirklich umfassende und zuverlässige Voraussagen machen zu können. Eigentlich wäre hier auch zwischen bekannten und unbekannten Folgen zu unterscheiden – doch die Paradoxie liegt gerade darin, daß wir über die unbekannten Folgen strenggenommen gar nichts sagen können. Gewiß gibt es vielfältige Möglichkeiten, um mit Hilfe von Trendextrapolationen, Szenarios und Modellvorstellungen zu Voraussagen oder zumindest zu brauchbaren Abschätzungen zu gelangen. Sobald man über den Bereich der vergleichsweise harten, direkten natur- und ingenieurwissenschaftlichen Daten hinausgeht und/oder weiter in der Zukunft liegende Folgen betrachtet, werden die Voraussagen immer unsicherer; vielfach sind nur mehr oder weniger subjektive Schätzungen möglich. Dies bedeutet nicht, daß man hier völlig resignieren müßte. Im Gegenteil! Es gilt, das gesamte Wissen zu mobilisieren, um im Rahmen des Möglichen Licht in das Dunkel der Zukunft zu bringen. Doch die intellektuelle Redlichkeit gebietet, daß man sich Rechenschaft ablegt über die grundsätzlichen Grenzen, auf die man hier stößt.

Entscheidend für den Wert einer Voraussage ist immer die Zuverlässigkeit der Annahmen, auf denen sie beruht. Im Bereich der Natur- und Ingenieurwissenschaften sind relativ zuverlässige Prognosen möglich, weil unseren zielsetzenden und lenkenden Eingriffen genau die Prozesse zugänglich sind, die wir selbst unter kontrollierten Bedingungen herbeiführen. Nach diesem Prinzip wird in Laboratorien, Fabriken und auf Baustellen erfolgreich verfahren. Eine Prognose und Steuerung des technischen Wandels ist jedoch nur insoweit möglich, wie der Verlauf des historischen Geschehens sich dem Modell des technischen Handelns fügt. Um kontrollierbar zu sein, müßte Geschichte in Technik übergeführt werden. So antwortet auch Kant auf die Frage, unter welchen Bedingungen der Gang der Geschichte vorhergesagt werden könne: „Wenn der Wahrsager die Begebenheiten selber macht und veranstaltet, die er zum voraus verkündigt"[1].

Das zentrale Problem der Technikbewertung und der Techniksteuerung besteht also in den Grenzen für die Machbarkeit der Geschichte. Einerseits soll die Technikentwicklung durch systematische Technikbewertungsstudien und entsprechende Entscheidungen bewußt und zielgerichtet in eine bestimmte Richtung gelenkt werden. Und doch ist andererseits offenkundig, daß sich die Geschichte auch auf dem Gebiet der technischen Entwicklung ihrer Natur nach einer solchen Lenkung weitgehend entzieht. Dies zeigen die bisherigen Fehlprognosen ebenso wie die Tatsache, daß heute niemand zuverlässig voraussagen kann, welche Art von Technik mit welchen Folgen wir beispielsweise in zwanzig Jahren haben werden.

In vielen Fällen haben selbst die Fachleute die dann tatsächlich eingetretene Entwicklung nicht vorhergesehen; dies gilt für die Kernenergie, die zu optimistisch beurteilt wurden ebenso wie für die Mikroelektronik, deren breite Anwendungsmöglichkeiten man zunächst gar nicht sah. Angesichts der gegenläufigen Absichten, Zielsetzungen, Handlungen und Maßnahmen, durch die schließlich – auch in Sachen Technikentwicklung – das historische Geschehen zustandekommt, ist es nicht verwunderlich, daß es hier an der Durchsichtigkeit und Machbarkeit fehlt, die für das unmittelbare ingenieurtechnische Handeln charakteristisch ist.

Diese Ungewißheit gilt auch für die spezielle Frage, welche Ergebnisse wir von der künftigen Grundlagenforschung und der darauf gegründeten anwendungsorientierten technischen Entwicklung erwarten können. Gewiß ist es möglich, durch Finanzierungsmaßnahmen bestimmte Schwerpunkte zu setzen und den Entwicklungsgang in eine bestimmte Richtung zu lenken. Zumindest kann man dies versuchen. Doch niemand kann mit Sicherheit vorhersagen, ob beispielsweise die Kernfusion gelingen wird. Im Fall der Grundlagenforschung liegt es sogar in der Natur der Sache, daß die zukünftigen Ergebnisse derzeit schlechthin unbekannt sind. Die Planung der zukünftigen Technikentwicklung ist also immer belastet mit der Ungewißheit über das, was die Zukunft an naturwissenschaftlichen Einsichten und technisch praktikablen Umsetzungsmöglichkeiten bringen wird bzw. bei Konzentration aller Kräfte bringen könnte.

Die Göttin der Gerechtigkeit erwägt das Für und Wider, um ein begründetes Urteil zu finden. Frühe Allegorie der Justitia auf einem Tragaltar des Welfenschatzes aus dem Jahr 1150.

Schließlich müßte man bei einem zu Ende gedachten Technikbewertungsprozeß auch die Wertvorstellungen der künftigen Generationen kennen, für die wir ja heute in Sachen Technik weitreichende Entscheidungen fällen. Dieser Punkt ist zwar nur bei einer längerfristigen Vorausschau von Bedeutung, denn man darf annehmen, daß ein Wertwandel stets langsam erfolgen wird. Dennoch können wir keineswegs sicher sein, daß auch die nach uns kommenden Generationen sich an dem Wertsystem orientieren werden, das wir bei der Beurteilung technischer Neuerungen benutzen. Die Kritik am Leistungsprinzip, das wachsende Umweltbewußtsein und die Diskussion über ein Eigenrecht der Natur lassen vermuten, daß hier in absehbarer Zeit durchaus Änderungen denkbar sind.

Selbst wenn man entgegen aller Erfahrung zum Zweck eines Gedankensexperiments einmal annimmt, das Prognoseproblem sei völlig gelöst, ist der eigentliche Bewertungsprozeß noch gar nicht angesprochen. Dann ist immer noch nicht über die zentrale Frage entschieden, aufgrund welcher Wertvorstellungen, Interessenlagen, Bedürfnisse, Präferenzen oder Prioritäten nun eine Wahl zwischen den einzelnen Alternativen zu treffen ist. Die Vorhersage technischer Neuerungen und die Abschätzung der sozialen und ökologischen Folgen, die von den einzelnen Handlungsalternativen zu erwarten sind, haben nur konditionalen Charakter. Sie besagen lediglich, was (zwangsläufig) eintreten wird, falls man einen bestimmten Weg beschreitet. Sie geben Auskunft darüber, was unter bestimmten Bedingungen eintreten wird, d.h. wie wir bestimmte Resultate hervorrufen können, aber nicht, ob diese Resultate erstrebenswert sind. Entscheidend ist hier also die Frage, was wir wollen bzw. was geschehen soll. Wie die Erfahrung zeigt, besteht in den pluralistischen Industriegesellschaften ein weites Spektrum von unterschiedlichen Auffassungen über die Wünschbarkeit bestimmter Techniken. Dieser Wertepluralismus ist durchaus legitim. Innerhalb eines vernünftigen Rahmens können risikofreudige Technikoptimisten und zur Vorsicht neigende Technikkritiker ihre Positionen grundsätzlich mit gleichem Recht vertreten. Auch die Zugehörigkeit zu einer bestimmten sozialen Gruppe, die Berufssituation und die politische Überzeugung sind, wie jederman weiß, keineswegs einheitliche Größen. Hier besteht eine Fülle von natürlichen Interessenkonflikten, die in der Sache begründet sind. Ja sogar ein einzelner Mensch muß in seiner Person gegensätzliche Interessenlagen (etwa als Berufstätiger, Konsument, Verkehrsteilnehmer, Steuerzahler, Elternteil usw.) auf irgendeine Weise harmonisieren. Die bekanntesten Interessenkonflikte auf kollektiver Ebene sind diejenigen zwischen

Industrienationen und Entwicklungsländern, zwischen den gegenwärtig und den nach uns Lebenden und zwischen den Zielvorstellungen der verschiedenen sozialen Gruppen. Diese Gegensätze werden verstärkt durch den unvorhersehbaren spontanen Wechsel der Auffassungen – ein Alptraum aller Politiker.

Zwar wird über die Frage einer allgemeinen Normenbegründung eine lebhafte und ausführliche philosophische Diskussion geführt [2]. Doch die Kluft zwischen idealisierten philosophischen Denkmodellen und der konkreten Lebenspraxis ist unverkennbar. Die Vorstellung eines herrschaftsfreien Diskurses, der zu einer einheitlichen, von allen akzeptierten Willensbildung führt, ist ein hilfreiches, ja notwendiges Idealbild für die Diskussion über Verfahrensregeln. Doch es ist nicht abzusehen, wie auf diese Weise tatsächlich in endlicher Zeit eine einheitliche Auffassung zustandekommen sollte. Aus praktischen Gründen kann man deshalb nicht auf ein dezisionistisches Vorgehen verzichten, d. h. auf die Entscheidung durch Willensakt und Mehrheitsbeschluß.

In spekulativer Sicht geht es hier um den Gegensatz zwischen Individualität und Freiheit einerseits und Universalität und Rationalität andererseits. Im Namen der für alle vernünftigen Wesen als gleichartig unterstellten Vernunft sollte es eigentlich auch in Sachen Technikbewertung gelingen, die individuellen Unterschiede durch eine gemeinsame intellektuelle Bemühung aufzuheben – so jedenfalls lautet die Idealvorstellung. Nun kann und muß über das Idealbild des erfüllten Daseins, einer gerechten Gesellschaft, die Einheit des Menschen mit der Natur und den Sinn der Geschichte philosophisch diskutiert werden. Doch es ist nicht zu erwarten, daß für die praktischen Zwecke der Technikbewertung, wo stets Zeitdruck herrscht und in dem einen oder anderen Sinne Handlungsbedarf besteht, Lösungen gefunden werden, die dem philosophischen Ideal der einen, verbindlichen Wahrheit entsprechen. Es ist unwahrscheinlich, daß es mit Hilfe der Technikbewertung gelingen wird, eine theoretische Einheitlichkeit und einen praktischen Interessenausgleich zu erzielen, die bisher auf andere Weise nie erreicht wurden.

Wegen unseres begrenzten Wissens und Könnens besteht hier ein legitimer Spielraum für die persönlich zu treffende und zu verantwortende Willensentscheidung in Sachen künftige Technikentwicklung. Dies bedeutet, daß niemand das Recht hat, den guten Willen des anderen anzuzweifeln, der im Rahmen vernünftiger Vorgaben (über die man dann wiederum diskutieren kann) eine andersgeartete Auffassung vertritt. Da sich niemand rühmen kann, im Besitz der absoluten

Wahrheit zu sein, ist das Toleranz- und Pluralismusgebot hier nicht nur praktisch-politisch, sondern auch erkenntnistheoretisch-philosophisch begründet.

Grundsätzliche Einwände

Ein grundsätzlicher Einwand gegen das Konzept der Technikbewertung, das auf versachlichendem, folgerichtigem Denken und auf deutlich gemachten Wertvorstellungen beruht, könnte darin bestehen, daß man den Vernunftgebrauch in Sachen Technikbewertung überhaupt in Zweifel zieht. So betrachtet Arnold Gehlen das technische Handeln primär als ein biologisches, triebbedingtes Phänomen. Wegen seiner unzulänglichen biologischen Ausstattung sei der Mensch zwangsläufig und naturhaft auf die Technik angewiesen, so daß es hier gar nicht um nüchterne Zweckmäßigkeitsüberlegungen gehe. In anderen Deutungen wird die Technik als Resultat eines spielerisch-künstlerischen Schaffensdrangs, als Selbsterlösung des Menschen aus seiner Endlichkeit und als Versuch zur Überwindung des Todes aufgefaßt[3]. Weniger grundsätzlich ist der Einwand, daß das Konsumverhalten gar nicht auf Nützlichkeitsüberlegungen beruhe, sondern auf der Werbung und dem Streben nach Sozialprestige. In allen diesen Kritikpunkten wird die Bedeutung vernünftiger Überlegungen angezweifelt: in Wirklichkeit sei der Umgang mit den technischen Möglichkeiten gar nicht durch rationale Argumente und systematische Bewertungen, sondern durch naturhafte, unbewußte oder fremdbestimmte Verhaltensweisen bedingt.

Derartige Einwände sind ernst zu nehmen, aber sie sind nicht durchschlagend. Gewiß wird das technische Handeln nicht ausschließlich durch Nützlichkeitserwägungen bestimmt. Doch auch dann, wenn etwa technischer Schaffensdrang oder Prestigebedürfnis die eigentlichen Triebfedern sind, wird in einer Wahlsituation stets eine Abwägung der Vor- und Nachteile, und damit im weiteren Sinne eben doch eine Technikbewertung, erfolgen. Motive, Zielsetzungen und Wertungen, die nicht auf die rein technische Funktion, wie etwa die Bereitstellung von Energie, die Fortbewegung oder die Informationsübermittlung abzielen, sind ja nicht von vornherein illegitim und verwerflich. Um zu sachlich begründeten und argumentativ stimmigen – und in diesem Sinne: zu vernünftigen – Urteilen über technische Innovationen zu gelangen, ist jedoch die Aufklärungsleistung der Technikbewertung unverzichtbar. Mit welcher Begründung auch immer für oder gegen die Beibehaltung oder Veränderung des gegenwärtigen Umgangs mit der Technik argumentiert wird: Um überhaupt diskutierbar zu sein, müssen die Argumente ausformuliert werden und auf einer Abwägung der jeweils zu erwartenden Vor- und Nachteile beruhen, wobei auch intuitive und irrationale Antriebe als Element in den Bewertungsprozeß einfließen können, die dann aber benannt und bewußt gemacht werden müssen.

Ein weiterer Einwand betrifft den potentiellen Monopolcharakter der Technikbewertung. Tatsächlich erfolgen die Entscheidungen in Sachen Technikentwicklung in unterschiedlichen sozialen Funktionssystemen. Diese Systeme reichen von der Wirtschaft über die Politik, das Rechtssystem und die Medien bis hin zu der weithin institutionalisierten naturwissenschaftlichen Forschung und technischen Entwicklung. Alle derartigen Systeme haben eine Neigung zum Monotheismus: sie wollen keine anderen Götter neben sich dulden. Eine konsequent zu Ende gedachte Technikbewertung, die neben dem Aufweis unterschiedlicher Alternativen auch beanspruchen wollte, den tatsächlichen Entscheidungsprozeß zu bestimmen, würde davon keine Ausnahme machen, denn sie müßte zwangsläufig zu einem perfekten Macht- und Steuerungsinstrument werden. Sie wäre dann weder praktisch handhabbar noch im eigentlichen Sinne menschlich, denn sie würde zu einer allgemeinen Bürokratisierung führen (zwecks umfassender Prognose und Bewertung) und zu einer unbeschränkten Machtansammlung (zwecks Durchsetzung der getroffenen Entscheidungen).

Doch selbst ohne einen solchen überzogenen Anspruch tritt die Technikbewertung von ihrem Ansatz her unvermeidbar in eine gewisse Konkurrenz zu anderen Funktionssystemen, insbesondere zur Politik und zur Wirtschaft, denn sie soll ja zusätzlich zu den bestehenden (stillschweigenden) Bewertungsverfahren eigenständige und übergeordnete Wertgesichtspunkte zur Geltung bringen. Die Gefahr eines Konflikts, die sich hier abzeichnet, läßt sich dadurch beseitigen, daß man die Technikbewertung in methodischer Hinsicht pluralistisch handhabt, daß man sie auf die Informations- und Aufklärungsfunktion beschränkt und daß man ihr ausdrücklich keinerlei eigenständige Entscheidungskompetenz zuweist. Dies bedeutet eigentlich gar keinen Verzicht. Denn selbst wenn man eine solche Entscheidungskompetenz anstreben wollte, wäre völlig offen, an welcher Stelle eine solche Techniksteuerung im Rahmen der verschiedenen Entscheidungsprozesse, die schließlich zu technischen Innovationen führen, ansetzen sollte. Da wir den komplexen und unübersichtlichen ‚Mechanismus‘

des kollektiven Wahlverhaltens, das im Endresultat zu bestimmten technischen Innovationen führt, nur ansatzweise und in partikularen Modellvorstellungen durchschauen, ist auch offen, an welcher Stelle und auf welche Weise hier eine hypothetisch unterstellte entscheidungsbefugte Tecknikbewertung überhaupt ansetzen könnte oder sollte. In Wirklichkeit besteht denn auch zwischen der Politik des bloßen Treibenlassens und der vollständigen Kontrolle ein weiter Bereich von partiellen Einfluß- und Steuerungsmöglichkeiten. Dabei kommt der Technikbewertung als einem methodisch konsistentem Verfahren zur Formulierung der verschiedenen Alternativen und zur Offenlegung der unterstellten Technikfolgen und der herangezogenen Wertgesichtspunkte eine unverzichtbare Aufgabe zu.

Die genannten, in der Natur der Sache begründeten Schwierigkeiten schränken die hier erreichbare Aufklärungsleistung ein, schließen sie aber nicht aus und machen sie keineswegs überflüssig. Die Erwartungen in eine so verstandene Technikbewertung liegen auf einer mittleren, realistischen Ebene: Sie ist weder ein Allheilmittel noch vermag sie schlechthin vollkommene Lösungen zu bieten. Doch sie kann im Rahmen des Möglichen von dem Bann des undurchschaubaren Geschehens und von der Frustration des blinden, undurchdachten Handelns befreien. Sie kann zur Ernüchterung und Versachlichung der Diskussion beitragen – auch in kontroversen Fragen, bei denen dann im Rahmen eines methodisch stimmigen Verfahrens die jeweiligen Voraussetzungen, Zielvorstellungen und Wertgesichtspunkte deutlich benannt und damit der wechselseitigen Kritik zugänglich gemacht werden. Gerade die Rechenschaftsablegung durch die Technikbewertung ist geeignet, die Risiken und Gefahren aufzuweisen, die – unvermeidbar – mit den erwünschten Leistungen der modernen wissenschaftlich-industriellen Technik verbunden sind. Die Technikbewertung macht deutlich, daß – unabhängig davon, welche Alternative im einzelnen gewählt wird – auch über die zukünftigen Risiken kein schlechthin verbindliches, unangreifbares Urteil möglich ist, sondern weithin nur geschätzte Wahrscheinlichkeitsaussagen. Die Einsicht, daß wir bei noch so großen Unterschieden in konkreten Sachfragen letzten Endes alle in einem Boot sitzen, und daß niemand im Besitz der sicheren, alleinseligmachenden Wahrheit ist, könnte mithelfen, auch in Sachen technische Neuerungen das Maß an Toleranz und Kompromißbereitschaft sicherzustellen, auf das jedes demokratische Gemeinwesen angewiesen ist.

Literaturnachweise

1 *Kant,* Immanuel: Der Streit der Fakultäten. In: Werke. Hrsg. v. Weischedel, Wilhelm. Bd. 6. Darmstadt 1964, S. 351
2 *Oelmüller,* Willi (Hrsg.): Normenbegründung und Normendurchsetzung. (UTB Bd. 836). Paderborn 1978, S. 11–154
3 *Rapp,* Friedrich: Analytische Technikphilosophie. Freiburg 1978, S. 125–134

Spezifische Problembereiche

Walther Ch. Zimmerli

Entwicklung einer problemorientierten Ethik

In stärkerem Maße als früher ist heute die moralische Dimension der Technik nicht mehr allein durch eine prinzipien-orientierte, sondern durch eine problem-orientierte Ethik zu erfassen[1]. Weder der Rückgriff auf ein allgemeinverbindliches Normensystem, sei dieses nun religiös oder anderweitig begründet, noch das Vertrauen auf die Gültigkeit von Grundwerten hilft hier aus, wie die vielfach zu hörenden Klagen über die verlorene Einheit der Wertvorstellungen zeigen. Häufig drängt sich auch der Eindruck auf, daß sich selbst Fachleute nicht mehr einig sind, und die gegenseitigen Anschuldigungen von Naturwissenschaftlern und Ingenieuren auf der einen und Geistes- und Sozialwissenschaftlern sowie Philosophen auf der anderen Seite bestärken zudem die Vermutung, daß jene von den gesellschaftlichen Ziel- und Wertvorstellungen ebensowenig verstünden wie diese von den technisch-naturwissenschaftlichen Inhalten.

Daß es zu dieser Situation kommen konnte, liegt an einer historischen Entwicklung, die nachzuzeichnen hier nicht der Ort ist. Stattdessen sollen deren Resultate als die Randbedingungen aufgelistet werden, unter denen eine problemorientierte Ethik sich gegenwärtig mit spezifischen technischen Problembereichen zu befassen hat: Zum einen gilt es, was die inhaltliche Seite betrifft, das zu berücksichtigen, was man die „Entwicklung vom wissenschaftlich-technischen zum technologischen Zeitalter"[2] nennen könnte. Damit ist gemeint, daß die noch bis in unser Jahrhundert hinein vorherrschende Vorstellung, es ließe sich die rein naturwissenschaftlich-theoretische Wissensgewinnung von deren technischer Umsetzung und Anwendung und gar noch von der weder technischen noch wissenschaftlichen Lebenswelt unterscheiden, immer offensichtlicher hinfällig wird. Heute macht bereits die Aufteilung der wissenschaftlichen Forschung in Grundlagenforschung und angewandte Forschung größte Schwierigkeiten, und es gibt kaum mehr eine wissenschaftliche Forschungstätigkeit, die nicht zum einen technikgestützt verfährt und zum anderen auf technisch umsetzbare Resultate abzielt. Darüber hinaus wird die datenprozessierende Informationstechnologie durch die Vermittlung des

Computers zu einer echten Quertechnologie, die in allen Bereichen von Wissenschaft und Technik anzutreffen ist.

Schließlich aber hat die Verwissenschaftlichung und Technisierung auch unsere gesamte Lebenswelt erobert; der Umgang mit dem Computer ist zum Beispiel nicht nur den Wissenschaftlern und Technikern vorbehalten, sondern dominiert auch in allen übrigen Lebensbereichen, von der Wirtschaft bis hin zur Kultur. Es ist sogar sinnvoll, den Umgang mit dem Rechner als „vierte Kulturtechnik"[3] zu bezeichnen.

Dies ist der Ausdruck der „wachsenden Komplexität unserer Lebenswelt". Daß „alles mit allem zusammenhängt", ist eine gängige umgangssprachliche Redeweise, diesen Sachverhalt auszudrücken. Man kann auch noch deutlicher formulieren: In unserem technologischen Zeitalter gibt es keine klar isolierten Bereiche mehr, in die sich die Welt und dementsprechend die sich mit der Welt beschäftigenden Spezialisten einteilen ließen. Analoges gilt sogar für die sogenannten „Tatsachen". Sie sind nie einfach, sondern stellen immer ein seinerseits komplexes Bündel von unterschiedlichen Bestimmungsgrößen dar, Facetten komplexer Probleme, die sich konsequenterweise nur durch entsprechend vielschichtige Verfahren lösen lassen. Alle anschließend zu diskutierenden spezifischen Problembereiche werden sich als Fälle dieser Art erweisen.

Aber auch die gesellschaftlichen Bedingungen, in welche Ethik immer eingebettet ist, haben sich verändert. Wir leben nicht mehr in einer statischen Gesellschaft, in der Wertsysteme dadurch Konstanz behalten, daß jedes Mitglied der Gesellschaft über seine Zukunft Auskunft erhalten kann, indem es die Vergangenheit seiner Vorfahren betrachtet[4]. Wir leben vielmehr seit langem schon in einer Zeit dynamischer Gesellschaften, in denen Wertsysteme einander ablösen, bzw. in denen einzelne Werte ihren Stellenwert drastisch verändern können. Schließlich aber – und dies ist der Schritt von der klassischen Moderne zur Gegenwart – leben wir heute in einer Gesellschaft, die nicht nur pluralistisch ist, sondern die den Pluralismus sogar explizit als eigenen Wert anerkannt hat. Das bedeutet, daß alle Trauer um die verlorengegangene Einheit der Wertvorstellungen ohnehin nicht den Sinn haben kann, diese wiederzubeleben. Vielmehr geht es darum, allgemeinverbindliche ethische Begründungen unter Bedingungen eines radikalen Wertepluralismus zu finden.

Außerdem hat uns die Erfahrung mit technologischem Handeln gelehrt, daß dabei nicht nur Ergebnisse hervorgebracht werden können, die nicht beabsichtigt worden sind, sondern daß vielmehr jede

*Diese Fotomontage zeigt eine
völlig von der Technik beherrschte
Umwelt.*

technische Handlung im komplexen technologischen Zeitalter solche
Effekte notwendig hervorbringen muß. Wir haben zudem gelernt,
daß diese nicht beabsichtigten Technikfolgen durchaus auch nicht-
linear und in hohem Maße rückgekoppelt sein können, so daß unter
Umständen die Handlungsabsicht zum Beispiel des Ingenieurs durch
die Folgen genau der Handlungen zunichte gemacht wird, die er als
Mittel zur Erreichung dieses Zweckes eingesetzt hat.

Schließlich stehen wir gegenwärtig, was den Inhalt einzelner Wertvorstellungen betrifft, ganz offenkundig im Zusammenhang des technologischen Handelns in einer Phase, in der „Natur", definiert als der
von technischen Eingriffen des Menschen nicht (oder noch nicht)
berührte Seinsbereich, einen hohen Stellenwert einnimmt. Natur
selbst ist ebenso wie der erwähnte Pluralismus in den Rang eines
Wertes eingerückt, und zwar eines ziemlich hoch anzusetzenden Wertes. Man kann sogar im Problem der Natur das „Problem unseres
Jahrhunderts" sehen [5]. [I-2; I-3.4; VI]

Wenn man diese historisch entstandenen Randbedingungen berücksichtigt, wird klar, warum die gegenwärtige Ethik eine stärker pro-
blem- als prinzipienorientierte Ethik sein muß. Wäre sie dies nicht,
dann könnte sie weder den Erfordernissen einer hochkomplexen
Beurteilungssituation noch denen eines Wertepluralismus und erst

recht nicht denen einer folgenbezogenen Beurteilung, die wir seit Max Weber „Verantwortungsethik" nennen [6], gerecht werden.

Die grundsätzliche Schwierigkeit, die hierin steckt, wird aus dem Gesagten bereits deutlich: Unter den Bedingungen eines sich historisch wandelnden, positiv wertbesetzten Pluralismus der Wertesysteme soll eine ethische Beurteilung immer komplexer werdender technologischer Sachverhalte aufgrund der Berücksichtigung ihrer Folgen und Nebenfolgen vorgenommen werden. Zudem weiß jeder, daß diese Sachverhalte zu einem großen Teil unvorhersehbar, teils nicht-linear und mit Sicherheit in hohem Maße rückgekoppelt sind. Die Frage ist: Wie kann man eine ethische Beurteilung vornehmen, ohne daß man den Gefahren eines generellen Relativismus, eines grenzenlosen Dilettantismus oder umgekehrt einer anti-pluralistischen Expertenherrschaft erliegt?

Die Situation wäre in der Tat wohl auswegslos, hätte sich nicht im Rahmen jener technikphilosophischen Disziplin, die „Technikethik" genannt wird, ein Verfahrensmodell herauskristallisiert, das diesen Schwierigkeiten zu begegnen in der Lage ist [7]. Es ist ja nicht so, daß alle der genannten Randbedingungen grundsätzlich neu wären. Schon die moderne Vernunftethik Immanuel Kants (1724–1804) hat um die Probleme gewußt, die sich aus der Anerkennung des Wertes der Toleranz ergeben, wobei man in dem Toleranzgebot eine Vorform des heute positiv wertbesetzten Pluralismus sehen kann. Wenn es sich so verhält, wie Lessing in der „Ringparabel" des „Nathan" stellvertretend für das ganze Denken der Aufklärung ausführt, daß wir gar keinen Anhaltspunkt dafür haben, welche Religion und welches von den Religionen abgeleitete Wertesystem richtig sind, tun wir gut daran, unsere Ethik nicht auf ein solches inhaltliches Wertesystem, sondern auf formale Prinzipien zu gründen. Und diese, die „Vernunftsprinzipien der Moderne", gelten eben gerade, weil sie keine inhaltlichen, sondern allein formale Prinzipien sind, auch heute noch.

Es handelt sich dabei um das von Kant in die Form des kategorischen Imperativs gefaßte Prinzip der Verallgemeinerbarkeit, das fordert, keine moralische Norm zuzulassen, die nicht für jeden Menschen gelten könnte. Zum anderen ist es das Prinzip der Gleichheit (oder besser: Gleichbehandlung), das fordert, keine moralische Norm zuzulassen, die nicht garantiert, daß jeder Mensch unter relevant vergleichbaren Bedingungen auch gleich behandelt werde. Und es ist schließlich das Prinzip der Fairness (oder Gerechtigkeit), das fordert, keine moralische Norm zuzulassen, bei der man nicht bereit wäre, auch die Rolle des durch sie am stärksten Benachteiligten zu übernehmen.

Diese Prinzipien haben den großen Vorteil, in der Tat allgemein zu gelten. Dies zeigt sich darin, daß sie sogar noch den Verfassungen aller freiheitlich-demokratischen Staaten vorgeordnet sind. Der Grund für diese allgemeine Geltung legt allerdings zugleich auch eine entscheidende Schwäche dieser Prinzipien offen: Sie sind, weil sie formal sind, so allgemein, daß sie auf konkrete Einzelfragen nicht ohne weitere Präzisierungen angewendet werden können.

Auch diese Präzisierungen nun fallen keineswegs vollständig dem Relativismus anheim. Ein spezielles Kennzeichen unserer pluralistischen Gesellschaft ist es nämlich, daß in ihr nicht nur unterschiedliche Glaubens- und Gesinnungsgemeinschaften koexistieren, sondern daß sie vor allem durch eine Vielzahl unterschiedlicher Berufsgemeinschaften geprägt ist. Daraus erklärt sich, warum heute Berufsethiken so hohe Konjunktur haben. Nicht nur die Ärzte und Anwälte, sondern auch die Ingenieure und Journalisten, ja sogar einzelne Firmen formulieren auf dem Wege der freiwilligen Selbstkontrolle Ethikkodizes, Regelwerke, die das berufsstandsgemäße Verhalten formulieren. [I-3.4; IV]

Schließlich gibt es neben diesen regional geltenden Prinzipiensammlungen auch noch durchaus zeitlich begrenzt geltende Prinzipien. So mag es in Zeiten, in denen ein zu schnelles quantitatives Wachstum für ein Großteil der Probleme verantwortlich zu sein scheint, durchaus sinnvoll und allgemein anerkannt sein, Handlungsnormen zu bevorzugen, die das quantitative Wachstum verlangsamen und vielleicht sogar in qualitatives Wachstum umwandeln. Analoges gilt unter gleichen Bedingungen für einen gewissen Zweckpessimismus. Der „Vorrang der schlechten Prognose", von dem Hans Jonas spricht[8], ist ein solcher „Fall", der nicht in den Gehirnen spekulierender philosophischer Ethiker, sondern durchaus in der Sicherheitsphilosophie unserer Alltagstechnik eine Rolle spielt: man denke nur an das Verfahren, zur Definition der Sicherheitsstandards einen „größten angenommenen Unfall" (GAU) in Ansatz zu bringen.

Erst, wenn alle diese Stufen durchlaufen sind, tauchen auf einer untersten Ebene die verschiedenen Wertsysteme auf, die unsere vielen gesellschaftlichen Gruppen definieren. Diese dürfen nach dem Betroffenenprinzip erst dann in Ansatz gebracht werden, wenn die Prüfung auf den drei anderen Stufen (der allgemein geltenden, sowie der regional und zeitlich geltenden Prinzipien) ergebnislos verlaufen ist. Die meisten Streitigkeiten und Problemsituationen im Zusammenhang der ethischen Beurteilung technologischer Handlungsnormen erweisen sich bei genauer Prüfung als solche, bei denen mit der Konfrontation der vielen unterschiedlichen inhaltlichen Werte, die unsere pluralistische Gesellschaft in verschiedene Gruppen aufteilen, schon auf einer Ebene begonnen wurde, auf der man zunächst die allgemein, regional oder temporal gültigen Prinzipien hätte in Ansatz bringen müssen.

Schließlich ist noch zu berücksichtigen, was eingangs über die Problemorientierung gesagt wurde. Für die ethische Beurteilung von komplexen technologischen Problemen reicht es nicht aus, ein gutes Gewissen zu haben; in weit stärkerem Maße bedarf es auch des guten Wissens, das zur zutreffenden Analyse des jeweiligen Problembereichs notwendig ist.

Natürlich gibt es unzählige technologische Problembereiche, bei denen eine Problemfeldanalyse nötig wäre; indessen haben sich in der jüngeren Vergangenheit vor allem sechs Problemfelder als besonders strittig und in ethischer Hinsicht komplex erwiesen: die friedliche Nutzung der Kernenergie, die Rüstungstechnologie, die Computertechnologie, die technisierte Medizin, die gentechnisch verfahrende Biotechnologie und schließlich die ökologischen Probleme. Diese sollen im folgenden diskutiert werden.

Friedliche Nutzung der Kernenergie

Wenn es ein technologisches Thema gegeben hat, das in den vergangenen zwei Jahrzehnten die Gemüter bis zu bürgerkriegsähnlichen Zuständen erhitzt hat, dann ist es die friedliche Nutzung der Kernenergie. Was dieses Beispiel besonders beeindruckend macht, ist nicht so sehr der qualitativ völlig neue technologische Charakter von Energiefreisetzung. Das Spezifische an diesem Fall liegt vielmehr in der Tatsache, daß die Bereitstellung von etwas absolut Lebensnotwendigem wie Energie in unvorstellbar großen Mengen mit Risiken und Folgen verbunden ist, die ebenfalls unvorstellbar groß sind. Für die ethische Beurteilung wichtig sind dabei vor allem die zwei Gesichtspunkte des Sicherheitsrisikos und der Entsorgung.

Was die Sicherheitsfrage und das Risiko betrifft, ist seit dem Reaktorunfall in Tschernobyl, für die Eingeweihten aber bereits seit den Störfällen in Windscale, Harrisburg und Cattenom nicht mehr nur theoretisch, sondern auch lebenspraktisch klar, daß das in dieser Technologie liegende Gefahrenpotential alle unsere Vorstellungsdimensionen übersteigt, was Quantität und Qualität betrifft. Allerdings widerlegen die genannten Un- und Störfälle nicht die im Zusammenhang der Sicherheitsplanungen vorgenommenen Wahrscheinlichkeitsberechnungen. In Anwendung versicherungsmathematischer Methoden wird nämlich das Risiko in bezug auf den größten angenommenen Unfall (GAU) und geringere Störfälle als mathematisches Produkt von Eintretenswahrscheinlichkeit und Schadenshöhe berechnet. Daß die Unfälle nun nicht erst in einigen tausend Jahren, sondern bereits jetzt auftraten, ist nicht primär auf falsche Berechnungen zurückzuführen, sondern vor allem darauf, daß die qualitative Seite nicht berücksichtigt wurde: Aus derselben Versicherungsmathematik hätte man nämlich entnehmen können, daß sich bei allen menschenbetriebenen Systemen die Unfallhäufigkeit nicht stetig über den ganzen angenommenen Zeitraum verteilt, sondern sich nach einer ersten Vorsichtsphase der Einübung in ein solches System signifikant steigert. Alle Autoversicherungen machen von dieser Erkenntnis Gebrauch.

Dürfen wir also — so wäre die Frage an den Ethiker — nach Bereinigung dieser grundlegenden Schwäche unseres Berechnungssystems mit einer Technologie hantieren, die zwar bei langer Betriebsdauer sehr selten größere Schadensfälle erwarten läßt, die aber eine Schadenshöhe einschließt, die jenseits aller Vorstellbarkeit liegt und dazu dermaßen vielfältig und schleichend ist (radioaktive Strahlung etwa ist eine vom Menschen mit seinen Sinnen nicht wahrnehmbare Gefährdung)? — Allein nach den genannten Prinzipien beurteilt, muß die Antwort eindeutig negativ ausfallen.

Ähnliches gilt im Zusammenhang mit der Entsorgungsproblematik. Die Halbwertszeit des wichtigsten Plutoniumisotops Pu 239 beträgt immerhin 24 360 Jahre, und wir verfügen einstweilen weder über absolut sichere Endlagerstätten noch über ein sicheres Transportsystem von radioaktiven Abfällen zu diesen Endlagern oder zu Wiederaufbereitungsanlagen. Der Fall Transnuklear hat deutlich gezeigt, wie anfällig auch dieser Teil des Entsorgungssystems ist. Auch hier folgt also — betrachtet man den Fall isoliert —, daß eine weitere Energiefreisetzung durch Kernspaltungstechnologien gemäß dem Prinzip der intergenerationellen Fairness nicht verantwortet werden kann: Zukünftig lebende Generationen müssen dasselbe Recht wie wir haben, über die Bedingungen ihrer Energieversorgung selbst bestimmen zu können [9].

Daß hieraus trotzdem nicht die Konsequenz eines sofortigen Ausstiegs aus der Kernenergie folgen muß, liegt an den erwähnten Randbedingungen. Keine Handlung tritt in der Realität für sich allein auf. Jede Handlung bedeutet nicht nur zugleich immer die Unterlassung anderer möglicher Handlungen, sondern umgekehrt zieht auch die

Unterlassung von Handlungen stets die Verwirklichung anderer Handlungen nach sich, die an die Stelle der unterlassenen Handlung treten. So muß die ethische Beurteilung, obwohl das Betreiben von Kernkraftwerken mit Kernschmelzrisiko und das Weiterverfolgen einer Technologie, deren Entsorgungsfragen nicht geklärt sind, moralisch verboten sind, dennoch prüfen, welche Konsequenzen ein sofortiger Ausstieg und welche Konsequenzen ein sukzessiver Umstieg hätte. Dabei zeigt sich, daß nach dem gegenwärtigen Stand des Wissens die Anwendung der genannten ethischen Prinzipien eindeutig die schrittweise Ersetzung von Kernkraftwerken durch alternative Energiefreisetzungsverfahren und nicht den sofortigen Ausstieg fordert. In diese ethische Beurteilung muß nämlich neben der bisherigen Leistungsfähigkeit alternativer Energietechnologien, der Gefährdung durch Zerstörung der Atmosphäre (Ozonloch) und der Tatsache, daß das Entsorgungsproblem bestehen bleibt, auch wenn ein sofortiger Ausstieg vollzogen würde, einbezogen werden, daß die reichen Länder dieser Erde auch eine Energielieferungsverpflichtung gegenüber den Entwicklungsländern haben, wie den Prinzipien der Verallgemeinerbarkeit und der Gleichheit entnommen werden kann.

Eine weitere Frage, die sich in diesem Problemzusammenhang dem Ethiker stellt, ist die: Kann man aus der vorliegenden moralischen Beurteilung ein Recht zum Widerstand gegen staatliche Entscheidungen ableiten, die zum Beispiel einen Weiterausbau herbeiführen würden?

Nun ist diese Frage im Zusammenhang mit der Debatte um „zivilen Ungehorsam im Rechtsstaat" ausführlich diskutiert worden [10]. Die Ergebnisse dieser Diskussion machen zunächst klar, daß der legale Widerstand unproblematisch und in der Bundesrepublik durch die Grundrechte geschützt ist. Problematisch ist allein der illegale Widerstand, der auch Gewalt nicht ausschließt und sich zu seiner Rechtfertigung auf den Unterschied zwischen dem positiven Gesetzesrecht und einem höheren Naturrecht beruft. „Die heute herrschende Meinung geht von einer mehr oder weniger strikten Trennung von Recht und Moral aus, wobei ‚Recht' ausschließlich das positive Recht und ‚Moral' auch dasjenige meint, was traditionell ‚Naturrecht', ‚Vernunftrecht' und/oder ‚Gerechtigkeit' genannt wird. Das bedeutet im Ergebnis, daß naturrechtlich begründeter Widerstand zwar moralisch, nicht aber rechtlich anerkennungsfähig ist" [11].

Eine besondere Nuance gewinnt allerdings die Frage nach dem Widerstandsrecht dort, wo es sich um den 1968 eingefügten neuen Absatz 4 im Artikel 20 des Grundgesetzes handelt. Dieser räumt allen

Deutschen ein explizites Widerstandsrecht gegen Bestrebungen ein, die sich auf Beseitigung der rechtsstaatlich-demokratischen Ordnung richten. Diese Ausnahmebestimmung würde zwar an der ethischen Beurteilung nichts ändern, könnte aber in dem Moment relevant werden, in dem etwa Interessenvertretungsgruppen gegen höchstrichterlich gesprochenes Recht oder parlamentarisch getroffene Entscheidungen verstoßen würden.

Rüstungstechnologie

Die erwähnte Debatte zwischen Juristen, Philosophen und Politikern über den zivilen Ungehorsam hatte einen anderen Fall vor Augen: den der Rüstung, genauer: der Nachrüstung und hier der Pershing-Stationierung in der Bundesrepublik Deutschland. Nun könnte es so aussehen, als handle es sich hierbei nicht um etwas ethisch qualitativ Neues, sondern um etwas, was seit eh und je das Verhältnis zwischen Pazifisten und Militärs ausmachte. Bei genauerer Betrachtung sieht man indessen, daß Massenvernichtungsmittel, wie zum Beispiel Kernwaffen, über die gewaltig gesteigerte Vernichtungskraft („overkill-ca-

pacity") hinaus eine qualitativ neue Situation herbeigeführt haben, die man als die „Antinomie der Friedenserhaltung"[12] bezeichnen könnte. Dabei bedeutet der Begriff „Antinomie", der zwar schon in der Antike auftaucht, aber erst bei Kant seine spezielle Bestimmung gefunden hat, den Widerstreit zweier Aussagen, die sich beide gleich gut begründen lassen. Sowohl die Anhänger einer weiteren nuklearen Wettrüstung als auch die Vertreter der Abrüstung können gute Argumente geltend machen: „Viereinhalb Jahrzehnte Kriegsvermeidung" heißt das eine, „steigendes Kriegsrisiko" das andere. Man kann das auch so ausdrücken, daß das nukleare Wettrüsten durch die Steigerung der gegenseitigen Abschreckung friedenssichernd wirkte, obwohl diese Friedenssicherung die immer weitere Steigerung der potentiellen Gefahr eines allerletzten Krieges einschloß. [IX]

Wenn wir uns diese Zusammenhänge etwas genauer ansehen, stellen wir fest, daß das, was für die Weiterrüstungsforderung spricht, eines der stärksten aller denkbaren Argumente ist, nämlich das Argument der Wirklichkeit. Es trifft in der Tat zu, daß seit der Entwicklung der nuklearen Waffen die Weltmächte untereinander sowie die Staaten in Europa keinen Krieg mehr geführt haben. Diese lange Friedensdauer wird umgekehrt von einer in der Rüstungsgeschichte bisher nicht dagewesenen Beschleunigung der Rüstung begleitet. Zwar spricht vieles dafür, daß die Rüstung nicht der einzige friedenssichernde Faktor gewesen ist, aber es muß wohl festgehalten werden, daß die Tatsache des (noch) bestehenden Friedens auch eine Folge der Hochtechnologisierung der Rüstung ist.

Von seiten der Friedensbewegung und der alternativen Parteien ist dagegen viel Material zur Begründung der Abrüstungsforderung zusammengetragen worden. Man denke nur an die durch die kürzer werdenden Frühwarnzeiten im Zusammenwirken mit der Überkomplexität der Warnsysteme immer wahrscheinlicher werdende Gefahr eines versehentlich ausgelösten Atomkrieges oder an die durch Aufschaukelungseffekte bewirkten Nichtlinearitäten, die die möglichen Reaktionen des Gegners nicht mehr einschätzbar werden lassen, oder auch an die Angst vor einer qualitativ neuen Stufe in der Rüstungsforschung des Gegners, der damit uneinholbar würde, wenn man sich nicht rechtzeitig selbst mit der Forschung und Entwicklung an die Spitze setzte. Dafür kann die politische Wirkung des SDI-Programms als Beispiel gelten, die einstweilen aber auch seine einzige Wirkung ist. [IX]

In dieser prekären Situation der Friedenssicherung helfen erneut keine Schwarz-Weiß-Zeichnungen und keine Alles- oder Nichts-Lösungen. Vielmehr handelt es sich – ganz analog zum Fall der friedlichen Nutzung der Kernenergie – um eine Abschätzung der Konsequenzen, die sich jeweils aus den beiden vorgeschlagenen gegensätzlichen Verhaltensweisen ergeben würden. Auf dem derzeitigen Stand des Wissens kann das Ergebnis der ethischen Überprüfung nur dieses sein: Fortsetzung der beiderseitigen sukzessiven Reduktion der nuklearen Bewaffnung unter Vermeidung aller überschnellen oder einseitigen Schritte, die das gesamte Friedenssicherungssystem in eine kritische Schieflage bringen könnten.

Auch in diesem Falle existiert ein grundsätzliches Recht jedes Bürgers auf die Ausübung legaler Widerstandsmaßnahmen und, unter der genannten Ausnahmebedingung, auf Wahrnehmung des außerlegalen Widerstands.

Computertechnologie

Bereits bei der Analyse der Randbedingungen war deutlich geworden, daß eine neue Technologie in ganz besonderem Maße den technologisch werdenden Charakter unserer Gegenwart bestimmt: die – einstweilen noch – mikroelektronisch verfahrende datenprozessierende Informationstechnologie. Dabei ist das Faktum, daß diese Technologie mikroelektronisch verfährt, zwar in der Tat von großer Wichtigkeit, da erst die Miniaturisierung und die Elektronisierung der Elemente den großen Durchbruch ermöglichte: trotzdem – und deswegen spreche ich von „einstweilen" – liegt es durchaus im Bereich des Denkbaren, daß zum Beispiel die Verwendung von organischer Hardware – Stichwort „Biochip" – eben dieser datenprozessierenden Informationstechnologie zu einem weiteren Entwicklungssprung verhelfen könnte.

Unterdessen haben nicht nur die Industrienationen die Erfahrung einer unaufhaltsamen Durchdringung aller gesellschaftlichen Bereiche mit dieser neuen Technologie gemacht, und so ist es nicht verwunderlich, daß sich hier auch für die Ethik bedeutsame Veränderungen ergeben [13]. Ich nenne und diskutiere im folgenden zunächst zwei fundamentale Problembereiche, um dann zu drei Anwendungsfeldern zu kommen.

Der Zweck der Einführung und Weiterentwicklung datenprozessierender Technologien ist es, dem Menschen zeitraubende Kalkulier-, Sortier- und Buchungsarbeiten abzunehmen. Daher ist auch ganz konsequent, daß die großen Erfolge der Entwicklung dieser Technologie dazu führen mußten, daß der alte menschliche Wunschtraum in neuer Form wiederauftauchte, die menschlichen intellektuellen Leistungen technisch zu perfektionieren. Die nicht unumstrittene Bezeichnung für diese Bemühungen ist „Künstliche-Intelligenz-Forschung", kurz: KI-Forschung.

Nun ist sowohl empirisch gut belegt als auch philosophisch leicht erklärbar, daß beides, die allgemeine Durchdringung der Gesellschaft mit Computertechnologie und die KI-Forschung, Konsequenzen für das Menschenbild haben. Das läßt sich leicht am Sprachgebrauch, besonders am Gebrauch von Metaphern [14] ablesen: In einer ersten Projektion wurden seit den fünfziger Jahren die damals noch sehr rudimentären Rechner als „Künstliche Gehirne" bezeichnet und damit anthropomorphisiert. In einem Rückübertragungsschritt kam es dann in den sechziger Jahren dazu, daß wir unser eigenes Gehirn als eine Art von Computer verstanden. Das bedeutet: Wir verstanden uns nach dem Bilde dessen, was wir – uns zunächst selbst abbildend – erst hervorgebracht hatten. Und nun geschieht seit den siebziger Jahren eine zweite metaphorische Übertragung, die von der Hardware- auf die Software-Seite tendiert: Die Disposition und Leistungsfähigkeit des nach dem Muster eines Rechners verstandenen menschlichen Gehirns, das also, was wir „Intelligenz" nennen, wird mit Disposition und Leistungsfähigkeit des Rechners identifiziert. Das bedeutet nicht nur, daß dem Rechner oder dem Programm „Intelligenz" zugeschrieben würde; es bedeutet vielmehr in einer zweiten metaphorischen Rückübertragung, daß der Mensch und die Maschine nun als zwei mögliche Verkörperungen eines Dritten, eben der Intelligenz, betrachtet werden. Dabei ist die Maschine offenbar weniger fehleranfällig und arbeitet schneller und besser als der Mensch. [V-4.4]

Wenn wir uns nun daran erinnern, daß unser westlich-abendländisches Menschenbild das Menschsein stets an die Sonderstellung des Menschen als eines denk- und sprachfähigen Wesens geknüpft hatte, leuchtet ein, daß der Mensch sich desto stärker seines eigenen Definitionsmerkmales beraubt, je erfolgreicher er in seiner KI-Forschung ist.

Ein weiteres fundamentales Problem, das nun nicht bloß das Menschenbild im allgemeinen, sondern die Grundlagen ethischer Beurteilbarkeit von Handlungen überhaupt betrifft, läßt sich mit dem Stichwort „Inkontinenz"[15] benennen. Damit ist folgendes gemeint: Die klassische Ethik einschließlich der Ethik der Moderne, der die von uns genannten Prinzipien entstammen, begründet Handlungsnormen, die sich ihrerseits auf einen speziellen Typus von Handlungen beziehen. Es handelt sich dabei stets um Handlungen, die durch eine eindeutige Verknüpfung zwischen Handlungsabsicht, Mittelwahl, Korrekturfähigkeit und Erreichung der Handlungsabsicht definiert sind. Voraussetzung für die ethische Beurteilbarkeit der Moralität von Handlungen ist also, daß derjenige, der etwas tun will und zur Erreichung dieser Absicht bestimmte Handlungsmittel einsetzt, in die Realisierung seiner Handlungsabsicht stets korrigierend eingreifen kann, wenn die Handlungsmittel zur Erreichung der Absicht nicht ausreichen. Handlungen dieses klassischen Typs werden mit einem aus der medizinischen Terminologie entlehnten Ausdruck „kontinente Handlungen" genannt.

Bei computergestützten Handlungen indessen gilt, daß in dem Maße, in dem „intelligente" Technologien in menschliche Handlungen eingebaut werden, die Fähigkeit des Menschen schwindet, die Richtigkeit oder Zieladäquatheit des Handelns zu beurteilen. Auch diese Leistung wird von einem „intelligenten System" übernommen werden müssen, wie man leicht an den hochsensiblen computergestützten Handlungen wie etwa der des Fliegens eines großen Verkehrsflugzeuges oder der Sicherheitssysteme im Verteidigungssektor zeigen kann. Es ergibt sich das „Paradox der Informationstechnologie"[16]. Mit anderen Worten: Wenn ein von mir nicht beabsichtigtes Ergebnis eintritt, weiß ich zwar, daß irgendwo ein Fehler passiert sein muß; bei stark computerunterstützten oder gar voll-computerisierten Handlungen kann ich indessen per definitionem nicht wissen, welcher Fehler es war. Noch drastischer wird dies, wenn ich von Handlungen ausgehe, deren Ziel ich nur im Prinzip, nicht aber im Detail bereits kenne. Einfache Beispiele hierfür sind Rechenoperationen, die ich deswegen mit dem Computer ausführe, weil sie meine eigene Rechenkapazität übersteigen. Dort hat der Mensch überhaupt keine Möglichkeit mehr, die Richtigkeit des Handlungsziels, d. h. des Ergebnisses zu kontrollieren. Daß dies über die rein mathematische Sphäre hinaus drastische Konsequenzen hat, kann am Beispiel der Luftverteidigung illustriert werden: Durch bloßes Nachdenken, d. h. durch reine Intelligenzleistungen, bin ich niemals in der Lage zu kontrollieren, ob die mir mitgeteilte Information, daß die gegnerischen Lenkwaffen bereits abgefeuert seien, zutrifft oder nicht. Handlungen dieser Art nennen wir „inkontinent".

Die Bedeutung dieser Zusammenhänge für die ethische Beurteilung der Moralität von Handlungsnormen liegt auf der Hand: Der klassische Verantwortungsbegriff, von dem die ethische Zurechenbarkeit von Handlungen ausgeht, bezieht sich ausschließlich auf kontinente Handlungen. Für die Ergebnisse inkontinenten Handelns wäre nach diesem Modell überhaupt niemand verantwortlich zu machen. Da aber gemäß den obersten ethischen Vernunftprinzipien der Moderne die Aufhebung der Verantwortlichkeit für inkontinente Handlungen sowohl gegen das intergenerationell gedachte Prinzip der Verallgemeinerbarkeit als auch gegen das der Gleichheit als auch gegen das der Fairness verstoßen würde, folgt vielmehr, daß auch für inkontinente Handlungen Verantwortlichkeiten zugeschrieben werden müssen. Mit anderen Worten: Die Ethik-Erziehung im technologischen Zeitalter muß darauf hinwirken, daß Individuen sich für die Ergebnisse auch ihrer inkontinenten Handlungen verantwortlich fühlen.

Umgekehrt heißt dies, daß versucht werden muß, den Inkontinenzanteil an Handlungen so klein wie möglich zu halten. Dies setzt voraus, daß der Trend zu den großen Systemvernetzungen gebremst und die Entwicklung kleiner computergestützter Systeme gefordert werden muß.

Nach diesen grundsätzlichen Überlegungen fällt es leichter, exemplarisch drei konkrete Anwendungsfälle ethisch zu diskutieren. Da ist erstens eines der Hauptfelder der potentiellen KI-Anwendung in den Blick zu nehmen. Denken wir uns KI-Systeme gekoppelt mit automatisierten Produktionswerkzeugen, dann entsteht das, was wir mit einem russischen Lehnwort „Roboter", in technischer Fachsprache „intelligente industrielle Handhabungsgeräte" nennen. Eine genauere Analyse zeigt, daß es im Umkreis dessen, was wir „produktive Arbeit" nennen, kaum eine menschliche Tätigkeit gibt, die nicht im Prinzip auch von „Robotern" übernommen werden könnte. Damit aber gerät ein weiteres Element unseres Menschenbildes und damit ein weiterer Teil unserer Ethik in Gefahr: Unsere christliche Tradition und zumal die „protestantische Ethik" im „Geist des Kapitalismus" hat uns die Überzeugung vermittelt, daß produktive Arbeit nicht nur einen hohen ökonomischen, sondern auch einen hohen moralischen Wert habe. Auch hier wird die Ethik umlernen müssen: Nicht die produktive Arbeit, sondern das „vergesellschaftete Tätigsein des Menschen"[17] ist mit einem hohen Wert zu besetzen. Sozialethik im technologischen Zeitalter wird sich also in einer Gesellschaft, in der der menschliche Anteil an der produktiven Arbeit tendenziell weiter sinkt, nicht nur mit einer zusätzlichen Veränderung des Menschenbildes, sondern auch mit den mannigfachen Konsequenzen daraus befassen müssen. Hierzu gehören die Änderung des Arbeitskampf- und Streikrechts, Änderung der gewerkschaftlichen Handlungsziele, Änderung des Entlohnungsprinzips für menschliche Tätigkeit, Änderung des Verhältnisses von Arbeits- und Freizeit und vieles mehr. [X]

Zweitens hat die Durchdringung unserer Gesellschaft mit datenprozessierenden Technologien dazu geführt, daß Personaldaten jedes Menschen im Prinzip überall verfügbar sein könnten. Hier bedarf es der grundlegenden ethischen Reflexion, da die naheliegenden Schutzmaßnahmen von Personaldaten, wie die Verweigerung, die systematische Irreführung oder falsche Angaben, allesamt ihrerseits im sonstigen menschlichen Handeln moralisch negativ bewertet werden.

Schließlich hat die datenprozessierende Informationstechnologie drittens zur Konsequenz, daß die klassischen Medien der Massenkommunikation in einem bisher ebenfalls noch nicht dagewesenen Maße in den Bereich des Privaten und der persönlichen Kommunikation eingreifen. Auch hier – ähnlich wie im Zusammenhang des Handelns unter Bedingungen der Inkontinenz – wird es eine der Aufgaben der ethischen Erziehung sein, einen verantwortlichen Umgang mit den Medien einzuüben, was die Konsumentenrolle betrifft. Darüber hinaus sind die Sphären des Produzenten und der in diesem Falle staatlichen Kontrollinstanzen zu berücksichtigen. Die Überlegungen, welche staatlichen Eingriffe gefordert und welche individuellen Rechte dagegen geschützt werden müssen, sind gemäß den Charakteristika einer problemorientierten Ethik nicht auf allgemeine Prinzipien reduzierbar, die über die bereits genannten hinausgehen würden. Vielmehr bedarf es auch in diesem Sektor einer auf Dauer gestellten, gegebenenfalls institutionalisierten ethischen Reflexion. [V-2; V-6; X]

Technisierte Medizin

Ein besonders herausgehobener Bereich ethisch relevanten zwischen-menschlichen Verhaltens ist schon immer derjenige der Medizin gewesen. Das Spezifikum dieses Bereiches liegt darin, daß Handlungen, die sonst als moralisch verwerflich gelten und zu großen Teilen auch unter gesetzlicher Strafandrohung stehen, wie Körperverletzung, Verletzung der Intimsphäre oder der Eingriff in die psychische Integrität, hier nicht nur zulässig sind, sondern sogar gefordert werden. So macht sich etwa ein Arzt, der bei einem Verunfallten mit starker Kehlkopf-schwellung nicht sofort eine Tracheotomie (Kehlkopfschnitt) vornimmt, um das Ersticken des Verunfallten zu verhindern, der unterlassenen Hilfeleistung schuldig. Seit dem hippokratischen Eid[18] unterliegen die Ärzte daher immer einer auch außerjuristischen moralischen Selbstverpflichtung, die sich zum einen in der Verkammerung des Arztberufes, d. h. in der Institutionalisierung einer Standesgerichts-barkeit, zum anderen in ärztlichen Verhaltenskodizes niederschlägt. [IV]

Nun hat das Dritte Reich im Zusammenhang mit den an KZ-Häft-lingen vorgenommenen medizinischen Experimenten eine unrühm-liche Rolle in der Beschleunigung der Kodifizierung ärztlicher Moral-regeln gespielt. Nach den Nürnberger Prozessen, in denen es unter anderem auch um solche Menschenversuche ging, wurde 1946–1949 der sogenannte „Nuremberg Code" festgelegt. Dieser wurde um die 1964 verabschiedete und 1975[19] nochmals revidierte „Declaration of Helsinki" ergänzt und bildet heute die allgemein geltende Formulierung jener Ethik, auf die sich der Berufsstand der Ärzte selbst verpflichtet[18].

Diese medizinische Ethik gewinnt nun aber im technologischen Zusammenhang eine neue Dimension. Zwar gilt, daß ärztliche Kunst und Technik sich keineswegs ausschließen, sondern sich im Gegenteil geradezu gegenseitig fordern. Doch durch die „technisierte Medizin", die doch eigentlich dem Menschen helfen sollte, scheint die Würde des Menschen in Gefahr zu geraten. Schlagzeilenträchtige Stichworte sind: „der Mensch als Ersatzteillager", „entmenschlichte Apparateme-dizin", „der Mensch aus der Retorte".

Der „Normalfall" der Anwendung medizinischer Ethik ist mit aller wünschenswerten Deutlichkeit als ein solcher zu erkennen, der von technischen Problemen ausgelöst wird. So muß zum Beispiel in Dia-lyse- und Intensivstationen bei beschränkter Anzahl der technischen Apparaturen entschieden werden, welche Patienten man von der Be-

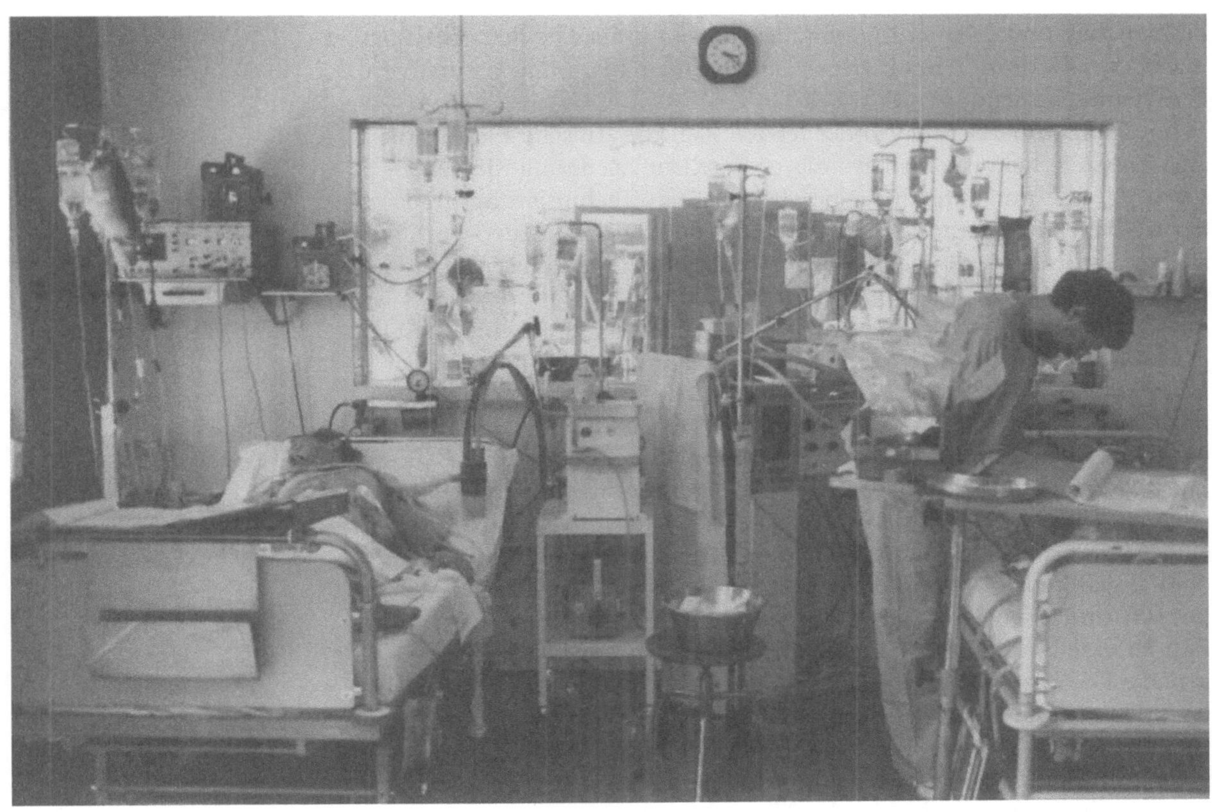

Die Apparatemedizin bringt unbezweifelbare diagnostische und therapeutische Fortschritte und birgt zugleich die Gefahr einer menschenunwürdigen medizinischen Behandlung.

handlung ausschließt. Diese Entscheidung hat eine rein medizinische Seite; sie tangiert allerdings auch, insbesondere im Falle lebensverlängernder Maßnahmen bei Schwerverletzten oder Sterbenden, erneut das Menschenbild bzw. die Würde des Menschen. Sah die bislang immer praktizierte Lösung so aus, daß alle anderen Dimensionen auf die der ärztlichen Kompetenz reduziert wurden und der Arzt die Entscheidung allein zu treffen hatte, so scheint gegenwärtig die Entwicklung durch die Einrichtung von Ethikkommissionen eher in Richtung auf eine Verantwortungsteilung zu laufen, wobei diese Ethikkommissionen sich nicht nur aus sogenannten „Experten", sondern immer auch aus „Betroffenen" (Angehörigen) zusammensetzen müssen.

In diesem Zusammenhang stellt sich dann auch die Frage nach der Definition des Todes; auch hier muß man zwischen dem medizinischbiologischen und dem philosophischen Aspekt unterscheiden. Ebenso wie bei der Definition des Lebens[20] kommt man hier ohne normative Festsetzungen nicht aus. [IV]

Ein Problembereich hat in der letzten Zeit die ethische Diskussion am stärksten herausgefordert: die „künstliche Zeugung des Menschen"[21], die nur aufgrund eines bestimmten Technisierungsgrades der ärztlichen Kunst möglich geworden ist und die die in-vitro-Fertilisation, das Problem der Leihmutter und der heterologen Insemination umfaßt.

Was die in-vitro-Fertilisation („Retortenbaby") angeht, muß festgehalten werden, daß sie allein von den allgemeinen Prinzipien der Universalisierbarkeit, der Gleichheit und der Fairness her gesehen noch nicht als moralisch verboten zu betrachten ist. Es handelt sich dabei um einen durch ärztliche Kunst ermöglichten Eingriff zur Behebung eines Gesundheitsschadens und zur Realisierung des Kinderwunsches der Eltern. Auf einen verbreiteten Einwand muß hier aber doch eingegangen werden: Man kann häufig hören, daß es in einer Welt, in der das größte Problem in der Überbevölkerung in der Dritten Welt besteht, moralisch verwerflich sei, ein Kind durch in-vitro-Fertilisation zu erzeugen. Diesem Einwand liegt jedoch ein Denkfehler zugrunde: Die Unterlassung der Zeugung eines Kindes in einem Sozialstaat wie dem unsrigen stellt kein geeignetes Mittel zur Linderung der Qualen in der überbevölkerten Dritten Welt dar. Anders wäre es, wenn Adoption als Alternative in Aussicht gestellt werden könnte. Doch auch demgegenüber ist der Wunsch nach eigener organischer Fortpflanzung durchaus legitim. Es kann also kein kategorischer ethischer Einwand gegen die in-vitro-Fertilisation erhoben werden.

Im einzelnen ergeben sich hier jedoch schwierige ethische Probleme; so ist etwa die Beseitigung überzähliger befruchteter Eier moralisch verwerflich und juristisch strafbar, wenn man den Beginn des menschlichen Lebens auf den Zeitpunkt der Befruchtung legt.

Im Fall der Miet- oder Leihmutter müssen in jedem Fall Lebensstandard- und Bequemlichkeitsargumente hinter ethischen Argumenten zurückstehen. Es würde ersichtlich den drei genannten ethischen Prinzipien widersprechen, wenn man hier eine beliebige Verfahrensweise zuließe; im Regelfall muß eine Leih- oder Mietmutterschaft als ethisch nicht legitimierbar angesehen werden.

Im Falle der heterologen Insemination folgt aus den oben genannten ethischen Vernunftprinzipien der Moderne, daß das Hineingeborenwerden in eine Situation mit zwei Eltern der Regelfall bleiben muß; d. h. die heterologe Insemination muß der absolute Ausnahmefall sein.

*Zeichnung von Jan Tomaschoff
(1988).*

Auch bei der vieldiskutierten Viruskrankheit AIDS erfordert die ethische Diskussion eine Problemfeldanalyse. Diese ergibt, daß wir zwischen zwei Grundfunktionen zu unterscheiden haben: der der Betroffenen und der der Akteure. Dabei gilt, daß jeder Mensch einer der Betroffenen- und einer der Akteurgruppe angehört. Die Gruppe der Betroffenen teilt sich in HIV-Infizierte, AIDS-Erkrankte und Nicht-Infizierte. In der Gruppe der Akteure lassen sich unterscheiden die professionell Fürsorgenden (Ärzte, Betreuer usw.), die politisch und gesellschaftlich Verantwortlichen sowie die Öffentlichkeit.

Hier ergeben sich unterschiedliche Verantwortlichkeiten. Ideologische Motive dürfen das Verhalten in Diagnose, Therapie und Prophylaxe in keiner Weise beeinträchtigen. Der Arzt, Pfleger oder Betreuer ist daher ethisch verpflichtet, aufs Moralisieren zu verzichten. Die politischen und gesellschaftlichen Akteure tragen in ethischer Hinsicht primär eine legislative Verantwortung: Sie sind dazu verpflichtet, juristische Regelwerke zu entwickeln, die den Schutz der Nichtinfizierten und die Wahrung der Rechte der Infizierten und AIDS-Erkrankten garantieren. Die genannten drei ethischen Prinzipien führen zwingend dazu, daß auf Freiwilligkeit beruhende öffentliche Reihentests das moralisch Gebotene sind, weil nur so die HIV-Infizierten überhaupt über die Vorbedingungen zu eigenem verantwortlichen

Handeln verfügen können. Eine soziale Diskriminierung HIV-Infizierter und AIDS-Erkrankter, geschehe sie nun durch Quarantäne-Maßnahmen oder durch falsch verstandene Barmherzigkeit, muß auf jeden Fall vermieden werden. Der Öffentlichkeit schließlich obliegt die Pflicht, sich allen diesen Maßnahmen entsprechend zu verhalten. Daraus wiederum läßt sich die moralische Verpflichtung der für die Öffentlichkeitsinformation in einer Mediengesellschaft zuständigen Instanzen ableiten, die relevanten Informationen zu verbreiten.

Gentechnisch verfahrende Biotechnologie

Einen qualitativ neuen Charakter scheint jene Technologie zu haben, die wir als die „Schlüsseltechnologie" der neunziger Jahre bezeichnen: die gentechnisch verfahrende Biotechnologie[22]. Durch sie wird nun auch noch das zum Gegenstand des Handelns, was zuvor dem technischen Zugriff grundsätzlich entzogen war: die Naturbasis des Lebens selbst. Während bisher technisches Handeln, auch im Zusammenhang der Züchtung, nichts anderes als kunstmäßiges Abwarten der durchschauten natürlichen Zusammenhänge war, werden diese nun selbst technisch herstellbar. Das bedeutet: Mußte man früher trotz aller Erleichterungen, die die Laborbedingungen bereitstellten, den evolutionären Gang der Mutation und Selektion abwarten – wobei höchstens die Selektion etwas unterstützt werden konnte –, so rücken nun beide zu dem einen gentechnischen Eingriff zusammen. [VI]

Wir wollen auch hier zunächst eine Analyse des Problembereiches vornehmen. Biotechnologie im allgemeinen gibt es, seit die Menschen Bier brauen oder Käse herstellen: sie stellt eine zweckmäßge Ausnutzung organismischer Produktivität zu ökonomischen Zwecken dar. Die Entwicklung der neueren Biotechnologie setzt mit der Herstellung des Penicillin ein. Die gentechnisch verfahrende Biotechnologie dagegen zeichnet sich dadurch aus, daß Verfahren der Gentechnik, d.h. der DNA-Rekombination benutzt werden, um Biotechnologie zu betreiben. Bei der gentechnisch verfahrenden Biotechnologie muß nun wiederum unterschieden werden zwischen Humananwendung und der Anwendung auf andere Organismen. Wenn man die aus der Anwendung der drei ethischen Prinzipien auf den Fall des Menschen genommenen Normen – gemäß dem Prinzip der Verhältnismäßigkeit – abstuft, wird sich vermutlich auch eine gangbare Lösung zur Gewinnung von ethischen Beurteilungskriterien für die Außer-Humananwendung ergeben.

Aus den ethischen Prinzipien folgt, daß nur unter der Voraussetzung eines menschen-verachtenden Systems (z. B. einer Diktatur); ein gezielter Gentransfer in Keimbahnzellen moralisch denkbar erscheinen würde. Die Vorstellung eines klonierten Menschen widerspricht allen Vorstellungen von Menschheit und Menschlichkeit, die sich in unserer humanitätsgeprägten Tradition finden. Die genetische Intervention in Keimbahnzellen muß daher – selbst auf die Gefahr hin, daß damit Erbkrankheiten nicht oder nur teilweise prophylaktisch erfaßt werden können – moralisch geächtet werden.

Diagnostik und therapeutische Anwendung gentechnischer Maßnahmen von „genetic screening" bis zur Therapie an somatischen Zellen sind ethisch zu rechtfertigen, wenn zwingende ärztliche Gründe vorliegen (medizinische Indikation), der Patient aufgrund ausführlicher Informationen zugestimmt hat („principle of informed consent" der ärztlichen Ethik) und keine weiteren Personen davon tangiert sind, die nicht ihrerseits ebenfalls aufgrund ausführlicher Informationen zugestimmt hatten.

Von dieser eingeschränkten Erlaubnis auszunehmen ist die Erfassung der individuellen Genstrukturen in zentralen Genkarteien, da die Auswertung dieser Informationen sich den sozialen Kontrollen entziehen könnte und mithin einen Eingriff in die zu schützende persönliche Privatsphäre darstellte. Ebenso wird man eine rechtliche Verpflichtung zu bestimmten Handlungen, zum Beispiel zur Sterilisierung, aufgrund von Resultaten des „genetic screening", nicht begründen können, da sich eine solche Verpflichtung nicht ethisch rechtfertigen ließe, selbst wenn sie sich durch eine Kosten-Nutzen-Analyse volkswirtschaftlich aufdrängen würde. Die volkswirtschaftlichen Überlegungen sind nämlich ebenso wie die betriebswirtschaftlichen der Befolgung ethischer Prinzipien stets nachgeordnet, obwohl sie ihnen keineswegs zu widersprechen brauchen.

Indessen bleibt zu bedenken – und dies ist ein offenes Problem –, daß sich die Bereiche de facto so eindeutig nicht trennen lassen, wie es zum Zwecke der ethischen Beurteilung hier theoretisch vorausgesetzt wurde. Jede Information über Gentransfer in somatische Zellen hat auch ihren Informationsnebenwert für einen möglichen Gentransfer in Keimbahnzellen – und wer wollte sich schon der großartigen Vision etwa einer Zukunft ohne die Menschheitsgeißeln Krebs oder AIDS verschließen? Im konkreten Falle wird sich die entwickelte ethische Beurteilung an der Frage zu bewähren haben, ob die Überwindung von so eindeutigen Übeln, wie es Krebs oder AIDS sind, die Übertretung der Vernunftprinzipien der Moderne erlaubt.

Indessen muß am Unterschied zwischen Prinzip und Ausnahme auch unter Bedingungen einer problemorientierten Ethik festgehalten werden. Zwar mag es so sein, daß in den erwähnten Fällen eine nachträgliche ethische Rechtfertigung einer Übertretungshandlung möglich ist: das bedeutet aber nicht, daß die moralische Norm als solche fallengelassen werden müßte. So ist etwa die Übertretung der Norm „Du sollst nicht töten" in bestimmten Ausnahmefällen wie etwa der Sterbehilfe als durch die spezifischen Randbedingungen gerechtfertigt anzusehen; daraus kann und darf aber nicht folgen, daß die Norm „Du sollst nicht töten" als solche nun nicht mehr gelte.

Bei der Frage nach der Anwendung gentechnischer Methoden auch auf außermenschliche Organismen können wir gemäß dem Bericht der bundesdeutschen Enquetekommission „Chancen und Risiken der Gentechnologie"[23] in der Analyse des Gegenstandsbereichs außer der Humananwendung grundsätzlich vier Teilbereiche unterscheiden: die biologische Stoffumwandlung und Rohstoffversorgung, die Pflanzenproduktion, die Tierproduktion und die Umwelt. In diesen Sektoren verspricht die gentechnisch verfahrende Biotechnologie nicht nur nützliche, sondern auch ökonomisch interessante Ergebnisse; hier ist aber auch mit Risiken zu rechnen, die unter Umständen bis hin zu katastrophalen Seuchen durch Freisetzung von gentechnisch variierten Mikroorganismen (Retroviren) führen können. [III-4.5; VI]

Aus den dargelegten argumentativen Analysen im Bereich der Humananwendung lassen sich nun folgende abgestufte Konsequenzen für die Extrahumananwendung ziehen[24]:

In allen Bereichen der Anwendung gentechnischer Methoden gilt, daß im Abstufungssinne die menschliche, körperliche wie seelische Integrität stets gewahrt bleiben muß. Als Durchführungsregel für diese Norm kann die traditionelle juristische Beweislastverteilungsregel gelten, derzufolge derjenige, der Laborexperimente durchführt oder diese in einen Feldversuch überführt oder gar die industrielle Nutzung in großen Produktionszusammenhängen anstrebt, den Nachweis der Gefahrlosigkeit führen muß. Das Gemeinwesen dagegen ist dafür verantwortlich, durch legislative Maßnahmen die Risikogrenzen festzusetzen. Schließlich ist davon die sozialpolitische oder sozialethische Hinsicht zu unterscheiden, daß – wie alle einschlägigen empirischen Studien belegen – in den meisten Fällen die faktische Akzeptanz nicht der aufgrund der üblichen Risikorechnung (Schadenshöhe mal Eintretenswahrscheinlichkeit) errechneten rationalen Akzeptabilität entspricht, was an der Tatsache der Nichtquantifizierbarkeit qualitativer Risikowahrnehmung liegt.

Da sich im Bereich der Humananwendung zeigen ließ, daß ein Gentransfer in Keimbahnzellen ethisch verboten ist, während alle anderen Gentransferformen unter Abwägungsvorbehalt gestellt werden müssen, folgt für die Anwendung in der Tier- und Pflanzenproduktion: Kategorisch verboten wie beim Menschen ist der Gentransfer in Keimbahnzellen von nicht-menschlichen Lebewesen zwar nicht, er ist jedoch zunächst einmal auf die niederen Organismen zu beschränken, sofern die vom Gemeinwesen festgelegten Sicherheitsbedingungen erfüllt sind.

Bei Primaten und anderen höheren Lebewesen muß die situative Abstufung der ethischen Verträglichkeit der Humananwendung umgekehrt zur Folge haben, daß hier Eingriffe in die Keimbahnzellen verboten und nur in jenen Ausnahmefällen erlaubt sind, in denen solche Eingriffe dem Schutz der entsprechenden ethischen Güter beim Menschen, d. h. dem Schutz von dessen körperlicher und seelischer Integrität dienen können. Dabei muß aber klar sein, daß jeder Eingriff in das Genom irgendeines Lebewesens zunächst einmal rechtfertigungsbedürftig ist: Es ist daran zu erinnern, daß schon Albert Schweitzer der Auffassung war, daß selbst das Töten von Bakterien zum Zwecke der Erhaltung menschlichen Lebens eine Pflichtenkollision darstelle [25]. [I-3.4]

Analoges gilt für den Fall der Pflanzenproduktion. Allerdings ist hier etwas zu bedenken, was die ganzen Überlegungen zur außermenschlichen Anwendung der Gentechnologie bisher geleitet hat, aber noch nicht explizit thematisiert worden ist: der Wert der „Einheit der Natur". In bestimmten Zusammenhängen sind wir nämlich von Pflanzen stärker abhängig als von Tieren, und es muß das Prinzip der intergenerationellen Fairness gelten: Die nachfolgenden Generationen haben das gleiche Recht wie wir, eine ihre eigene Entfaltung garantierende Vielfalt der außermenschlichen Natur vorzufinden, die nicht durch ökologische Instabilitäten in irreversibler Weise beeinträchtigt ist.

Mit anderen Worten: Die normativen Fragen der Pflanzen- und Tierproduktion sind letztlich Element der Umweltethik.

Ökologische Probleme

Es ist ganz gewiß kein Zufall, daß der eingangs analysierte Wandel vom wissenschaftlich-technischen zum technologischen Zeitalter zeitlich zusammenfällt mit dem anwachsenden Interesse an ökologischen

Fragen. Nicht mehr die Trennung der verschiedenen Bereiche, sondern ihr Zusammenhang ist das Paradigma, nach dem die Welt heute betrachtet wird: Der im Zuge des modernen Denkens aus der Wissenschaft eliminierte Begriff „Natur" erlebt eine eindrucksvolle Renaissance.

Das daraus resultierende „Neue Denken der Natur" erscheint nur bei oberflächlicher Betrachtung als bloße Kompensation der technologischen Wirklichkeit. Bei genauerem Zusehen erweist es sich aber als deren zwingende theoretische Konsequenz. Da nach dem Technologiemodell wissenschaftlich-theoretische Weltsicht und technische Weltveränderung im Kern identisch sind, liegt es auf der Hand, daß die technische Weltveränderung im Großmaßstab gleichsam die Probe aufs Exempel für das wissenschaftlich-theoretische Weltbild sein wird. Während die klassische Auffassung – von Descartes bis Newton – eine Trennung zwischen dem naturerkennenden Subjekt und der durch dieses erkannten objektiven Natur voraussetzte, hatten bereits die relativistische Physik und die Quantenmechanik einräumen müssen, daß in gewissem Sinne das bloße Beobachten zugleich auch ein Verändern der Welt sei.

Die weltweite Alltagserfahrung der Technologie unterstreicht und unterstützt diese Einsicht in globalem Maßstab. Die das gegenwärtige Technikdenken dominierende Frage nach dem Verhältnis von beabsichtigten und unbeabsichtigten Folgen technischen Handelns kann als auf praktischer Erfahrung beruhendes Indiz dafür gelten, daß die Natur nichtklassisch aufgefaßt werden muß. Die teils fürchterlichen Nakkenschläge, die der vermeintlich nur linear und technisch handelnde Mensch durch die von ihm unbeabsichtigt ausgelösten Folgen und Nebenfolgen seines Handelns erhält („Waldsterben", „Meersterben" usw.), fordern ganz direkt eben jenes „Neue Denken der Natur".

In diesem Denken wird Natur verstanden als ein hochrückgekoppeltes selbstorganisierendes System, in dem Nichtlinearitäten und chaotische Aufschaukelungsprozesse der Regelfall, Linearitäten und klassische Ordnungsstrukturen die Ausnahme sind. Die Natur, so verstanden als lebendiges Gesamtsystem [26], ist selbstverständlich nicht mehr das Gegenüber des Menschen, sondern ist die ihn und die außermenschliche Natur umfassende Einheit; mit anderen Worten: Sie ist der Name für den Gesamtzusammenhang aller ökologischen Systeme.

So betrachtet verwundert es nicht, daß in der Ökologiedebatte eine ganz neue Version des alten ethischen Problems des Naturalismus auftritt. Natur selbst beginnt wieder als Wert zu fungieren; was „natürlich" ist, ist eben deswegen auch „gut". Wie jeder Naturalismus

Satellitenbild des Ozonlochs.

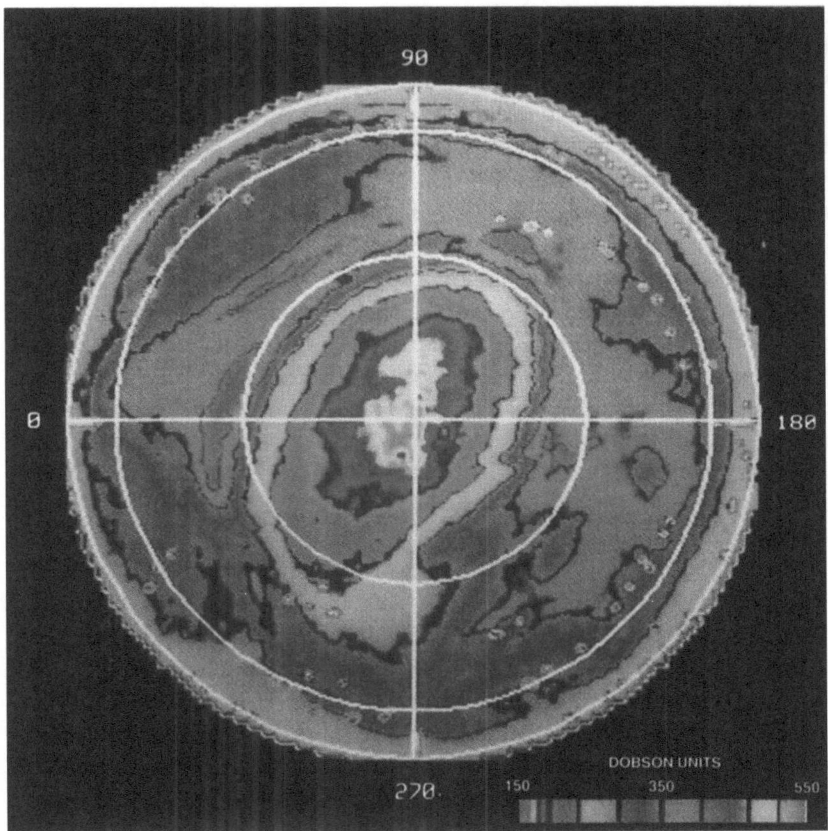

wirft auch der ökologische fundamentale Schwierigkeiten auf. Denn aus dem ökologischen Naturalismus folgt zweierlei, was sich aber zu widersprechen scheint: Der Sinn des ökologischen Naturalismus ist es, die ökologischen Systeme, d. h. Elemente der Natur, vor dem denaturierenden Eingriff des Menschen zu schützen, bzw. das ökologische Gleichgewicht dort, wo es bereits durch technische Eingriffe des Menschen gestört ist, wiederherzustellen. Andererseits ist aber der Mensch eben durch das ökologische Denken als Element von Natur zu verstehen und daher ebenfalls gut. Dann aber gilt, daß man offenbar eines weiteren Kriteriums bedarf, um „gute" von „schlechter" Natur zu unterscheiden. Das aber wäre gegen die Annahmen des Naturalismus.

Diese Problemsituation hat in der Diskussion der ökologischen Ethik [27] zu unterschiedlichen Vermeidungsstrategien geführt. Diese lassen sich besonders deutlich an der Frage nach der Verantwortung des Menschen für die außermenschliche Natur diskutieren, die die Kernfrage der theoretischen ökologischen Ethik bildet.

Die klassische Verantwortungskonzeption, die am klassischen Modell kontinenten Handelns orientiert ist, geht davon aus, daß „Verantwortung" eine mindestens dreistellige Relation bedeutet: Ein *Verantwortungssubjekt* ist gegenüber einer *Verantwortungsinstanz* für einen *Verantwortungsbereich* verantwortlich. Dabei müssen, da Moral die normative Regulierung des zwischenmenschlichen Verhaltens ist, Verantwortungssubjekt und Verantwortungsinstanz stets (menschliche oder göttliche) Personen sein, während der Verantwortungsbereich den Bereich der Personen durchaus überschreiten darf. Im Sinne dieser klassischen Position kann also eine ökologische Ethik niemals Elemente der außermenschlichen Natur als Verantwortungsinstanzen oder gar als Verantwortungssubjekte zulassen; Elemente der außermenschlichen Natur können nur funktionale Elemente des Verantwortungsbereichs sein. [I-3.4]

Das bedeutet konkret, daß die Rechtfertigung einer ökologischen Handlung niemals durch Hinweis auf ihren Eigenwert geschehen kann: es müssen vielmehr stets Rückbeziehungen auf reine Pflichten oder auf positive bzw. negative Folgen für menschliche oder göttliche Personen vorliegen [28]. Daher müßte etwa die oben erwähnte Norm, es sei die Vielfalt der Arten durch Naturschutzmaßnahmen zu erhalten, wie ausgeführt, dadurch begründet werden, daß zukünftig lebende Generationen ein unserer Generation vergleichbares Anrecht darauf hätten, mit einer Vielfalt von Arten zusammenzuleben.

Man sieht aber leicht, daß dies ethische Konstruktionen sind, die an der eigentlich ökologischen Zielrichtung vorbeigehen. Anders ausgedrückt: Was zu erhalten ist, kann weder bloß der Nutzen für zukünftige menschliche Generationen, noch allein der Nutzen für die betreffende zu erhaltende Spezies sein; der Adressat ist jeweils das zu erhaltende Ganze von menschlicher und außermenschlicher Natur. Ebenso wie es im sozialen Zusammenleben der Menschen zum Ziel werden soll, das Gemeinwohl über den Eigennutz zu stellen, ebenso ist es in ökologischen Zusammenhängen das Ziel, das gemeinsame Wohl von menschlicher und außermenschlicher Natur über das Wohl bloß der menschlichen Natur zu stellen. Absurd sind daher Formeln wie die: „Der Natur wird es ohne den Menschen besser gehen als mit dem Menschen" oder „Der Mensch ist der Widersacher der Natur".

Insofern muß die in der ökologischen Ethik häufig diskutierte Frage, ob Tiere oder Pflanzen moralische oder gar juristische Rechte haben[29], zwingendermaßen positiv, aber abstufend eingeschränkt beantwortet werden: Insofern sie Elemente von Natur sind und insofern „Verantwortung" nichts anderes meint als die bewußt gemachte Beziehung des gegenseitigen Aufeinanderverwiesenseins von Elementen der Natur, haben Elemente der außermenschlichen Natur moralische (und zum Teil auch juristische) Rechte; aber sie haben diese nicht in demselben Maße wie die Menschen. Das heißt, daß in Fällen von Pflichtenkollisionen der Mensch gegenüber dem Tier und das Tier gegenüber der Pflanze und die Pflanze gegenüber der anorganischen Natur ein Vorrecht hat. Dieses Vorrecht ist allerdings situationsspezifisch. Daher gibt es durchaus Situationen, in denen das Recht der außermenschlichen Natur über dem Recht des Menschen steht. Dann muß es sich aber jeweils um unterschiedliche Qualitätsstufen handeln. So dürfte es eindeutig entscheidbar sein, daß das Umbringen von Pflanzen und Tieren durch das Einleiten oder Verklappen von Giftstoffen in Gewässer zwecks Erzielung einer höheren Firmenrendite moralisch verwerflich ist, obwohl uns doch die menschlichen Interessen naturgeschichtlich näher stehen.

Die so analysierte situative Bedingtheit der relativen Nähe oder Verwandschaft ist, rückblickend, die Erklärung dafür, warum heute so deutlich wird, daß die Ethik stärker problem- als prinzipienorientiert sein muß. Umgekehrt erklärt sich aus eben demselben Sachverhalt aber auch, warum alle Begründungsversuche, die diesen situativen Faktor außer acht lassen und rein naturalistisch vorzugehen versuchen – wie etwa die Evolutionäre Ethik[30] – so wenig überzeugend wirken.

Literaturnachweise

1 *Zimmerli,* Walther Ch.: Prinzipien einer nicht prinzipien-orientierten Ethik. In: Arbeitsblätter für ethische Forschung. 15. Jg./1 (1986), S. 2–16; *Zimmerli,* Walther Ch.: Krise der Krisenethiken. Moralphilosophische Engpässe im technologischen Zeitalter und das Konzept einer problemorientierten Ethik. In: Kluxen, W. (Hrsg.): Tradition und Innovation. Hamburg 1981, S. 353–370
2 *Lenk,* Hans: Philosophie im technologischen Zeitalter. Stuttgart 1971, S. 7; *Zimmerli,* Walther Ch. (Hrsg.): Technologisches Zeitalter oder Postmoderne. München 1988, S. 14 ff.
3 *Zimmerli,* Walther Ch.: Allgemeinbildung und technischer Wandel. Herausforderung der Schule angesichts der Diskussion um die neuen Technologien. In: *Traebert,* Wolf Ekkehard (Hrsg.): Die neuen Technologien in Schule und Technikunterricht (Technik als Schulfach Bd. 6). Düsseldorf 1987. S. 61–77
4 *Mead,* Margaret: Der Konflikt der Generationen. Jugend ohne Vorbild. Olten/Freiburg 1971, S. 27 f.

5 *Moscovici,* Serge: Versuch über die menschliche Geschichte der Natur. Frankfurt a. M. 1982, S. 14

6 *Weber,* Max: Politik als Beruf. In: ders.: Soziologie. Weltgeschichtliche Analysen. Hrsg. v. Winckelmann, Johannes. Stuttgart ³1964, S. 174 f.

7 *Lenk,* Hans/*Ropohl,* Günter (Hrsg.): Technik und Ethik. Stuttgart 1987

8 *Jonas,* Hans: Das Prinzip Verantwortung. Frankfurt a. M. 1979, S. 70 ff.

9 *Sinn,* Hansjörg/*Zimmerli,* Walther Ch.: Ist die friedliche Nutzung der Kernenergie moralisch verantwortbar? In: Tschernobyl. Konsequenzen für die Bundesrepublik Deutschland. Eine Dokumentation des Vereins Deutscher Ingenieure. Düsseldorf 1986, S. 32–37

10 *Glotz,* Peter (Hrsg.): Ziviler Ungehorsam im Rechtsstaat. Frankfurt a. M. 1983

11 *Dreier,* Ralf: Widerstand und ziviler Ungehorsam im Rechtsstaat. In: Glotz (wie Anm. 10), S. 55

12 *Zimmerli,* Walther Ch.: Jenseits der individuellen Verantwortung. Rüstung und Ethik im technologischen Zeitalter. In: Bahrens, V./Tatz, J. (Hrsg.): Wissenschaft und Rüstung. Braunschweig 1985, S. 302 ff.

13 *Capurro,* Rafael: Zur Computerethik. Ethische Fragen der Informationsgesellschaft. In: Lenk/Ropohl (wie Anm. 7), S. 259 ff.

14 *MacCormac,* Earl: Men and Machines: The Computational Metaphor. In: Mitcham, Carl/Huning, Alois (Hrsg.): Philosophy and Technology. Bd. 2. Dordrecht 1986, S. 157–170

15 *Mitcham,* Carl: Information Technology and the Problem of Incontinence. In: Mitcham/Huning (wie Anm. 14), S. 247–256

16 *Zimmerli,* Walther Ch.: Who is to Blame for Data Pollution? In: Mitcham/ Huning (wie Anm. 14), S. 291–306

17 *Zimmerli,* Walther Ch.: Von der Ethik der Arbeit. Homo faber und die Angst vor der Konsequenz des Denkens. In: Meyer-Dohm, Peter u. a. (Hrsg.): Der Mensch im Unternehmen (Beiträge zur Wirtschaftspolitik. Bd. 48). Bern/ Stuttgart 1988, S. 521–546

18 *Sass,* Hans-Martin/*Püschel,* Erich (Hrsg.): Der hippokratische Eid in der Medizin und andere Dokumente medizinischer Ethik (Bochumer Materialien zur Medizinethik H. 15). Bochum 1988

19 Nuremberg Code: Declaration of Helsinki. In: Beauchamp, Tom L./Walters, Le Roy (Hrsg.): Contemporary Issues in Bioethics. Encino. Cal. 1978, S. 404 ff.

20 *Hellegers,* Andre E.: Fetal Development. In: Beauchamp/Walters (wie Anm. 19), S. 194–198; Jonas, Hans: Against the Stream. Comments on the Definition and Redefinition of Death. In: Beauchamp/Walters (wie Anm. 19), S. 262–266

21 *Zimmerli,* Walther Ch.: Die künstliche Zeugung des Menschen. Neue Fragen an die alte Weisheitsliebe. In: Max-Planck-Gymnasium. Festschrift zum Jubiläum des ältesten Göttinger Gymnasiums 1586–1986. Göttingen 1986, S. 191–197

22 Reihe „Gentechnologie – Chancen und Risiken". München 1984 ff.

23 Bericht der Enquete-Kommission „Chancen und Risiken der Gentechnologie" des 10. Deutschen Bundestages. In: Zur Sache (87.1). Hrsg. v. Dt. Bundestag, Referat Öffentlichkeitsarbeit. Bonn 1987

24 *Zimmerli,* Walther Ch.: Ethische Aspekte der Biotechnologie. In: Rist, Manfred (Hrsg.): Gesichter technischen Fortschritts. Zürich 1989, S. 106–110
25 *Schweitzer,* Albert: Kultur und Ethik. In: Gesammelte Werke. Bd. 2. München o.J., S. 379
26 *Jantsch,* Erich: Die Selbstorganisation des Universums. Vom Urknall zum menschlichen Geist. München 1986
27 *Birnbacher,* Dieter (Hrsg.): Ökologie und Ethik. Stuttgart 1980
28 *Patzig,* Günter: Ökologische Ethik. In: Markl, H. (Hrsg.): Natur und Geschichte, München/Wien 1983, S. 329–347
29 *Feinberg,* Joel: Die Rechte der Tiere und zukünftiger Generationen. In: Birnbacher (wie Anm. 27), S. 140–179
30 *Mohr,* Hans: Natur und Moral. Ethik in der Biologie. Darmstadt 1987

DIE AMBIVALENZ DER TECHNIK

Utopien und Antiutopien

Friedrich Rapp

In der Beurteilung der modernen Technik ist eine auffällige Polarisierung festzustellen. Bei der Einführung einzelner technischer Neuerungen verfährt man nüchtern und umsichtig. Die absehbaren Vor- und Nachteile werden gegeneinander aufgerechnet, so daß im Idealfall ein sachlich begründeter Bewertungsprozeß stattfindet. So beruht denn auch die Idee der Technikbewertung auf der Vorstellung, daß es möglich sei, die jeweils zu erwartenden Folgen abzuschätzen und in einem kollektiven Bewertungsprozeß zu einem ‚rationalen‘ Urteil zu kommen. Ganz im Gegensatz zu dieser analytischen Abwägung der Einzelheiten sind bei Gesamturteilen über die Technik häufig dramatisierende Extrempositionen festzustellen, die darauf hindeuten, daß hier mehr als nur nüchterne Abwägungen im Spiel sind. Je nach Standpunkt erscheint die Technik als ein Mittel zur Versklavung oder zur Befreiung der Menschheit. Man glaubt in ihr ein dämonisches Vermögen oder eine erlösende Kraft zu erkennen, sie gilt als unheilvoller Fluch oder rettender Segen. [I-3.5]

Im Rahmen der zeitgenössischen Technikkritik ist vielfach bei ein- und demselben Autor neben einer radikalen Technikverneinung zugleich eine ebenso extreme Technikbejahung festzustellen: Der ausschließlich negativ bewerteten gegenwärtigen ‚unmenschlichen‘ Technik wird dabei die utopische Vision einer zukünftigen ‚befreiten‘ Technik gegenübergestellt, die jede Art von Entfremdung aufheben und die völlige Harmonie des Menschen mit der Natur herstellen soll. Der Bezugspunkt besteht hier weder in nüchternen Erwägungen noch in den realen Möglichkeiten. Es geht vielmehr um den als unüberbrückbar gedachten Gegensatz zwischen der vorhandenen sündigen, verderbten Welt und einer ganz anderen heiligen, befreiten ‚jenseitigen‘ Welt. Das einzig erstrebenswerte Ziel wird darin gesehen, dieses neue Reich herzustellen, weil nur dort ein erfülltes Dasein möglich sei. Man muß annehmen, daß diese, dem religiösen Denkmuster vom Reich der Finsternis und dem Reich des Lichts, von der Herrschaft des Bösen und der Kraft des Heils, von Sündenfall und Erlösung verpflichtete Denkfigur gerade deshalb besonders wirksam ist.

Die Vorstellung einer radikalen Umkehrung, die letzten Endes nur von der religiösen Heilserwartung her zu verstehen ist, findet sich

Zum Titelblatt:
M. C. Escher: Tag und Nacht.

etwa bei Ivan Illich. Er will in einem durchaus nüchtern formulierten Ansatz die Schranken aufzeigen, jenseits derer die Werkzeuge und Maschinen der industriellen Technik den Menschen mehr schaden als nutzen. In der Diktatur des Proletariats und in der „Freizeit-Zivilisation" sieht er nur zwei Varianten einer ständig ausgeweiteten Beherrschung durch den „industriellen Apparat". Seine Schlußfolgerung lautet: „Die Lösung der Krise macht eine radikale ‚Umstülpung' erforderlich. Nur durch eine Umkehr der Grundstruktur, welche die Beziehung des Menschen zum Werkzeug regelt, können wir ein dem Menschen angemessenes Werkzeug schaffen." Nach Illich ist die gegenwärtige wissenschaftliche Forschung nur auf technisches Effizienzstreben und die Verwaltung von Menschen gerichtet: „Um den Menschen zu erlauben, sich zu entfalten, muß die zukünftige Forschung eine umgekehrte Richtung einschlagen. Wir wollen sie radikale Forschung nennen. Die radikale Forschung (. . .) will (. . .) Kriterien liefern, die erlauben zu bestimmen, wann ein Werkzeug sich einer Schwelle der Schädlichkeit nähert; andererseits will sie Werkzeuge bauen, die das Gleichgewicht des Lebens optimieren und mithin die Freiheit eines jeden maximieren, (. . .) um (. . .) optimale gerechte Verteilung und schöpferische Autonomie zu sichern"[1].

Hier wird eine irrationale und letzten Endes nur religiös faßbare Konversion gefordert. Die heillose, böse, wissenschaftliche Forschung, die vorher ganz auf die Reduzierung des Menschen gerichtet war, soll nun, durch eine grundsätzliche Umkehr, das Heil und die Befreiung sichern. Dabei ist jedoch der von der Sache her unvermeidbare, nach wie vor technikorientierte Ansatz unverkennbar (‚optimieren', ‚maximieren'), so daß schwerlich von einem prinzipiellen Neubeginn die Rede sein kann.

Ein ähnliches Mißverhältnis zwischen appellativer Suggestivkraft und praktisch-pragmatischem Ungenügen ist bei Herbert Marcuse (1898–1979) zu beobachten. Bei ihm verbindet sich die totale Ablehnung der gegenwärtigen Technik mit der ebenso unbedingten Erwartung einer ganz anderen, neuen Welt, wobei „Wissenschaft und Technologie die großen Vehikel der Befreiung sind"[2] und die vollständige Automation „die geschichtliche Transzendenz zu einer neuen Zivilisation"[3] eröffnen soll. Für Marcuses Denken sind zwei komplementäre Elemente charakteristisch: Die kompromißlose Ablehnung jeder vermittelnden, ausgleichenden pragmatischen Lösung und das Bestehen auf einer herzustellenden, künftigen, von der gegenwärtigen völlig verschiedenen, ganz anderen Welt. Dies Denkmuster wird konsequent durchgehalten und findet in ständig wiederkehrenden Wendungen wie „neues Bewußtsein", „neue Sensibilität", „neues Realitätsprinzip", „radikaler Wandel", „radikale Opposition" seinen Ausdruck [4]. Charakteristisch ist der Hinweis darauf, daß der Begriff „Verelendung" so gefaßt werden müsse, „daß er auch auf ein Vorstadthaus mit Auto, Fernsehgerät usw." zutrifft [5]. Andererseits heißt es jedoch bei Marcuse, daß es unmöglich sei, „die Form zu antizipieren, in der befreite Menschen ihre Freiheit gebrauchen werden" [6].

Hier stoßen das religiös inspirierte Idealbild einer ganz anderen, neuen, heilen, befreiten Welt und die in der harten Realität gegebenen komplexen sozialen und technologischen Funktionszusammenhänge der industriellen Massengesellschaft unvermittelt aufeinander. Die Systemneutralität der anstehenden Probleme kann als Hinweis dafür gelten, daß die unbestreitbaren negativen Effekte nicht im Sinne einer Verschwörertheorie einer bestimmten sozialen Gruppe oder besonderen ökonomischen oder politischen Strukturen angelastet werden können. Nur wer die Technik als unbegriffene, fremde, undurchschaubare und übermächtige Instanz erfährt und ihr magisch-religiös überhöhte Züge verleiht, kann in ihr das unbedingt verwerfliche Instrument der Repression und im selben Atemzug das schlechthin befreiende Vehikel zu einer ganz anderen, besseren Welt erblicken.

Auf den ersten Blick muß der Rückgriff auf die trotz der säkularisierten Fassung offensichtlich religiös inspirierten Kategorien von Heil und Unheil, von Erlösung und Sündenfall, befremdlich wirken. Denn die moderne Technik beruht ja gerade auf bewußter Konstruktion, wohlüberlegten Entscheidungsprozessen und sachorientierter, zielgerichteter Planung; sie sollte also gar keine Ansatzpunkte für eine darüber hinausgehende Kritik bieten. Doch dieser Gegensatz zwischen religiöser Erlösungssehnsucht und technischer Zweckmäßigkeit wird relativiert, wenn man die tatsächliche Lebensbedeutung religiöser Denkmuster und der technischen Lebenswelt ins Auge faßt. In beiden Fällen geht es um letzte Sinnbezüge. Entscheidend ist hier die Grundverfassung unseres Daseins: Wir können gar nicht ‚menschlich' leben ohne übergeordnete Sinnzusammenhänge, die uns die Normen für unser Welt- und Selbstverständnis vermitteln. Als wertendes, sinn- und orientierungsbedürftiges Wesen ist der Mensch in der säkularisierten und gleichzeitig technisierten Welt zunächst immer an die von ihm selbst geschaffene technische Umwelt verwiesen. Der technische Wandel und der dadurch bedingte Lebensstil bilden den natürlichen Bezugspunkt für die — wie auch immer geartete — Sinndeutung der individuellen und sozialen Existenz. Die Technik ist beständiges Vehikel und allgegenwärtiges Gegenüber unseres Handelns. Wegen ihres

gegenständlichen Charakters und der vielfältigen funktionalen Sachzusammenhänge, an die alles technische Handeln gebunden ist, tritt
die technisierte Umwelt – obwohl sie nur eine Schöpfung des Menschen ist – uns gleichwohl als eine selbständige Macht gegenüber, die
im Sinne der ‚normativen Kraft des Faktischen‘ wegen ihrer Allgegenwart und Lebensbedeutung als strukturierende, sinnstiftende und insofern quasireligiöse Instanz auftritt. [II-4.1]

In der Tat kann dem unbefangenen Betrachter nicht verborgen
bleiben, daß die Technik heute weithin als sakrale Bezugsgröße fungiert. So schreibt etwa Roland Barthes: „Ich glaube, daß das Auto
heute das genaue Äquivalent der großen gothischen Kathedralen ist.
Ich meine damit: eine große Schöpfung der Epoche, die mit Leidenschaft von unbekannten Künstlern erdacht wurde und die in ihrem
Bild, wenn nicht überhaupt im Gebrauch von einem ganzen Volk
benutzt wird, das sich in ihr ein magisches Objekt zurüstet und aneignet"[7]. So werden denn auch technische Neuerungen wie der Flug ins
All, die erfolgreiche Erprobung von Prototypen, die Einweihung
komplizierter Bauwerke oder die Eröffnung eines Automobilsalons
mit Begeisterung und rituellem Zeremoniell gefeiert.

In unserer diesseitsorientierten, aufgeklärten, vernunftbestimmten
Welt ist die Utopie an die Stelle der religiösen Heilserwartung getreten. Die von der Vernunft entworfene Utopie bildet das funktionale
Substitut in Sachen Zukunftserwartung, wobei es für die konkrete
Lebenswirklichkeit letzten Endes gleichgültig ist, ob die Erfüllung ins
Jenseits verlegt wird oder den kommenden Generationen zugedacht
ist – in beiden Fällen wird sie den hier und jetzt Lebenden jedenfalls
nicht zuteil. Nach dem aufgeklärten Verständnis liefert nicht das Heilswissen der von Gott geoffenbarten Religion, sondern die freie Selbstbestimmung der menschlichen Vernunft die Wert- und Sinnbezüge
und die Prinzipien für den Lebensvollzug des einzelnen und der Gemeinschaft.

Solche utopischen Entwürfe reichen viel weiter zurück als die moderne Technik. Sie beginnen mit Platon (428–348), der zum ersten
Mal den Versuch unternimmt, die Ordnung der menschlichen Verhältnisse nicht gemäß einer unbefragt hingenommenen Tradition,
sondern nach wohlerwogenen, zweckmäßigen und vernünftigen
Prinzipien zu regeln. Sein Dialog „Kritias" beschreibt den Reichtum
und die technische Ausstattung der sagenhaften, untergegangenen Insel Atlantis, und in seinem „Staat" wird, von der Idee der Gerechtigkeit ausgehend, in allen Einzelheiten das Modell eines idealen Gemeinwesens entwickelt, in dem die Philosophen Könige oder die Könige

Füllhorn des Glücks und geflügeltes Rad als Symbole des Fortschritts.

Philosophen sind, d. h. in dem die Vernunft regiert. In allen modernen Utopien spielt dann die Technik – zunächst im positiven, später aber auch im negativen Sinne – eine entscheidende Rolle. Sie soll die materiellen Mittel zur Realisierung der Utopie liefern und sie bildet das (unausgesprochene) Vorbild für das zielgerechte, effiziente Handeln. Nachdem die Idee der Machbarkeit sich in der physischen Welt so erfolgreich erwiesen hat, wird sie schließlich auch auf die Gesellschaft und auf die Geschichte übertragen. [V-5; VII]

Die 1516 von Thomas Morus (1478–1535) veröffentlichte staatsphilosophische Schrift „Utopia" (Nirgendwo) ist inhaltlich und in der Namensgebung Vorbild für alle späteren „Utopien" geworden. Die Beschreibung des auf eine ferne Insel verlegten Phantasielandes liefert zugleich das Programm für einen zu verwirklichenden Idealstaat. In Utopia wird die Wissenschaft eifrig betrieben. Durch ihre Schulung „sind die Utopier erstaunlich begabt für technische Erfindungen, die zur Erleichterung und Bequemlichkeit des Lebens beitragen" [8]. Hundert Jahre später setzt sich dann Francis Bacon (1561–1626) mit seiner Utopie „Neu-Atlantis" bewußt ab von Platons sagenhafter Insel Atlantis. Er entwirft als erster das Programm einer noch handwerksmäßig betriebenen, aber systematisch organisierten naturwissenschaftlichen Forschung und technischen Anwendung. Dazu wird das „Haus Salomons" als Forschungsstätte eingerichtet: „Der Zweck unserer Gründung ist die Erkenntnis der Ursachen und Bewegungen sowie der verborgenen Kräfte in der Natur und die Erweiterung der menschlichen Herrschaft bis an die Grenzen des überhaupt Möglichen" [9]. In neuerer Zeit hat insbesondere Ernst Bloch (1885–1977) in einer literarisch formulierten dialektischen Synthese von säkularisierter Heilserwartung, romantisch-animistischem Naturverständnis, spekulativer Kosmologie und utopischem Sozialismus die Technik als Mittel zur Verwirklichung einer befreiten Gesellschaft herausgestellt [10].

Eine unterhaltsam-spielerische, aber auch beängstigend-groteske Variante der technischen Utopie bildet die Science Fiction. Dabei gehen märchenhafte Phantastik, High Tech, technische Rationalität, Abenteuerlust und Zukunftsvisionen eine eigentümliche Verbindung ein. Der Mensch erscheint hier als Beherrscher, aber auch als Opfer einer künftigen perfekten Technik. [VII]

Ganz im Sinne der religiösen Polarisierung von Fluch und Segen, Dämonie und Erlösung bilden die düsteren, negativ gestimmten Antiutopien das Gegenstück zu den in hellen Farben gezeichneten optimistischen Utopien. Hier ist neben George Orwells Vision von der perfekten technischen Manipulation, durch die alle menschliche Indi-

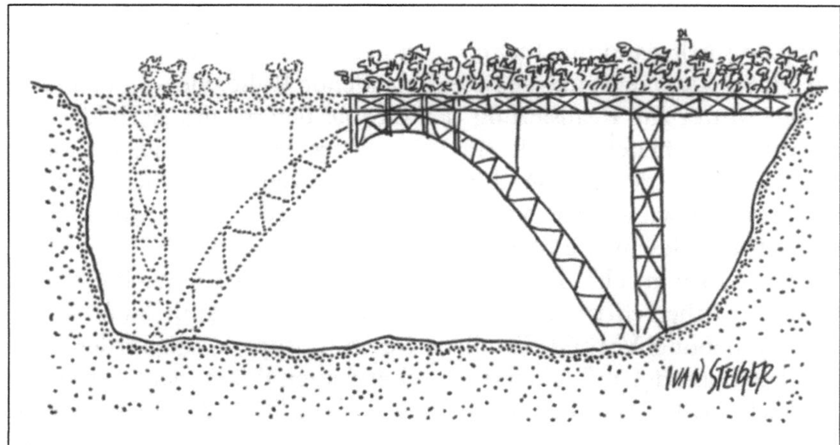

Jede Trendextrapolation basiert auf der optimistischen Prämisse, daß die bisherigen Entwicklungstendenzen anhalten und tragfähig sein werden.

vidualität systematisch ausgeschaltet wird, Burrhus F. Skinners Vorstellung von einer perfekten Konditionierung zu nennen, die zu einem allgemeinen Glücksgefühl führen soll – und insofern eigentlich als positive Utopie zu bezeichnen wäre. Aldous Huxleys Behandlung desselben Themas zeigt, daß konsequentes Genußstreben und ein perfekter Wohlfahrtsstaat mehr einem Alptraum ähneln als einer Paradiesvision. Bei ihm erscheint die Technik nicht mehr als Mittel zur Befreiung von Not und Elend, sondern als geschickt und unbemerkt einsetzbare Zwangsmaßnahme, durch die die menschliche Freiheit und Individualität letzten Endes völlig ausgeschaltet werden sollen. Die in der Technik immanent angelegte Tendenz zur Vereinheitlichung, die zunächst nur als ein effizientes, arbeitsmethodisches Prinzip gedacht war, bildet nunmehr die radikale Gegeninstanz zur individuellen Freiheit.

Eine ungezügelte, nur sich selbst gehorchende und auf äußere Leistungen gerichtete Technik steht der Persönlichkeitsentfaltung entgegen, die nach dem Verständnis der Moderne gerade das höchste Ziel des Menschseins darstellt. Dieser Tendenz hat Karl Jaspers schon 1949 das Credo der Innerlichkeit entgegengestellt: „Angesichts der Möglichkeit eines totalitären Weltimperiums (. .) bleibt die Freiheit der Seele, die ermutigt wird im Gespräch mit der großen Überlieferung (. . .) die letzte Zuflucht"[11]. In demselben Sinn heißt es bei Rilke: „Nirgends, Geliebte, wird Welt sein als innen"[12]. Durch ihre materielle, d. h. äußerliche, Verfaßtheit tritt die Technik zwangsläufig in Widerstreit zur Innerlichkeit des Menschen. Sie birgt unvermeidbar die Gefahr des bloß seelenlosen Funktionierens, und bei manipulativer Anwendung kann sie zum Instrument einer perfekten Fremdbestimmung werden. Da in unserer Zeit die anorganische Technik und nicht die organische Natur unsere Lebenswelt bestimmt, besteht immer die Versuchung, daß auch der Mensch unter technischen Gesichtspunkten gesehen wird. Die ärztliche Untersuchung wird zur ‚Inspektion‘, das Ausspannen zum ‚Abschalten‘, der Mensch muß ‚funktionieren‘, sonst wird er ‚ausgewechselt‘. Doch die Erfahrung zeigt, daß sich auch neue, lebendige Beziehungen zur Technik, etwa zum Auto oder zur Stereoanlage herausbilden können; durch moderne Reproduktionsverfahren werden vielfältige kulturelle Schöpfungen allgemein zugänglich; und auf dem Gebiet des Sports (Drachenfliegen, Surfen) sind heute elementare Erfahrungen möglich, die ohne die Technik ein Traum geblieben wären. [IV]

Literaturnachweise

1 *Illich*, Ivan: Selbstbegrenzung. Reinbek 1975, S. 31 u. S. 142
2 *Marcuse*, Herbert: Versuch über die Befreiung. Frankfurt a. M. 1969, S. 27
3 *Marcuse*, Herbert: Der eindimensionale Mensch. Neuwied 1967, S. 57
4 Vgl. 2, S. 46–92
5 Vgl. 3, S. 46
6 Vgl. 2, S. 39
7 *Barthes*, Roland: Mythen des Alltags. Frankfurt a. M. 1964, S. 76
8 *Morus*, Thomas: Utopia. In: Der utopische Staat. Hrsg. v. Heinisch, Klaus J. Reinbek 1960, S. 79
9 *Bacon*, Francis: Neu-Atlantis. In: Heinisch (wie Anm. 8), S. 205
10 *Bloch*, Ernst: Experimentum mundi. Frankfurt a. M. 1975, S. 212–230
11 *Jaspers*, Karl: Vom Ursprung und Ziel der Geschichte. München 1949, S. 283
12 *Rilke*, Rainer Maria: Duineser Elegien. 7. Elegie

Die technische Weltzivilisation

Friedrich Rapp

Weltweite Verbreitung

Die moderne Superstruktur von Naturwissenschaft, Technik und Industrie hat unsere Welt entscheidend verändert. Verglichen mit der durch Erfahrungsregeln geprägten Handwerkstechnik früherer Epochen ist in drei Punkten ein grundsätzlicher Wandel festzustellen: [X]
1. An die Stelle der naturgegebenen Biosphäre ist durch die großangelegte Umgestaltung unserer Umwelt eine Technosphäre von Artefakten, Systemen und Prozessen getreten, in denen Naturkräfte für menschliche Zielsetzungen dienstbar gemacht werden.
2. Der individuelle und soziale Lebensstil (Beruf, Freizeit, Lebensstandard, Mobilität) wird wesentlich durch die technischen Gegebenheiten bestimmt.
3. Die moderne Technik breitet sich schier unaufhaltsam über die ganze Erde aus. Als Folge dieser globalen Verbreitung zeichnet sich das Entstehen einer − zumindest im äußeren Erscheinungsbild − weitgehend vereinheitlichten technischen Weltzivilisation ab, die alle historisch gewachsenen und kulturell ausgeformten Unterschiede nivelliert.

Dieser Ausbreitungsprozeß wird seinerseits durch technische Mittel gefördert, denn die von der modernen Technik bereitgestellten perfektionierten Transport- und Kommunikationsmöglichkeiten tragen wesentlich zur Vereinheitlichung bei. Das gilt auf wissenschaftlich-technischem ebenso wie auf politischem Gebiet. Jeder Punkt der Erde ist heute in kurzer Zeit erreichbar; die enge politische und wirtschaftliche Verflechtung, der weltumspannende Massentourismus und die sofortige Nachrichtenübermittlung haben einen so engen Kontakt hergestellt, daß jedes wichtige Ereignis unverzüglich auf der ganzen Erde bekannt wird. An die Stelle der Außenpolitik tritt dadurch eine ‚Weltinnenpolitik‘, an der im Prinzip die gesamte Weltöffentlichkeit teilnimmt. Auf diese Weise steht eine Fülle von Informationen zur Verfügung, von der aber immer nur ein geringer Bruchteil tatsächlich weitergeleitet bzw. aufgenommen und verarbeitet werden kann. Durch diese Informationsflut ist der Mensch in seiner Fähigkeit zur konkreten Vergegenwärtigung, zur angemessenen Beurteilung und zum sinnvollen Verstehen bei weitem überfordert. Die durch die moderne Technik, vor allem durch das Fernsehen, vermittelte allgemeine Publizität macht Ereignisse und Zusammenhänge, die unter fremden sozialen, kulturellen und politischen Bedingungen auftreten, aber nur vordergründig durchschaubar. [V-2; V-6]

Da der unmittelbare Augenschein, die konkrete Erfahrung und das Wissen um die Hintergründe weitgehend fehlen, bestehen vielfältige Möglichkeiten zur Nachrichtenmanipulation. Pressefreiheit und pluralistische Berichterstattung bieten nicht immer die notwendige Abhilfe. Ein typisches Beispiel dafür ist ein kurzer Fernsehbericht über eine Revolution auf der anderen Seite des Erdballs oder über das Gefährdungspotential eines komplexen chemotechnischen Verfahrens. An dieser Stelle zeigt sich einmal mehr, daß wir in der global gewordenen modernen technisierten Welt weithin nicht mehr aus der unmittelbaren Erfahrung schöpfen können, sondern fast unvermeidbar auf Wissen aus zweiter Hand angewiesen sind: An die Stelle konkreter, einsichtiger, eigener Erlebnisse, wie sie etwa in agrarisch geprägten Gesellschaften oder im Stadium der Handwerkstechnik vorherrschten, wo die wesentlichen Vollzüge des Lebens und des technischen Handelns sinnfällig faßbar waren, treten heute Sekundärinformationen. Diese liefern immer nur ein vereinfachtes Bild der in Wirklichkeit viel komplexeren wissenschaftlich-technischen, politischen, wirtschaftlichen, kulturellen und historischen Zusammenhänge. Diese entfremdende Erfahrung der Undurchschaubarkeit gehört offensichtlich mit zu dem Preis, den wir für die Leistungen der komplexen wissenschaftlich-technischen Strukturen zahlen müssen. [I-4.3; V-5]

Die weltweite Ausbreitung der modernen Technik führt zur materiellen − und damit potentiell auch zur ideellen − Vereinheitlichung. Unabhängig von dem konkreten kulturellen und sozialen Lebensstil, der sich jeweils im Verlauf einer langen Tradition herausgebildet hat, und oft sogar in krassem Gegensatz dazu, schafft die moderne Technik neue, einheitliche Verhältnisse. Dabei kommt dem ‚American way of life' eine Art Führungsrolle zu, weil viele technische Innovationen aus den USA stammen. So haben heute Computerfachleute, Planungsingenieure oder Fernsehtechniker überall auf der Welt im wesentlichen dieselben Auffassungen und denselben intellektuellen Zuschnitt. Ihre Verständigungssprache ist ein reduziertes technisches Englisch, und sie sind alle vom wissenschaftlich-technischen Fortschritt überzeugt. Das äußere Kennzeichen der vereinheitlichten ‚Superzivilisation' sind Flugplätze, Autobahnen, Wolkenkratzer, Fernsehgeräte und Kühlschränke, wobei alle diese Elemente weltweit austauschbar sind.

Im Vergleich zu den äußeren Merkmalen der modernen Technik treten die spezifische kulturelle und geistige Tradition eines Landes oder die besondere Form der politischen Herschaftsverhältnisse – zumindest für den äußeren Betrachter – immer mehr in den Hintergrund.

Dieser Prozeß der Vereinheitlichung ist in der Struktur der modernen Technik angelegt. Im Rahmen der industriellen Technik treten individuelle Wertungen und Entscheidungen zurück zugunsten immanent technischer bzw. technologischer Gesichtspunkte wie Arbeitsteilung, Spezialisierung, Normung, Austauschbarkeit, Effizienz. Weil es sich bei der modernen Technik um die großangelegte und systematische Indienstnahme von Naturprozessen handelt, und weil die erstrebten Resultate durch materielle, technische Systeme herbeigeführt werden, ist man zwangsläufig auf deren Funktionsprinzipien angewiesen. Da die technischen Abläufe den Gesetzmäßigkeiten der materiellen Welt, d. h. den Naturgesetzen, unterliegen, ist ihre Struktur weitgehend unabhängig vom Wünschen und Wollen der Menschen. Wenn es darum geht, ein technisches System im Sinne der jeweiligen Funktionsprinzipien zu nutzen, muß man sich unvermeidbar den Gesetzmäßigkeiten der technischen Abläufe anpassen. Schon Francis Bacon (1561−1626) hat dies treffend formuliert: Wir können die Natur nur besiegen, indem wir ihr gehorchen. Gewiß soll die Technik dem Menschen dienen und nicht umgekehrt. Doch dies Dienen ist immer nur insoweit möglich, wie die technischen Abläufe es erlauben: Das Autofahren erfordert die volle Aufmerksamkeit, und ein Hochofen muß ständig in Betrieb sein. Auch bei der ‚Humanisierung des Arbeitslebens' wird unvermeidbar eine Güterabwägung zwischen Humanisierungsgesichtspunkten und Wirtschaftlichkeitsüberlegungen erforderlich.

Mit der Vergrößerung der Technosphäre und dem Anwachsen der konkreten technischen Sachsysteme nimmt auch ihre Verflechtung und der Zwang zur Bereitstellung von Hilfseinrichtungen zu. Auf dem Gebiet der Transport- und Kommunikationstechnik ist das besonders augenfällig. Insgesamt gesehen breitet sich die moderne Technik wie ein anonymes, vegetatives Geschehen aus, gegenüber dem die historische Bedeutung außergewöhnlicher Persönlichkeiten, traditioneller Lebensstile, kultureller Anschauungen und das Zusammentreffen politischer Umstände zunehmend in den Hintergrund treten.

Die moderne Technik ist von ihrem Ansatz her geradezu geschichtsfeindlich: Der technische Fortschritt tritt an die Stelle historischer Traditionen. Während alle anderen kulturellen und sozialen Phänomene nur aufgrund ihres Werdeprozesses, aus einer ganz bestimmten historischen Tradition heraus und vom Zusammentreffen einmaliger Umstände her zu verstehen sind, treten Naturwissenschaft und Technik mit einem überzeitlichen Anspruch auf. Für die moderne Naturwissenschaft und Technik gelten die vorhergehenden Stadien nicht als ein zu bewahrendes Erbe, sondern lediglich als unzulängliche Vorstufen, die es möglichst bald zu überwinden oder zu vergessen gilt.

Diese unterschiedliche Sichtweise zeigt sich besonders deutlich in der Art wie die Geisteswissenschaften bzw. die Natur- und Ingenieurwissenschaften jeweils ihre eigene Geschichte auffassen. Geistes- und Geschichtswissenschaften werden zu recht in einem Atemzug genannt, denn alle geistigen Phänomene sind in ihrer konkreten Gestalt nur historisch zu verstehen. Natürlich haben auch die natur- und ingenieurwissenschaftlichen Disziplinen ihre Geschichte, und ihre jeweilige Ausprägung ist an einen bestimmten historischen Zeitpunkt gebunden. Doch in ihrem Selbstverständnis tritt diese historische Bedingtheit ganz zurück hinter dem Sachgehalt der erkannten Naturgesetze und der Leistungsfähigkeit der technischen Systeme. [III-1]

Ferner ist unverkennbar, daß mit der Industriellen Revolution ein bis heute andauernder und beständig fortwirkender Prozeß eingesetzt hat, der im Gegensatz zu allen anderen Ereignissen der Menschheitsgeschichte eine relativ stetige qualitative und quantitative Steigerung aufweist. Wenn man versucht, sich in groben Umrissen Rechenschaft abzulegen von der Geschichte der Menschheit, trifft man auf verschiedene Hochkulturen, politische Großreiche und Weltreligionen. Dabei sind, etwa im Alten Ägypten, über erstaunlich lange Zeiträume hinweg stabile Verhältnisse festzustellen. Dennoch überwiegt in der historischen Rückschau insgesamt gesehen das Gesetz des Werdens und Vergehens, mit Aufstieg, Blüte und Verfall bzw. dem Übergang zu anderen, neuen Gestaltungen. Im Gegensatz dazu ist die moderne Technik die einzige historische Macht, die – zumindest äußerlich – bisher ein beständiges Wachstum aufweist und zu einer weltweiten Vereinheitlichung geführt hat, wie sie von keiner politischen oder religiösen Bewegung bewirkt wurde.

Insgesamt gesehen ist also für den Prozeß der universellen Technikausbreitung eine Entindividualisierung und Enthistorisierung festzustellen, die einhergeht und mitbedingt ist durch die instrumentelle Rationalität und die auf Leistungssteigerung ausgerichteten funktionalen Sachzusammenhänge. Offensichtlich gehört auch die weltweit zunehmende Bürokratisierung in diesen Kontext. Die wachsende Komplexität der technischen Systeme und Verfahrensweisen und der allgemeine Anspruch an eine staatliche Daseinsfürsorge lassen sich nur durch entsprechende organisatorische und institutionelle Verfahren bewältigen, wobei allerdings zu fragen ist, bei welchem Punkt das Verhältnis von Nutzen und Kosten kontraproduktiv zu werden droht.

Das evolutionstheoretische Modell

Für das versachlichte, nüchterne, aufgeklärte Naturverständnis der Moderne ist der Mensch nicht mehr Geschöpf Gottes und Mittelpunkt der Welt, sondern das Produkt eines durch Naturgesetze bestimmten kosmischen und biologischen Entwicklungsprozesses. Es liegt nahe, im Zuge dieses Denkens auch die Technik, die ja auf der bewußten, zweckmäßigen Umgestaltung der Natur beruht, als zielgerichtete Fortsetzung der Evolution zu betrachten. [VI]

Die biologische Evolution und ihre Fortsetzung im technischen Wandel: Der Weg vom Hominiden zum Mann auf dem Mond als Abenteuer der Menschheit.

Der Zuwachs an positivem Wissen und die darauf gegründete Fähigkeit zur technischen Naturbeherrschung sind in der Tat nur möglich geworden durch die Emanzipation von der tradierten, theologisch geprägten Sicht des Menschen als dem einmaligen und einzigartigen Ebenbild Gottes: Die Kopernikanische Wende hat die Erde aus dem Mittelpunkt des Universums in die exzentrische Position einer von vielen Galaxien gerückt; Darwins Evolutionstheorie zeigt den naturhaften Ursprung des Menschen auf, der als Fortentwicklung der höheren Säugetiere nicht mehr im naiven Sinn als Geschöpf Gottes betrachtet werden kann; und schließlich werden durch Freuds Psychoanalyse die unbewußten Motive vermeintlich vernünftiger, sachbezogener Handlungen aufgedeckt, womit auch der Vorrang des Menschen als eines vernünftigen Wesens eine grundsätzliche Einschränkung erfährt. Diese Erkenntnisse, die man noch um die Einsicht ergänzen kann, daß bei utopischen Gesellschaftsentwürfen stets die Randbedingungen der Funktionsfähigkeit berücksichtigt werden müssen, werden gelegentlich als die vier Kränkungen bezeichnet, die die Menschheit im Zuge ihres Erkenntnis- und Wissenschaftsfortschritts hat hinnehmen müssen [1].

Doch allen diesen Kränkungen, die im Verlauf des neuzeitlichen Erkenntnisstrebens erfolgten, läßt sich auch eine positive Seite abgewinnen. Es kann nämlich geltend gemacht werden, daß sie geradezu einen Triumph des Menschen darstellen, weil sie seine autonome Selbstbestimmung und die Aneignung der Natur überhaupt erst möglich gemacht haben. An die Stelle des organisch-anthropozentrischen Weltbildes, demzufolge der Mensch – räumlich und wesensmäßig – im Mittelpunkt des Alls steht, ist auf diese Weise eine mechanisch-kosmozentrische Sicht getreten, für die der Mensch nur ein Element des Universums und das ‚historische‘ Produkt eines spezifischen kosmischen bzw. biologischen Entwicklungsstadiums darstellt. Der in der Natur der Sache liegende Zusammenhang zwischen den Kränkungen und den neuen Handlungsmöglichkeiten ist leicht erkennbar. Die Befreiung von der traditionellen theologischen und anthropozentrischen Sicht hat erst den Blick für die Erforschung der physischen Gesetzmäßigkeiten eröffnet, durch die dann auf dem Weg über das moderne, experimentelle und mathematische Naturverständnis früher ungeahnte technische Handlungsmöglichkeiten freigesetzt wurden.

In diesem übergreifenden geistesgeschichtlichen und zugleich höchst lebenspraktischen Zusammenhang muß die Deutung der Technik als Fortsetzung der Evolution gesehen werden. Über die bloße Beschreibung und Erklärung des Technisierungsprozesses hinaus hat diese Interpretation der Technik immer auch eine normative Rechtfertigungsfunktion: Das unabdingbare kosmische Gesetz der Evolution, das auch für die Technikentwicklung in Anspruch genommen wird, soll dem technischen Handeln gleichsam eine höhere Weihe verleihen. So spricht Serge Moscovici davon, daß der Mensch im Verlauf seiner Evolution, d. h. seiner biologischen und sozialen Naturgeschichte „die Fähigkeit erworben hat, diese Evolution zu rekonstruieren und fortzusetzen"[2]. Stanislaw Lem geht noch einen Schritt weiter und weist ausdrücklich auf die Analogien zwischen „Bioevolution" und „Technikevolution" hin. Beide beruhen auf Mutationen, d. h. auf der Entstehung neuer Formen, unter denen im Kampf ums Dasein eine Selektion erfolgt, wobei sich nur die leistungsfähigsten Arten durchsetzen. Die zunächst entstehenden Typen sind in beiden Fällen äußerst primitiv. Sie können sich deshalb nur schwer gegenüber den bereits vorhandenen Arten behaupten, die bereits besser an die jeweiligen Aufgabenstellungen angepaßt sind. Durch Verschiebungen in der Umwelt erfolgt dann eine explosionsartige Ausbreitung mit einer Fülle neuer Varianten, die den Höhepunkt der Entwicklung bilden. So heißt es bei Lem: „Das Auto verdrängte im ‚Kampf ums Dasein' nicht nur die Postkutsche, sondern es ‚gebar' außerdem den Autobus, den Lastwagen, den Traktor, den Panzer, das Geländefahrzeug usw."[3].

Warum wird die Denkfigur von der Technik als Fortsetzung der Evolution gerade heute ins Spiel gebracht? Die biologische Evolutionstheorie stammt aus der zweiten Hälfte des 19. Jahrhunderts. Etwa in derselben Zeit entsteht auch die in den Erfahrungen der Industriellen Revolution begründete These, daß die Technikentwicklung das entscheidende Merkmal der Menschheitsgeschichte sei. Diese Auffassung ist dann unter sozialökonomischen Gesichtspunkten zur Grundlage für die historisch-materialistische Geschichtsdeutung von Marx und Engels geworden. Und Ernst Kapp hat 1877 den ersten Versuch einer philosophisch-anthropologischen Technikdeutung unter das Motto gestellt: „Die ganze Menschheitsgeschichte, genau geprüft, löst sich zuletzt in der Geschichte der Erfindung besserer Werkzeuge auf"[4]. Im Sinne von Benjamin Franklins Formel vom Menschen als dem tool-making animal deutet Kapp die Technik als „Organprojektion"; er sieht in der Hand das Vorbild der technischen Geräte und Werkzeuge und im Hammer die Nachbildung des Armes mit geballter Faust. Damit ist über die leibliche Verfassung des Menschen eine Verbindung zwischen der biologischen Evolution und der Technikentwicklung hergestellt, die später von Arnold Gehlen wieder aufgenommen wird, der den Menschen als biologisches Mängelwesen deu tet, das wegen seiner fehlenden Instinktfixierung zwangsläufig auf technisches Handeln verwiesen sei. [I-1.2]

Die These von der Geschichtsbedeutung der Technik ist offensichtlich an den Erfahrungen des 19. und 20. Jahrhunderts abgelesen. Der für uns zu einer quasi-naturgesetzlichen Instanz gewordene technische Fortschritt legt es nahe, auch vergangene Epochen unter diesem Gesichtspunkt zu beurteilen. So ist es denn auch kein Zufall, daß die von Lem angeführten Beispiele gerade aus der modernen Technik stammen. Es sollte nachdenklich stimmen, daß man bei der Deutung der Universalgeschichte noch im 19. Jahrhundert keineswegs immer der Technik eine entscheidende Rolle zusprach (s. S. 181). Die technikorientierte Geschichtsdeutung liefert ein anschauliches Beispiel dafür, wie man in Abhängigkeit von den eigenen Lebenserfahrungen das historische Geschehen jeweils in ganz unterschiedlicher Weise wahrnehmen und deuten kann. [I-3.2; III-2.4]

Durch die evolutionstheoretische Sicht wird der zeitliche Horizont für die Betrachtung der Technikentwicklung sehr weit gefaßt. Der technische Wandel erscheint dann nicht mehr als ein primär historisches Ereignis, sondern als ein prähistorisch, biologisch und letzten Endes kosmisch bedingtes Phänomen. Und für dieses Gesamtgeschehen wird ein durchgängiges einfaches Erklärungsschema geboten. Im Fall der biologischen Evolution liefert das Wechselspiel zwischen Lebewesen und Umgebung das Erklärungsmuster: Die Veränderung der Arten durch zufällige Genmutation und die Selektion der am besten an die jeweilige Umgebung angepaßten Art führen zu einem Evolutionsprozeß. Der bei jedem einzelnen Evolutionsschritt wirksame Mechanismus von Zufallsvariation und selektiver Anpassung erscheint dann nachträglich, in der Rückschau, als ein zielgerichteter Prozeß.

Die unverkennbare immanente Zweckmäßigkeit der Organe und die Angepaßtheit der Lebewesen an ihre Umwelt wird durch den Verweis auf die Evolution, die ja als Quelle dieser Zweckmäßigkeit gilt, letzten Endes historisch erklärt. An die Stelle der scheinbar eliminierten Sinndimension tritt der Verweis auf den Werdeprozeß. Hier liegt eine gewisse Analogie zur Geschichtstheorie vor: Im Zuge der innerweltlich gedeuteten christlichen Heilserwartung wird die eigentliche Sinnerfüllung des historischen Geschehens aus der jeweiligen konkreten Gegenwart in das künftige (utopische) Geschehen verlagert. In ähnlicher Weise haben in der evolutionstheoretischen Deutung – in zeitlich umgekehrter Perspektive – die biologischen Prozesse Sinn und Ziel immer nur insoweit, als sie sich im Verlauf der biologischen Evolution zu ihrer gegenwärtigen Form herausgebildet haben. Hier tritt also die Vergangenheit, und nicht die Zukunft, als Legitimationsinstanz auf. Wenn man die Analogie zwischen Bioevolution und Technoevolution ernst nimmt, überträgt sich diese biologische Sinndeutung auch auf die Technikentwicklung. In dieser Sicht hat der gegenwärtige und künftige Stand der Technik seinen Sinn und seine Rechtfertigung darin, daß er im Verlauf eines naturhaft bedingten Entwicklungsprozesses entstanden ist.

Wenn man sich auf die Beschreibung der ‚oberflächlich‘ beobachtbaren Phänomene beschränkt, weisen die Bioevolution und die Technoevolution in der Tat gemeinsame Merkmale auf. In beiden Fällen geht es darum, daß jeweils von einem gegebenen Stand ausgehend in Gestalt von biologischen Mutationen bzw. technischen Erfindungen neue Varianten auftreten, die sich dann in Konkurrenz mit den bereits bestehenden ‚Arten‘ bewähren müssen. Sie gehen unter; oder sie behaupten sich im ‚Daseinskampf‘ und bestimmen dadurch die weitere Entwicklung. Unter den verschiedenen Möglichkeiten wird jeweils eine ganz bestimmte ‚Auswahl‘ getroffen, die dazu führt, daß insgesamt ein Wandel zu höheren, differenzierteren, stärker spezialisierten und insofern immanent leistungsfähigeren Formen stattfindet. Sowohl in der biologischen als auch in der technischen Evolution bilden sich im Laufe der Zeit immer stärker spezialisierte Organe bzw. Subsysteme heraus, die nach dem Prinzip der Arbeitsteilung innerhalb des biologischen Organismus bzw. innerhalb des technischen Gesamtsystems spezifische Funktionen übernehmen. Übergreifende Entwicklungsrichtungen sind durch ganz bestimmte Baupläne gekennzeichnet. So weisen z. B. Fische oder straßengebundene Kraftfahrzeuge jeweils ein bestimmtes Grundmuster auf, das dann je nach den ‚Anforderungen‘ in mannigfacher Weise abgewandelt wird. In beiden Formen der Evolution treten bestimmte Weichenstellungen auf, die den weiteren Verlauf entscheidend bestimmen, z. B. in der Biologie der Übergang vom Wasser auf das Land und in der Technik die Entscheidung für das Automobil und gegen die Postkutsche.

Doch damit hören die Analogien auch auf. Im Gegensatz zu den ‚blinden‘ biologischen Zufallsvariationen sind technische Erfindungen das Resultat bewußten, zielgerichteten Forschens. Einen Beweis dafür liefern die zahlreichen Fälle voneinander unabhängiger Mehrfacherfindungen; sie treten nur in einem bestimmten geistigen Klima auf[5]. Und die vermeintlich konstanten Bedürfnisse, die technischen Innovationen zugrunde liegen, sind in Wirklichkeit keineswegs naturhaft vorgegeben, sondern kulturell geformte Größen. So hat man sich jahrhundertelang mit – aus heutiger Sicht – primitiven, unnötig aufwendigen Techniken zufriedengegeben, obwohl – wiederum aus unserer Perspektive – durch geringfügige Änderungen wesentliche Verbesserungen möglich gewesen wären. Für das Stadium der Selektion gelten analoge Überlegungen. Die These „that living things are adaptation machines" [6] läßt sich nicht auf den Entwicklungsgang der Technik übertragen. In der Menschheitsgeschichte gibt es keine schlechthin vorgegebene Umwelt, die als Entscheidungsinstanz für das Überleben auftreten könnte. Als Kulturwesen schafft sich der Mensch aufgrund der überkommenen Vorgaben jeweils seine eigene Umwelt. Deshalb paßt er sich in der Technikentwicklung nicht an eine ihm fremd gegenüberstehende, unveränderlich vorgegebene Natur an, sondern an die von ihm geschaffene, kulturell geprägte Umwelt und damit letzten Endes an sich selbst. Dabei handelt es sich nicht um eine passive Anpassung, sondern um eine spontane, eigenständige, kämpferische Auseinandersetzung. [I-2]

Hinzu kommt, daß die genetische Ausstattung der Menschheit sich seit der Jungsteinzeit kaum verändert hat. Die Differenzierung der Kulturen übertrifft bei weitem die der menschlichen Rassen: „Die Mannigfaltigkeit des Verhaltens wird im Tierreich sozusagen auf Arten verteilt, beim Menschen auf Kulturen" [7]. Gewiß ist sowohl bei der Bioevolution als auch bei der Technoevolution eine immanent ,aufsteigende' Entwicklung zu beobachten, wobei die einfacheren Formen im Fall der Biologie überleben, aber nicht im Fall der Technik: es gibt auch heute noch Bakterien, aber in den Industrieländern bedient sich niemand mehr des Faustkeils. Weil die Entwicklung jeweils von dem ,höchsten' bisher erreichten Niveau ausgeht, ist eine immanente Steigerung gewährleistet.

Doch in welchem Sinne kann hier von einer Höherwertigkeit gesprochen werden? Bei näherem Zusehen zeigt sich, daß die These von der natürlichen Zuchtwahl redundant ist. Die ,fortschrittlichsten' Individuen einer Population sind diejenigen, die am meisten Nachkommen zeugen, wobei die Fortschrittlichkeit operational genau durch die Fähigkeit zur Zeugung von fortpflanzungsfähigen Nachkommen definiert ist. Letzten Endes wird also nicht mehr gesagt als: wer am meisten Nachkommen zeugt, zeugt am meisten Nachkommen. Diese Feststellung bietet aber, genau gesehen, keinen Anhaltspunkt für eine wie auch immer geartete Bewertung. Das zeigt auch eine Negativüberlegung. Andernfalls könnte man aus dem bloßen Vorhandensein eines Sachverhaltes bereits ein Werturteil über diesen Sachverhalt ableiten, was bekanntlich ein ,naturalistischer' Fehlschluß wäre.

Sicher erweist sich die moderne Technik – etwa auf dem Gebiet der Transport- und Kommunikationssysteme und leider auch der Rüstung – im Sinne der jeweiligen Funktionserfüllung den vorhergehenden Stadien überlegen; aber sie ist wegen der höheren Komplexität auch anfälliger und bedarf einer komplizierten Infrastruktur. Diese immanente ‚Überlegenheit' ist, ebenso wie im Fall der biologischen Evolution, selbstverständlich, weil die Auswahl der neuen Varianten ja gerade im Sinne dieser ‚Überlegenheit' erfolgt ist. Dabei bleibt jedoch offen, ob der Selektionsmechanismus über die Funktionserfüllung hinaus wirklich zu der eigentlich erstrebenswerten, humanen Technik führt. Trotz mancher Einseitigkeiten und Übertreibungen machen die vielfältigen Formen der gegenwärtigen Technikkritik deutlich, daß hier grundsätzlich auch andere Maßstäbe herangezogen werden können und müssen, die etwa eine intakte Umwelt, den schonenden Umgang mit nicht regenerierbaren Ressourcen und die Verantwortung für die kommenden Generationen als Beurteilungskriterium miteinbeziehen. Es ist das Anliegen der Technikbewertung, auf solche veränderten Auswahlkriterien hinzuwirken. [I-3.5]

Technologietransfer

Auch die Vererbung und Weitergabe der ‚siegreichen' Varianten erfolgt im Fall der Bio- und der Technoevolution durch ganz unterschiedliche Prozesse. In der Biologie handelt es sich um die Wiedergabe von genetisch programmierten Informationen, deren Wirkung naturhaft festgelegt ist. Im Gegensatz zu diesem starren biologischen Schema der Vererbung konstanter Merkmale von einer Generation auf die nächste werden technische Neuerungen durch den flexiblen kulturellen Prozeß der Nachahmung und Belehrung weitergegeben, wobei selbst innerhalb ein- und derselben Generation tiefergreifende Veränderungen möglich sind. Vor allem aber gibt es in der biologischen Entwicklung kein Gegenstück für die Übertragung technischer Neuerungen aus einem kulturellen Kontext in einen anderen.

Gerade der Transfer durch selektive Diffusion ist aber ein wesentliches Merkmal der gesamten Technikentwicklung. Mit Claude Lévi-Strauss kann man gerade die Verschiedenartigkeit der Kulturen, ihr Zusammenwirken und ihre wechselseitige Bereicherung als das entscheidende Merkmal der Menschheitsentwicklung betrachten. Seiner Auffassung nach haben die verschiedenen Völker bei der Bewältigung ihrer Lebenssituation jeweils ganz unterschiedliche Akzente gesetzt.

Dabei sind im Prinzip überall dieselben Probleme zu bewältigen, denn
Sprache, Kunst, Religion und bestimmte soziale, politische und ökonomische Organisationsformen gehören ebenso wie technische
Kenntnisse und Fertigkeiten zum Menschsein und sind deshalb in
irgendeiner Ausprägung überall anzutreffen. Die Verschiedenartigkeit
der Kulturen erweist sich damit als Option für ganz bestimmte Werte.
So wird etwa bei den Eskimos und den Beduinen besonderer
Nachdruck auf die Meisterung feindlicher Umweltbedingungen gelegt, während in Indien die philosophisch-religiöse Lebensauffassung
im Vordergrund steht und im Islam ein systematischer Zusammenhang zwischen allen Lebensformen hergestellt wird [8].

In diesem Zusammenhang stellt sich die Frage, auf welche Gründe
die weltweite Verbreitung der modernen Technik zurückzuführen ist.
Wenn die Theorie von den unterschiedlichen Wertsetzungen zutrifft,
wäre zu erwarten, daß es Völker gibt, die nur ein begrenztes Interesse
an der Technisierung haben und deshalb die moderne Technik auch
nur in begrenztem Umfang einführen. In Wirklichkeit wird aber
beim Technologietransfer die moderne Technik in ihrer Ganzheit,
gleichsam als Paketlösung, übernommen. Den Völkern der dritten
Welt ist die europäische Technik im Zuge der Kolonisierung zunächst
mehr oder weniger aufgezwungen worden. Auf dem Gebiet der
Kriegstechnik erwiesen sich die europäischen Waffen eindeutig als
überlegen, und im Gefolge der militärischen Besetzung wurde dann

durch Handelsniederlassungen, Plantagen und Missionsstationen auch
der europäische Lebensstil importiert. Doch auch dort, wo ein solcher
Zwang nicht bestanden hat, strebt man heute allenthalben nach einer
möglichst schnellen und umfassenden Technisierung, denn die wachsende Bevölkerung kann nur mit Hilfe einer verbesserten landwirtschaftlichen Technik ernährt werden. Sicher ist auch das Bestreben
maßgeblich, militärisch und wirtschaftlich mit der übrigen, bereits
technisierten Welt Schritt zu halten. In allen diesen Fällen liegt der
tiefere Grund für den Technologietransfer in der Überlegenheit der
modernen technischen Methoden, die im Vergleich zu einfacheren
Verfahrensweisen jeweils eine funktional höhere Ausbeute oder Leistung erbringen. Wenn nach dem Kriterium der Effizienz geurteilt
wird, ist die moderne Technik naturgemäß allen anderen Stadien
überlegen, weil der Auswahlprozeß ja gerade im Hinblick auf maximale Effizienz erfolgte.

Damit ist aber noch nicht erklärt, warum sich alle Völker der Erde
weit über das Maß hinaus, das zur Erfüllung der unmittelbaren Bedürfnisse erforderlich ist, das Denken in den Kategorien des technischen Fortschritts zu eigen machen. Hierbei ist zu bedenken, daß die
moderne Technik in ihren jeweiligen konkreten Leistungen (Fortbewegung, Nachrichtenübertragung) an die Steigerung, Verbesserung
und Erweiterung der biologischen Ausstattung des Menschen anknüpft. Weil das Angebot der Technik beim Menschen als Naturwesen ansetzt, stößt es potentiell überall auf Resonanz. Sobald die Möglichkeit einer Erfüllung in Sichtweite gerückt ist, stellt sich sehr schnell
auch ein entsprechendes Anspruchsniveau ein, und jederman hat dann
das ‚Bedürfnis‘ nach entsprechenden technischen Erleichterungen.
Weil die Technik die allen Menschen gemeinsame, vor der historischen und kulturellen Formung liegende biologische Ausstattung
anspricht, kann sie im Prinzip überall Anklang finden. Hinzu kommt
dann der Systemcharakter der modernen Technik. Sie läßt mit ihren
vernetzten Systemen und funktionalen Zusammenhängen keinen
Raum für Leerstellen oder auch nur für andersartige, einfachere Lösungen, die hinter der erreichten funktionalen Norm zurückbleiben.

In diesem Zusammenhang stellt sich eine schwierige Bewertungsfrage. Nach gängiger Auffassung siegt beim Export bzw. Import
materieller und nichtmaterieller Innovationen die ‚höhere‘ Kultur,
und dadurch kommt dann der Fortschritt zustande, den man in der
Menschheitsgeschichte zu erkennen meint. Doch anhand welcher Kriterien kann man eine Kultur als höherwertig einstufen? Auf den ersten
Blick gesehen ist diejenige Kultur höherwertig, die sich gegenüber den

anderen durchsetzt. Doch wenn keine zusätzlichen Qualifikationen gemacht werden, bedeutet dies, ebenso wie im Fall der biologischen Evolution, daß Sich-durchsetzen und Überlegenheit gleichbedeutend sind. Anders ausgedrückt: wer gewinnt gewinnt; und dem Gewinner kommt der höhere Rang zu, eben weil er gewinnt.

Bei näherem Zusehen erweisen sich die Dinge jedoch als komplizierter. Militärische – und damit technische – Überlegenheit und kulturelle Höherwertigkeit fallen keineswegs immer zusammen. So haben z. B. die beweglichen Nomadenstämme der innerasiatischen Steppe immer wieder die angrenzenden Agrar- und Städtebauerkulturen in China, Indien, Persien und Osteuropa angegriffen und besiegt. Doch nach wenigen Generationen wurden sie von der höheren Kultur der seßhaften Völker absorbiert; die Eroberer übernahmen die Kultur der unterworfenen Völker. In ganz ähnlicher Weise haben die germanischen Stämme bei der Völkerwanderung die höherstehende römische Kultur übernommen. In spekulativen philosophischen Termini ausgedrückt besagt dies, daß letzten Endes Ideen, Werte und das Reich des Geistes den physischen Fähigkeiten und der Beherrschung naturhafter Prozesse überlegen sind.

Bei dieser Argumentation wird allerdings unterstellt, daß man materielle Leistungen und technische Überlegenheit von der ideellen Ausprägung einer Kultur trennen kann. Im Stadium der Handwerkstechnik war dies in der Tat der Fall. Aufgrund von Austauschprozessen wurden vielfältige Techniken übernommen, ohne daß dies zu einem übergreifenden, vereinheitlichenden kulturellen Effekt führte. Doch bei der modernen Technik liegen die Dinge anders. Hier drängt sich zusammen mit dem Technologietransfer auch ein Kulturtransfer auf. Die traditionelle Technik (menschliche und tierische Muskelkraft, die Energie von Wind und Wasser) war leibnäher, dem menschlichen Maß und den Rhythmen des organischen Lebens angepaßt. Im Gegensatz dazu unterliegen die Artefakte der modernen Technik anorganisch-mechanistischen Prozessen mit einer eigenen, ‚unmenschlichen‘ Logik. Hier ist der Mensch genötigt, sich den technischen Funktionsprinzipien (Arbeitsteilung, Normung, gleichförmige Prozesse, Schichtarbeit) anzupassen, wenn die maximale Leistung erzielt werden soll. Das läßt sich durch drastische Beispiele veranschaulichen: Ein Postkutscher oder ein Schmied hat mehr Spielraum für die individuelle, kulturelle Ausprägung seiner Tätigkeit als ein Flugzeugpilot oder ein Computeroperator.

Die Länder der Dritten Welt stehen hier vor dem Problem, ob bzw. in welchem Umfang sie die technikorientierten Werte der abendländi-

schen Kultur übernehmen wollen, um erfolgreich mit der modernen
Technik umgehen zu können. Dabei ist zu bedenken, daß die moderne
Technik auf europäischem Boden entstanden ist. Sie wird deshalb hier
bei weitem nicht in dem Maße als Fremdkörper empfunden wie in
Ländern mit einer ganz andersartigen religiösen, kulturellen und sozia-
len Tradition. Die westliche Kultur ist der natürliche Nährboden, aus
dem die moderne Technik herausgewachsen ist. Die von Francis
Bacon und Descartes formulierte Idee der Naturbeherrschung, der
Fortschrittsgedanke der Aufklärung und die von Max Weber heraus-
gestellte protestantische Ethik sind schlagende Beispiele dafür. [II-4.5]

Die Situation in Japan und Taiwan zeigt, daß innerhalb eines kurzen
Zeitraums durchaus ein erfolgreicher Technologietransfer möglich ist.
Doch in diesen Ländern besteht eine ungelöste Spannung zwischen
dem kulturellen Erbe und dem technikorientierten Lebensstil; offensichtlich ist eine echte Synthese keineswegs schnell und einfach erreichbar. Die Entwicklung, die sich in Europa, gestützt auf die eigene
Tradition, im Verlauf von Jahrhunderten vollzogen hat, läßt sich in
einer ganz anders gearteten Umgebung nicht in wenigen Jahrzehnten
nachholen. [IX]

Insgesamt gesehen stellt sich für die Völker der Dritten Welt das
Problem, wie sie an den erwünschten Leistungen der modernen Technik teilhaben können, ohne dabei ihre kulturelle und geistige Tradition
zu verleugnen und dadurch womöglich ihre Identität zu verlieren
und in einen kollektiven Entfremdungsprozeß abzugleiten. Welche
Schwierigkeiten sich dabei auftun wird deutlich, wenn man bedenkt,
daß selbst in den Industrienationen der beschleunigte technische Wandel zu vielbeklagten Formen der Entfremdung geführt hat. Doch
verglichen mit dieser internen Entfremdung innerhalb der Industrienationen stellt der forcierte Technologietransfer in ein fremdes kultu-
relles Milieu ein Problem von ganz anderer Größenordnung dar. In
den Ländern der Dritten Welt stehen der historische Entwicklungsgang und das aus ihm resultierende überkommene Erbe einem technikorientierten Lebensstil vielfach diametral entgegen: Wenn die Natur als ein ganzheitlicher Kosmos begriffen wird, in dessen tragende
Ordnung auch der Mensch fest eingefügt ist, wird die materielle Welt
schwerlich als bloß vorhandenes Ausgangsmaterial betrachtet, das für
eine beliebige technische Verwendung zur Verfügung steht. Wo das
Erkenntnisstreben primär auf innere Entfaltung und Lebensweisheit
gerichtet ist, wird man dem versachlichten und auf technologische
Anwendung zugeschnittenen Wissen der modernen Naturwissenschaft nur eine zweitrangige Bedeutung beimessen. Wer das Lebens-

ziel in der Verinnerlichung und in der persönlichen Vervollkommnung sieht, wird nicht in prometheischem Schaffensdrang danach streben, in möglichst kurzer Zeit die äußere Welt um materieller Erleichterungen willen völlig umzugestalten. Wo es als Tugend gilt, das Gegebene als gottgewollt und unabänderlich hinzunehmen, an überkommenen Traditionen festzuhalten und sich fraglos in die vorgezeichneten Lebensformen einzuordnen, muß jeder Einbruch in dieses Gefüge als Frevel erscheinen. Und jedem, der im Weltgeschehen einen gleichbleibenden Vorgang oder einen in regelmäßigen Abständen sich wiederholenden kosmischen Prozeß sieht, muß ein lineares Fortschrittsdenken, das auf ständige Veränderung und möglichst große Zuwachsraten gerichtet ist, völlig absurd erscheinen.

Diese Gegenüberstellung zeigt, wie stark hier die Gegensätze zwischen der kulturellen Tradition und der materiellen ‚Verführung' durch die moderne Technik sein können. Angesichts der konkreten Probleme vieler Entwicklungsländer ist die Frage, ob eine Technisierung überhaupt wünschenswert sei, allerdings nur von akademischer Bedeutung. Die Betroffenen müssen demnach im einzelnen entscheiden über den Umfang und die konkrete Art und Weise, in der sie die moderne Technik einführen wollen. Die Schlagworte von einer sanften, angepaßten, alternativen, personalintensiven Technik sind hier angebracht. Doch auch dabei wird niemand ohne Not auf den höchsten, derzeit erreichbaren Stand des technischen Wissens und Könnens verzichten wollen. Es kommt nur darauf an, diesen Stand in der jeweils angemessenen Form zur Geltung zu bringen. Das Ergebnis muß keineswegs in einer völligen Entwurzelung bestehen, die weit über die technologisch bedingte Entfremdung in den Industrienationen hinausgeht. Zugleich mit der offensichtlichen Gefahr ist auch die Chance gegeben, daß gerade aus der Tradition der Entwicklungsländer heraus eine Synthese entsteht zwischen der versachlichten, auf äußere Effizienz und funktionale Leistung abgestellten modernen Technik und einer anthropozentrisch orientierten, verinnerlichten Lebensauffassung, von der auch positive Impulse auf die Industrienationen ausgehen könnten. Der Umstand, daß bei vielen Formen der Technikkritik auf außereuropäische kulturelle Traditionen zurückgegriffen wird, kann dafür als Hinweis dienen. [II-6]

Literaturnachweise

1 *Glaser,* Wilhelm R.: Soziales und instrumentales Handeln. Stuttgart 1972, S. 188
2 *Moscovici,* Serge: Versuch über die menschliche Geschichte der Natur. Frankfurt a. M. 1982, S. 54
3 *Lem,* Stanislaw: Summa technologiae, Frankfurt a. M. 1976, S. 28
4 *Kapp,* Ernst: Grundlinien einer Philosophie der Technik. Braunschweig 1877, Nachdr. Düsseldorf 1978
5 *Stork,* Heinrich: Einführung in die Philosophie der Technik. Darmstadt 1977, S. 24−30
6 *Grene,* Marjorie: The Understanding of Nature. Dordrecht 1974, S. 185
7 *Mühlmann,* Wilhelm E.: Umrisse einer Kulturanthropologie. In: ders./Müller, Ernst (Hrsg.): Kulturanthropologie. Köln 1966, S. 45
8 *Lévi-Strauss,* Claude: Rasse und Geschichte. Frankfurt a. M. 1972, S. 42−72

Die Leistungen der Technik und ihr Preis

Friedrich Rapp

Ebenso wie die Existenz jedes einzelnen Menschen an konkrete biologische, soziale und kulturelle Vorgaben gebunden ist, die er nicht auswählen kann, müssen auch soziale Gruppen und letzten Endes die Menschheit insgesamt die historisch überkommenen Grundbedingungen ihres Daseins akzeptieren. Wir können uns unsere Eltern ebensowenig aussuchen wie die Epoche, in der wir leben möchten. Eine der wesentlichen kollektiven Existenzbedingungen unserer Zeit ist der materielle und ideelle Bestand der Naturwissenschaften und der Technik, wie er sich im Verlauf der historischen Entwicklung herausgebildet hat. Dieser elementare Sachverhalt bildet die Ausgangssituation für jedwede Auseinandersetzung mit dem überkommenen Erbe durch Gedanke und Tat.

Doch die Philosophie gibt sich mit der Hinnahme des Geschehenen nicht zufrieden. Sie ist angetreten, über das Faktische hinaus, und nötigenfalls auch im ausdrücklichen Gegensatz dazu, über das Wünschbare und das zu Vermeidende, über das, was sein sollte, über Wert und Unwert, über Sinn und Sinnlosigkeit zu urteilen. So kann man etwa versuchen, durch Vergleich mit der Lebenssituation in früheren Epochen zu einem Urteil über die Vor- und Nachteile der modernen Technik zu kommen. Dabei ist zu bedenken, daß technische Veränderungen stets deshalb eingeführt wurden, weil die Zeitgenossen sie als vorteilhaft betrachteten. Die moderne Technik würde nicht existieren, wenn sie sich nicht auf dem Markt durchgesetzt hätte. Die positiven Wirkungen der Technik, auf die auch ihre Kritiker kaum verzichten möchten, sind denn auch offenkundig. In den Industrienationen gehören Hungersnöte, Epidemien und die Fron mühseliger körperlicher Arbeit der Vergangenheit an. Den Lebensstandard, der heute etwa auf dem Gebiet der Transport- und Kommunikationstechnik zur Selbstverständlichkeit geworden ist, hätte man noch vor zweihundert Jahren in das Reich der Fabel verwiesen. Der medizinisch-technische Fortschritt hat eine allgemeine Gesundheitsfürsorge ermöglicht und die Lebenserwartung wesentlich erhöht. Die moderne Technik stellt nicht nur ein Überangebot an Konsumgütern bereit.

Durch die allgemeine Steigerung des Wohlstandes konnten auch ein Ausgleich und eine weitgehende soziale Sicherung erreicht werden, durch die wir dem demokratischen Gleichheitsideal in materieller Hinsicht näher gekommen sind. Auch die vermehrte Freizeit, vielfältige Reise-, Bildungs- und Ausbildungsmöglichkeiten sind durch die moderne Technik ermöglicht worden. Ausgeblieben ist allerdings die in einem naiven Fortschrittsoptimismus erhoffte allgemeine moralische Vervollkommnung. Das wirkt sich besonders negativ aus, weil die gesteigerten technischen Aktionsmöglichkeiten, etwa in Sachen Umweltbelastung und Rüstungstechnik, eigentlich gerade ein geschärftes Verantwortungsbewußtsein erfordern. [I-3.4; I-3.6]

Jenseits dieser vergleichsweise vordergründigen Bilanz stellt sich die von Gottfried Benn prägnant formulierte Frage: „Hat die Erleichterung der Lebensbedingungen den großen menschlichen Sinn, den das vergangene Jahrhundert ihr zusprach?"[1]. Offenbar ist der Mensch auf ein gewisses Maß an Herausforderung, ja vielleicht sogar an Not und Leid angewiesen, um daran zu wachsen und so seine Möglichkeiten zur Entfaltung zu bringen. Konsum, Genuß und Wohlfahrt allein verbürgen noch kein erfülltes Dasein. Und doch wird nur derjenige geringschätzig darüber urteilen, der im Übermaß über diese materiellen Güter verfügen kann. Solange es an Lebensmöglichkeiten und Lebenserleichterungen fehlt, werden sie mit allen Kräften erstrebt. Sobald sie vorliegen, neigt man dazu, sie gering zu achten oder sie als selbstverständliche Hintergrundserfüllung hinzunehmen. Ihr eigentlicher Wert wird nur dann erkannt, wenn sie fehlen. Es besteht kein Zweifel daran, daß in den hochtechnisierten Industrienationen unter ethischen Gesichtspunkten Selbstbeschränkung und Askese das Gebot der Stunde sind. Psychologisch erweist sich das erzielte Maß an Lebenserleichterung oft als zu starke Entlastung. Und darüber, daß wir die Umwelt zu stark schädigen und in unverantwortlicher Weise mit den nichtregenerierbaren Ressourcen umgehen, besteht – zumindest verbal – ein allgemeiner Konsens.

Die entscheidende Frage betrifft das rechte Maß. Eine radikale Ablehnung der technisierten Welt, auf der die materielle – und damit indirekt auch die ideelle – Kultur der Industrienationen beruht, würde denn auch dem Versuch des Barons von Münchhausen ähneln, der sich an seinem eigenen Zopf aus dem Sumpf ziehen wollte. Es kann sich nicht darum handeln, das Rad der Geschichte zurückzudrehen. Nicht umsonst streben die Entwicklungsländer danach, den erreichten technischen Entwicklungsstand zu übernehmen. Doch in den Industrieländern deutet die Umweltdiskussion darauf hin, daß allmählich ein Be-

Seit jeher bestanden die Erwartung eines ungetrübten technischen Fortschritts und die Möglichkeit technischen Versagens nebeneinander: Gedenkmünze des französischen Eisenbahnwesens und Aufnahme des Lokomotivunglücks im Bahnhof Montparnasse in Paris 1895.

wußtseinswandel eintritt. Es wächst die Einsicht, daß wir im Hinblick auf die Umwelt, die Ressourcen und das Lebensrecht der kommenden Generationen nicht nach einer weiteren quantitativen Steigerung des Wohlstands streben sollten. Das Ziel kann nur darin bestehen, das Erreichte zu bewahren und im Sinne eines ‚qualitativen‘ Wachstums auszubauen.

Angesichts von Interessenkonflikten und Verteilungskämpfen sind für dieses Programm nur dann Mehrheiten zu gewinnen, wenn alle Beteiligten die Notwendigkeit einer Selbstbeschränkung einsehen. Da die Verfehlungen kollektiv begangen werden und sich die Schuld individuell praktisch nicht zurechnen läßt, kommen die ethischen Forderungen allerdings vielfach nur insoweit zur Geltung, wie ihnen durch strukturelle Vorgaben, insbesondere durch wirtschaftliche Sanktionsmechanismen, Nachdruck verliehen wird. Dies obwohl alle wissen, daß ein vorausschauendes Handeln angemessener und sinnvoller ist als ein bloß reaktives Verhalten, weil einmal begangene Fehler – wenn überhaupt – nur mit großem Aufwand korrigierbar sind. Wenn das Leben in der Ostsee erlischt oder das Ozonloch tatsächlich Auswirkungen zeigt, ist kaum mehr eine Abhilfe möglich.

Hinzu kommt der Umstand, daß an die Stelle des Kampfes mit einer feindlichen Natur, wie er für frühere Zeiten charakteristisch war, für uns weithin die Auseinandersetzung mit der selbst geschaffenen Technosphäre getreten ist. Die ‚Widerständigkeit‘ der materiellen Welt, die eine Indienstnahme nur im Rahmen der einschlägigen Naturgesetze zuläßt, gilt in abgewandelter Form auch für die Technosphäre. Wir sind heute nicht so sehr von der unberührten, sich selbst überlassenen Natur abhängig, als vielmehr von den hochspezialisierten und störanfälligen Verbundsystemen und von den immanenten Sachzwängen der von uns selbst geschaffenen, technikbestimmten Umwelt. Die moderne Technik hat zu einer Entlastung von den traditionellen Problemen der materiellen Lebenssicherung geführt, doch sie hat uns zugleich neue, andersartige Belastungen durch die technikorientierte Lebensweise auferlegt. Durch die moderne Technik wurden die elementaren Einschränkungen unserer physischen Existenz weitgehend aufgehoben, aber um den Preis, daß wir wegen unserer Gebundenheit an die materielle Welt auf ‚höherer‘ Ebene doch wiederum mit anderen Einschränkungen konfrontiert werden.

Das schwankende Urteil über die moderne Technik ist sicher mitbedingt durch die Geschwindigkeit, mit der heute die Innovationen einander ablösen, und durch die welthistorische Einmaligkeit der gegenwärtigen Situation. Die äußeren Veränderungen erfolgen so schnell, daß sie innerlich kaum verarbeitet werden können. Und es fehlt an Vergleichsmaßstäben, die angesichts dieser Verunsicherungen ein verbindliches Urteil erlauben würden. Da es an einer übergeordneten welthistorischen Perspektive fehlt, ist man zunächst auf das Erbe der europäischen Tradition verwiesen, aus der die moderne Technik hervorgegangen ist. Die gemütvolle Rückwendung zu einer vermeintlich heilen, unversehrten und menschlicheren Welt, die hier vielfach ins Spiel gebracht wird, erweist sich bei näherem Zusehen als eine Selbsttäuschung. Wie die Zeugnisse der Zeitgenossen belegen, war diese Welt in hohem Maße beschwerlich, leidvoll und unmenschlich; die Idylle erhält ihren romantischen Schein nur durch die verklärende Rückschau.

Dieselbe Denkfigur, nur mit umgekehrtem zeitlichen Richtungssinn, liegt vor, wenn der als unzulänglich empfundenen Gegenwart die Utopie einer künftigen, durch die Technik versöhnten Gesellschaft gegenübergestellt wird, in der dann angeblich alle Gegensätze aufgehoben wären. Im Zuge einer solchen hochstilisierten Zukunftserwartung erscheint das jetzt und hier erlebte Dasein dann nur als vergleichsweise belangloses Durchgangsstadium. Damit wird ihm aber gerade die Möglichkeit zu einer authentischen und autonomen Sinnerfüllung abgesprochen. Die Flucht in die Vergangenheit oder in die Zukunft bietet keine Lösung. Und es ist töricht, von der Technik Wunder zu erwarten. So hat Erich Fromm zu recht erklärt: ,,Die Annahme, daß zwischenmenschliche Probleme, Konflikte und Tragödien verschwinden, sobald es keine unerfüllten materiellen Bedürfnisse mehr gibt, ist ein kindischer Tagtraum‘‘[2].

Es gilt, die grundsätzliche Ambivalenz des technischen Fortschritts anzuerkennen. Er schafft Neues, Erstrebtes und Willkommenes und zerstört eben dadurch unvermeidbar überkommene Traditionen und bringt zwangsläufig auch ungewollte und negative Wirkungen hervor. Zur Unverfügbarkeit der Natur, die wir immer nur im Rahmen ihrer eigenen Gesetze für unsere Ziele in Dienst nehmen können, gesellt sich hier die objektive Dialektik der Geschichte mit ihrem Wechselspiel von Altem und Neuem, von Zerstörung und Aufbau. Hinzu kommt die Freiheit von seiten der handelnden Subjekte. Da der Mensch selbst zum Guten und zum Bösen fähig ist, darf es nicht verwundern, daß auch die von ihm geschaffene Technik in beiden Richtungen genutzt werden kann. Gewiß ist die Technik im formalen, methodischen Sinn beliebig einsetzbar und insofern wertneutral. Doch als integrierender Bestandteil unserer Lebenswelt prägt sie indirekt auch unser Verhalten, unsere Anschauungen und Wertordnun-

Ikarus stürzt ab, weil er der Sonne zu nahe kam. Er wollte zu hoch hinaus. Wird es uns ebenso ergehen?

gen. Dies ist natürlich und historisch durchaus geläufig. Auf dem Weg von Jägern und Sammlern über Nomaden, seßhafte Ackerbauern und Städtekulturen bis zur gegenwärtigen wissenschaftlich-technisch-industriellen Kultur hat die Menschheit Stufen durchlaufen, deren Selbstverständnis stets durch die konkreten Lebenserfahrungen bestimmt war, wobei sich aber keine dieser Epochen den anderen gegenüber als besser oder überlegen erweisen läßt. Es gilt, die einzelnen historischen Phänomene – und in ihrem Rahmen auch verschiedene Ausprägungen der Technik – als einmalige, eigentümliche, geschichtliche Individualitäten zu erkennen. In diesem Sinne heißt es bei Leopold von Ranke: „Ich aber behaupte: jede Epoche ist unmittelbar zu Gott, und ihr Wert beruht gar nicht auf dem, was aus ihr hervorgeht, sondern in ihrer Existenz selbst, in ihrem eigenen Selbst, was aber nicht ausschließt, daß aus ihr etwas anderes hervorging"[3].

Jede dieser Ausprägungen hat ihre besondere Eigenart, ihre Vorzüge und Nachteile, ihre Leistungen und ihren Preis. Wenn man sich die abendländische Geistesgeschichte vor Augen führt, wird deutlich, daß die moderne Technik im Rationalismus, im Empirismus und im Aufklärungsdenken verankert ist und durch diese Strömungen geistig vorbereitet wurde. Doch die gegenläufigen Tendenzen sind ebenso unverkennbar. Im Christentum, im Humanismus, in der Romantik und in der Existenzphilosophie wird im Gegensatz zum extravertierten Streben der Weltbemächtigung jeweils auf besondere Weise die Innerlichkeit und die Entfaltung der individuellen Existenz in den Vordergrund gestellt. Deshalb können sich die Technikbefürworter und die Technikkritiker mit guten Gründen auf unser geistiges Erbe berufen. Wenn man hinter die vergleichsweise vordergründigen materiellen Erleichterungen zurückfragt und sich auf die metaphysische Dimension konzentriert, erweist sich die moderne Technik als ein großangelegter kollektiver Versuch, die Grenzen zu sprengen, die uns durch die Endlichkeit und Kontingenz unseres Daseins gezogen sind. Dies ist der tiefere Sinn der im mythischen Denken als frevelhaft erkannten Vermessenheit, wie sie in der Gestalt des gefesselten Prometheus oder in der Austreibung aus dem Paradies zur Geltung kommt. Nachdem wir durch die moderne Naturwissenschaft und Technik unsere äußeren Handlungsmöglichkeiten ins schier Grenzenlose erweitert haben, werden wir die selbst geschaffene Herausforderung durch die moderne Technik nur bestehen können, wenn wir uns innerlich selbst Grenzen setzen, wenn wir unsere Endlichkeit anerkennen.

Literaturnachweise

1 *Benn*, Gottfried: Gesammelte Werke. Bd 3. Wiesbaden 1968, S. 771
2 *Fromm*, Erich: Revolution der Hoffnung. Stuttgart 1971, S. 117
3 Zitat nach *Mommsen*, Wolfgang J.: Die Geschichtswissenschaften jenseits des Historismus. Düsseldorf 1971, S. 10

Literaturanhang

1. Entwicklung der Technikphilosophie

1.1 Der Technikbegriff   *Alois Huning*
1.2 Die philosophische Tradition   *Alois Huning*
1.3 Deutungen vom 19. Jahrhundert bis zur Gegenwart
    Alois Huning

Bohring, Günther: Technik im Kampf der Weltanschauungen. Ein Beitrag zur Auseinandersetzung der marxistisch-leninistischen Philosophie mit der bürgerlichen „Philosophie der Technik". Berlin 1976
Dessauer, Friedrich: Streit um die Technik. Frankfurt a. M. 1956
Deutsche Zeitschrift für Philosophie. Sonderheft 1965: Die marxistisch-leninistische Philosophie und die technische Revolution.
Huning, Alois: Das Schaffen des Ingenieurs. Beiträge zu einer Philosophie der Technik. Düsseldorf ³1987
Lenk, Hans/*Moser*, Simon (Hrsg.): Techne, Technik, Technologie. Philosophische Perspektiven. Pullach bei München 1973
Lindenberg, Bernd M.: Das Technikverständnis in der Philosophie der DDR. Frankfurt a. M. 1979
Rapp, Friedrich: Analytische Technikphilosophie. Freiburg/München 1978
Ropohl, Günter: Eine Systemtheorie der Technik. Zur Grundlegung der Allgemeinen Technologie. München/Wien 1979
Ropohl, Günter: Die unvollkommene Technik. Frankfurt a. M. 1985
Sachsse, Hans (Hrsg.): Technik und Gesellschaft. Bd. 1: Literaturführer. Pullach bei München 1974
Sachsse, Hans (Hrsg.): Technik und Gesellschaft. Bd. 3: Ausgewählte und kommentierte Texte: Selbstzeugnisse der Techniker. Philosophie der Technik. München 1976
Sachsse, Hans: Anthropologie der Technik. Ein Beitrag zur Stellung des Menschen in der Welt. Braunschweig 1978
Schnellmann, Guido: Theologie und Technik. 40 Jahre Diskussion um die Technik, zugleich ein Beitrag zu einer Theologie der Technik. Bonn 1974
Seibicke, Wilfried: Technik. Versuch einer Geschichte der Wortfamilie um τέχνη in Deutschland vom 16. Jahrhundert bis etwa 1830. Düsseldorf 1968
Stork, Heinrich: Einführung in die Philosophie der Technik. Darmstadt 1977
Technology and Culture. Jg. 7, Nr. 3, 1966: Toward a Philosophy of Technology
Tuchel, Klaus: Herausforderung der Technik. Gesellschaftliche Voraussetzungen und Wirkungen der technischen Entwicklung. Bremen 1967
Wollgast, Siegfried/*Banse*, Gerhard: Philosophie und Technik. Zur Geschichte und Kritik, zu den Voraussetzungen und Funktionen bürgerlicher „Technikphilosophie". Berlin 1979

1.4 Geistesgeschichtliche Voraussetzungen der modernen Technik
Friedrich Rapp

Baruzzi, Arno: Mensch und Maschine. Das Denken sub specie machinae. München 1973

Blumenberg, Hans: Wirklichkeiten, in denen wir leben (Reclam Bd. 7715). Stuttgart 1981

Crombie, Alistair C.: Von Augustinus bis Galilei (dtv Bd. 4285). München 1977.

Dijksterhuis, Eduard J.: Die Mechanisierung des Weltbildes. Berlin 1956.

Klemm, Friedrich: Technik. Eine Geschichte ihrer Probleme. Freiburg 1954.

Maier, Anneliese: Studien zur Naturphilosophie der Spätscholastik. 5 Bde. Rom 1949–1958

Merton, Robert K.: Science, Technology, and Society in Seventeenth Century England. New York 1970

Mumford, Lewis: Technics and Civilization. New York ²1963

Stöcklein, Ansgar: Leitbilder der Technik. Biblische Tradition und technischer Fortschritt. München 1969

Rapp, Friedrich (Hrsg): Naturverständnis und Naturbeherrschung. München 1981

Whitehead, Alfred N.: Abenteuer der Ideen. Frankfurt a. M. 1971

Wolf, Abraham: A History of Science, Technology, and Philosophy in the 16th and 17th Centuries. 2 Bde. London ²1968

2. Technisches Problemlösen und soziales Umfeld   *Günter Ropohl*

Banse, Gerhard/*Wendt*, Helge (Hrsg.): Erkenntnismethoden in den Technikwissenschaften. Berlin 1986

Bloch, Ernst: Das Prinzip Hoffnung. Frankfurt a. M. 1959, Kapitel 37

Bohring, Günter: Technik im Kampf der Weltanschauungen. Berlin 1976

Dessauer, Friedrich: Philosophie der Technik. Bonn 1927

Dessauer, Friedrich: Streit um die Technik. Frankfurt a. M. 1956

Dörner, Dietrich: Die Logik des Mißlingens. Reinbek 1989

Hansen, Friedrich: Konstruktionswissenschaft. München/Wien 1974

Hubka, Vladimir: Theorie technischer Systeme. Berlin 1984

Huning, Alois: Das Schaffen des Ingenieurs. Düsseldorf ³1987

Kesselring, Fritz: Technische Kompositionslehre. Berlin 1954

Lenk, Hans: Zur Sozialphilosophie der Technik. Frankfurt a. M. 1982

Lenk, Hans/*Ropohl*, Günter (Hrsg.): Technik und Ethik. Stuttgart 1987

Müller, Johannes: Grundlagen der Systematischen Heuristik. Berlin 1970

Rapp, Friedrich: Analytische Technikphilosophie. Freiburg/München 1978

Ropohl, Günter: Eine Systemtheorie der Technik. München/Wien 1979

Rumpf, Hans: Technik zwischen Wissenschaft und Praxis. Hrsg. v. Lenk, Hans/Moser, Simon/Schönert, Klaus. Düsseldorf 1981

Sachsse, Hans: Ökologische Philosophie. Darmstadt 1984

Schregenberger, Johann W.: Methodenbewußtes Problemlösen. Bern/Stuttgart 1982

Schumacher, E. Fritz: Small is Beautiful (1973), dtsch. Die Rückkehr zum menschlichen Maß. Reinbeck 1977

Tuchel, Klaus: Herausforderung der Technik. Bremen 1968

Ullrich, Otto: Technik und Herrschaft. Frankfurt a. M. 1977

Zwicky, Fritz: Entdecken, Erfinden, Forschen im morphologischen Weltbild. München/Zürich 1966

3.   Technik und Verantwortung

3.1 Die zwei Kulturen: technische und humanistische Rationalität
Friedrich Rapp

Becher, Erich: Geisteswissenschaften und Naturwissenschaften. München 1921

Florman, Samuel C: The Existantial Pleasures of Engineering. New York 1976

Holton, Gerald/*Blanpied,* W. A. (Hrsg.): Science and its Public (Boston Studies in the Philosophy of Science. Bd. 33). Dordrecht 1976

Kreuzer, Helmut (Hrsg.): Die zwei Kulturen (dtv Bd. 4454). Stuttgart 1987

Lepenies, Wolf: Die drei Kulturen. Soziologie zwischen Literatur und Wissenschaft. München 1985

Sachsse, Hans (Hrsg.): Technik und Gesellschaft, Bd. 1: Literaturführer, Bd. 2: Technik in der Literatur (UTB 413 und 570). Pullach 1974 und München 1976

Segeberg, Harro (Hrsg.): Technik in der Literatur (stw 655). Frankfurt a. M. 1987

Westphalen, Raban Graf von: Neue Technologien und die Herausforderung an die Geisteswissenschaften (Schriftenreihe Studien zu Bildung und Wissenschaft 54). Bad Honnef 1987

Woodcock, John: Literature and Science since Huxley. In: Interdisciplinary Science Reviews, Jg. 3, 1978, Nr. 1, S. 31–45

3.2 Sachzwänge und Wertentscheidungen   *Friedrich Rapp*

Adorno, Theodor W. u. a.: Der Positivismusstreit in der deutschen Soziologie. Neuwied 1969

Ellul, Jacques: La Technique ou l'enjeu du sciècle. Paris 1954 (engl: The Technological Society. New York 1964)

Frankena, William A.: Analytische Ethik. München 1972

Gehlen, Arnold: Die Seele im technischen Zeitalter. Reinbek 1957

Glaser, Wilhelm R.: Soziales und instrumentales Handeln. Stuttgart 1972

Habermas, Jürgen: Technik und Wissenschaft als ‚Ideologie'. Frankfurt a. M. 1968

Hillmann, Karl-Heinz: Wertwandel. Darmstadt 1986

Horkheimer, Max: Zur Kritik der instrumentellen Vernunft. Frankfurt a. M. 1967

Schelsky, Helmut: Der Mensch in der wissenschaftlichen Zivilisation. Köln 1961

3.3 Geschichtlicher Wertwandel   *Ernst Oldemeyer*

Bossel, Hartmut: Bürgerinitiativen entwerfen die Zukunft. (fischer alternativ 4010). Frankfurt a. M. 1978

Fromm, Erich: Haben oder Sein. Die seelischen Grundlagen einer neuen Gesellschaft. Stuttgart 1976

Hillmann, Karl-Heinz: Umweltkrise und Wertwandel. Würzburg ²1986

Hillmann, Karl-Heinz: Wertwandel. Darmstadt 1986

Klages, Helmut/*Kmieciak*, Peter (Hrsg.): Wertwandel und gesellschaftlicher Wandel. Frankfurt a. M./New York 1979

Kmieciak, Peter: Wertstrukturen und Wertwandel in der Bundesrepublik Deutschland. (Kommission f. wirtschaftlichen u. sozialen Wandel, 135). Göttingen 1976

Meadows, Dennis/*Meadows*, Donella/*Zahn*, Erich/*Milling*, Peter: Die Grenzen des Wachstums. Stuttgart 1972

Noelle-Neumann, Elisabeth: Werden wir alle Proletarier? Wertewandel in unserer Gesellschaft. Zürich 1978

Oldemeyer, Ernst: Zum Problem der Umwertung von Werten. In: Ropohl, Günter/König, Wolfgang (Hrsg.): Maßstäbe der Technikbewertung. Düsseldorf 1978

Oldemeyer, Ernst: Entwurf einer Typologie des menschlichen Verhältnisses zur Natur. In: Grossklaus, Götz/Oldemeyer, Ernst (Hrsg.): Natur als Gegenwelt. (Karlsruher Kulturwissenschaftliche Arbeiten). Karlsruhe 1983

Oldemeyer, Ernst: Kulturfortschritt – Natureinfügung. Ein Wertkonflikt in der Technikentwicklung. In: Verein Deutscher Ingenieure (Hrsg.), Berufspolitische Jahrestagung „Sicherheit – Wohlstand – Umweltqualität“, Trier, 10./ 11. September 1984. Düsseldorf o.J. (1986)

Ropohl, Günter: Technik als Gegennatur. In: Grossklaus, Götz/Oldemeyer, Ernst (Hrsg.): Natur als Gegenwelt. Karlsruhe 1983

Vester, Frederic: Neuland des Denkens. Stuttgart 1980

3.4 Verantwortungsdifferenzierung angesichts der Systemkomplexität *Hans Lenk*

Baum, Robert J./*Flores*, Albert (Hrsg.): Ethical Problems in Engineering. 2 Bde.: Bd. 1. Readings, Bd. 2. Cases. Troy, N.Y.: Center for the Study of the Human Dimensions of Science and Technology ²1980

Bayles, Michael D.: Professional Ethics. Belmont, Cal. 1981

Haefner, Klaus: Mensch und Computer im Jahre 2000. Ökonomie und Politik für eine human computerisierte Gesellschaft. Basel 1984

Jonas, Hans: Das Prinzip Verantwortung. Versuch einer Ethik für die technologische Zivilisation. Frankfurt a. M. 1979

Ladd, John: Collective and Individual Moral Responsibility in Engineering. Some Questions. In: Society and Technology, Jg. 1, Juni 1982, S. 3–10

Lenk, Hans (Hrsg.): Technokratie als Ideologie. Sozialphilosophische Beiträge zu einem politischem Dilemma. Stuttgart 1973

Lenk, Hans/*Moser*, Simon (Hrsg.): Techne – Technik – Technologie. Philosophische Perspektiven. (UTB 289). Pullach 1973

Lenk, Hans/*Ropohl*, Günter: Technische Intelligenz im systemtechnologischen Zeitalter. Düsseldorf 1976

Lenk, Hans: Pragmatische Vernunft. Philosophie zwischen Wissenschaft und Praxis (Reclam Bd. 9956). Stuttgart 1979

Lenk, Hans: Zur Sozialphilosophie der Technik (stw 414). Frankfurt a. M. 1982

Lenk, Hans: Zum Verantwortungsproblem in Wissenschaft und Technik. In: Ströker, Elisabeth (Hrsg.): Ethik der Wissenschaften? Philosophische Fragen (Ethik der Wissenschaften Bd. I) München/Paderborn 1984, S. 87–116

Lenk, Hans/*Ropohl*, Günter (Hrsg.): Technik und Ethik. (Reclam Bd. 8395). Stuttgart 1987

Saaty, Thomas L.: The Analytic Hierarchy Process. Planning, Priotity Setting, Resource Allocation. New York 1980

Sachsse, Hans: Technik und Verantwortung. Freiburg/München 1972

Schweitzer, Albert: Kultur und Ethik. München 1960

Unger, Stephen H.: Controlling Technology. Ethics and the Responsible Engineer. New York 1982

3.5 Möglichkeiten und Grenzen der Technikbewertung
Friedrich Rapp

Böhret, Carl/*Franz*, Peter (Hrsg.): Technologiefolgenabschätzung. Institutionelle und verfahrensmäßige Lösungsansätze. Frankfurt a. M. 1982

Bungard, Walter/*Lenk*, Hans (Hrsg.): Technikbewertung. Philosophische und psychologische Perspektiven. (stw 684). Frankfurt a. M. 1988

Dierkes, Meinolf/*Petermann*, Thomas/*Thienen*, Volker von (Hrsg.): Technik und Parlament. Technikfolgen-Abschätzung: Konzepte, Erfahrungen, Chancen. Berlin 1986

Huisinga, Richard: Technikfolgenbewertung. Bestandsaufnahme, Kritik, Perspektiven. Frankfurt a. M. 1985

Lompe, Klaus (Hrsg.): Techniktheorie, Technikforschung, Technikgestaltung. Opladen 1987

Münch, Erwin/*Renn*, Ortwin/*Roser*, Thomas (Hrsg.): Technik auf dem Prüfstand. Methoden und Maßstäbe der Technologiebewertung. Essen 1982

Rapp, Friedrich/*Mai*, Manfred (Hrsg.): Institutionen der Technikbewertung. Standpunkte aus Wissenschaft, Politik und Wirtschaft. Düsseldorf 1989

Ropohl, Günter (Hrsg.): Maßstäbe der Technikbewertung – Vorträge und Diskussionen. Düsseldorf 1979

3.6 Spezifische Problembereiche　　*Walther Ch. Zimmerli*

AIDS als ethische Herausforderung. Schwerpunktthema in: Zeitschrift für evangelische Ethik 32. Jg., 1988, H. 3

Bähren, Henning/*Tatz*, Jürgen (Hrsg.): Wissenschaft und Rüstung. Braunschweig 1985

Beauchamp, Tom L./*Walters*, LeRoy (Hrsg.): Contemporary Issues in Bioethics. Encino, Cal., 1978

Birnbacher, Dieter (Hrsg.): Oekologie und Ethik. Stuttgart 1980

Birnbacher, Dieter: Verantwortung für zukünftige Generationen. Stuttgart 1988

Braun, Volkmar/*Mieth*, Dietmar/*Steigleder*, Klaus (Hrsg.): Ethische und rechtliche Fragen der Gentechnologie und der Reproduktionsmedizin (Gentechnologie Bd. 13). München 1987

Burrichter, Clemens/*Inhetveen*, Rüdiger/*Kötter*, Rudolf (Hrsg.): Zum Wandel des Naturverständnisses. Paderborn 1987

Flöhl, Rainer (Hrsg.): Genforschung – Fluch oder Segen? Interdisziplinäre Stellungnahmen (Gentechnologie Bd. 3). München 1985

Jonas, Hans: Das Prinzip Verantwortung. Frankfurt a. M. 1979.

Kreuzer, Philipp/*Koslowski*, Peter/*Löw*, Reinhard (Hrsg.): Atomkraft – ein Weg der Vernunft? München 1982

Lenk, Hans/*Ropohl*, Günter (Hrsg.): Technik und Ethik (Reclam Bd. 8395). Stuttgart 1987

Löw, Reinhard: Leben aus dem Labor. Gentechnologie und Verantwortung. München 1985

Markl, Hubert: Evolution, Genetik und menschliches Verhalten. Zur Frage wissenschaftlicher Verantwortung. München/Zürich 1986

Mitcham, Carl/*Huning*, Alois (Hrsg.): Philosophy and Technology. Bd. 2: Information Technology and Computers in Theory and Practice (Boston Studies in the Philosophy of Science Bd. 90). Dordrecht 1986

Rapp, Friedrich (Hrsg.): Naturverständnis und Naturbeherrschung. München 1981

Sachsse, Hans: Ökologische Philosophie. Natur – Technik – Gesellschaft. Darmstadt 1984

Schaefer, Hans: Medizinische Ethik. Heidelberg [2]1986

Schwemmer, Oswald (Hrsg.): Über Natur. Frankfurt a. M. 1987

Wehowsky, Stephan (Hrsg.): Schöpfer Mensch? Gentechnik, Verantwortung und unsere Zukunft (GTB Siebenstern 574). Gütersloh 1985

v. Weizsäcker, Carl Friedrich: Die Einheit der Natur. München/Wien 1971

Zimmerli, Walther Ch. (Hrsg.): Kernenergie – wozu? (Philosophie aktuell Bd. 13.) Basel/Stuttgart 1978

Zimmerli, Walther Ch. (Hrsg.): Technologisches Zeitalter oder Postmoderne? München 1988

4.   Die Ambivalenz der Technik

4.1 Utopien und Antiutopien   *Friedrich Rapp*

Löwith, Karl: Weltgeschichte und Heilsgeschehen. Stuttgart 1961

Mannheim, Karl: Ideologie und Utopie. Freiburg 1929

Neusüss, Arnhelm: Utopie – Begriff und Phänomen des Utopischen. Neuwied 1968

Poser, Hans (Hrsg.): Philosophie und Mythos. Berlin 1979

Swoboda, Helmut: Utopia – Geschichte der Sehnsucht nach einer besseren Welt. Wien 1972

Winterling, Fritz: Beziehungen zwischen Technik und Gesellschaft im utopischen Denken. In: Sachsse, Hans (Hrsg.): Technik und Gesellschaft. Bd. 1 (UTB Bd. 413), Pullach 1974, S. 206–239

Zippelius, Reinhold: Geschichte der Staatsideen. München 1971

4.2 Die technische Weltzivilisation   *Friedrich Rapp*

Aron, Raymond (Hrsg.): World Technology and Human Destiny. Ann Arbor, Mich, 1963

Bell, David: Die Zukunft der westlichen Welt – Kultur und Technologie im Widerstreit. Frankfurt a. M. 1976

Boulding, Kenneth E.: The Emerging Superculture. In: Rescher, Nicholas/Baier, Kurt (Hrsg.): Values and the Future. New York 1969, S. 336–350

Crombie, Alistair C. (Hrsg.): Scientific Change. London 1963

Giedion, Siegfried: Die Herrschaft der Mechanisierung. Frankfurt a. M. 1987

Lévi-Strauss, Claude: Rasse und Nation (stw 62). Frankfurt a. M. 1972

Mieli, Aldo: La Science arabe et son rôle dans l'évolution scientifique mondiale. Leiden 1938

Mumford, Lewis: Mythos der Maschine. Kultur, Technik und Macht. Wien 1974

Needham, Joseph: Wissenschaftlicher Universalismus. Über Bedeutung und Besonderheit der chinesischen Wissenschaft (stw Bd. 264). Frankfurt a. M. 1979

Rapp, Friedrich: Die Entwicklungsländer und die Technik. In: Neue Rundschau. Jg. 86 (1975), S. 117–126

Rapp, Friedrich: The Philosophy of Technology. A Review. In: Interdisciplinary Science Reviews, Jg. 10, 1985, Nr. 2, S. 126–139

Personenregister

Bildquellennachweis

Seite   9: Holzschnitt in: Reisch, Gregor: Margarita philosophica. Straßburg, Joh. Schott, 1504.

Seite 13: Frontispiz aus: Biringuccio, Vanoccio: De la Pirotechnia. Venedig 1540. Eisenbibliothek – Schaffhausen.

Seite 14: Beckmann, Johann: Anleitung zur Technologie. Göttingen 1777.

Seite 15: Kupferstich von E. Thelott um 1800. Johann-Beckmann-Gesellschaft Hamburg.

Seite 27: „Die Schule von Athen" (Ausschnitt). Fresko von Raffaello Sanzio 1509/10. Stanza della Segnatura. Vatikan. Rom. Bildstelle Deutsches Museum München.

Seite 29: Fresko von B. Gozzoli (1465) (Ausschnitt). Kirche S. Agostino in S. Gimigrano.

Seite 32: Titelbild in: Spedding, J./Ellis, R. L./Heath, D. D. (Ed.): The Works of Francis Bacon. Vol. 1. London 1879.

Seite 33: Bildstelle Deutsches Museum München.

Seite 34: Preußischer Kulturbesitz Nr. 976/30.

Seite 36: Kupferstich von J. F. Bause, 1791, nach einer Vorlage von F. Schnorr. Preußischer Kulturbesitz Nr. 300/50.

Seite 38: Gemälde von Jakob Schlesinger. Preußischer Kulturbesitz Nr. 587/329.

Seite 42: Stadt- und Universitätsbibliothek/Senkenbergische Bibliothek: Friedrich Dessauer 1881–1963. Frankfurt.

Seite 47: Preußischer Kulturbesitz Nr. 556/9847.

Seite 55: Leonhard, J. F.: Karl Jaspers in seiner Heidelberger Zeit. Heidelberg 1983.

Seite 59: Titelblatt aus: Kapp, Ernst: Grundlinien einer Philosophie der Technik. Braunschweig 1877 – Abbildung von Kapp aus dem ND Düsseldorf 1978.

Seite 67: Briefmarke der UdSSR 1967.

Seite 75: Stadt- und Universitätsbibliothek; Max Horkheimer Archiv. Frankfurt.

Seite 87: Bildarchiv Schiller-Nationalmuseum Marbach. Mit freundlicher Genehmigung von Hermann Heidegger.

Seite 90: Aus dem Nachlaß von Martin Heidegger, Schiller-Nationalmuseum Marbach. Mit freundlicher Genehmigung von Hermann Heidegger.

Seite 102: Holzschnitt (Rückseite des Titelblattes) aus: Rivius, G. H.: Newe Perspectiva. Nürnberg 1547.

Seite 105: Melencolia I (1514) Fogg Art Museum, Cambridge (Massachusetts).

Seite 109: Raoult Hausmann: Der Geist unserer Zeit 1920/21.

Seite 139: Mathematisch-physikalischer Salon. Dresden.

Seite 141: links: Marabuwerke Erwin Martz. Tamm;
rechts: Photo von Ulrich Zillmann. Düsseldorf.

Seite 143: Gille, Bertrand: Histoire des Techniques. Paris.

Seite 169: Karikatur von Ivan Steiger in der Frankfurter Allgemeinen Zeitung.

Seite 173: links: Ranke, Leopold von: Zeitalter der Reformation. Leipzig 1881; rechts: Maxwell, James Clerk: An elementary treatise on Electricity. Oxford 1881.

Seite 183: Foto R. Schlegelmilch. Serie 17 Car Mascots.

Seite 196: Haitzinger, Horst: Politische Karikaturen. Rorschach 1981.

Seite 198: Bildarchiv Suhrkamp Verlag München.

Seite 203: Deutsche Umwelthilfe. Oktober 1985.

Seite 204: Deutscher Hilfsverein für das Albert-Scheitzer-Spital Lambarene. Frankfurt.

Seite 253: Kissel, Otto Rudolf: Die Justitia. München 1984.

Seite 261: Künstlermontage. Bildarchiv Paturi. Rodenbach.

Seite 267: Holzschnitt in: Rudimentum novitiorum. Lübeck 1475; Bildstelle Deutsches Museum München.

Seite 269: Bilderdienst Süddeutscher Verlag.

Seite 275: Reportagefoto Christoph Preker. Nr. 81559/21.

Seite 277: Karikatur von Jan Tomaschoff. In Medical Tribune cartoon. Wiesbaden

Seite 283: Deutsche Umwelthilfe.

Seite 289: Pawlak, Manfred, Verlagsges. Nr. 102.

Seite 296: Karikatur von Ivan Steiger in der Frankfurter Allgemeinen Zeitung.

Seite 300: Flughafen Frankfurt a. M. AG 75. A 426.

Seite 302: Gedenkmünzensammlung des Deutschen Museums. Bildstelle des Deutschen Museums.

Seite 309: Karikatur von Ekko Busch in der Frankfurter Allgemeinen Zeitung.

Seite 317: links: Gedenkmünzensammlung des Deutschen Museums. Bildstelle des Deutschen Museums München; rechts: Roger Viollet. Paris.

Seite 320: Mario Kamp. Aachen.

Inhaltsübersicht des Gesamtwerkes